"十三五"
国家重点图书出版规划项目
ICT认证系列丛书

高级网络技术

田果 刘丹宁 余建威 / 著

人民邮电出版社
北 京

图书在版编目（ＣＩＰ）数据

高级网络技术 / 田果，刘丹宁，余建威著. -- 北京：
人民邮电出版社，2023.4
（ICT认证系列丛书）
ISBN 978-7-115-59755-7

Ⅰ. ①高… Ⅱ. ①田… ②刘… ③余… Ⅲ. ①计算机
网络 Ⅳ. ①TP393

中国版本图书馆CIP数据核字(2022)第150736号

内 容 提 要

本书共分为 12 章。第 1 章对企业网进行了概述，第 2～11 章分别讲解了网络冗余技术、访问控制列表的使用、网络地址转换技术、广域网技术的原理与配置、DHCP 的原理与配置、IPv6 基础、IPv6 路由配置、网络安全技术、WLAN 技术和网络管理协议相关的知识，第 12 章对 SDN 与 Python 的基础知识进行了介绍。

本书除了适用于高等院校相关专业的学生外，还适合正在备考 HCIA 认证或者正在参加 HCIA 技术培训的人士阅读和参考。其他从事 ICT 行业的人员及网络技术爱好者也可以通过阅读本书，加深对网络技术的理解。

◆ 著　　　　　田　果　刘丹宁　余建威
　　责任编辑　张晓芬
　　责任印制　马振武

◆ 人民邮电出版社出版发行　　北京市丰台区成寿寺路 11 号
　　邮编 100164　　电子邮件 315@ptpress.com.cn
　　网址 https://www.ptpress.com.cn
　　固安县铭成印刷有限公司印刷

◆ 开本：787×1092　1/16
　　印张：27.25　　　　　　　2023 年 4 月第 1 版
　　字数：564 千字　　　　　2025 年 1 月河北第 8 次印刷

定价：99.80 元

读者服务热线：(010)53913866　印装质量热线：(010)81055316
反盗版热线：(010)81055315

序

物联网、云计算、大数据、人工智能等新技术的兴起，推动着社会的数字化演进。全球正在从"人人互联"发展至"万物互联"。未来二三十年，人类社会将演变成以"万物感知、万物互联、万物智能"为特征的智能社会。

新兴技术快速渗透并推动企业加速向数字化转型，企业业务应用系统趋于横向贯通，数据趋于融合互联，ICT 正在成为企业新一代公共基础设施和创新引擎，成为企业的核心生产力。华为 GIV（全球 ICT 产业愿景）预测，到 2025 年，全球的连接将达到1000 亿，85%的企业将会应用云计算技术，100%的企业将会连接云服务，工业智能的普及率将超过 20%。数字化发展为各行业带来的纵深影响远超出想象。

ICT 人才作为企业数字化转型中的关键使能者，将站在更新的高度，以全局的视角审视整个行业，并依靠新思想、新技术驱动行业发展。因此，企业对于融合型 ICT 人才的需求也更为迫切。未来 5 年，华为领导的全球 ICT 产业生态系统对人才的需求将超过 80 万人。华为积累了 20 余年的 ICT 人才培养经验，对 ICT 行业发展现状及趋势有着深刻的理解。面对数字化转型背景下企业 ICT 人才短缺的情况，华为致力于构建良性的 ICT 人才生态链。2013 年，华为开始与高校合作，共同制订 ICT 人才培养计划，设立华为信息与网络技术学院（简称华为 ICT 学院），依据企业对 ICT 人才的新需求，将物联网、云计算、大数据等新技术和最佳实践经验融入课程与教学中。华为希望通过校企合作，让大学生在校园内就能掌握新技术，并积累实践经验，促使他们快速成长为有应用能力、会复合创新、能动态成长的融合型人才。

教材是知识传递、人才培养的重要载体，华为聚合技术专家、高校教师倾心打造 ICT 学院系列精品教材，希望能帮助大学生快速完成知识积累，奠定坚实的理论基础，助力同学们更好地开启 ICT 职业道路，奔向更美好的未来。

亲爱的同学们，面对新时代对 ICT 人才的呼唤，请抓住历史机遇，拥抱精彩的 ICT 时代，书写未来职业的光荣与梦想吧！华为，将始终与你同行！

前　言

本书是华为技术有限公司、YESLAB 培训中心和高校专家，针对华为 ICT 学院的学生推出的诚意之作。从大纲结构到文字描述皆由业内专家执笔，而且内容由多方专家反复论证推敲。

本书定位的人群为参加过华为 HCIA 或同等级课程的学习，或者掌握了一定程度的网络技术知识及华为 VRP 系统的操作使用方法，并希望能够在此基础上继续学习并掌握关于 IPv6、WLAN、网络安全技术等内容的读者。特别值得一提的是，由于本书的内容主要针对企业网络中的常用技术，因此本书不仅适合有志成为网络工程师的人员，而且适合希望成为系统工程师的人员参阅。

本书第 1 章概述了企业网络的分层设计原则。此后各章分别介绍了网络可靠性、不同类型的访问控制列表、网络地址转换技术、广域网连接技术、DHCP 的原理与（其在 VRP 系统中的）配置方法、IPv6 原理与 IPv6 路由技术、AAA 与 IPSec、WLAN 技术和网络管理等。第 1 章介绍的内容涵盖了目前在企业网络中部署最为广泛的网络技术，学习并掌握这些技术的原理和实施方法是成为网络技术人员的基本要求。

自第 2 章开始，本书除第 7 章（IPv6 基础）和第 8 章（IPv6 路由）之间存在逻辑上的先后关系外，其余章节均相互独立，不存在先后顺序关系。因此，读者完全可以根据自己的工作、学习需求自由组织阅读顺序。

本书主要内容

本书共分为 12 章，其中第 1 章从总体上介绍企业网络的分层设计模型，其余各章则分别从不同的角度介绍当下企业网络中常用的技术。

第 1 章：企业网概述

本章首先介绍了与传统的办公方式相比，部署企业网络给企业带来的各种利好。然后，在介绍企业网设计方案时，本章从平面设计方式不利于大规模企业网络通信的角度切入，引出企业网的分层设计模型，并接下来详细介绍了分层模型中各层的功能，以及适合在各层部署的技术。最后，本章对企业网未来的发展进行了简单展望。

第 2 章：网络可靠性

本章首先介绍了 BFD 的原理，这项技术主要着眼于检测通信是否正常。之后介绍了两种通过冗余提高网络可靠性的技术：VRRP 和链路聚合。前者旨在为企业网中的终端提供网关的冗余；后者则规避了生成树协议阻塞冗余端口的做法，通过捆绑平行链路的方式让冗余端口参与数据转发，让交换机之间能够通过多条平行链路转发数据。

第 3 章：访问控制列表

本章详细介绍了访问控制列表技术。首先对访问控制列表的用途进行了介绍，并且由此进一步对路由器通过访问控制列表过滤/匹配流量的逻辑方式，以及访问控制列表的应用方向进行了解释说明。之后，本章演示了如何在 VRP 系统中创建和应用基本 ACL 与高级 ACL 两类访问控制列表。

第 4 章：网络地址转换

本章围绕网络地址转换（NAT）技术进行介绍。首先对 NAT 的必要性、路由器执行网络地址转发的操作方法和 NAT 的分类进行了一一说明。接下来，对几种 NAT 在华为路由设备上的配置方法分别进行了演示。

第 5 章：广域网

本章介绍了几种常见的广域网连接技术。首先，本章概述了广域网技术，并且对 HDLC 这个简单连接协议的原理，以及其在华为设备上的实施方法进行了简单说明。接下来，本章对 PPP 的原理、PPP 提供的两种认证方式的原理分别进行了详细的介绍，并且演示了如何在华为路由设备上配置 PPP 连接及认证。最后，本章在 PPP 的基础上，对 PPPoE 的原理进行了阐述，并且演示了 PPPoE 的配置方法。

第 6 章：DHCP

本章对 DHCP 进行了详细、全面的介绍。首先，本章从一台（未配置 IP 地址的）终端连接到一个包含 DHCP 服务器的局域网中开始，按照 DHCP 定义的消息类型逐步介绍这套设备如何通过 DHCP 获取、续租 IP 地址及其他相关参数。其次，本章对 DHCP 服务器不在局域网本地时，由其他设备代理转发 DHCP 消息的工作方式进行了介绍。最后，本章分别演示了如何将一台华为设备配置为 DHCP 服务器和 DHCP 中继。

第 7 章：IPv6 基础

本章的重点是 IPv6 协议自身的规范，包括 IPv6 协议提出的背景、IPv6 协议定义的数据包封装格式、IPv6 协议定义的编址方式，以及 IPv6 地址的分类。除了 IPv6 协议外，本章也对 IPv6 环境中用来完成地址解析和无状态地址自动配置的 NDP 进行了介绍。

第 8 章：IPv6 路由

本章延续第 7 章的内容，继续对 IPv6 的网络环境进行介绍，但将重点转移到 IPv6 路由的相关内容。在本章中，IPv6 静态路由、默认路由和汇总路由在 VRP 系统中的配置方式一一得到演示。此外，本章还会对 RIPng 和 OSPFv3 两种 IPv6 路由协议的原理和配置方法进行简单说明。

第 9 章：网络安全技术

本章介绍了 AAA 和 IPSec 两种与网络安全相关的技术。AAA 是认证、授权和审计的总称，本章重点介绍被管理设备与 AAA 服务器之间通信时应用的 RADIUS 协议，以及如何通过 VRP 系统配置 AAA 中的认证与授权。IPSec 是一个比较复杂的协议框架，本章对这个协议框架涉及的内容进行了较为深入的理论演绎，并提供了 IPSec VPN 的配置案例。最后，本章对用于保障网络安全性的技术进行了概括性的说明。

第 10 章：WLAN 技术

本章的重点是无线局域网相关技术的说明。首先，本章对无线通信的由来、原理与标准进行了简单的介绍说明。然后，本章将重点转移到了无线局域网当中，逐一对 WLAN 中的数据帧封装结构，设备通信的过程、安全隐患，以及安全防护措施进行了简单的介绍。最后，本章通过一个（相对复杂的）瘦 AP 无线案例，介绍了无线局域网的实施方法。

第 11 章：网络管理

本章对网络管理的相关知识进行了说明。首先，本章对简单网络管理协议（SNMP）的原理及其各个版本之间的异同进行了介绍，并且对 SNMP 的配置进行了演示。然后，本章对用于维护网络设备时间准确性的 NTP 进行了原理阐述和实验演示。最后，本章对图形化网络管理平台 eSight 的优势进行了简要的说明。

第 12 章：SDN 与 Python 基础

本章主要对 SDN 与 Python 的基础知识进行了介绍。首先，本章罗列了传统网络管理方式显现出来的短板，就此介绍了 SDN 的起源及其基本概念。然后，本章结合华为的 SDN 产品与解决方案，描述了如何通过 SDN 实现自动驾驶解决方案。最后，本章介绍了编程语言的分类和 Python 的编码规范。

关于本书读者

本书适合于以下几类读者。

- 华为 ICT 学院的学生。

- 各大高校学生。

- 正在学习 HCIA 课程的学员和正在备考 HCIA 认证的考生。

- 有志于从事 ICT 行业的初学者。

- 网络技术爱好者。

本书阅读说明

读者在阅读本书的过程中，需要注意以下事项。

1. 本书多处把路由器或计算机上的网络适配器连接口称为"接口"，把交换机上的网口称为"端口"，这种差异仅仅是称谓习惯上的差异。在平时的交流中，"接口"一词与"端口"一词完全可以混用。

2．在华为公司的技术资料中，串行链路常用虚线表示，以太链路用实线表示。本书中的链路一概用实线表示，虚线仅作特殊表意使用，如数据包前进路线、区域范围等。

3．本书学习目标中要求读者了解的内容，读者只需了解对应的概念及其表意；本书学习目标中要求读者理解的内容，读者应把握其工作原理，做到既知其然，也知其所以然；本书学习目标中要求读者掌握的内容，读者还应在理解的基础上能够做到灵活运用。

本书常用图标

接入层交换机	汇聚层交换机	核心层交换机	接入点（AP）	无线控制器
路由器（一般）	IPv6路由器	高端路由器	互联网	管理员/用户
PC终端	笔记本电脑	网络客户端	IP摄像头	影音终端
服务器（一般）	FTP服务器/DHCP服务器	网页服务器	邮件服务器	DNS服务器

目　　录

第 1 章
企业网概述

随着时代的发展，数字办公已经不再是一种时尚的办公方式，而是日渐成为各行各业办公的标配。为了提升办公效率，改善办公环境，优化人际合作，降低通信成本，自 20 世纪 90 年代开始，各类企业纷纷搭建起了自己的办公网络，并且将它们接入了互联网。

当然，企业网并不是一种网络技术的代称，其概念也没有十分严格的界定。实际上，任何企事业单位搭建起来用以共享内部信息资源的计算机网络都可以被粗略地划分到企业网的范畴。所以，在这一章中，我们主要谈论的并不是网络技术层面的内容，而是侧重于介绍网络架构。

在 1.1 节中，我们会先带领读者思考企业网给办公带来的效率提升都体现在哪些方面，这是因为了解企业网相对于传统办公环境的优势，有助于读者在现实工作中进一步对接用户实际的使用需求。

1.2 节是本章的重点。在 1.2 节中，我们会对在设计中最为常见的三层企业网模型逐层进行介绍。我们不仅会解释按照分层模型规划企业网的好处，而且会介绍各层在企业网中应该承担的作用，以及工程师应该在各层中部署哪些网络技术。

在 1.3 节中，我们会浅谈一些正在企业网中迅猛发展的新兴技术和企业网的发展趋势。在本书的读者进入企业之时，这些新兴技术应该已经发展得十分成熟。本书抛砖引玉，意在提醒读者不妨留意这些技术的发展动态。我们也推荐读者在完成本书的学习之后，能够继续通过各种渠道深入学习这些新兴技术。这既可以帮助那些希望毕业后立刻进入职场的读者在就业时能占据更加有利的位置，又可以帮助那些渴望继续深造的读者提前了解在攻读更高一级学位时，自己对研究哪些课题更感兴趣，研究哪些课题更有可能获得更加宽广的发展空间。

- 了解企业网的三层模型；
- 理解应该按照三层模型规划企业网的原因；
- 掌握企业网三层模型中各层的作用；
- 了解在部署企业网时，应该将哪些技术部署在企业网的哪一层中；
- 了解企业网的新兴需求及发展趋势。

1.1 分层网络概述

实际上，对企业网的设计并不能一概而论，先不说企业的规模，就是不同行业中的企业，也有各自不同的需求。比如：金融行业可能更注重网络的可靠性和安全性；医疗行业可能需要满足多种医疗设备的联网需求；交通行业可能需要应对旺季突发的巨大流量和由此带来的服务器负载；石油和天然气行业由于地理环境复杂，可能更需要结合多种通信方式（铺设海缆、架设微波系统等）；电力行业可能会更关注冗余性；零售行业可能更需要实现对所有门店及库存信息的统一管理和调度；酒店行业可能会更关注宾客自带设备带来的病毒传播问题。

虽然各行各业、不同规模的企业对自己的网络会提出各种各样的需求，但网络架构仍有共同之处。本节将会介绍企业网设计中最基本的指导原则。管理员只有掌握了这种原则，才能根据自己企业的特点和需求合理规划网络。

1.1.1 企业网与数字办公

时下，各行各业、不同规模的企业已经在不同程度上实现了办公网络化，完全不借助网络进行办公的企业已经少之又少。然而，这一切的发生似乎并没有经历太长的过渡阶段。很多当前仍然在职的"50后""60后""70后"都曾经历过依靠纸、笔、算盘/计算器办公的时代，并且有幸见证了企业办公信息化、网络化的过程。在羡慕前辈们拥有丰富经历的同时，我们建议本书的读者虚心向他们请教一个问题：企业网络化到底给企业和办公方式带来了哪些变化？因为企业办公网络化的驱动力势必与企业网对服务提出的需求相关，而企业网的需求又会进一步与网络的解决方案和新兴的技术发展趋势相关，最终与每一位读者在未来工作中将要面临的问题相关。

我们在这里不奢望对企业网带来的变化进行全面总结，仅抛砖引玉，提出网络化办公与传统方式相比的几点优势。

① **信息交互方面**：从电子邮件被应用到办公环境中开始，网络技术就已经给企业的办公效率带来了变化。与传统相互传输实体文字相比，电子邮件不仅可以显著提高通信的效率，而且可以优化人员之间的协作效率。比如，电子邮件让负责人有能力对自己

分配任务的工作协调信息进行追溯，这就避免了口口相传的工作分配方式给想推诿责任的人带来可乘之机。

② 信息发布方面：传统上，在企业中发布信息往往是依靠张贴告示、从上而下逐级通知或逐个电话通信的方式来完成的。这些方法或可靠性差，无法保证每位相关人员都能掌握要发布的信息；或代价高昂，需要耗费人们的时间和增加经济成本。通过企业网，所有需要发布的信息可以可靠、及时、高效地被通告给每位相关人员。

③ 信息共享方面：复制实体信息很麻烦，成本也高。如果采用相关人员依次传阅的方式，那么当信息数量庞大时，这种方式难免会影响办公效率，而通过网络传输的数据则可以轻松实现复制。因此，通过企业网络，需要参考相同信息的人员完全可以各自获得一份该信息的副本，并且随时在工作中使用。

④ 信息存储方面：实体信息不仅难以被复制，而且难以被保存。这不仅因为纸张和油墨很容易受到侵蚀，而且因为保存大量实体信息会占据企业的空间，增加企业的成本。另外，随着保存的信息数量越来越多，每次查阅之前的信息需要耗费的时间越来越多。而保存数据信息不仅成本更低，而且查询数据的效率也更高。

当然，上面的内容仅仅是网络提升企业办公效率的一些方面，并没有体现出企业网自身在过去所经历的发展变化。

随着企业网基础设施（Infrastructure）的更新换代，企业网中所传递信息的构成也在不断发生变化。早期，企业网中传输的信息以数据（Data）为主。受限于网络的带宽和处理能力，语音信息一般会通过独立于企业网的电话网络进行传输，至于视频信息类服务更是超出了企业网的承载能力。而如今，一根网线就可以满足企业所有数据的通信需求。数据、语音、视频等信息都可以通过企业网来承载。

数据、语音、视频等信息在企业网中所占比例不断增加的同时，企业网中联网设备的种类也在不断增加。当今，不仅诸如 IP 电话、IP 电视、IP 摄像头等 IP 音视频终端已经被广泛地部署在各类企业中，人们还给不同类型的设备内嵌传感器芯片，将这些过去并不存在数据通信需求的设备全部连接到网络中，实现信息交互。

早在企业能够将越来越多不同类型的设备统统接入网络之前，大多数企业首先部署了无线的接入环境。这样不仅削减了企业的布线成本，而且解决了联网设备数量增加所带来的企业网交换机端口密度不足的问题。随着无线接入方式的普及，自带设备（Bring Your Own Device，BYOD）成为一种风靡全球的移动办公方式，越来越多的员工通过将自己的智能终端连接在企业网的无线接入点（Access Point，AP）进行办公。

在这些既成现实的企业网发展经历之外，企业网近些年来还展现出了大量新的发展趋势。我们会选取几个比较热门的趋势在后文中进行介绍。

在本小节中，我们对企业网给企业带来的优势和企业网的一些发展情况进行简单的概述。接下来，我们将会介绍为了高效、可靠地提供这些企业网服务，大多数企业在部署企业网时所采用的设计模型。

1.1.2 分层模型概述

为了满足端口密度的需求，企业网当然会以以太网交换机作为主要设备进行构建。然而，如果一个局域网中只有不超过 30 台终端需要接入，那么除非这个局域网拥有一些特殊的需求，否则也就谈不上设计的概念。管理员只需要购置一台三层以太网交换机，用上行链路连接客户/企业边缘路由器，用下行链路与所有需要通过有线方式接入网络的终端相连或与一个无线 AP 相连，所有问题基本就可以迎刃而解了。一个超小型网络的部署方法如图 1-1 所示。

图 1-1　一个超小型网络的部署方法

当这个局域网扩展到需要使用 3 台交换机时，人们会自然而然地想到将这几台交换机按图 1-2 所示的网络结构相连。在这类网络设计方案中，每台交换机的角色和作用都是对称的，因此人们一般称这种设计为平面设计方案。

图 1-2 所示的这种方案是图 1-1 所示网络最自然的扩展方案，也确实是一些企业早期在搭建企业网时使用的设计方案。然而，采用这种设计方案的网络一旦扩展到一定规模，设计人员和管理人员就会渐渐体验"成长的烦恼"。这种网络设计方案效率低、故障多、不易规划的问题也就暴露了出来。说得具体一点，平面设计方案很难对下面几个问题给出合理的回答。

图 1-2　采用平面设计方案的局域网

1. 如何尽量减少不相关设备参与流量的处理？

如果采用平面设计方案，当某个终端在自己的 VLAN 中发送一个广播消息时，数据帧传输路径中的一台或多台交换机上不管是否有终端加入该 VLAN，这些交换机都要"无辜"地为这个 VLAN 转发消息。随着平面设计拓扑的不断扩展，受影响的设备越来越多，由此产生的问题如图 1-3 所示。

图 1-3　平面设计的问题（1）

2. 如何将网络故障隔离在最小范围内？

如果采用平面设计方案，由于无论数据包转发路径中间的那几台交换机（图 1-3 中的交换机 2、交换机 3 和交换机 4）上是否有端口加入了 VLAN 17，它们都要为交换机 1 和交换机 5 上 VLAN 17 的通信提供转发，因此，中间某台交换机发生故障就会导致网络中绝大多数 VLAN 被分割成两个信息孤岛。随着平面设计拓扑的不断扩展，广播域因中间设备出现故障而被分隔的概率增大，由此产生的问题如图 1-4 所示。

图 1-4　平面设计的问题（2）

3.　如何让具备不同性能的设备服务于不同流量转发压力的环境？

如果采用图 1-2 所示的平面设计方案，那么在规划网络时，设计人员应该考虑部署什么级别的交换机呢？鉴于每台交换机的角色和作用都是相同或相近的，我们很难在设计网络时区别对待它们。那么，我们在选型时，是全部使用高端交换机，还是全部使用低端交换机呢？

如果都使用高端交换机，那么随着网络的扩展，整体网络部署成本很快就会增加到难以想象的程度。对于这些高端交换机的资源无疑也是一种巨大的浪费。但如果都使用低端交换机，那么这个网络一旦出现流量高峰，它的数据传输效率就会显著下降。又因为第 1 个问题（如图 1-3 所示）无法得到很好的解决，所以这个网络中一旦部署了较多的交换机和较多的应用，就很容易频繁地出现流量高峰。另外，无论全部选用体积较大的高端交换机还是端口密度有限的低端交换机，都会在客观上增加这个网络的布线难度。这一点对应了平面设计方案不易规划的问题。

综上所述，为了避免平面设计方案的诸多问题，人们在后来设计企业网时，大多采用了**分层设计**方案，将一个企业网按照两到三个层级的方案来分层设计。图 1-5 所示的分层设计方案采用的是三个层级的方案。

如果采用图 1-5 所示的这种分层的设计模型，无论这个网络扩展到多大规模，两台终端之间的通信最多只需要经过 5 台交换机的转发。这 5 台交换机中并不会有哪台交换机是"原本不必"参与该 VLAN 数据转发的，这就解决了图 1-3 所示的问题。

此外，每台接入层交换机都连接了两台汇聚层交换机，每台汇聚层交换机都连接了两台核心层交换机。任何一台汇聚层交换机出现故障或者任何一台核心层交换机出现故障，都不会导致任何 VLAN 被隔离成两部分。而一台接入层设备的故障只会对网络中的一个有限范围构成影响，这就解决了图 1-4 所示的问题。

图 1-5　分层设计方案

最后，采用企业网分层模型，专业人员可以在网络设计之初就按照核心层选用高端三层交换机、汇聚层选用中端三层交换机、接入层选择低端三层交换机或者二层交换机的理念完成设备选型。各个交换机厂商也都分别推出了各自针对核心层、汇聚层和接入层的设备供技术人员选用。每当网络需要进一步扩展时，技术人员只需要根据当时的需要，适时地添加接入层、汇聚层和核心层的设备。这种方法大大方便了技术人员的设计工作，也让布线变得更加简单，网络的易规划性得到了显著提升。

当然，企业网三层设计方案并不是金科玉律。技术人员可以根据企业网的规模和网络建设的成本，合理地合并核心层和汇聚层，采用二层设计方案来部署网络。不过，无论部署多大规模的网络，都不必采用多于三层的设计方案，否则过多的分层会增加部署网络的经济成本，增加企业网内部两台终端间的通信数据有可能经历的转发设备数量，提高网络出现各类故障的概率。

我们通过叙述平面设计方案的不足，引出了企业网分层设计方案的概念，并且对这个分层设计方案的优势进行了概述。我们相信读者现在对这个分层设计方案已经有了一定的了解。下面我们会基于读者当下对这种设计方案的了解，详细介绍图 1-5 中企业网各个层级的作用。

1.2　企业网体系结构

针对 1.1.2 小节中的三层模型，我们分别对其功能进行简单的介绍。

接入层（Access Layer）：为终端设备提供接入和转发。大型企业网往往拥有数量相当多的终端设备。鉴于终端设备数量多，接入层往往会部署那种端口密度很大的低端二层交换机，其目的纯粹是将这些终端设备连接到企业网。

汇聚层（Aggregation Layer）：也称为分布层（Distribution Layer）。这一层的交换机需要将接入层各个交换机发来的流量进行汇聚，并通过流量控制策略，对企业网中的流量转发进行优化。

核心层（Core Layer）：使用高性能的核心层交换机提供流量快速转发。同时为了避免出现单点故障，核心层常常需要部署一定程度的冗余。

虽然对这三层的内容进行了比较简练的介绍，但是这些介绍显然过于笼统，读者很难直接利用这些介绍完成各层的设备选型、功能设计和配置部署。为了让读者能够在工作环境中落实这个体系结构，在本小节中，我们会分 3 部分对这三层的内容展开介绍。下面，我们首先从接入层说起。

1.2.1　接入层

接入层设备向上连接汇聚层交换机，向下则为各类终端设备（通过有线方式和无线方式）提供接入。一般来说，网络接入层大都会部署二层交换机。目前，为了支持时下流行的 BYOD，接入层基本也会连接无线接入点。此外，接入层也会根据需要部署 *x*PON、*x*DSL 等设备。

我们先从下向上看。接入层需要将林林总总的终端设备接入企业网中。我们在概述分层模型时，提出的第 1 个问题是如何尽量减少不相关设备参与流量的处理。在企业网的三层架构中，接入层交换机是终端设备始发流量进入企业网的第一跳交换机，因此它应当在这一层发挥无关/恶意流量的过滤作用，尽快将来自终端的那些无关流量过滤掉，而不让这些流量被进一步传播给流量处理压力更大的分布层。我们在这里谈到的过滤，既包括在接入层部署认证机制来过滤非法用户发起的连接，也包括在这里部署一些交换机特性（Feature）来过滤诸如 ARP 欺骗攻击、MAC 地址泛洪攻击、DHCP 欺骗攻击等攻击手段的恶意流量。

注释：

① "尽快过滤"是部署过滤机制时的最佳做法，我们希望读者能够在领会这一

原则的基础上，将其应用于实际的网络设计和部署工作中。这种原则顾名思义，就是指对于应该过滤的数据，网络设计人员应当在尽可能贴近该数据源的位置实施过滤，而不要等大量设备都为了转发它们而耗费了资源之后再进行过滤。这种原则不仅适用于在接入层部署一些流量过滤机制的场景，在设计很多过滤机制的操作点时都普遍适用。

② 网络设备的特性是指该网络设备提供的特定功能，设备管理员可以在操作系统中输入对应的命令让设备启用这项/这些功能。特性不同于协议，它是指一台设备本地自行对数据执行的操作，因此特性的操作不涉及设备间的协商，一台设备是否执行某项特性与其他设备通常是无关的。

除了过滤机制外，如果管理员希望企业网根据不同类型流量的重要性、时延敏感度等特征，区别处理这些不同类型的流量，那么管理员往往需要通过配置，让接入层交换机首先通过分类和标记来区分不同的流量类型，以便汇聚层交换机和核心层交换机根据标记来区别对待不同的流量。这种差异化处理不同类型流量是为了保障数据通信网络的服务质量，因此这类将流量进行差异化处理的技术被统称为服务质量（Quality of Service，QoS）技术。QoS 技术不是一项技术，而是一类技术。这类技术相对复杂，它们的原理与配置超出了本书的知识范畴，在此不进行赘述。

图 1-6 所示为管理员常常需要在接入层上针对终端部署的各类机制。图中的终端 1 正在发起 MAC 地址泛洪攻击，由于它所连接的交换机的端口部署了对应的过滤机制，因此这些数据包完全不会给企业网中的其他交换机造成困扰。图中的终端 2 连接到一个需要对用户进行认证的交换机端口，由于该用户认证失败，因此交换机拒绝被其访问。在图 1-6 的右下方，有一台接入层交换机对终端 3 发出的流量进行了分类和标记，以便汇聚层和核心层的交换机能够根据其标签明确应该如何处理这个数据包。

在讨论完如何针对终端设备部署接入层交换机之后，我们沿着三层架构向上看，接入层之上是汇聚层。如果接入层设备出现故障，所影响的范围仅限于它连接的终端设备。但如果接入层设备连接的汇聚层设备发生故障，或者接入层设备连接汇聚层设备的端口和链路发生故障，受到波及的终端设备就会比较多。为此，接入层一般会部署采用双上行的拓扑结构，也就是说每台接入层交换机都连接两台汇聚层交换机。接入层交换机上连接的终端可能分别属于多个 VLAN，并且二层交换机不具备三层功能，因此接入层交换机与汇聚层交换机之间一般会通过 Trunk 链路相连。这种设计方案可以提供冗余，显著提高网络的可用性。图 1-7 所示为一个企业网的接入层，这样的接入层设计方案会导致接入层和汇聚层之间产生交换环路。图 1-7 中粗线表示为一台接入层交换机和两台汇聚层交换机之间形成的环路。为了避免网络中产生逻辑环路，这些交换机上需要运行某种模式的生成树协议（Spanning Tree Protocol，STP）。

图 1-6　接入层常常需要部署的机制

图 1-7　企业网的接入层

关于接入层的设计我们可以告一段落了。接下来，我们会继续对汇聚层进行介绍。

1.2.2　汇聚层

企业网的三层设计方案并不是金科玉律。对于规模不大的网络，网络工程师可以将核心层和汇聚层进行合并，采用两层设计方案来部署网络。但对于具备一定规模的网络来说，网络中往往会部署大量的接入层交换机。此时，如果采用两层设计方案，上一层交换机中的端口数量首先就难以满足大量接入层交换机的连接需求。所以，在设计规模较大的网络时，设计人员应该在核心层和接入层之间添加一层汇聚接入层交换机发来的数据，将其上呈核心层交换机。在本小节中，我们会介绍当企业网的设计包含汇聚层时，管理员应该在汇聚层交换机上部署哪些机制。

如果接入层设备连接的汇聚层设备发生了故障，或者接入层设备连接汇聚层设备的端口和链路发生了故障，这种故障波及的终端设备数量会比接入层设备出现故障波及的终端数量多得多，所以接入层一般会采用双上行的拓扑结构。基于同样的原因，汇聚层更应该采用双上行拓扑结构，也就是每台汇聚层交换机连接两台核心层交换机。

既然在规模较小的网络中，汇聚层和核心层可以被合并为一层，那么汇聚层的交换机选型也和核心层一样，考虑使用三层交换机。不过，汇聚层交换机可以选用中端三层交换机。鉴于汇聚层一般使用三层交换机，因此与接入层设备和汇聚层设备之间部署二层交换环境的做法不同，汇聚层设备与核心层设备之间往往会采用三层互联的方式。由此可以看出，汇聚层交换机应该作为企业网中二层环境与三层环境之间的汇聚点，同时它们的 VLAN 虚拟接口应该被用来充当所连接终端的网关设备。汇聚层在企业网中扮演的角色如图 1-8 所示。

图 1-8　汇聚层在企业网中扮演的角色

之所以在汇聚层交换机与核心层交换机之间应该采用三层连接（IP 连接），是因为相对于二层连接，管理员可以对三层环境执行更多的管理控制。比如，汇聚层交换机上往往需要部署路由聚合，将其连接的各个子网路由汇聚成数量很少的汇总路由并通告给核心层交换机，这样可以对核心层隐藏小范围的网络变更，提升网络的稳定性。再比如，管理员也可以在汇聚层交换机上部署访问控制列表（Access Control List，ACL），为企业网提供更高效的基于 IP 地址的过滤。此外，管理员也可以针对接入层交换机所做的分类和标记操作，在汇聚层交换机上部署对应的区分处理方式，让网络能够更好地根据管理员定义的 QoS 策略分别对不同类型的数据包执行不同的操作。企业网汇聚层上通常需要部署的机制如图 1-9 所示。

图 1-9　企业网汇聚层上通常需要部署的机制

接下来，我们会继续介绍核心层的作用及需要在核心层上部署的机制。

1.2.3　核心层

在对汇聚层进行解释之后，核心层的部署方法与作用也就呼之欲出了。根据汇聚层的介绍，读者也可以想到，核心层交换机应该尽量选用高端或中高端的三层交换机，而核心层也需要尽量部署在管理上更加可控、更容易通过负载分担提高带宽使用率、网络稳定性与可用性的三层环境。实际上，在三层模型中，核心层的作用就是给整个网络提供这种高速而又可靠的数据转发能力。

为了在三层模型中实现高速数据转发，工程师在设计核心层网络时，应该在企业能够承担的经济预算范围之内，选择性能尽可能优秀的三层交换机来充当核心层交换机。同时，工程师也要尽量减免核心交换机上与数据转发无关的中央处理器（Central Processing Unit，CPU）密集型任务，把这些任务尽量移交给汇聚层交换机来完成。这里所说的处理任务包括 IP ACL 过滤策略和 QoS 分类策略，其他会大量消耗核心层交换机 CPU 资源的处理操作也应该尽量由汇聚层或分布层交换机来承担，让交换机将尽可能多的资源用于企业网的数据转发。

在分层架构中，核心层担负着实现企业网全网互联，以及企业网与互联网连接的重要任务。因此，核心层"瘫痪"意味着整个企业网都会被隔离成多个信息孤岛，同时每个信息孤岛也都会失去与互联网的连接。企业网核心层"瘫痪"的影响如图 1-10 所示。

为了避免这种情况的发生，工程师在参考预算对核心层交换机进行选型时，一方面要选择性能尽可能强大的交换机，另一方面要兼顾核心层的可靠性。这包括工程师应该确保企业网中部署有冗余的核心层交换机，且核心层交换机之间通过多条链路彼此相连，同时要考虑是否给核心层交换机上的重要组件（如冗余电源）配备冗余，防止核心层出现单点故障。

图 1-10　企业网核心层"瘫痪"的影响

当然，对于因规模不大而在设计时合并了汇聚层和核心层的中小型企业网，由于并没有实现核心层与汇聚层的区分，因此核心层交换机也需要承担汇聚层交换机的处理操作。换言之，在仅包含接入层和核心层的两层企业网中，核心层交换机上则需要部署一些影响 CPU 性能的业务。网络方案的设计没有对错，有的只是设计方案是否符合企业的需求。管理员在掌握了企业网设计的根本原则后，就可以根据企业自身的需求（业务需求、成本投入等）"因地制宜"了。

在本节中，我们分别介绍了接入层、汇聚层和核心层应该在网络设计中发挥的作用，工程师在设计网络时应该如何针对这三层完成设备选型，以及工程师应该分别在这三层的设备上部署哪些技术和策略。

至此，我们已经对企业网的架构进行了比较充分的介绍。下面我们会为读者对企业网近期的发展趋势进行简要的介绍，帮助读者了解企业网未来可能的发展方向，以及一些相关技术术语的含义。

1.3　企业网发展趋势

自从计算机网络成了企业办公的标配后，企业网就没有停止发展变化。近年来，伴随着数据通信网络自身的发展变化，企业网也出现了一些新的发展趋势。在本节中，我们会对企业网的发展趋势进行简单介绍。

对于普通的网络用户来说，近年来除了网络的带宽和应用不断增加外，最直观的变化是接入网络的设备种类产生了显著的变化：从互联网刚刚开始普及时的台式计算机，到 20 世纪末开始出现的笔记本电脑，到十几年前开始大量涌现的平板电脑、智能手机，再到万物互联趋势下的各类非智能设备通过终端传感器接入网络。短短 10 年间，将数据通信网络称为计算机网络（Computer Network）已经显得十分不合时宜，企业网正在由传统的 IT 企业网络演变为企业物联网（Internet of Things，IoT）。在 2017 中国通信行业物联网大会上，华为列举了这样一组数据：目前已有超过 60% 的商业组织在使用 IoT 服务，此外，24% 的 IT 预算已经被用于 IoT 建设上，而 63% 的 IoT 使用者已经看到回报。

企业物联网本身就是企业网发展的趋势，这种趋势同时又催生了其他的企业网发展趋势，比如无线接入在企业网中的普及。在企业物联网中，越来越多需要接入网络的设备（如平板电脑）都不会安装有线网络适配器，就连笔记本电脑这类在传统上配有有线网卡的设备也已经极少装备有线网卡出售。因此，在企业网中，有线接入的方式必然会被逐渐弱化，而 BYOD 将不可阻挡地成为企业网的潮流。曾几何时，会议室圆形办公桌上都会伸出大量的以太网线缆。如今，很多企业网已经不再给用户终端提供有线接入的条件，无线访问已经成为用户终端连接接入层设备的主流方式。

无线作为主流接入方式也导致无线网络架构悄然发生了变化。在早期的 WLAN 中，每一个 AP 都可以独立提供所有的无线接入功能，这类 AP 被称为胖 AP。在实施网络时，管理员也需要在为数不多的 AP 上逐个进行配置。这种由每个 AP 自主提供服务的 WLAN 网络架构称为自治式 WLAN 架构，如图 1-11 所示。随着无线接入方式主流化，AP 开始在企业中进行大面积的部署。在这样的大背景下，一个稍具规模的网络，采用逐个 AP 进行配置的自治式架构展现出了管理操作成本高的弊端。当前，无线网络架构的趋势已经由自治式架构过渡到了集中式架构。在集中式架构中，胖 AP 的数据平面和管理平面被解耦成两类独立的设备类型。数据平面仍为 AP，这类 AP 称为瘦 AP。网络中的多个瘦 AP 通过无线接入控制器（Access Controller，AC）进行统一管理，无线 AC（简称 AC）即集成了胖 AP 的管理平面。图 1-12 所示为集中式 WLAN 架构。

说到数据平面与管理平面解耦，人们往往会立刻联想到另一个当前企业网的主流趋势，那就是软件定义网络（Software Defined Network，SDN）。在过去，对于一位网络工程师来说，配置和维护企业网的过程一直是以设备为单位进行的。随着 SDN 时代的到来，这种传统的网络管理方式有可能会在未来几年被彻底颠覆。逐个通过特定厂商的操作系统对各个设备进行管理配置的做法很快就会被更加高效和灵活的管理方式所取代，这种变化与上面介绍的 WLAN 架构变更有异曲同工之处，只是这一轮"瘦化"的对象由无线 AP 扩展到了企业网的其他网络设备。在未来的企业网中，工程师对设备的管理和运维可以通过在网络的控制器上编写或修改软件的方式来完成。由工程师通过修改软件来实现的操作会通过控制器下达给企业网中的各个设备，再由网络设备统一执行。

图 1-11　自治式 WLAN 架构

◀- - -▶ AC 与瘦AP之间的通信

图 1-12　集中式 WLAN 架构

当然，近年来在与"瘦化"相关的网络技术中，另一项频繁被人们提及的是云计算。所谓云计算，就是将大量的用户日常使用的资源部署到一个可供大量用户共享的资源池中，用户在需要使用这些资源的时候则通过网络在线调用这些资源。实际上，对于很多企业来说，在企业网内部部署仅为企业员工（和访客）服务的企业私有云的做法是相当常见的。云计算不仅解决了企业物联网趋势之下，各类接入网络的瘦终端计算资源不足的问题，而且可以让用户随时按照自己的需要灵活配置可供自己使用的计算资源，而不需要再像过去一样按照自己所需计算资源的上限来配置自己的胖终端设备。

　　云计算在信息技术水平上虽然有着天壤之别，但存在着架构上的相似性，那就是计算资源的集中化。在分时系统被广泛应用的年代，计算机上的计算资源属于稀缺资源。当时的模拟电话网络虽然通信能力有限，但电传打字机和计算机之间也只需要传输简单的命令。在这样的大背景下，分时系统的存在让大量用户能够通过网络共享这些稀缺的资源。在当今的大数据时代，智能终端需要计算的数据量正在呈几何级数增长，同时摩尔定律[①]已经失效，而网络带宽仍在以较快的速度增长，计算资源再次成了相对稀缺的资源，因此集中式部署计算资源的架构势必会因其高效性、灵活性和经济性而回归人们的视野。

　　从无线技术、SDN、云计算出发，我们还可以深入研究企业网的发展趋势。比如，我们可以从云计算的灵活性这一需求延伸出虚拟化技术在企业网中的普及，再从虚拟设备的跨广播域迁移延伸出大二层技术。但我们在这里需要指出，网络会随着用户的需求和科技的发展不断变化，每一年都会有大量新的术语涌现。这些术语或指代某项刚刚标准化的特定技术或产品，或指代一种各个厂商仍在各说各话的观念，或指代一种全新的网络架构。其中大量新兴概念都适用于企业网环境，或者因为能够优化企业网环境而被企业网采纳。本书不可能穷举所有新的技术趋势。我们建议每一位学生、每一位本书的读者能够将曾经用于打游戏、逛网店、刷朋友圈、看连续剧的时间分出一小部分，在条件允许的情况下，现场出席或在线参与由不同政府部门、研究机构、非政府组织（Non-Governmental Organization，NGO）、企业组织的 IT 创新会议，关注 IT 的前沿动态，养成关注 IT 发展趋势的习惯。如果能够做到这一点，读者必将获益良多。

1.4　本章总结

　　我们通过一章的篇幅为读者展示了企业网络的历史与发展，以及企业网的分层模型。这也是为本书的其他章节所做的铺垫。

　　本书将为读者介绍出于不同目的而被应用在局域网（尤其是企业网）中的多种技术，其中包括为了实现冗余、安全性、连接互联网、构建 WLAN，以及减轻管理员工作负担的常用技术。

---

① 摩尔定律：集成电路上可以容纳的晶体管数量大约每 18～24 个月就会增长一倍，性能也会随之翻倍。这是由英特尔（Intel）公司的联合创始人之一戈登·摩尔在 1965 年提出的。

读者在阅读和学习本书时，可以把自己放在企业网络管理员的位置上，这样不仅可以学习各种技术的原理和配置，而且更能够理解相关技术给企业网络带来的好处。

1.5 练习题

一、选择题

1. 下列哪些联网设备可能出现在企业网环境中？（多选）（　　）

A. 用户终端设备 　　　　　　B. 打印机

C. IP 电话 　　　　　　　　　D. 监控摄像头

2. 网络化办公为传统的办公方式带来了哪些变化？（多选）（　　）

A. 信息的共享更便利，更环保（比如无纸化办公）

B. 信息的存储更简单，查阅更轻松（比如建立数据库并检索信息）

C. 信息的安全性更高，不易泄露（比如使用电子化替换纸张来记录和存储数据）

D. 信息的发布更快速，能够准确发送到每位员工的终端（比如通过电子邮件）

3. 在企业网的体系结构中，建议把企业网分为以下哪几层？（多选）（　　）

A. 核心层 　　　　　　　　　B. 汇聚层

C. 接入层 　　　　　　　　　D. 冗余层

4. 如果要对企业网终端用户生成的流量进行分类，那么管理员最好在哪一层实施标记？（　　）

A. 核心层 　　　　　　　　　B. 汇聚层

C. 接入层 　　　　　　　　　D. 冗余层

5. 按网络分层来说，小型企业网环境中可以忽略哪一层的部署？（　　）

A. 核心层 　　　　　　　　　B. 汇聚层

C. 接入层 　　　　　　　　　D. 冗余层

6. 管理员通常会在以下哪层中实施冗余性技术？（多选）（　　）

A. 核心层 　　　　　　　　　B. 汇聚层

C. 接入层 　　　　　　　　　D. 冗余层

二、判断题

1. 在设计企业网时，考虑到网络未来的扩展性，必须按照三层模型进行设计。

2. 在企业网的设计中，管理员只需要在互联网出口上考虑安全性问题就可以了，这种安全顾虑可以通过部署防火墙、入侵检测/防御系统化解。

第 2 章
网络可靠性

在读书、工作、学习、投资、休闲都已经被充分数字化、线上化的年代，网络中断常常会影响人们的进度。随着人们对网络的依赖程度越来越高，网络工程师需要保证网络能够 7×24h 不间断地为人们提供服务。在这一章中，我们会向读者介绍 3 项可以提升网络可靠性的技术。在这 3 项技术中，一项技术可以为网络提供检测连通性的机制；另外两项技术则旨在增加网络的冗余性，确保网络在某些环节发生故障时依然能够正常运行，避免单点故障的发生。值得一提的是，要想确保网络的可靠性，工程师在设计网络时就应该把这些技术考虑在内，而不要等到网络已经出现故障或网络中已经存在单点故障的风险之后再亡羊补牢。

学习目标
- 理解 BFD 的功能与工作原理；
- 了解 BFD 的报文格式；
- 掌握 VRRP 的工作原理；
- 掌握 VRRP 的配置方法；
- 理解链路聚合的作用；
- 掌握链路聚合的工作模式；
- 掌握链路聚合的配置方法。

2.1 BFD

判断网络可靠性的一项重要标准为这个网络是否能够快速复原，有些技术资料称之为网络的弹性（Resilience）。快速复原能力一般是指网络不借助技术人员的干预就可以自动恢复的能力，因此网络要想具备快速复原能力，就必须先拥有一种能够检测出网络故障的机制，否则恢复也就无从谈起。而本节要介绍的双向转发检测（Bidirectional Forwarding Detection，BFD）就是这样一项技术。

2.1.1　BFD 概述

根据前面的介绍，读者应该已经大致了解 BFD 的作用。部署 BFD 就像给网络安装故障自检系统，让网络设备能够更快地发现相邻设备之间的通信已经中断，以便尽快采取有针对性的措施来促进网络快速复原。

在搭建网络时采用的介质和技术自身就提供了错误检测机制，譬如很多协议中引入的 Hello/Keepalive（保活）数据包与老化计时器机制，就可以让协议能够在通信出现故障时发现问题。然而，并不是通过所有方式建立的通信都具备这样的通信故障检测机制，比如对于管理员手动配置的静态路由条目，路由器就没有配套机制可以了解它们对应的下一跳设备是否仍然可达。除了不具备统一的检错机制会显著降低网络的快速复原能力外，很多技术自带的检错机制效率很低，常常无法满足某些应用的需求。BFD 同时解决了这两大问题，不仅检错效率高，而且适用于广泛的介质，能够给大量的协议提供错误检测服务。这是读者在设计网络时应该部署这项技术的原因。

BFD 提供的服务理解起来很容易，下面我们介绍 BFD 提供这种服务的机制。

2.1.2　BFD 的工作机制

BFD 采取的通信故障检测方式与 Hello 消息采用的方式十分类似，这个以用户数据报协议（User Datagram Protocol，UDP）作为传输层协议的协议可以算是一种轻量级的 Hello 协议。具体来说，在检测通信故障之前，BFD 对等体之间也需要首先建立会话，然后通过这条对等体之间建立的会话来周期性地发送故障检测消息。如果一台 BFD 设备在指定时间内没有接收到 BFD 对等体发送过来的检测消息，那么它就会认为自己与对等体之间的通信出现了故障。BFD 的工作方式如图 2-1所示。

为了建立 BFD 会话，对等体之间需要首先完成 3 次握手，3 次握手的会话建立过程同时也是参数协商过程。如果对等体之间完成了 BFD 3 次握手，那么它们也就完成了状态迁移并进入 BFD UP 状态。

既然涉及状态迁移，就有对应的状态机。作为一种轻量级 Hello 协议，（如果不考虑因管理员没有在设备上启用 BFD 协议而导致 BFD 处于管理 DOWN 的状态）BFD 共有 3 种状态，它们是 DOWN、INIT 和 UP。BFD 的状态迁移过程相当简单。下面我们简单介绍 BFD 对等体之间的状态迁移过程。

图 2-1 BFD 的工作方式

首先，当管理员在两台设备上启用 BFD 之后，它们的初始状态都是 DOWN。此时，BFD 设备会向对端发送 BFD 消息，BFD 消息中会携带始发设备当前的状态。BFD 的 DOWN 状态如图 2-2 所示。

图 2-2 BFD 的 DOWN 状态

当一台处于 DOWN 状态的 BFD 设备在接收到状态为 DOWN 的 BFD 消息之后，它就会进入 INIT 状态，状态为 INIT 的设备发送的 BFD 消息状态也会变为 INIT。BFD 的 INIT 状态如图 2-3 所示。

图 2-3 BFD 的 INIT 状态

在图 2-3 中，图 2-2 的 AR2 接收到了 AR1 发送的 DOWN 消息，因此 AR2 进行了状态迁移，并开始向 AR1 发送状态为 INIT 的 BFD 消息。同时，由于 AR1 此时还没有接收到 AR2 发送的 DOWN 消息，因此 AR1 仍然在周期性地向 AR2 发送状态为 DOWN 的消息。对于状态为 INIT 的 BFD 设备，它会忽略后续状态为 DOWN 的消息。因此，在图 2-3 的下一个状态中，AR1 会接收到 AR2 发送的 DOWN 消息并切换为 INIT 状态，但

AR2 由于已经进入 INIT 状态，因此不会处理 AR1 发来的 DOWN 消息。这个过程十分简单，我们不再通过图示进行说明。

同理，处于 3 种状态（**DOWN/INIT/UP**）中任何一种状态的设备接收到状态为 **INIT** 的 **BFD** 消息之后，它都会进入 **UP** 状态，状态为 **UP** 的设备发送的 **BFD** 消息状态也会变为 **UP**，如图 2-4 所示。

图 2-4 BFD 的 UP 状态

在图 2-4 中，由于图 2-3 中 AR2 首先迁移到了 INIT 状态并开始向 AR1 发送状态为 INIT 的 BFD 消息，因此 AR1 首先接收到了 AR2 发送的 INIT 消息，AR1 迁移到了 UP 状态后开始向 AR2 发送状态为 UP 的 BFD 消息。同时，由于 AR1 迁移到 INIT 状态的时间比较晚，因此 AR2 还没有接收到 AR1 发送的 INIT 消息。

一台 BFD 设备的状态由 DOWN 迁移到 INIT 之后，它就会开始启动超时计时器，只要在超时计时器过期之前仍然没有接收到对端发送过来的 BFD 消息，无论此时该设备的状态为 INIT 还是 UP，它都会直接进入 DOWN 状态；如果它接收到的 BFD 消息状态为 DOWN，它也会直接进入 DOWN 状态。这也就是说，UP 状态不会回退到 INIT 状态，只会直接回到 DOWN 状态。

注释：

如果一台处于 DOWN 状态的设备直接接收到了状态为 UP 的 BFD 消息，那么它会忽略这个消息，而不会直接过渡到 INIT 状态或者 UP 状态。

BFD 的接口状态机逻辑十分简单，我们在本小节中已经充分介绍触发 BFD 接口状态机的几种情况。在这里，我们在章末练习题之外先给读者提出一道画图题：请读者根据本小节中的文字描述，画出 BFD 状态机的迁移流程，流程中包含 BFD 状态机迁移的触发条件。

在介绍了 BFD 的状态之后，接下来将介绍 BFD 的报文格式。

2.1.3 BFD 的报文格式

一项协议提供的服务需要通过定义这个协议的头部字段来落实。既然这样，我们可以分析一下 BFD 的协议报文，了解 BFD 是如何实现协议功能的。

BFD 的头部封装格式如图 2-5 所示。

图 2-5　BFD 头部封装格式

下面，我们结合图 2-5 介绍 BFD 头部封装格式中主要字段的表意。

① **版本**：与 IPv4 数据包头部的作用类似，用来标识这个数据包的 BFD 版本。目前这个字段的取值固定为 1。

② **诊断字**：作用是标识本地设备最近一次 BFD 状态发生变化的原因。

③ **状态**：长度为 2 比特，因此可以取 4 个值——取值为 0 表示本地设备管理关闭了BFD；取值为 1 表示本地设备当前 BFD 状态为 DOWN；取值为 2 表示当前 BFD 状态为INIT；取值为 3 表示当前 BFD 状态为 UP。

④ **超时检测倍数**：在默认模式下，BFD 设备会周期性地发送 BFD 消息向对端通告自己的存在。如果一台 BFD 设备在超时时间周期内都没有接收到对端发送的 BFD 消息，那么这台设备就会认为与对方设备的通信出现了故障。这个字段的作用是标识本地设备的超时时间周期是发送周期的多少倍。

⑤ **长度**：与 IP 数据包头部的作用类似，这个字段用来表示这个 BFD 头部所封装的数据长度。

⑥ **本地鉴别符**：一对 BFD 对等体彼此之间未必通过介质直连。因此，BFD 消息中需要有专门的字段用来告知对端这是来自哪个 BFD 会话的消息，本地鉴别符的作用就在于此。如果 BFD 会话是动态建立的，那么系统会给每个会话的 BFD 消息自动分配一个本地鉴别符值。如果 BFD 会话是静态建立的，那么本地鉴别符值是管理员静态配置的数值。

⑦ **对端鉴别符**：如果 BFD 会话是动态建立的，那么当 BFD 设备接收到对端发送的BFD 消息时，它会用该消息中本地鉴别符字段中封装的数值，作为自己在这段会话中给对等体发送 BFD 消息时使用的对端鉴别符字段的值。如果 BFD 会话是静态建立的，那么本地鉴别符值和对端鉴别符值则都需要由管理员进行静态配置。

⑧ **支持最小发送间隔**：标识这台 BFD 设备支持的最小 BFD 消息发送间隔。

⑨ **支持最小接收间隔**：标识这台 BFD 设备支持的最小 BFD 消息接收间隔。

⑩ **支持最小回声接收间隔**：作用是标识这台 BFD 设备支持的最小回声（Echo）消

息接收间隔。

⑪ **认证类型**：是可选字段。如果管理员启用了 BFD 认证，那么 BFD 消息中就会携带这个字段来标识管理员指定的认证类型。BFD 支持 5 种类型的认证，其中包括明文密码认证（类型字段取值为 1）和加密 MD5 认证（类型字段取值为 2）等。

⑫ **认证长度**：既然认证类型是可选字段，认证长度当然也是可选字段。如果管理员启用了 BFD 认证，那么 BFD 消息中就会携带这个字段来标识认证类型字段、认证长度字段和认证数据字段这 3 个字段的总长度。

⑬ **认证数据**：就是认证的数据部分。显然，这个字段的长度不是固定的。

通过前文的介绍，读者已经基本了解 BFD 的工作方式。下面我们简单说明一下动态建立的 BFD 会话是如何通过检测故障来影响通信的。

图 2-6 所示为 BFD 会话的建立，其中管理员在 OSPF 进程下启用了 BFD，让 BFD 检测开放最短路径优先（Open Shortest Path First，OSPF）协议（简称 OSPF）的通信故障。

图 2-6　BFD 会话的建立

在图 2-6 中，BFD 在开始检测故障之前经历了 3 个步骤，具体如下。

步骤 1　OSPF 建立邻居关系。

步骤 2　OSPF 将邻居信息通告给 BFD。

步骤 3　BFD 则利用这些信息建立了会话，并且通过这段会话周期性地相互发送消息来检测故障。

此时，如果 AR1 和 AR2 之间的通信因链路故障而中断，那么 BFD 就会迅速检测出通信中断。BFD 向 OSPF 通告链路故障如图 2-7 所示。

图 2-7　BFD 向 OSPF 通告链路故障

在图 2-7 中，BFD 检测到故障发生并通告链路故障时经历了 3 个步骤，具体如下。

步骤 1　BFD 因在指定时间内没有接收到对端的 BFD 消息而迅速检测出 AR1 与 AR2 之间的通信故障，同时 BFD 的状态也由 UP 变为 DOWN。

步骤 2　BFD 向 OSPF 通告邻居已经不可达的信息。

步骤 3　OSPF 断开邻居关系，OSPF 网络也会开始重新收敛。

静态建立的 BFD 会话检测通信故障的方式也是类似的，比如管理员就可以使用 BFD 来检测本地路由器上某条静态路由条目的下一跳路由器是否仍然可达。当然，静态路由并不会向 BFD 通告邻居信息，因此管理员在希望使用 BFD 来检测静态路由通信故障时，就需要通过手动配置本地鉴别符和对端鉴别符的方式，让双方设备之间建立静态 BFD 会话。另外，静态路由也不会重新收敛。如果 BFD 检测到某条静态路由条目的下一跳已经变为不可达，那么 BFD 就会将这条路由设置为"非激活"状态。此后，路由器不能再使用这条路由来进行转发。直到 BFD 重新建立会话后，BFD 才会将这条路由条目重新恢复为"激活"状态。

2.2　VRRP

第一跳冗余协议（First Hop Redundancy Protocol，FHRP）并不是指一项特定的协议，

这个名词就像路由协议（Routing Protocol）一样，是一类协议的总称。这类协议所提供服务的共同特点就是为终端设备提供网关的冗余。因为对于局域网中的终端设备来说，局域网的网关就是它们经历的第一跳路由设备，所以配置在终端设备上的默认网关其实也就是一条将下一跳指向网关设备连接局域网接口的默认路由。

对于一个局域网来说，网关设备是连接局域网和外部网络的桥梁，局域网与网关设备之间的通信断开也就意味着局域网中所有终端断开了与外部网络的通信，比如在图 1-1 所示的网络中，只要交换机与路由器之间的链路、这条链路两端的任何一个端口、路由器、路由器连接互联网的链路或者这条链路的端口，任意一点出现故障，所有终端都会失去与互联网的连接。考虑到网关设备的重要性，人们采用部署冗余网关的设计方案也就顺理成章了。在本节中，我们会介绍一项在部署冗余网关时最常用的 FHRP，即虚拟路由器冗余协议（Virtual Router Redundancy Protocol，VRRP）。

2.2.1　VRRP 概述

为了避免前文所说的这种单点故障的隐患，最直接的想法是让交换机通过两条上行链路分别连接两台路由器，这两台路由器再分别与互联网相连。一个包含了冗余网关的小型网络如图 2-8 所示。

图 2-8　一个包含了冗余网关的小型网络

从功能上看，图 2-8 所示拓扑足以避免出现与网关相关的单点故障。但如果没有配套机制，那么这种设计方案存在实现方面的问题。不过，在对系统进行配置时，用户只能输入一个默认网关，并不存在备用默认网关的设置。也就是说，网络中需要一种机制能够让冗余网关设备工作起来像一台网关设备。而我们这一节要介绍的 VRRP 就提供了这样一种机制。

　　虚拟化技术的种类繁多，VLAN 技术属于一项可以将单一广播域通过虚拟化手段虚拟为多个广播域的虚拟化技术。而本小节我们要介绍的 VRRP 则正好相反，这个协议提供了将多台路由器虚拟成一台路由器的服务。

　　通过虚拟化手段，我们可以将多台物理设备在逻辑上合并为一台虚拟设备，同时让这些物理路由器对外隐藏各自的信息，以便为其他设备提供一致性的服务。使用了 VRRP 环境的逻辑拓扑如图 2-9 所示。

图 2-9　使用了 VRRP 环境的逻辑拓扑

　　如果我们在图 2-8 所示的物理拓扑中配置了 VRRP,将路由器 A 和路由器 B 连接交换机的接口配置成一个 VRRP 组，那么两台路由器的接口就会对外使用相同的 IP地址（10.1.1.1/24）和 MAC 地址（00-00-5E-00-01-01）进行通信。此时，管理员只需要在所有终端设备上将这个 IP 地址（10.1.1.1/24）设置为默认网关的地址，就可以实现网关设备的冗余。当其中一台路由器出现故障时，在这个局域网与互联网之间路由数据包的操作虽然会由一台设备迁移到另一台设备，但是终端设备完全不知道原本的网关设备发生了故障，而当前充当网关的设备已经变成另一台路由设备——因为虽然实际为它们提供流量转发的设备已经发生变化，但它们仍然在使用原本的 IP 地址和 MAC 地址来发送需要由原先网关设备转发的流量。所以说，无论是在网关设备切换前，还是网关设备切换后，终端设备都认为这个网络的逻辑拓扑其实就是第 1 章中图 1-1 所示的拓扑。

在本小节中，我们描述了 VRRP 提供的服务。接下来，我们将对 VRRP 的工作原理进行简单的介绍。

2.2.2　VRRP 工作原理

VRRP 可以在网关路由器出现故障时，让另一台同处一个 VRRP 组中的设备继续为局域网与互联网之间执行数据转发。这实际上从侧面说明了参与同一个 VRRP 组的路由器并不会同时都参与转发。VRRP 路由器的角色分为主用（Master）和备用（Backup）两种，只有主用路由器才会为局域网和互联网之间的流量执行转发，而备用路由器只会监听主用设备的状态。这是为了当主用设备出现故障时，备用路由器能够及时接替主用设备。

注释：

主用 VRRP 路由器和备用 VRRP 路由器实际上指的都是路由器的接口，而不是路由器。鉴于读者已经在学习 OSPF 时，学习过指定路由器（DR）和备份指定路由器（BDR）的概念，因此读者应该不难理解参与主用/备用路由器选举的网络实体实际上是路由器接口这一情形。由于技术术语与网络实体存在偏差是既成的事实，读者在阅读后面的文字时应该保持清醒。为了帮助读者熟悉这一概念，在下面的术语介绍中，我们会使用"路由器（接口）"的方式来提醒读者，VRRP 路由器其实指的是路由器接口。

为了说清楚 VRRP 的工作原理，我们有必要首先对一些 VRRP 术语进行说明。读者不妨参照图 2-9 来理解下面的说明。

① **VRRP 组**：当管理员为了实现网关设备的冗余，通过配置的手段将连接在同一个局域网中的一组 VRRP 路由器（接口）划分到同一个逻辑网关（接口）组中，让它们充当这个局域网中终端设备的主用/备用网关时，管理员所创建的这个逻辑组就是 VRRP 组。在这个局域网中的终端看来，这些由 VRRP 路由器（连接在相同局域网中的接口）组成的逻辑组，就是一台网关路由器，因此 VRRP 组也被称为虚拟路由器。例如，在图 2-9 中，VRRP 路由器 A 和 VRRP 路由器 B 连接局域网交换机的接口就被划分到了同一个 VRRP 组中，这个 VRRP 组在终端设备看来就是一台虚拟路由器。

② **虚拟 IP 地址**：由于在一个 VRRP 组中，多个路由器（接口）需要作为一台虚拟

路由器对外提供服务。因此，这些路由器（接口）需要对外使用相同的 IP 地址来响应终端发送给默认网关目的 IP 地址的流量，这个 IP 地址也就是 VRRP 组的虚拟 IP 地址。在图 2-9 中，VRRP 组（虚拟路由器）的虚拟 IP 地址为 10.1.1.1/24。

注释：

同一个 VRRP 组可以有多个虚拟 IP 地址，但不同 VRRP 组的虚拟 IP 地址不能相同。

③ **IP 地址拥有者**：如果虚拟 IP 地址是某一个 VRRP 设备的真实 IP 地址，那么这台设备就是 IP 地址拥有者。比如，在图 2-9 中，VRRP 组（虚拟路由器）的虚拟 IP 地址为 10.1.1.1/24，这个 IP 地址与 VRRP 路由器 A 局域网接口的 IP 地址相同，因此 VRRP 路由器 A 就是这个 VRRP 组的 IP 地址拥有者。

④ **虚拟 MAC 地址**：由于在一个 VRRP 组中，多个路由器（接口）需要作为一台虚拟路由器对外提供服务。因此，这些路由器（接口）需要对外使用一个（不同于自己实际 MAC 地址的）一致的虚拟 MAC 地址来响应终端发送给默认网关流量的目的 MAC 地址，这个 MAC 地址也就是 VRRP 组的虚拟 MAC 地址，所以虚拟 MAC 地址与 VRRP 组（组 ID）之间存在对应关系。在图 2-9 中，VRRP 组（虚拟路由器）的虚拟 MAC 地址为 00-00-5E-00-01-01。

⑤ **VRID**：同一个 VRRP 路由器（接口）有时需要参与多个 VRRP 组，因此需要能够区分每个 VRRP 组的标识符，VRID 就是标识不同 VRRP 组的标识符。例如，图 2-9 所示 VRRP 组（虚拟路由器）的 VRID 为 1。

⑥ **优先级**：每个 VRRP 组会有一个 VRRP 路由器（接口）充当主用路由器，这个主用路由器会承担局域网网关的角色，为终端设备转发往返于局域网的数据流量；其他参与这个 VRRP 组的 VRRP 路由器（接口）则充当备用路由器，以备在主用路由器无法为终端转发流量时有设备可以继任局域网的网关。优先级是管理员在每个 VRRP 组中分配给各个 VRRP 路由器（接口）的参数，一个 VRRP 组中优先级最高的那个 VRRP 路由器（接口）会在主用路由器选举中胜出，承担主用路由器的角色。

⑦ **抢占**：如果一台 VRRP 路由器工作在抢占模式（Preempt Mode）下，那么当这台 VRRP 路由器（接口）的 VRRP 优先级值高于这个 VRRP 组中当前主用路由器的 VRRP 优先级值时，这台 VRRP 路由器（接口）就会成为主用路由器。如果一台 VRRP 路由器工作在非抢占模式下，那么即使这个 VRRP 路由器（接口）的 VRRP 优先级值高于这个 VRRP 组中当前主用路由器的 VRRP 优先级值，这个 VRRP 路由器也不会在该主用路由器失效之前就替代它成为主用路由器。

VRRP 当前包含 VRRPv2 和 VRRPv3 两个版本，前者仅适用于 IPv4 环境，后者则同时适用于 IPv4 和 IPv6 环境。目前，华为 VRP 系统默认的 VRRP 版本为 VRRPv2。VRRP 消息是封装在 IP 头部之内的。当内部封装的消息是 VRRP 消息时，IP 头部的协

议字段会取值 **112**，表示这个 IP 数据包内部封装的上层协议是 **VRRP**。同时，这个 **IP**
头部的目的 **IP** 地址封装的地址为组播地址 **224.0.0.18**。下面，我们来介绍一下 VRRP 消
息中包含的字段内容。VRRPv2 头部封装格式如图 2-10 所示。

图 2-10　VRRPv2 头部封装格式

通过图 2-10，我们可以看到 VRRP 消息会携带前文中介绍的虚拟路由器 ID 和优先
级。这两个字段在 VRRPv2 封装中定义的长度皆为 8 比特，因此虚拟路由器 ID 和优先
级取值的上限皆为 255，即 8 位二进制数全部取 1 时对应的十进制数。**虚拟路由器 ID 的**
取值范围是 1～255，优先级字段的取值范围是 0～255。优先级值越大，这个接口在主用路
由器选举中的优先级就越高。0 表示这个 VRRP 路由器接口立刻停止参与这个 VRRP 组，
如果管理员给主用路由器赋予了 0 这个优先级，那么优先级值最高的备用路由器就会被选举
为新的主用路由器。**IP 地址拥有者的优先级为 255，优先级为 255 的设备会直接成为主用设**
备。华为路由器接口默认的优先级值为 100。

除了这两个字段外，VRRPv2 头部封装格式还包括下列字段。

① **版本**：对于 VRRPv2 消息，这个字段的取值一律为 2。

② **类型**：取值一律为 1，表示这是一个 VRRP 通告消息。目前 VRRPv2 只定义了通
告消息这一种类型的消息。

③ **IP 地址数**：同一个 VRRP 组可以有多个虚拟 IP 地址，这个字段的作用就是标识
这个 VRRP 组的虚拟 IP 地址数量。

④ **认证类型**：VRRPv2 定义了 3 种类型的认证——取值为 0 表示该消息的始发 VRRP
设备未配置认证；取值为 1 表示其采用了明文认证；取值为 2 表示其采用了 MD5 认证。

⑤ **通告时间间隔**：标识了 VRRP 设备发送 VRRP 通告的时间间隔，单位为 s。

⑥ **校验和**：作用是让接收方 VRRP 设备检测这个 VRRP 消息是否与始发时一致。

⑦ **IP 地址**：作用是标识这个 VRRP 组的虚拟 IP 地址。IP 地址数字段显示这个 VRRP 组有多少个虚拟 IP 地址,这个消息的头部封装中就会包含多少个 IP 地址字段。

⑧ **认证数据**：VRRP 消息的认证字段。

到这里为止,我们已经介绍了 VRRP 所涉及的大部分基础知识。下面,我们需要结合上面介绍的内容,分步骤解释 VRRP 为局域网提供冗余网关的方式。

步骤 1 VRRP 组选举出主用路由器,如图 2-11 所示。

图 2-11　VRRP 组选举出主用路由器

VRRP 组中的路由器在选举主用路由器时,会首先对比优先级,优先级最高的接口会成为主用路由器。如果多个 VRRP 路由器接口的优先级相同,那么它们之间会继续对比接口的 IP 地址,IP 地址最高的接口会成为主用路由器。

注释：

具体描述 VRRP 主用路由器的选举机制需要花费大量篇幅,其中必须涉及 VRRP 状态的迁移。从实用的角度出发,不了解 VRRP 状态机的管理员也可以通过配置命令轻松管理 VRRP 组中设备的主用/备用角色。因此,本书力求直白,刻意规避了 VRRP 状态机和状态迁移的介绍。

步骤 2　主用路由器主动在这个局域网中发送 ARP 响应消息来通告这个 VRRP 组虚拟的 MAC 地址，并且开始周期性地向 VRRP 组中的其他路由器通告自己的信息和状态，如图 2-12 所示。

图 2-12　主用路由器通告信息

注释：

　　一台设备不经请求就主动在局域网中泛洪的 ARP 响应消息被称为 gratuitous ARP（gARP），这类 ARP 被国内的技术工作者翻译为免费 ARP 或无偿 ARP。这种译法尽管有欠妥当之处，却十分普遍。本书在后文中也会沿用这种（并不贴切的）译法。

　　同时，这个局域网中的终端都获得了网关地址（即 VRRP 组虚拟 IP 地址）所对应的 MAC 地址（即 VRRP 组虚拟 MAC 地址）之后，它们就会使用虚拟 IP 地址和虚拟 MAC

地址来封装数据。同时，在所有接收到发送给网关虚拟地址的 VRRP 组成员设备中，只有主用路由器会对这些数据进行处理和/或转发，备用路由器则会丢弃发送给虚拟地址的数据，如图 2-13 所示。

图 2-13   只有主用路由器会处理和/或转发数据

如果主用设备出现故障,那么 VRRP 组中的备用设备就会因在指定时间内没有接收到来自主用设备的 VRRP 通告消息而发觉主用设备已经无法为局域网提供网关服务，于是它们就会重新选举新的主用设备，并且开始为这个局域网中的终端转发往返于外部网络的数据。关于这个物理网关设备切换的过程，终端并不知情。这个过程也并不会影响终端设备继续使用 VRRP 虚拟地址来封装发送给网关设备和外部网络的数据包。尽管在实际上，对终端设备发送的数据包作出响应的物理设备已经不是过去那台网关设备了。

关于 VRRP 的原理，我们在本小节中用图文并茂的方式进行了比较详细的介绍。接下来，我们会演示如何在华为设备上配置 VRRP 组和相关参数。

2.2.3 VRRP 的配置

在学习了 VRRP 的理论知识后，本小节会在华为设备网络环境中展示 VRRP 的基本配置和认证部署。图 2-14 展示了 VRRP 基本配置环境。

图 2-14　VRRP 基本配置环境

在图 2-14 所示的企业环境中，AR1 和 AR2 是两台连接企业网关（GW）的路由器，它们充当企业内部主机的网关，并且通过 VRRP 向企业内部网络呈现出一台虚拟路由器的状态。GW 设备连接互联网服务提供者（Internet Service Provider，ISP）并提供互联网访问。在默认情况下，管理员要求 AR1 为主用网关路由器，用于实际传输数据流量。当 AR1 发生故障时，AR2 自动从备用路由器切换为主用路由器，接替 AR1 来传输企业去往互联网的数据流量。企业内部用户（如图 2-14 中的 PC10）使用虚拟路由器的 IP 地址（10.10.10.254）作为网关地址。在主用网关路由器（AR1）发生故障时，用户 PC10 并不会意识到网络中出现了问题，它们与互联网之间的数据传输并不会受到影响。与本例配置相关的接口和 IP 地址规划见表 2-1。

表 2-1　VRRP 基本配置环境中的 IP 地址规划

设备接口	IP 地址
VRRP 虚拟路由器 VRID 10	10.10.10.254/24
AR1 接口 G0/0/0	10.10.10.253/24
AR1 接口 G0/0/1	192.168.0.2/30
AR2 接口 G0/0/0	10.10.10.252/24
AR2 接口 G0/0/1	192.168.0.6/30
PC10 IP 地址	10.10.10.10/24
PC10 网关地址	10.10.10.254
GW 与 AR1 相连接口	192.168.0.1/30
GW 与 AR2 相连接口	192.168.0.5/30
模拟互联网设备	192.168.0.10

注释：

为了在案例网络中实现任意节点之间的路由，我们在所有接口上都启用了 OSPF。为了实现全网互通而实施的接口 IP 地址和 OSPF 配置不再演示，读者可以查阅相关配置命令，在自己的实验环境中搭建本例的拓扑环境。本书在后文的配置案例中也不再演示诸如接口配置和动态路由协议配置等内容，而是把重点放在新功能和新协议的配置上。

1. VRRP 的基本配置

在本例中，管理员把 VRRP 的虚拟路由器 ID（VRID）设置为 10，并且把虚拟路由器 IP 地址设置为 10.10.10.254。为了使 AR1 成为 VRRP 主用路由器，AR2 成为 VRRP 备用路由器，管理员在 AR1 和 AR2 的 G0/0/0 接口上分别配置了以下信息，详见例 2-1。

例 2-1　在路由器接口上添加 VRRP 配置

```
[AR1]interface g0/0/0
[AR1-GigabitEthernet0/0/0]vrrp vrid 10 virtual-ip 10.10.10.254
[AR1-GigabitEthernet0/0/0]vrrp vrid 10 priority 150

[AR2]interface g0/0/0
[AR2-GigabitEthernet0/0/0]vrrp vrid 10 virtual-ip 10.10.10.254
```

在例 2-1 中，管理员在 AR1 接口 G0/0/0 上配置了命令 **vrrp vrid 10 virtual-ip 10.10.10.254**。这条命令指定了 VRRP 备份组为 VRID 10，虚拟 IP 地址为 10.10.10.254。在实际工作中，管理员可以根据 VLAN ID 来设置 VRRP 备份组的 VRID。同时管理员在这个接口上还配置了命令 **vrrp vrid 10 priority 150**，这条命令会把这个接口在 VRID 10 中的优先级调整为 150，使其大于默认值 100，从而令 AR1 能够成为 VRID 10 的主用路由器。

管理员在 AR2 接口 G0/0/0 上也指定了 VRID 10 和虚拟 IP 地址 10.10.10.254，同时保留 VRRP 优先级 100 的默认设置。我们通过例 2-2 中的命令先来查看一下两台路由器上的 VRRP 简化信息。

例 2-2　检查 VRRP 状态

```
[AR1]display vrrp brief
Total:1    Master:1    Backup:0    Non-active:0
VRID       State       Interface   Type     Virtual IP
-----------------------------------------------------------------
10         Master      GE0/0/0     Normal   10.10.10.254
[AR1]

[AR2]display vrrp brief
Total:1    Master:0    Backup:1    Non-active:0
VRID       State       Interface   Type     Virtual IP
-----------------------------------------------------------------
10         Backup      GE0/0/0     Normal   10.10.10.254
```

在例 2-2 中，管理员在 AR1 和 AR2 上使用了相同的命令 **display vrrp brief**。这条命令可以用于查看 VRRP 简化信息，从中不仅可以看到接口上配置的 VRID 和虚拟 IP 地址，还可以看到接口的角色。AR1 上显示的"Master"表示本地路由器是 VRRP 主用路由器，用于传输数据流量；AR2 上显示的"Backup"表示本地路由器是 VRRP 备用路由器，当主用路由器失效时，它能够成为 VRRP 主用设备。

要想查看当前路由器上运行的 VRRP 版本，管理员可以使用命令 **display vrrp**

protocol-information。例 2-3 展示了 AR1 上这条命令的输出内容，阴影部分展示出 AR1
上 VRRP 的版本为 V2。

　　例 2-3　查看 VRRP 版本

```
[AR1]display vrrp protocol-information
VRRP protocol information is shown as below:
  VRRP protocol version : V2
  Send advertisement packet mode : send v2 only
```

　　在这个案例中，管理员把 PC10 的网关地址设置为虚拟路由器 IP 地址 10.10.10.254。
在这个网络未实施 VRRP 前，PC10 无法访问互联网，这是因为网络中没有接口 IP 地址
为 10.10.10.254 的设备。通过例 2-1 中几条命令的简单设置，现在 PC10 已经可以访问互
联网了。例 2-4 展示了在 PC10 上访问（ping）互联网地址（管理员在 GW 上启用了一个
环回接口 192.168.0.10 来模拟互联网设备），以及对这个地址执行 tracert 的结果。

　　例 2-4　在 PC10 上验证 VRRP 的配置效果

```
PC10>ping 192.168.0.10

Ping 192.168.0.10: 32 data bytes, Press Ctrl_C to break
From 192.168.0.10: bytes=32 seq=1 ttl=254 time=46 ms
From 192.168.0.10: bytes=32 seq=2 ttl=254 time=16 ms
From 192.168.0.10: bytes=32 seq=3 ttl=254 time=47 ms
From 192.168.0.10: bytes=32 seq=4 ttl=254 time=47 ms
From 192.168.0.10: bytes=32 seq=5 ttl=254 time=31 ms

--- 192.168.0.10 ping statistics ---
 5 packet(s) transmitted
 5 packet(s) received
 0.00% packet loss
 round-trip min/avg/max = 16/37/47 ms

PC10>tracert 192.168.0.10

traceroute to 192.168.0.10, 8 hops max
(ICMP), press Ctrl+C to stop
 1 10.10.10.253   31 ms  47 ms  47 ms
 2 192.168.0.10   62 ms  63 ms  78 ms
```

　　从例 2-4 展示的第一条 **ping** 命令可以看出，PC10 能够访问 Internet 设备。通过第二
条 **tracert** 命令，我们可以确认数据包传输的路径是 PC10→AR1→GW，继而验证了 VRRP
的配置效果，即 AR1 为 VRRP 的主用路由器，负责传输数据流量。

　　2. 让 VRRP 追踪上行接口状态

　　在 AR1 和 AR2 的 G0/0/0 接口配置好 VRRP 相关设置后，VRRP 就可以正常工作了。

在网络中一切正常的情况下，VRRP 主用路由器（AR1）会通过 G0/0/0 接口周期性地发送 VRRP 消息，这使得 AR2 能够检测到 10.10.10.0/24 网络中的 AR1 故障，比如 AR1 的 G0/0/0 接口出现问题无法发送数据包，或者 AR1 整体宕机。但如果 AR1 与 GW 相连的链路因出现问题而中断，AR2 是无法获得任何通知的。这时 AR1 仍是 VRRP 的主用设备，仍负责转发 PC10 发来的数据流量。但由于上行链路中断，PC10 实际上是无法通过 GW 访问互联网的。

既然配置 VRRP 就是为了确保局域网中的主机能够在一台网关设备出现问题时，仍可以通过另一台网关设备进行通信，我们就需要让 VRRP 也能够根据上行链路的状态相应地进行切换。因此，管理员在 AR1 接口 G0/0/0 上配置了以下命令来实现这一目标，详见例 2-5。

例 2-5　配置 VRRP 追踪上行链路状态

```
[AR1]interface g0/0/0
[AR1-GigabitEthernet0/0/0]vrrp vrid 10 track interface GigabitEthernet 0/0/1 reduced 100
```

从例 2-5 所示配置命令可以解读出：AR1 要在 VRRP VRID 10 中追踪 G0/0/1 接口的状态，当 G0/0/1 接口的状态变为 Down 时，把 VRRP VRID 10 的优先级值减少 100。例 2-1 中管理员把 AR1G0/0/0 接口的 VRID 10 的优先级值配置为 150，因此当优先级值减少 100 后，它的优先级值就会低于 AR2 G0/0/0 接口的优先级值 100。这样一来，AR2 就可以通过优先级抢占主用角色。

本例中，我们通过手动关闭 AR1 接口 G0/0/1 来模拟上行链路故障。例 2-6 展示了 AR1 上的相关显示信息。

例 2-6　关闭 AR1 接口 G0/0/1 并观察 VRRP 状态变化

```
[AR1]interface g0/0/1
[AR1-GigabitEthernet0/0/1]shutdown
Mar 28 2022 04:52:09-08:00 AR1 %%01IFPDT/4/IF_STATE(l)[0]:Interface GigabitEthernet0/0/1
has turned into DOWN state.
[AR1-GigabitEthernet0/0/1]
[AR1-GigabitEthernet0/0/1]
Mar 28 2022 04:52:09-08:00 AR1 %%01IFNET/4/LINK_STATE(l)[1]:The line protocol IP
on the interface GigabitEthernet0/0/1 has entered the DOWN state.
[AR1-GigabitEthernet0/0/1]
Mar 28 2022 04:52:09-08:00 AR1 %%01VRRP/4/STATEWARNINGEXTEND(l)[4]:Virtual Router state
MASTER changed to BACKUP, because of priority calculation. (Interface=Gigabit
Ethernet0/0/0, VrId=167772160, InetType=IPv4)
[AR1-GigabitEthernet0/0/1]
Mar 28 2022 04:52:09-08:00 AR1 VRRP/2/VRRPMASTERDOWN:OID 16777216.50331648.
100663296.16777216.67108864.16777216.3674669056.83886080.419430400.2130706432.
33554432.503316480.16777216 The state of VRRP changed from master to other state.
```

```
(VrrpIfIndex=50331648, VrId=167772160, IfIndex=50331648, IPAddress=253.10.10.10,
NodeName=AR1, IfName=GigabitEthernet0/0/0, CurrentState=Backup, ChangeReason=
priority calculation(GE0/0/1 down))
```

从例 2-6 中我们可以看出，当管理员在 AR1 接口 G0/0/1 上执行了 **shutdown** 命令后，AR1 自动弹出提示信息，表示接口状态 DOWN。第一个阴影行展示出 VRRP 状态也发生了变化，由于重新计算优先级，AR1 的 VRRP 状态从"MASTER"改变为"BACKUP"。第二个阴影行给出了变更原因是 G0/0/1 接口状态变为"DOWN"。

例 2-7 展示了 AR2 上的同步显示信息，从阴影行可以看出 AR2 接替 AR1 成为 VRRP 主用路由器。

例 2-7　AR2 上的同步显示信息

```
[AR2]
Mar  28  2022  04:52:09-08:00  AR2  VRRP/2/VRRPCHANGETOMASTER:OID  16777216.50331648.
100663296.16777216.33554432.16777216.1140850688.0.16777216 The status of VRRP changed to
master. (VrrpIfIndex=50331648, VrId=167772160, IfIndex=50331648, IPAddress= 252.10.10.10,
NodeName=AR2, IfName=GigabitEthernet0/0/0, ChangeReason=priority calculation)
[AR2]
Mar 28 2022 04:52:09-08:00 AR2 %%01VRRP/4/STATEWARNINGEXTEND(l)[1]:Virtual Router state
BACKUP changed to MASTER, because of priority calculation. (Interface=GigabitEthernet0/0/0,
VrId=167772160, InetType=IPv4)
```

接下来我们再次在 PC10 上执行 tracert 测试，并观察测试结果，详见例 2-8。

例 2-8　从 PC10 访问互联网地址

```
PC10>tracert 192.168.0.10

traceroute to 192.168.0.10, 8 hops max
(ICMP), press Ctrl+C to stop
 1 10.10.10.252  94 ms  47 ms  31 ms
 2 192.168.0.10  47 ms  47 ms  46 ms
```

从例 2-8 的阴影行我们可以看出，现在 PC10 已经开始通过 AR2 来访问互联网了，VRRP 的故障切换成功。

3. VRRP 的抢占功能

由于华为设备上的 VRRP 默认启用抢占功能，因此当 AR1 的 VRRP 优先级降低时，AR2 能够自动抢占成为 VRRP 主用路由器。同样的，AR1 接口 G0/0/1 恢复功能后，AR1 也会重新夺回 VRRP 主用路由器的角色，详见例 2-9。

例 2-9　开启 AR1 接口 G0/0/1 并观察 VRRP 状态变化

```
[AR1]interface g0/0/1
[AR1-GigabitEthernet0/0/1]undo shutdown
[AR1-GigabitEthernet0/0/1]
Mar 28 2022 05:14:17-08:00 AR1 %%01IFPDT/4/IF_STATE(l)[0]:Interface GigabitEthernet0/0/1
```

```
has turned into UP state.
 [AR1-GigabitEthernet0/0/1]
 Mar 28 2022 05:14:17-08:00 AR1 %%01IFNET/4/LINK_STATE(l)[1]:The line protocol IP
 on the interface GigabitEthernet0/0/1 has entered the UP state.
 [AR1-GigabitEthernet0/0/1]
 Mar 28 2022 05:14:17-08:00 AR1 %%01VRRP/4/STATEWARNINGEXTEND(l)[2]:Virtual Router state
BACKUP changed to MASTER, because of priority calculation. (Interface=
GigabitEthernet0/0/0, VrId=167772160, InetType=IPv4)
 [AR1-GigabitEthernet0/0/1]
 Mar 28 2022 05:14:17-08:00 AR1 VRRP/2/VRRPCHANGETOMASTER:OID 16777216.50331648.
 100663296.16777216.33554432.16777216.1140850688.0.16777216 The status of VRRP
 changed to master. (VrrpIfIndex=50331648, VrId=167772160, IfIndex=50331648, IPAddress=
253.10.10.10,    NodeName=AR1,    IfName=GigabitEthernet0/0/0,    ChangeReason=priority
calculation)
```

从例 2-9 可以看出，在管理员手动开启 AR1 接口 G0/0/1 后，AR1 几乎立即夺回了 VRRP 主用路由器的角色。使用命令 **display vrrp** 可以查看 VRRP 的抢占状态，详见例 2-10。

例 2-10　命令 display vrrp 10 的输出内容

```
[AR1]display vrrp 10
 GigabitEthernet0/0/0 | Virtual Router 10
  State : Master
  Virtual IP : 10.10.10.254
  Master IP : 10.10.10.253
  PriorityRun : 150
  PriorityConfig : 150
  MasterPriority : 150
  Preempt : YES  Delay Time : 0 s
  TimerRun : 1 s
  TimerConfig : 1 s
  Auth type : NONE
  Virtual MAC : 0000-5e00-010a
  Check TTL : YES
  Config type : normal-vrrp
  Backup-forward : disabled
  Track IF : GigabitEthernet0/0/1  Priority reduced : 100
  IF state : UP
  Create time : 2022-03-28 03:45:00 UTC-08:00
  Last change time : 2022-03-28 05:14:17 UTC-08:00
```

从例 2-10 的阴影行中我们可以看到，抢占功能是开启的，并且时延为 0s（默认设置）。也就是说，当路由器感知到需要切换 VRRP 状态的事件后，它会立即进行切换。此外，这条命令的输出内容还包括接口上有关 VRRP 的其他配置信息，读者可以自行观察。

要想了解一个接口上的 VRRP 状态变化情况，管理员可以使用一条很有用的命令进行查看，详见例 2-11。

例 2-11　观察路由器接口的 VRRP 状态变化情况

```
[AR1]display vrrp state-change interface GigabitEthernet 0/0/0 vrid 10
Time                          SourceState   DestState    Reason
-----------------------------------------------------------------------------
2022-03-28 03:45:00 UTC-08:00  Initialize    Backup       Interface up
2022-03-28 03:45:03 UTC-08:00  Backup        Master       Protocol timer expired
2022-03-28 04:52:09 UTC-08:00  Master        Backup       Priority calculation
2022-03-28 05:14:17 UTC-08:00  Backup        Master       Priority calculation
```

管理员可以使用命令 **display vrrp state-change interface GigabitEthernet 0/0/0 vrid 10**
来查看某个接口下某个 VRID 中的 VRRP 状态变化。本例中阴影行展示的正是关闭和启
用 AR1 接口 G0/0/1 导致的 VRRP 状态切换事件。

4．VRRP 的认证

为了加强 VRRP 的安全性，管理员可以在 VRRP 设备的协商消息中添加认证参数，
使具有相同认证配置的设备之间才能够进行 VRRP 协商。接下来我们在既有拓扑中添加
一台 PC20，设置其 IP 地址为 10.10.10.20/24，网关地址为 10.10.10.251。管理员要在路
由器 AR1 和 AR2 上添加一个 VRRP 备份组，将 VRID 设置为 20；设置虚拟 IP 地址为
10.10.10.251、主用路由器为 AR2、备用路由器为 AR1，并且它们之间需要使用密码进
行通信。具体拓扑如图 2-15 所示。

图 2-15　添加一个 VRRP 备份组 VRID 20

管理员在 AR1 和 AR2 上分别进行了以下配置，详见例 2-12。

例 2-12　在 AR1 和 AR2 上配置 VRRP VRID 20 并启用认证功能

```
[AR1]interface g0/0/0
[AR1-GigabitEthernet0/0/0]vrrp vrid 20 virtual-ip 10.10.10.251
[AR1-GigabitEthernet0/0/0]vrrp vrid 20 authentication-mode simple plain huawei

[AR2]interface g0/0/0
[AR2-GigabitEthernet0/0/0]vrrp vrid 20 virtual-ip 10.10.10.251
[AR2-GigabitEthernet0/0/0]vrrp vrid 20 priority 150
[AR2-GigabitEthernet0/0/0]vrrp vrid 20 authentication-mode simple plain huawei
```

从例 2-12 的配置中我们可以看出，管理员把 AR2 在 VRID 20 中的优先级调整为 150，
使其成为主用路由器。在本例中，管理员启用 VRRP 认证的命令为 **vrrp vrid 20**

authentication-mode simple plain huawei。这条命令的完整语法是 **vrrp vrid** *virtual-router-id* **authentication-mode** {**simple** {*key* | **plain** *key* | **cipher** *cipher-key*} | **md5** *md5-key*}，其中重要的可选参数如下。

① **simple | md5**：指定认证密码在网络中的传输模式。**simple** 表示以明文进行传输，**md5** 表示以密文进行传输，后者更为安全。

② **simple** {*key* | **plain** *key* | **cipher** *cipher-key*}：在关键字 **simple** 后面可以直接配置执行认证所使用的密码，长度为 1～8 字符。**plain** 和 **cipher** 指定了认证密码在配置中的保存模式：**plain** 表示以明文保存在配置中，**cipher** 表示以加密的形式保存在配置中，后者更为安全。

为了更清晰地展示配置命令与 **display** 命令输出内容之间的关系，本例使用了加密认证配置的所有组合中最不安全的做法，也就是让加密密码在网络中以明文的形式传输，并且在路由器配置中以明文的形式保存密码。在实际工作中，建议管理员使用更安全的配置选项。

例 2-13 在 AR1 上使用命令 **display vrrp 20** 验证了 VRRP VRID 20 的状态。

例 2-13　在 AR1 上验证 VRID 20 的状态

```
[AR1]display vrrp 20
 GigabitEthernet0/0/0 | Virtual Router 20
  State : Backup
  Virtual IP : 10.10.10.251
  Master IP : 10.10.10.252
  PriorityRun : 100
  PriorityConfig : 100
  MasterPriority : 150
  Preempt : YES  Delay Time : 0 s
  TimerRun : 1 s
  TimerConfig : 1 s
  Auth type : SIMPLE  Auth key : huawei
  Virtual MAC : 0000-5e00-0114
  Check TTL : YES
  Config type : normal-vrrp
  Backup-forward : disabled
  Create time : 2022-03-28 05:41:54 UTC-08:00
  Last change time : 2022-03-28 05:59:12 UTC-08:00
```

从例 2-13 的阴影行我们可以看出，AR1 启用了认证并且认证模式为"SIMPLE"，认证密钥（huawei）也明确地被显示在配置中。图 2-16 展示了在 10.10.10.0/24 网络中的抓包结果。从这个以 AR2（10.10.10.252）为源发出的 VRRP 消息中，我们可以看出 VRRP 通告消息版本为 V2，认证类型为明文认证。认证字符串也能够从抓包解析中直接被看到：huawei。

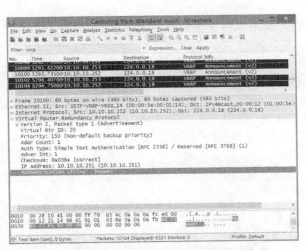

图 2-16　在抓包解析中查看 VRRP 认证密码

注释：

在图 2-16 的抓包截图中可以看出，10.10.10.0/24 网络中有两个源地址都在发送 VRRP 通告消息，其中 AR2（10.10.10.252）发送的是 VRID 20 的通告消息，AR1（10.10.10.253）发送的是 VRID 10 的通告消息。因为在 VRRP 协商成功后，只有 VRRP 主用设备会周期性发送 VRRP 消息。

通过对比这两个 VRRP 备份组的配置，我们可以看出，VRRP 的认证是基于 VRRP 备份组进行设置的，管理员可以为不同的 VRRP 备份组设置不同的认证模式和不同的认证密码。

5. 通过 VRRP 实现负载分担

其实到目前为止，本小节展示的网络环境中已经通过 VRRP 实现了流量的负载分担：PC10 会通过 AR1 访问互联网，PC20 会通过 AR2 访问互联网，如图 2-17 所示。

图 2-17　通过 VRRP 实现负载分担

图 2-17 中展示了 PC10 和 PC20 发往互联网的数据包的路径，PC10 的数据包（灰色）会去往 AR1，PC20 的数据包（黑色）会去往 AR2。例 2-14 中也通过在 PC10 和 PC20 上执行 tracert 命令验证了这一结果。

例 2-14   在 PC10 和 PC20 上验证去往互联网的路径

```
PC10>tracert 192.168.0.10

traceroute to 192.168.0.10, 8 hops max
(ICMP), press Ctrl+C to stop
1 10.10.10.253   94 ms  31 ms  47 ms
2 192.168.0.10   78 ms  31 ms  47 ms

PC10>
```

```
PC20>tracert 192.168.0.10

traceroute to 192.168.0.10, 8 hops max
(ICMP), press Ctrl+C to stop
1 10.10.10.252   78 ms  31 ms  47 ms
2 192.168.0.10   63 ms  62 ms  63 ms

PC20>
```

例 2-15 通过 AR1 和 AR2 上的 **display vrrp brief** 命令查看 VRRP 的状态信息。

例 2-15   在 AR1 和 AR2 上查看 VRRP 简化信息

```
[AR1]display vrrp brief
Total:2    Master:1    Backup:1    Non-active:0
VRID       State       Interface   Type       Virtual IP
----------------------------------------------------------------
10         Master      GE0/0/0     Normal     10.10.10.254
20         Backup      GE0/0/0     Normal     10.10.10.251
[AR2]display vrrp brief
Total:2    Master:1    Backup:1    Non-active:0
VRID State              Interface   Type       Virtual IP
----------------------------------------------------------------
10         Backup      GE0/0/0     Normal     10.10.10.254
20         Master      GE0/0/0     Normal     10.10.10.251
```

从例 2-15 所示命令的输出信息可以清晰地看出 AR1 是 VRID 10 的主用路由器，是 VRID 20 的备用路由器；AR2 是 VRID 10 的备用路由器，是 VRID 20 的主用路由器。管理员再分别让网络中的一部分用户终端以 10.10.10.254 为网关地址，另一部分用户终端以 10.10.10.251 为网关地址，这就实现了负载分担。

2.3   链路聚合

VRRP 技术提供的冗余网关部署方案可以为局域网中的终端提供设备层面的冗余。既然是设备层面的冗余，这种设计方案自然也就包含了端口层面和链路层面的冗余，这几乎是一种全方位的冗余方案。然而，工程领域并不是解数学题，一个网络的设计方案往往不存在对错之分，更多的是人们针对投入产出比进行的合理性考量。在网络设计中，人们确实常常会针对关键位置节点部署设备层面的冗余，这是因为关键位置节点在网络中的数量有限、作用重要。针对关键位置节点部署设备层面的冗余不会大幅度增加整个网络的成本，反而可以显著提升网络的可靠性，是一种合理的设计选择。然而，基于同样的理由研判，我们也可以得出另一个结论，那就是针对网络中的非关键节点部署设备层面的冗余并不合理。因为这类设备数量庞大，失效的影响范围不大，针对这些设备部署设备层面的冗余会大幅度增加网络的成本，但对于可靠性的提升十分有限。此时，另一项仅对于这类环境部署端口/链路层面冗余的技术，就会被人们视为至宝。在本节中，我们会介绍一种在当今局域网中极为常见的端口冗余技术。

2.3.1　链路聚合的介绍

在企业网三层设计方案的拓扑结构中，接入层交换机端口的占用率是最高的。因为接入层交换机需要为大量的终端设备提供连接，并且将大多数往返于这些终端的流量转发给汇聚层交换机，这意味着接入层交换机和汇聚层交换机之间的链路需要承载更多的流量，所以，接入层交换机与汇聚层交换机之间的链路应该拥有更高的速率。然而，如果工程师考虑的方法是直接在接入层交换机上使用高速率端口连接汇聚层交换机，那么接入层交换机的成本就会增加。考虑到一个企业网中往往需要部署大量的接入层交换机，由此增加的预算实在不容小觑。另外，这种采用高速率端口连接汇聚层交换机的做法也存在着扩展性方面的问题，也就是说当接入层交换机的上行流量增加到超出上行端口可以承载的极限时，工程师无法利用当前的平台来解决这一问题。

从理论上讲，还有另一种做法是增加链路的带宽，即用多条链路连接两台交换机，让交换机可以通过利用多条链路发送上行流量。这样一来不仅提升了上行带宽的扩展性，而且降低了接入层交换机的成本，一举两得。不过，如果我们采用多条平行链路来连接两台交换机，那么 STP 就会为了避免出现环路而阻塞其中的大部分端口，最终能够有效传输流量的上行链路还是只有一条，如图 2-18 所示。

汇聚层交换机

STP阻塞一个
端口以避免
出现环路

接入层交换机

图 2-18　在有多条上行链路时 STP 阻塞其中一条链路的一个端口

上面这种情况是在二层环境中面临的问题，在三层环境中，工程师如果希望扩展设备之间的链路带宽，那么也面临着类似的问题。如果采用高速率端口，那么就会增加设备成本，而且网络的扩展性差。采用多条平行链路连接两台设备的做法虽然不会因受到 STP 的影响而导致只有一条链路可用，但管理员必须在每条链路上为两端的端口分别分配 IP 地址，而这样势必会增加 IP 地址资源的耗费，IP 网络的复杂度也会因此增加，如图 2-19 所示。

图 2-19　在三层环境中部署多条上行链路会浪费更多 IP 地址

根据扩展链路带宽的需求，我们可以得出这样一个结论：当使用多条链路连接两台设备时，我们最好能够让两边的设备将多条链路视为一条链路来进行处理。我们的目的是实现这样的效果：在二层环境中，STP 不会将这些平行链路构成的连接视为环路；而在三层环境中，我们只需要给这条链路的两端配置一对 IP 地址，就可以满足全部链路的通信需求。我们在本节中要介绍的链路聚合技术就满足了这样的需求。在使用链路聚合技术时，管理员只需要在两端的设备上分别创建一个逻辑的链路聚合端口，然后将连接这些平行链路的物理端口都加入这个逻辑端口。此后，网络设备需要通过这些物理端口连接的链路转发流量时，就会以逻辑端口作为出站端口执行转发，让流量在其中捆绑的各个物理链路上执行负载分担。图 2-20 所示为在三层环境中采用链路聚合技术，将 3 条连接路由器的链路捆绑为一条链路，此时管理员只需要在这条链路两端的逻辑端口上分别配置 IP 地址。接下来，两台设备就会使用这 3 条平行链路来负载分担两台设备之间的流量。

图 2-20　链路聚合

　　通过上面的叙述，我们可以得出这样的结论：链路聚合这种捆绑技术可以让我们将多个以太网链路捆绑为一条逻辑的以太网链路。这样一来，在采用通过多条以太网链路连接两台设备的冗余设计方案时，所有链路的带宽都可以被充分用来转发两台设备之间的流量，如果使用三层链路连接两台设备，这种方案还可以起到节省 IP 地址的作用。

　　在本小节中，我们大致介绍了链路聚合的概念。下面，我们将会介绍两种建立链路聚合的方式。

2.3.2　链路聚合的模式

　　建立链路聚合（后文称为 Eth-Trunk）也像设置端口速率一样有手动配置和通过双方动态协商两种方式。在华为的 Eth-Trunk 语境中，前者称为手动模式（Manual Mode），而后者则根据协商协议被命名为链路聚合控制协议（Link Aggregation Control Protocol，LACP）模式。在本小节中，我们会分别介绍这两种模式。首先，我们从非常简单的手动模式说起。

1.　手动模式

　　采用 Eth-Trunk 的手动模式就像配置静态路由，或者在本地设置端口速率一样，都是一种把功能设置本地化、静态化的操作方式。说得具体一些，就是管理员首先在一台设备上创建 Eth-Trunk，然后根据自己的需求将多条连接同一台交换机的端口都添加到这个 Eth-Trunk 中，最后在对端交换机上执行对应的操作。既然这是一种把功能设置本地化的操作逻辑，那么对于采用手动模式配置的 Eth-Trunk，设备之间不会因建立 Eth-Trunk而交互信息，它们只会按照管理员的操作执行链路捆绑，然后采用负载分担的方式通过捆绑的链路发送数据。

　　我们曾经将手动模式建立 Eth-Trunk 与静态路由进行了类比。实际上，手动模式建立 Eth-Trunk 就像静态添加到路由表中的路由条目那样，比动态学习到的路由更加稳定，但缺乏灵活性。如果静态路由的出站接口为"DOWN"状态，那么路由器就会将这条静态路由从路由表中暂时删掉，直至这个出站接口的状态恢复为止，否则即使这条静态路由是一个路由黑洞，路由器也会毫不知情地进行转发。

　　同理，如果在手动模式配置的 Eth-Trunk 中有一条链路出现了故障，那么双方设备可以检测到这一点，并且不再使用那条故障链路，而使用仍然正常的链路来发送数据。尽管因为链路故障导致一部分带宽无法使用，但通信的效果仍然可以得到保障，如图 2-21 所示。

图 2-21　手动模式 Eth-Trunk 使用故障链路外的其他链路执行负载分担

　　然而，如果某台交换机上以手动模式配置的 Eth-Trunk 中有一条链路工作正常，但它连接的是另一台交换机，管理员因配置错误而将它划分到了 Eth-Trunk 逻辑端口中，那么这台交换机同样会毫不知情地使用这个端口进行转发，如图 2-22 所示。

图 2-22　手动模式 Eth-Trunk 因配置错误而无法正常通信

2. LACP 模式

　　LACP 旨在为建立链路聚合的设备之间提供协商和维护这条 Eth-Trunk 的标准。LACP 模式 Eth-Trunk 的配置也不复杂，管理员只需要首先在两边的设备上创建 Eth-Trunk 逻辑端口，然后将这个端口配置为 LACP 模式，最后把需要捆绑的物理端口添加到这个 Eth-Trunk 中。

　　一些网络基础设施只适合在主用基础设施无法使用时临时进行替换。在 Eth-Trunk 环境中有时也存在相同的需求：对于捆绑在 Eth-Trunk 中的链路，管理员有时候希望两台设备只将其中的 M 条作为主用链路来负载分担流量，另外的 N 条则留待主用链路出现故障时进行替换。这种需求可以通过 LACP 模式提供的一种称为 $M:N$ 模式的备份链路机制来实现。下面，我们来简单介绍一下两台设备是如何协商建立 LACP 模式 Eth-Trunk 的。

　　首先，两台设备会分别在管理员完成 LACP 配置之后，开始向对端发送 LACP 数据单元（LACP Data Unit，LACPDU）。双方交换的这个 LACPDU 包含了一个称为系统优先级的参数。完成 LACPDU 交换之后，双方交换机会使用系统优先级来判断谁充当两者中的 LACP 主动端。若双方系统优先级相同，则 MAC 地址较小的交换机会成为 LACP 主动端。

　　确定 LACP 主动端之后，双方会继续依次比较 LACP 主动端设备各个端口的 LACP 优先级。端口优先级同样被包含在各个端口发出的 LACPDU 当中，其中端口优先级最高（端口优先级的数值越低，代表优先级越高）的 M 个端口会与对端建立 Eth-Trunk 主用链路，其余端口则会与对端建立 Eth-Trunk 备用链路。在图 2-23 中，由于交换机 A 的系统优先级高于交换机 B，因此交换机 A 成为 LACP 主动端。又因为管理员将主用链路的数量设置为了 2 条,而交换机 A 的端口 1 和端口 3 的端口优先级高于端口 2,因此 Eth-Trunk 中的端口 1 和端口 3 两个端口所连接的链路为主用链路,而端口 2 连接的链路则为备用链路——尽管在交换机 B 上,端口 2 的端口优先级最高也无济于事,这是因为主备链路的选举只由主动端交换机根据自身端口优先级来决定。

图 2-23　LACP 模式 Eth-Trunk 的主用链路和备用链路

在图 2-23 所示的情形中,如果交换机 A 端口 1 或端口 3 无法通信,那么端口 2 所连接的链路就会被激活并且开始承担流量负载,这就是 LACP 模式 Eth-Trunk 提供的 $M：N$ 模式的备份链路机制。

如果在 Eth-Trunk 的 LACP 主动端上,有一个比主用链路端口优先级更高的端口被添加了进来或者故障端口得到了恢复,那么这个端口所连接的链路是否会作为主用链路被添加到 Eth-Trunk 中,取决于 Eth-Trunk 是否配置了抢占模式。顾名思义,如果管理员没有配置抢占模式,那么即使新加入/恢复的端口优先级比当前主用链路所连端口的优先级更高,这些端口所在的链路也不会成为主用链路。

在本小节中,我们介绍了两种链路聚合模式的工作方式。接下来,我们会演示如何配置和调试 Eth-Trunk。

2.3.3　链路聚合的配置

在学习了链路聚合特性的作用与功能后,我们在本小节演示如何在华为交换机上实现二层链路聚合功能。我们在本小节中将会使用图 2-24 所示的拓扑来展示两台交换机 SW1 和 SW2 之间的链路聚合配置。这两台交换机可以是网络中任意位置的需要配置链路聚合模式的交换机,本小节只展示两台交换机之间的链路聚合配置,并不涉及任何设计层面的内容。

图 2-24　链路聚合配置环境

下面,我们先来演示如何手动配置链路聚合。下面的案例会以图 2-24 为拓扑,把 SW1 和 SW2 的 E0/0/1、E0/0/2 和 E0/0/3 接口进行链路聚合。管理员在 SW1 和 SW2 上实施了例 2-16 中的配置。

例 2-16   在 SW1 和 SW2 上实施手动模式配置的链路聚合功能

```
[SW1]interface eth-trunk 10
[SW1-Eth-Trunk10]trunkport Ethernet 0/0/1 to 0/0/3
[SW1-Eth-Trunk10]port link-type trunk
[SW1-Eth-Trunk10]port trunk allow-pass vlan all

[SW2]interface eth-trunk 10
[SW2-Eth-Trunk10]trunkport Ethernet 0/0/1 to 0/0/3
[SW2-Eth-Trunk10]port link-type trunk
[SW2-Eth-Trunk10]port trunk allow-pass vlan all
```

接下来我们逐条解析例 2-16 中的配置命令，SW1 和 SW2 上的配置命令完全相同。

① **interface eth-trunk 10**：系统视图命令，用来创建并进入 Eth-Trunk 接口。管理员可以指定 Eth-Trunk 接口的编号，取值范围是 0～63[①]，在本例中选择了 10。

② **trunkport Ethernet 0/0/1 to 0/0/3**：Eth-Trunk 接口视图命令，用来向 Eth-Trunk 接口中添加成员接口。管理员可以使用关键字 **to** 来快速添加多个编号连续的接口。需要注意的是，在一个 Eth-Trunk 中，管理员必须指定类型相同的接口。在本例中，管理员把接口 E0/0/1、E0/0/2 和 E0/0/3 作为成员接口添加到 Eth-Trunk 10 中。

③ **port link-type trunk**：接口视图命令，用来把接口的链路类型设置为 Trunk，这与普通物理接口的命令相同。

④ **port trunk allow-pass vlan all**：接口视图命令，用来允许这个 Trunk 链路能够发送的 VLAN 流量，这与普通物理接口的命令相同。本例中放行了所有 VLAN 的流量。

管理员可以使用命令 **display eth-trunk 10** 来检查这个 Eth-Trunk 及成员接口的状态，详见例 2-17。

例 2-17   在 SW1 上检查 Eth-Trunk 的配置和状态

```
[SW1]display eth-trunk 10
Eth-Trunk10's state information is:
WorkingMode: NORMAL          Hash arithmetic: According to SA-XOR-DA
Least Active-linknumber: 1   Max Bandwidth-affected-linknumber: 8
Operate status: up           Number Of Up Port In Trunk: 3
--------------------------------------------------------------------
PortName        Status    Weight
Ethernet0/0/1   Up        1
Ethernet0/0/2   Up        1
Ethernet0/0/3   Up        1

[SW1]
```

从例 2-17 命令输出内容的阴影部分中，我们可以看出刚才添加的 3 个成员接口状态

---

① 不同型号设备的 Eth-Trunk 接口，其编号的取值范围有所不同，具体以设备使用手册为准。

和转发权重。这 3 个接口的状态都是"**UP**"，权重都是"**1**"，也就是说交换机在转发所有 VLAN 的流量时，会把流量平均分配到这 3 条物理链路上进行传输。

手动模式配置简单方便，但是无法检测到链路层故障、链路错连等故障。所以在现网中，如果设备支持 LACP，那么尽量使用 LACP 来配置和维护链路聚合功能。接下来我们就把上述拓扑中的设备配置清空，再次展示 LACP 的配置，详见例 2-18。

例 2-18　在 SW1 和 SW2 上配置 LACP

```
[SW1]interface eth-Trunk 20
[SW1-Eth-Trunk20]mode lacp-static
[SW1-Eth-Trunk10]trunkport Ethernet 0/0/1 to 0/0/3
```

```
[SW2]interface eth-Trunk 20
[SW2-Eth-Trunk20]mode lacp-static
[SW2-Eth-Trunk10]trunkport Ethernet 0/0/1 to 0/0/3
```

接下来我们逐条解析例 2-18 中的配置命令，SW1 和 SW2 上的配置命令完全相同。

① **interface eth-trunk 20**：系统视图命令，用来创建并进入 Eth-Trunk 接口，这条命令与手动配置相同。管理员可以指定 Eth-Trunk 接口的编号，取值范围是 0～63，在本例中选择了 20。

② **mode lacp-static**：Eth-Trunk 接口视图命令，用来启用 LACP 模式。如果需要把当前为 LACP 模式的 Eth-Trunk 接口更改为手动模式的话，那么需要在 Eth-Trunk 接口视图中使用命令 **mode manual**。两端设备的 Eth-Trunk 模式必须相同，并且需要注意的是，在把 Eth-Trunk 接口更改为 LACP 模式时，Eth-Trunk 接口可以包含成员接口；但反之把 Eth-Trunk 接口更改为手动模式时，Eth-Trunk 接口不能有任何成员接口。手动模式是默认的 Eth-Trunk 模式。

③ **trunkport Ethernet 0/0/1 to 0/0/3**：Eth-Trunk 接口视图命令，用来向 Eth-Trunk 接口中添加成员接口，这条命令与手动配置相同。管理员可以在两个接口编号之间使用关键字 **to** 来快速添加多个编号连续的接口。需要注意的是，在一个 Eth-Trunk 中，管理员必须指定类型相同的接口。在本例中，管理员把接口 E0/0/1、E0/0/2 和 E0/0/3 作为成员接口添加到 Eth-Trunk 10 中。除了以这种方式添加成员接口外，管理员还可以在成员接口视图中，使用命令 **eth-trunk** *trunk-id*，使当前接口加入某个 Eth-Trunk。把成员接口加入 Eth-Trunk 时，管理员要注意以下注意事项。

① 每个 Eth-Trunk 接口最多支持 8 个成员接口。

② 把成员接口加入 Eth-Trunk 时，成员接口必须为默认的接口类型。

③ 加入 Eth-Trunk 的成员接口不能是 Eth-Trunk 接口。

④ 一个以太网接口只能加入一个 Eth-Trunk。管理员如果要把它添加到其他 Eth-Trunk 中，那么需要首先让它退出当前的 Eth-Trunk。

⑤ 一个 Eth-Trunk 中的所有成员接口必须为相同类型。

⑥ 一条链路两端的接口必须都加入，且都加入同一个 Eth-Trunk，这样两端设备才能够正常通信。

⑦ Eth-Trunk 链路两端的物理接口数量、速率、双工模式等参数必须保持一致。

管理员可以使用命令 **display eth-trunk 20** 来检查这个 Eth-Trunk 及成员接口的状态，详见例 2-19。

例2-19　在 SW1 上检查 Eth-Trunk 的配置和状态

```
[SW1]display eth-trunk 20
Eth-Trunk20's state information is:
Local:
LAG ID: 20                      WorkingMode: STATIC
Preempt Delay: Disabled         Hash arithmetic: According to SIP-XOR-DIP
System Priority: 32768          System ID: 4c1f-ccc1-374a
Least Active-linknumber: 1      Max Active-linknumber: 8
Operate status: up              Number Of Up Port In Trunk: 3
--------------------------------------------------------------------------
ActorPortName  Status    PortType  PortPri  PortNo  PortKey  PortState  Weight
Ethernet0/0/1  Selected  100M      32768    2       5153     10111100   1
Ethernet0/0/2  Selected  100M      32768    3       5153     10111100   1
Ethernet0/0/3  Selected  100M      32768    4       5153     10111100   1

Partner:
--------------------------------------------------------------------------
ActorPortName  SysPri  SystemID       PortPri  PortNo  PortKey  PortState
Ethernet0/0/1  32768   4c1f-cc2a-74f1 32768    2       5153     10111100
Ethernet0/0/2  32768   4c1f-cc2a-74f1 32768    3       5153     10111100
Ethernet0/0/3  32768   4c1f-cc2a-74f1 32768    4       5153     10111100

[SW1]
```

这条命令的输出信息要比手动配置时的信息丰富得多，并且显示的信息分为两大部分：上半部分为本地成员接口信息，下半部分（阴影）为对端成员接口信息。在这里，我们需要着重关注以下字段的含义。

① ActorPortName：本地成员接口或对端成员接口的名称。

② Status：本地成员接口的状态，在 LACP 模式下状态分为 Selected（表示接口被选中并成为主用接口）和 Unselect（表示接口未被选中并成为备用接口），在手动模式下状态分为 UP（表示接口状态正常）和 DOWN（表示接口出现物理故障）。

③ PortType：本地成员接口的类型。

④ PortPri：本地成员接口或对端成员接口的 LACP 端口优先级。

⑤ SysPri：对端系统的 LACP 系统优先级。

⑥ SystemID：对端系统的系统 ID。

接下来我们来关注几个 LACP 模式中的 Eth-Trunk 可选配置参数。

1．LACP 系统优先级

在 LACP 模式下，两端设备的活动接口必须保持一致，这样才能正常建立 Eth-Trunk。为了让两端设备能够动态确定活动接口，LACP 会根据系统优先级确定主动端，并让主动端来选择活动接口。管理员可以手动更改这个参数，优先级的取值范围是 0～65535，默认值为 32768，数值越小优先级越高。在默认情况下，若两端优先级相同，它们会使用系统 MAC 地址来确定谁是主动端，MAC 地址小的为主动端。在本例中，管理员要让 SW1 成为主动端，并把它的 LACP 系统优先级值设置为 2000，详见例 2-20。

例 2-20　在 SW1 上设置 LACP 系统优先级并查看相关信息

```
[SW1]lacp priority 2000
[SW1]display eth-trunk 20
Eth-Trunk20's state information is:
Local:
LAG ID: 20                          WorkingMode: STATIC
Preempt Delay: Disabled             Hash arithmetic: According to SIP-XOR-DIP
System Priority: 2000               System ID: 4c1f-ccc1-374a
Least Active-linknumber:1           Max Active-linknumber: 8
Operate status: up                  Number Of Up Port In Trunk: 3
--------------------------------------------------------------------------
ActorPortName   Status    PortType   PortPri   PortNo   PortKey   PortState   Weight
Ethernet0/0/1   Selected  100M       32768     2        5153      10111100    1
Ethernet0/0/2   Selected  100M       32768     3        5153      10111100    1
Ethernet0/0/3   Selected  100M       32768     4        5153      10111100    1


Partner:
--------------------------------------------------------------------------
ActorPortName   SysPri    SystemID        PortPri   PortNo   PortKey   PortState
Ethernet0/0/1   32768     4c1f-cc2a-74f1  32768     2        5153      10111100
Ethernet0/0/2   32768     4c1f-cc2a-74f1  32768     3        5153      10111100
Ethernet0/0/3   32768     4c1f-cc2a-74f1  32768     4        5153      10111100


[SW1]
```

在例 2-20 中，管理员首先使用系统视图命令 **lacp priority 2000**，把 SW1 的 LACP 系统优先级值更改为 2000；然后使用命令 **display eth-trunk 20** 确认了配置的变更结果，阴影部分显示出 SW1 本地的 LACP 系统优先级值为 2000。

2. LACP 接口优先级

LACP 接口优先级的设置命令与 LACP 系统优先级类似，只是这时需要管理员在成员接口的接口视图中进行设置，详见例 2-21。

例 2-21　在 SW1 上设置 LACP 接口优先级并查看相关信息

```
[SW1]interface e0/0/1
[SW1-Ethernet0/0/1]lacp priority 1000
[SW1-Ethernet0/0/1]interface e0/0/2
[SW1-Ethernet0/0/2]lacp priority 2000
[SW1-Ethernet0/0/2]interface e0/0/3
[SW1-Ethernet0/0/3]lacp priority 3000
[SW1-Ethernet0/0/3]quit
[SW1]display eth-trunk 20
Eth-Trunk20's state information is:
Local:
LAG ID: 20                        WorkingMode: STATIC
Preempt Delay: Disabled           Hash arithmetic: According to SIP-XOR-DIP
System Priority: 2000             System ID: 4c1f-ccc1-374a
Least Active-linknumber: 1        Max Active-linknumber: 8
Operate status: up                Number Of Up Port In Trunk: 3
--------------------------------------------------------------------------------
ActorPortName    Status      PortType    PortPri    PortNo    PortKey    PortState    Weight
Ethernet0/0/1    Selected    100M        1000       2         5153       10111100     1
Ethernet0/0/2    Selected    100M        2000       3         5153       10111100     1
Ethernet0/0/3    Selected    100M        3000       4         5153       10111100     1

Partner:
--------------------------------------------------------------------------------
ActorPortName    SysPri    SystemID          PortPri    PortNo    PortKey    PortState
Ethernet0/0/1    32768     4c1f-cc2a-74f1    32768      2         5153       10111100
Ethernet0/0/2    32768     4c1f-cc2a-74f1    32768      3         5153       10111100
Ethernet0/0/3    32768     4c1f-cc2a-74f1    32768      4         5153       10111100

[SW1]
```

例 2-21 首先在 SW1 上对 E0/0/1、E0/0/2 和 E0/0/3 的 LACP 优先级进行了设置，将其分别配置为 1000、2000 和 3000；然后使用命令 **display eth-trunk 20** 查看了配置的变更结果，阴影部分显示出 SW1 本地成员接口的 LACP 优先级值。

LACP 接口优先级的工作还与活动接口的数量和 LACP 抢占功能两个参数相关。

3. Eth-Trunk 中活动接口的数量

在每个 Eth-Trunk 中，默认的活动接口数量为 8，因此这个参数的取值范围是 1～8。管理员可以根据实际需求进行更改。本例中把 Eth-Trunk 20 中的活动接口数量更改为 2，详见例 2-22。

例 2-22　在 SW1 上设置 Eth-Trunk 20 中的活动接口数量并查看相关信息

```
[SW1]interface eth-trunk 20
[SW1-Eth-Trunk20]max active-linknumber 2
[SW1-Eth-Trunk20]quit
[SW1]display eth-trunk 20
Eth-Trunk20's state information is:
Local:
LAG ID: 20                     WorkingMode: STATIC
Preempt Delay: Disabled        Hash arithmetic: According to SIP-XOR-DIP
System Priority: 2000          System ID: 4c1f-ccc1-374a
Least Active-linknumber: 1     Max Active-linknumber: 2
Operate status: up             Number Of Up Port In Trunk: 2
--------------------------------------------------------------------------
ActorPortName   Status    PortType  PortPri  PortNo  PortKey  PortState  Weight
Ethernet0/0/1   Selected  100M      1000     2       5153     10111100   1
Ethernet0/0/2   Selected  100M      2000     3       5153     10111100   1
Ethernet0/0/3   Unselect  100M      3000     4       5153     10100000   1

Partner:
--------------------------------------------------------------------------
ActorPortName   SysPri  SystemID        PortPri  PortNo  PortKey  PortState
Ethernet0/0/1   32768   4c1f-cc2a-74f1  32768    2       5153     10111100
Ethernet0/0/2   32768   4c1f-cc2a-74f1  32768    3       5153     10111100
Ethernet0/0/3   32768   4c1f-cc2a-74f1  32768    4       5153     10110000

[SW1]
```

　　例 2-22 首先在 SW1 的 Eth-Trunk 接口视图下使用命令 **max active-linknumber 2** 更改了 Eth-Trunk 20 中的活动接口数量；然后使用命令 **display eth-trunk 20** 确认了配置的变更结果，第一个阴影行显示出 Max Active-linknumber（最大活动链路数量）已经由默认的 8 更改为 2。更重要的是，第二个阴影行显示出 SW1 上 LACP 接口优先级最低的接口已经成为 Unselect（备用接口）。

　　4. 活动接口发生故障时自动启用备用接口

　　接下来我们通过在 SW1 上关闭 E0/0/1 接口来模拟接口 E0/0/1 的物理故障，并观察抢占的结果，详见例 2-23。

例 2-23　在 SW1 上关闭 E0/0/1 并查看 Eth-Trunk 状态

```
[SW1]interface E0/0/1
[SW1-Ethernet0/0/1]shutdown
[SW1-Ethernet0/0/1]quit
[SW1]display eth-trunk 20
```

```
Eth-Trunk20's state information is:
Local:
LAG ID: 20                         WorkingMode: STATIC
Preempt Delay: Disabled            Hash arithmetic: According to SIP-XOR-DIP
System Priority: 2000              System ID: 4c1f-ccc1-374a
Least Active-linknumber: 1         Max Active-linknumber: 2
Operate status: up                 Number Of Up Port In Trunk: 2
--------------------------------------------------------------------------------
ActorPortName   Status      PortType   PortPri   PortNo   PortKey   PortState   Weight
Ethernet0/0/1   Unselect    100M       1000      2        5153      10100010    1
Ethernet0/0/2   Selected    100M       2000      3        5153      10111100    1
Ethernet0/0/3   Selected    100M       3000      4        5153      10111100    1

Partner:
--------------------------------------------------------------------------------
ActorPortName   SysPri   SystemID         PortPri   PortNo   PortKey   PortState
Ethernet0/0/1   0        0000-0000-0000   0         0        0         10100011
Ethernet0/0/2   32768    4c1f-cc2a-74f1   32768     3        5153      10111100
Ethernet0/0/3   32768    4c1f-cc2a-74f1   32768     4        5153      10111100

[SW1]
```

从例 2-23 中的前两个阴影行我们可以看出，现在 E0/0/1 已经不再是活动接口，而 E0/0/3 自动成为活动接口，承担流量转发工作。最后一个阴影行展示出对端接口 E0/0/1 的状态参数都为空，从这里也可以看出这条链路的状态并不正常。

5. LACP 抢占功能

要想在接口 E0/0/1 恢复正常工作后，让 SW1 能够自动切换回去继续使用 E0/0/1，管理员还需要启用 LACP 抢占功能，详见例 2-24。

例 2-24　在 SW1 上配置 LACP 抢占功能并查看相关信息

```
[SW1]interface eth-trunk 20
[SW1-Eth-Trunk20]lacp preempt enable
[SW1-Eth-Trunk20]lacp preempt delay 10
[SW1-Eth-Trunk20]quit
[SW1]interface e0/0/1
[SW1-Ethernet0/0/1]undo shutdown
[SW1-Ethernet0/0/1]quit
[SW1]display eth-trunk 20
Eth-Trunk20's state information is:
Local:
LAG ID: 20                      WorkingMode: STATIC
Preempt Delay Time: 10          Hash arithmetic: According to SIP-XOR-DIP
System Priority: 2000           System ID: 4c1f-ccc1-374a
```

```
Least Active-linknumber: 1   Max Active-linknumber: 2
Operate status: up           Number Of Up Port In Trunk: 2
--------------------------------------------------------------------------------
ActorPortName    Status     PortType   PortPri   PortNo   PortKey   PortState   Weight
Ethernet0/0/1    Selected   100M       1000      2        5153      10111100    1
Ethernet0/0/2    Selected   100M       2000      3        5153      10111100    1
Ethernet0/0/3    Unselect   100M       3000      4        5153      10100000    1


Partner:
--------------------------------------------------------------------------------
ActorPortName    SysPri   SystemID        PortPri   PortNo   PortKey   PortState
Ethernet0/0/1    32768    4c1f-cc2a-74f1  32768     2        5153      10111100
Ethernet0/0/2    32768    4c1f-cc2a-74f1  32768     3        5153      10111100
Ethernet0/0/3    32768    4c1f-cc2a-74f1  32768     4        5153      10110000


[SW1]
```

例 2-24 在 SW1 的 Eth-Trunk 接口视图下首先使用命令 **lacp preempt enable**，为 Eth-Trunk 20 启用了抢占功能；然后使用命令 **lacp preempt delay 10** 更改了抢占时延，这个参数以 s 为单位，取值范围是 10～180，默认值为 30；最后启用接口 E0/0/1，并使用命令 **display eth-trunk 20** 验证当前的 Eth-Trunk 状态。第一个阴影行显示出 Preempt Delay Time:10，表示启用了抢占功能，并且时延为 10s。第二个阴影行显示出 E0/0/1 在启用后已经再次抢占为活动接口，抢占功能测试成功。

例 2-25 展示了在 SW2 上使用命令 **display eth-trunk 20** 显示信息。

例 2-25　在 SW2 上查看 Eth-Trunk 20 状态

```
[SW2]display eth-trunk 20
Eth-Trunk20's state information is:
Local:
LAG ID: 20                     WorkingMode: STATIC
Preempt Delay: Disabled        Hash arithmetic: According to SIP-XOR-DIP
System Priority: 32768         System ID: 4c1f-cc2a-74f1
Least Active-linknumber: 1     Max Active-linknumber: 8
Operate status: up             Number Of Up Port In Trunk: 2
--------------------------------------------------------------------------------
ActorPortName    Status     PortType   PortPri   PortNo   PortKey   PortState   Weight
Ethernet0/0/1    Selected   100M       32768     2        5153      10111100    1
Ethernet0/0/2    Selected   100M       32768     3        5153      10111100    1
Ethernet0/0/3    Unselect   100M       32768     4        5153      10110000    1


Partner:
--------------------------------------------------------------------------------
```

```
ActorPortName   SysPri   SystemID          PortPri   PortNo   PortKey   PortState
Ethernet0/0/1   2000     4c1f-ccc1-374a    1000      2        5153      10111100
Ethernet0/0/2   2000     4c1f-ccc1-374a    2000      3        5153      10111100
Ethernet0/0/3   2000     4c1f-ccc1-374a    3000      4        5153      10100000

[SW2]
```

从例 2-25 的命令输出内容中，我们可以看出 SW2 上的抢占功能没有开启，最大活动接口数量也保持默认值 8。在 LACP 的工作中，管理员只在 LACP 主动端上修改相关参数也可以实现相应的效果，但我们并不推荐这种做法。在网络的设计和实施中，所有设备上的配置要统一，因此管理员也需要在 SW2 上执行相关配置，本小节不再演示，读者可以在实验中自行补全 SW2 上的相关配置。

2.4　本章总结

本章我们一共介绍了 3 项与网络可靠性有关的技术。其中，第一项技术并非冗余技术，而是一项能够帮助网络中其他机制迅速发现网络中的通信异常，并进行相应处理的故障检测技术。在 2.1 节中，我们对 BFD 技术进行了工作机制和报文格式方面的介绍，读者通过这一节的学习，应该能够理解 BFD 的工作原理，同时能够从数据封装的角度体会到这种协议的实现方式。本章后面介绍的两项技术都是冗余技术，其中 VRRP 的作用是在局域网中给网关技术提供设备层面的冗余。在 2.2 节中，我们着重介绍了 VRRP 的工作原理，同时演示了 VRRP 的配置方法。2.3 节介绍了一项为网络提供端口/链路层面冗余的技术，也就是链路聚合技术，管理员可以根据自己的需求将多个平行以太网端口/链路捆绑为一个逻辑端口/链路，来实现物理链路的冗余和带宽的提升。针对这项使用十分广泛的技术，我们在 2.3 节中同样分为概述、原理和配置 3 个部分对其进行了介绍，同时说明了链路聚合技术的两种模式——手动模式和 LACP 模式。

2.5　练习题

一、选择题

1. 下列有关 BFD 的说法中，正确的是哪些？（多选）（　　　　）

A. BFD 的全称是双向转发检测，它能够检测到直连链路上的错误

B. BFD 在能够开始检测链路状态前，需要经历 3 次握手来建立会话

C. BFD 在能够开始检测链路状态前，必须先进入 UP 状态

D. BFD 可以为动态路由协议提供链路可用性检测

2．在 BFD 报文的格式中，有关认证字段的说法正确的是哪些？（多选）（　　　）

A．认证类型字段标明了 BFD 所使用的认证方式，明文密码认证为 1，MD5 认证为 5

B．认证长度字段标明了有关认证的总字段长度

C．认证数据的长度是固定的

D．认证类型、认证长度和认证数据这 3 个字段都是可选的

3．下列有关 VRRP 的说法中，正确的是哪些？（多选）（　　　）

A．VRRP 是一种 FHRP

B．一台路由器上只能配置一个 VRRP 虚拟 IP 地址

C．一个 VRRP 组中只能有一个虚拟 IP 地址

D．VRRP 对于终端用户来说是透明的

4．下列有关 VRRP 组的说法中，正确的是哪个？（　　　）

A．VRRP 组的虚拟 IP 地址必须为组中某个物理接口的 IP 地址

B．不同的 VRRP 组可以使用同一个虚拟 IP 地址，只要虚拟 MAC 地址不同就可以

C．同一个物理接口可以同时参与多个 VRRP 组

D．一个 VRRP 组中可以有多台主用路由器

5．有关链路聚合的优势有哪些？（多选）（　　　）

A．提高连接的带宽

B．防止链路上出现环路

C．为连接动态地提供备用链路

D．提升了连接的可扩展性且降低了成本

6．下列有关 LACP 的说法中，正确的是哪些？（多选）（　　　）

A．手动模式灵活性较低

B．LACP 根据系统优先级选择 LACP 主动端

C．LACP 根据接口优先级选择启用的接口

D．LACP 抢占功能默认是启用的，并且抢占时延为 30s

7．下列有关 LACP 的配置，说法正确的是哪个？（　　　）

A．一个 Eth-Trunk 中的物理接口编号必须连续

B．一个 Eth-Trunk 中的所有物理接口必须都为 UP 状态

C．一个物理接口能够被加入多个 Eth-Trunk

D．一个 Eth-Trunk 中的所有物理接口速率、双工模式必须相同

二、判断题

1．如果 BFD 对等体双方，一端配置了认证，另一端没有配置认证，则 BFD 对等体关系建立失败。

2．在配置 VRRP 时，最简单的配置就是在接口输入命令 **vrrp vrid** *virtual-router-id* **virtual-ip** *virtual-address*，指明接口所属的 VRRP 组和虚拟 IP 地址。

3．Eth-Trunk 的默认工作模式是 LACP 模式，如果需要把当前为 LACP 工作模式的 Eth-Trunk 接口更改为手动配置，那么需要在 Eth-Trunk 接口视图中使用命令 **mode manual**。

第 3 章
访问控制列表

本章要介绍的这项技术提供了安全防护措施，它能够使管理员有选择地对网络中的流量进行过滤，从而达到保护网络资源的目的。举例来说，管理员可以限制网络设备对重要数据服务器的访问，实现诸如只有财务部门的员工能够访问财务部服务器，只有人力部门的员工能够访问人力数据库等需求，以保护重要数据的安全和隐私。管理员也可以限制工作时间段内的上网流量，比如限制每天 8:00 至 18:00 之间所有主机都不能访问互联网，通过这种方式限制员工对网络资源的使用。我们在本章中要介绍的这项技术称为 IP ACL。

　　在本章中，我们会先对 IP ACL 的概念进行概述，随后详细介绍 IP ACL 的工作原理，其中最重要的内容是 IP ACL 识别数据包的方法；同时还会介绍 IP ACL 的执行顺序和应用方向。在本章的后半部分中，我们会以路由器为例，详细介绍华为设备上 IP ACL 的配置方法，其中包含基本 IP ACL 和高级 IP ACL 的配置和验证方式。

学习目标

- 理解 IP ACL 的工作原理；
- 掌握通配符掩码的使用规则；
- 理解在设计和实施 IP ACL 时的顺序；
- 理解 IP ACL 的应用方向；
- 掌握在应用 IP ACL 时的方向选择；
- 掌握基本 IP ACL 的创建和应用；
- 掌握高级 IP ACL 的创建和应用。

3.1　IP ACL 概述

ACL，顾名思义，它的作用就是对网络流量的访问行为进行控制。ACL 是管理员管理、监控网络流量的得力工具。在网络中，ACL 常常会与服务质量和路由策略等技术结合起来使用，为某项后续的操作定义流量的匹配标准。在华为设备上，IP ACL 分为基本 IP ACL 和高级 IP ACL，它们在匹配标准上有所区别。基本 IP ACL 只能基于源 IP 地址进行匹配，而高级 IP ACL 能够基于多种参数进行匹配，这些参数包括三层信息（比如源和目的 IP 地址）及四层信息（比如 TCP/UDP 的源和目端口号）。

当然，根据标准来匹配数据包并不是目的，ACL 的目的是根据匹配结果来决定不同的操作方式。因此，无论通过哪些参数对数据包进行匹配，ACL 在匹配后还会对匹配数据包执行相应的操作。在这里，我们所说的操作就是放行或拒绝。在日常生活中一提到放行或拒绝，大多数人能够想到的是被用于如公寓楼/小区、校园或企业办公区等场所的出入管理系统。这些场所的门卫/门禁系统可以通过访客是否持有门禁卡、学生证或工作证来执行"访问控制"。访问控制的"匹配规则"是卡，操作是有卡放行、无卡拒绝。

接下来，本章将会从 IP ACL 的工作原理开始，逐步介绍使用 IP ACL 进行匹配时的具体匹配方法，以及网络设备在执行 ACL 时的工作流程。

注释：

① 本章只涉及 IP ACL 的介绍。IP ACL 同时支持对 IPv4 和 IPv6 流量进行过滤控制，它们的原理是相同的，在配置上有些许不同，本章只介绍与 IPv4 ACL 相关的配置信息。除了 IP ACL 外，华为设备还支持二层 ACL 和用户自定义 ACL，这些内容超出了本书范畴，因此在这里不进行介绍。

② ACL 在配置后并不能马上生效，只有管理员在相应的业务模块中应用配置好的 ACL 后，ACL 才会发挥它的作用。能够应用 ACL 的业务模块包括流策略/简化流策略、黑名单、Telnet、SNMP、FTP、HTTP、设备支持的路由协议等。本章只介绍如何在简化流策略中应用 ACL，目的是利用 ACL 来对设备转发的流量进行过滤。

3.2　IP ACL 工作原理

ACL 是一个由多条匹配规则和行为构成的过滤列表，每个 ACL 中都可以包含多个匹配规则，每个匹配规则必须关联一个行为（允许或拒绝）。当与数据包相匹配的规则中指定了拒绝行为，设备就会丢弃这个数据包；当与数据包相匹配的规则中指定了允许行为，设备就会继续处理这个数据包。具体的处理行为与其他因素相关，我们会在后文进行详细介绍。

ACL 的工作示意如图 3-1 所示，匹配"允许"行为的数据包会继续进行下一步处理，匹配"拒绝"行为的数据包则会被直接丢弃。

图 3-1　ACL 的工作示意

下面，我们结合图 3-1，分别解释一下数据包匹配 ACL "允许"和"拒绝"行为时，设备执行的操作。

① 数据包与 ACL 中的"允许"行为相匹配时的操作如下。如图 3-2 所示，一个来自网络 C 的数据包需要接受这个 ACL 的过滤。它与"匹配规则 1"不匹配，因此移至下一条匹配规则；与"匹配规则 2"也不匹配，因此再移至下一条匹配规则；与"匹配规则 3"相匹配，并接受"允许"行为，也就是继续进行下一步处理。

图 3-2　ACL 的工作示意——"允许"行为

② 数据包与 ACL 中的"拒绝"行为相匹配时的操作如下。如图 3-3 所示，一个来自子网 B 的数据包需要接受这个 ACL 的过滤。与"匹配规则 1"不匹配，因此移至下一条匹配规则；与"匹配规则 2"相匹配，并接受"拒绝"行为，也就是被设备丢弃。

图 3-3 ACL 的工作示意——"拒绝"行为

通过这部分展示的 3 个示意，读者应该对 ACL 的工作方式有了一个大致的了解。接下来，我们会分别详细介绍 ACL 中的每一个组成部分。首先，我们会介绍使用 IP ACL 进行数据包匹配时，最重要的一种匹配方法——使用通配符掩码来限定需要匹配的源和/或目的地址。

3.2.1 通配符掩码

IP ACL 分为两类——基本 IP ACL 和高级 IP ACL，其中，基本 IP ACL 只能根据数据包头部携带的源 IP 地址字段进行匹配，高级 IP ACL 则可以匹配包含源 IP 地址在内的多个字段。也就是说，根据 IP 地址进行匹配是最基本的匹配方式，因此在本小节中，我们先抛开 ACL 中与行为相关的内容，着重关注在对 IP 地址进行匹配时所使用的一项重要参数——通配符掩码。

要想知道通配符掩码如何能够限定 IP 地址的范围，就要先知道什么是通配符掩码。通配符掩码听起来比较晦涩难懂，但如果称之为反掩码，或许听起来就简单得多。在本小节中，我们会先从形态上对比掩码和反掩码，然后再对它们的作用进行区分。图 3-4 展示了一个连续的 IP 地址范围，以及与这个 IP 地址范围相对应的掩码和反掩码。

图 3-4 与一个 IP 地址范围相对应的掩码和反掩码

如图 3-4 所示，通配符掩码和掩码一样，有两种常用的表现形式：十进制（点分十进制）和二进制。从二进制形式来看，掩码和通配符掩码在描述同一个连续的地址范围时，1 和 0 的取值是相反的，即在掩码的匹配规则中，1 表示必须匹配，0 表示无须匹配；而在通配符掩码的匹配规则中，1 表示无须匹配，而 0 表示必须匹配。

因此，在通配符掩码中，0 和 1 的匹配规则分别如下所述。

① **二进制数 0**：必须与 IP 地址中对应位的取值相匹配。

② **二进制数 1**：无须与 IP 地址中对应位的取值相匹配，因此可以被称为不关心位。

虽然通配符掩码和掩码都称为掩码，但它们的作用是不相同的。IP 地址/掩码的组合描述了一个 IP 地址所属的网络范围，通过这个组合，我们可以推断出这个 IP 地址的网络地址、主机地址范围和广播地址。但 IP 地址/通配符掩码的组合只是以一种简便的方式，一次性描述了多个 IP 地址。这种组合能够减少管理员在配置华为设备时输入的命令条数，让管理员可以在一条命令中限定多个 IP 地址，而无须为每个 IP 地址单独输入一条命令。因此通配符掩码并不具备子网划分的概念，它只是用来描述多个 IP 地址。

表 3-1 中总结了通配符掩码与网络掩码的区别。

表 3-1　通配符掩码与网络掩码的区别

	通配符掩码	网络掩码
匹配规则	0 表示必须匹配 1 表示无须匹配	1 表示必须匹配 0 表示无须匹配
功能	描述一个或多个 IP 地址	限定网络位的长度
作用（与 IP 地址相结合）	描述一个或多个 IP 地址	描述网络地址、主机地址范围和广播地址

以下为几个简单的通配符掩码示例。

① 192.168.8.10 0.0.0.0——只匹配一个 IP 地址（主机地址）192.168.8.10。在华为设备的配置中，我们可以把表示一个 IP 地址（主机地址）的通配符掩码 0.0.0.0 简写为 0，以此简化管理员需要输入的内容。

② 192.168.8.10 0.0.0.255——匹配一个连续的 IP 地址范围 192.168.8.0～192.168.8.255。如果在华为设备的配置中使用这个组合来匹配一个连续的 IP 地址范围，管理员在输入配置命令后，华为设备会在把这条命令写入配置文件的同时，自动把前面的 IP 地址改写为这个范围中的第一个 IP 地址，也就是管理员会在配置文件中看到 192.168.8.0 0.0.0.255。

③ 192.168.8.10 0.0.7.255——匹配一个连续的 IP 地址范围 192.168.8.0～192.168.15.255。

④ 192.168.8.10 0.0.15.255——匹配一个连续的 IP 地址范围 192.168.0.0～192.168.15.255。

⑤ 192.168.8.10 255.255.255.255——匹配所有 IP 地址。在使用通配符掩码 255.255.255.255 来匹配所有 IP 地址时，前面的 IP 地址是什么其实都无所谓，因此我们通常以 0.0.0.0 255.255.255.255 来表示匹配所有 IP 地址。当然，在华为设备的配置中，我们可以使用关

键字 **any** 来表示匹配任意（所有）IP 地址，这个关键字简化了管理员需要输入的内容。

　　上述通配符掩码的示例是在配置网络设备时，管理员必须熟练掌握的通配符掩码使用方法。抛开网络设备上的实际应用，为了让读者更深入地理解通配符掩码的匹配规则，接下来我们通过表 3-2 展示几个较复杂的示例。表 3-2 中使用的 IP 地址统一为 10.10.10.10。

表 3-2　通配符掩码的匹配示例

通配符掩码	匹配结果
0.0.0.1	2 个连续的 IP 地址：10.10.10.10 和 10.10.10.11
0.0.0.2	2 个 IP 地址：10.10.10.8 和 10.10.10.10
0.0.0.3	4 个连续的 IP 地址：10.10.10.8～10.10.10.11
0.0.0.4	2 个 IP 地址：10.10.10.10 和 10.10.10.14
0.0.0.5	4 个 IP 地址：10.10.10.10、10.10.10.11、10.10.10.14 和 10.10.10.15
0.0.0.6	4 个 IP 地址：10.10.10.8、10.10.10.10、10.10.10.12 和 10.10.10.14
0.0.0.7	8 个连续的 IP 地址：10.10.10.8～10.10.10.15
0.0.0.15	16 个连续的 IP 地址：10.10.10.0～10.10.10.15
0.0.0.31	32 个连续的 IP 地址：10.10.10.0～10.10.10.31
0.0.0.63	64 个连续的 IP 地址：10.10.10.0～10.10.10.63
0.0.0.127	128 个连续的 IP 地址：10.10.10.0～10.10.10.127
0.0.0.255	256 个连续的 IP 地址：10.10.10.0～10.10.10.255

　　从表 3-2 给出的示例中，我们会发现一个规律，要想匹配多个连续的 IP 地址，通配符掩码（十进制）非 0 位的取值就必须是 1、3、7、15、31、63、127、255。让我们把这些十进制数转换成二进制数，规则就一目了然了，详见表 3-3。

表 3-3　十进制数转换为二进制数

十进制数	二进制数
1	00000001
3	00000011
7	00000111
15	00001111
31	00011111
63	00111111
127	01111111
255	11111111

通过二进制数的展示我们可以看出，要想描述一个连续的 IP 地址范围，就需要二进制通配符掩码中的 1 从右侧起是连续的，不能在任意两个 1 之间出现 0。实际上，在描述一个连续的 IP 地址范围时，通配符掩码正好是网络掩码的"反向"表达，也就是把网络掩码中的 1 替换为 0，再把网络掩码中的 0 替换为 1。

由于网络掩码的功能是限定 IP 网络位的长度，因此网络掩码中用来描述网络位的多个 1 必须是连续的，用来描述主机位的多个 0 也必须是连续的，也就是网络掩码不能也无法描述非连续的 IP 地址。通配符掩码可以描述多个 IP 地址，因此并没有"前半部分必须是连续的 0，后半部分必须是连续的 1"这种限制。如果使用这种限制来指定通配符掩码，那么这个通配符掩码所匹配的 IP 地址一定是多个连续的 IP 地址。下面我们看表 3-4 中给出的几个示例。

表 3-4　通配符掩码的匹配示例

IP 地址　通配符掩码	匹配结果
172.16.32.0 0.0.3.255	172.16.32.0～172.16.35.255
172.16.32.0 0.0.7.255	172.16.32.0～172.16.39.255
172.16.32.0 0.0.0.15.255	172.16.32.0～172.16.47.255

在表 3-4 的示例中，我们把 0 和 1 之间的分界线移到了通配符掩码的第 3 个八位组中，这样匹配的 IP 地址数量就增多了。也就是说，0 和 1 之间的分界线越往左侧移动，匹配的 IP 地址数量就越多。当然，在描述连续的 IP 地址时，二进制格式的通配符掩码要满足"前半部分必须是连续的 0，后半部分必须是连续的 1"这种限制。在理解了这一点之后，读者在为指定的 IP 地址范围找出适合的通配符掩码时就会很容易。表 3-5 总结了描述连续 IP 地址范围所使用的网络掩码和通配符掩码，以供读者参考。

表 3-5　描述连续 IP 地址范围所使用的网络掩码和通配符掩码

掩码长度	网络掩码	通配符掩码
/32	255.255.255.255	0.0.0.0
/31	255.255.255.254	0.0.0.1
/30	255.255.255.252	0.0.0.3
/29	255.255.255.248	0.0.0.7
/28	255.255.255.240	0.0.0.15
/27	255.255.255.224	0.0.0.31
/26	255.255.255.192	0.0.0.63
/25	255.255.255.128	0.0.0.127
/24	255.255.255.0	0.0.0.255
/23	255.255.254.0	0.0.1.255
/22	255.255.252.0	0.0.3.255
/21	255.255.248.0	0.0.7.255
/20	255.255.240.0	0.0.15.255

（续表）

掩码长度	网络掩码	通配符掩码
/19	255.255.224.0	0.0.31.255
/18	255.255.192.0	0.0.63.255
/17	255.255.128.0	0.0.127.255
/16	255.255.0.0	0.0.255.255
/15	255.254.0.0	0.1.255.255
/14	255.252.0.0	0.3.255.255
/13	255.248.0.0	0.7.255.255
/12	255.240.0.0	0.15.255.255
/11	255.224.0.0	0.31.255.255
/10	255.192.0.0	0.63.255.255
/9	255.128.0.0	0.127.255.255
/8	255.0.0.0	0.255.255.255
/7	254.0.0.0	1.255.255.255
/6	252.0.0.0	3.255.255.255
/5	248.0.0.0	7.255.255.255
/4	240.0.0.0	15.255.255.255
/3	224.0.0.0	31.255.255.255
/2	192.0.0.0	63.255.255.255
/1	128.0.0.0	127.255.255.255
/0	0.0.0.0	255.255.255.255

通配符掩码仅仅是 IP ACL 工作中的一个参数。在介绍了如何使用通配符掩码来限定 IP 地址的范围后，接下来我们会把视野扩大到整个 IP ACL，关注多条匹配规则的匹配顺序。

3.2.2　IP ACL 中的匹配顺序

从图 3-2 和图 3-3 所示的 ACL 工作示意我们可以看出，在有多条匹配规则的 ACL 中，数据包是按顺序从上到下与多个规则一一进行匹配的。实际上，在华为设备的 ACL 配置中，ACL 中的每个条目（匹配规则）都有一个相应的编号，在使用这个 ACL 对数据包进行匹配时，设备会按照编号从小到大的顺序来对数据包进行匹配。

注释：

在华为设备的 ACL 配置中，ACL 中每个条目的编号称为规则编号。如果在配置每个条目时管理员没有指定具体的规则编号，设备会按照默认步长来自动为这个条目分配规则编号。步长是规则编号的递增规则，华为设备默认的 ACL 步长为 5，也就是默认每个 ACL 中第 1 个条目的规则编号为 5，第 2 个条目的规则编号为 10，第 3 个条目的规则编号为 15，以此类推。管理员可以自定义步长参数，具体做法会在本章配置部分进行详细说明。

在有关 ACL 匹配顺序的内容中，难点并不在于设备如何使用 ACL 中的每个条目，而在于管理员如何依照设备的匹配规则来设计 ACL 中的条目及其顺序。在设计 ACL 中的条目及其顺序时，管理员要考虑以下几点。

① 设备会按照从上到下（即规则编号从小到大）的顺序来依次匹配数据包。

② 一旦数据包与当前规则匹配成功，设备就会按照当前规则中指定的行为来处理数据包。同时 ACL 匹配行为也到此结束，设备不会继续在 ACL 中查找其他匹配条目。

总的来说，管理员在设计一个 ACL 中的语句顺序时，要做到精确匹配在前、模糊匹配在后。以 10.10.10.0 0.0.0.255 和 10.10.0.0 0.0.255.255 两个 IP 地址范围为例介绍匹配规则。

单从通配符掩码可以看出，这两个网络的范围是有大小之分的，第 1 个 IP 地址范围小，第 2 个 IP 地址范围大。结合前面指定的 IP 地址可以发现，第 1 个网络被包含在第 2 个网络范围内，是第 2 个网络中的一个子集，因此，如果要在 ACL 中为这两个网络范围分别设置不同的行为，那么管理员就需要为 IP 地址范围小的网络使用较小的规则编号，为 IP 地址范围大的网络使用较大的规则编号。比如，将规则编号 10 的语句设置为放行源 IP 地址匹配 10.10.10.0 0.0.0.255 的数据包，将规则编号 20 的语句设置为拒绝源 IP 地址匹配 10.10.0.0 0.0.255.255 的数据包。只有按照这种顺序进行设置，源 IP 地址属于 10.10.10.0/24 网络的数据包才会被设备放行，这是因为一旦数据包在 ACL 中遇到了一个匹配条目，设备就会按照这个条目中指定的行为来处理数据包，并不会继续查找其他的匹配规则。

相信到这里读者应该明白了该如何排列 ACL 中的多个匹配语句，下面我们来明确描述一下何谓"匹配"。

① 如果 ACL 中没有定义任何规则，则 ACL 匹配结果为：未命中。

② 如果 ACL 中定义了规则，则设备按照规则编号逐个查找匹配规则。

- 如果数据包与允许语句相匹配，则 ACL 匹配结果为：匹配（允许）。
- 如果数据包与拒绝语句相匹配，则 ACL 匹配结果为：匹配（拒绝）。
- 如果数据包与管理员明确配置的语句都不匹配，则 ACL 匹配结果为：未命中。

在上述匹配过程中，我们可以看出数据包会有两种匹配结果：匹配或未命中。当数据包匹配一条语句时，设备会按照这条语句中指定的行为来处理数据包，其中，允许行为用于放行数据包，拒绝行为用于丢弃数据包。当数据包的匹配结果为未命中时，流控制/简化流控制模块对于数据包的处理行为是放行。

注释：

当 ACL 的匹配结果为未命中时，所关联的行为（允许或拒绝）与应用 ACL 的业务模块相关。本章只讨论在流控制/简化流控制模块中应用 ACL 的场景。在其他业务模块应用 ACL 时，ACL 的默认行为，以及在匹配 ACL 语句时的处理机制，需要管理员查阅相关的产品文档。

3.2.3　入向 IP ACL

在配置好 ACL 后，这个 ACL 虽然已经存在于设备的配置文件中，但还没有生效，需要管理员在特定位置进行应用才能生效。管理员可以在多个地方应用 ACL，比如在使用流控制/简化流控制来对设备转发的数据包进行过滤时，就可以在全局、某个接口或某个 VLAN 中应用 ACL。又如在实现登录控制时，管理员可以在相应的业务模块中应用 ACL。

在本小节中，我们会从最基本的 ACL 应用方法入手，解释设备在使用 ACL 时最基本的工作原理。因此，我们在这里只考虑一种情形，即在路由器的物理接口上使用 ACL 过滤流量。此时，我们需要在路由器接口上应用 ACL，并且指明针对哪个方向的流量应用 ACL。要想对路由器接收到的数据包执行过滤，管理员就要在入站方向上应用 ACL，称为入向 ACL；要想对路由器转发出去的数据包执行过滤，管理员就要在出站方向上应用 ACL，称为出向 ACL。图 3-5 展示了能够在路由器上应用 ACL 的位置，以及 ACL 的方向。

图 3-5　IP ACL 的应用位置和方向

结合图 3-5 所示的两个路由器接口可以看出，对于路由器转发的数据包来说，路由器会从一个接口上收到这个数据包，并把这个数据包从另一个接口转发出去。因此这个数据包可能会经由两个 ACL 进行过滤：在入站接口上通过入向 ACL 进行过滤，在出站接口上再通过出站 ACL 进行过滤。路由器的每个接口都可以接收数据包，也都可以发送数据包，因此路由器的每个接口上可以同时应用一个入向 IP ACL 和一个出向 IP ACL。我们在本小节，会着重介绍入向 IP ACL，在下一小节则会重点介绍出向 IP ACL。

注释：

应用在接口的 IP ACL 只能过滤路由器转发的数据包，而无法过滤路由器始发的数据包。举例来说，如果管理员在路由器接口上应用了一个丢弃所有数据包的出向 ACL，那么路由器仍可以从这个接口发送 ping 消息、路由通告等数据包，这是因为这些数据包是由路由器生成的，这类路由器始发的数据包不会受到接口出向 ACL 的控制。

数据包在进入路由器接口时，会受到入站接口上应用的入向 IP ACL 的过滤，并且会产生以下两种结果。

① **路由器把数据包转交给路由转发进程进行处理**：当接口上没有应用 ACL，或者当接口上应用了 ACL 且数据包匹配 ACL 中的允许语句，或者当接口上应用了 ACL 且数据包与 ACL 不匹配时，路由器就会允许数据包通过，并将其转交给路由转发进程。

② **路由器丢弃数据包**：当接口上应用了 ACL 且数据包匹配 ACL 中的拒绝语句时，路由器就会拒绝数据包通过，并丢弃这个数据包。

图 3-6 展示了本小节所讨论的入向 IP ACL 的应用位置和方向。

图 3-6　入向 IP ACL 的应用位置和方向

路由器在接收到一个数据包后，基于接口入向 ACL 进行匹配，根据匹配结果执行相应的行为。入站数据包过滤流程如图 3-7 所示。

图 3-7 所示的流程中只展示了两条匹配规则（即第 1 条规则和第 2 条规则）。然而，一个 IP ACL 中可以包含多条规则，数据包必须与管理员配置的所有规则都不匹配时，才会被判定为未命中，因此在第 2 条规则和未命中结果之间，我们使用的线型为虚线。

图 3-7 入站数据包过滤流程

3.2.4 出向 IP ACL

当路由器通过查询 IP 路由表找到了转发数据包所使用的出站接口后，数据包就会受到出站接口应用的出向 IP ACL 的过滤，并且会产生以下两种结果。

① **路由器把数据包转发出去**：当接口上没有应用 ACL 时，或者当接口上应用了 ACL 且数据包匹配 ACL 中的允许语句时，或者当接口上应用了 ACL 且数据包与 ACL 不匹配时，路由器就会允许数据包通过，并将其从这个接口转发出去。

② **路由器丢弃数据包**：当接口上应用了 ACL 且数据包匹配 ACL 中的拒绝语句时，路由器就会拒绝数据包通过，并丢弃这个数据包。

图 3-8 展示了本小节所讨论的出向 IP ACL 的应用位置和方向。

图 3-8 出向 IP ACL 示意

路由器在对一个数据包做出路由转发决策后，会基于出站接口上应用的出向 ACL 执行过滤，根据匹配结果执行相应的行为。出站数据包过滤流程如图 3-9 所示。

图 3-9　出站数据包过滤流程

图 3-9 所示的流程和图 3-8 一样只展示了两条匹配规则，但一个 IP ACL 中可以包含多条规则，只有数据包与管理员配置的所有规则都不匹配时，才会被判定为未命中。

到此为止，我们已经介绍了所有与 IP ACL 相关的基础知识。接下来，我们会介绍如何在华为路由器上配置 IP ACL。下面我们会先从基本 IP ACL 的配置命令入手，继而对高级 IP ACL 中能够指定的匹配参数进行说明。

3.3　基本 IP ACL

在使用基本 IP ACL 进行流量过滤时，管理员只能在匹配规则中设置以下参数：源 IP 地址、分片信息和生效时间。当在一条匹配规则中同时配置了上述参数时，只有所有参数都满足条件，路由器才会认为数据包与这条规则相匹配。当然，管理员可以根据实际需求有选择地使用上述参数。在本节的配置案例中，我们只介绍根据源 IP 地址匹配流量的情况，使用分片信息和生效时间匹配流量的操作在这里不进行介绍。

在流控制/简化流控制模块中应用 ACL 来过滤流量时，管理员可以使用以下 3 个步骤来创建并应用基本 IP ACL。

步骤 1　**acl** [**number**] *acl-number*：这是一条系统视图命令，它的作用是创建一个 IP ACL，并进入 IP ACL 视图。管理员可以使用这条命令创建任意类型的 ACL（IP ACL、MAC ACL 或用户自定义 ACL），但要注意根据 ACL 类型选择 ACL 的编号。这条命令中的参数有以下几个。

① **acl**：必选关键字，表示管理员将要配置一个 ACL。

② **number**：可选关键字，表示管理员要为这个 ACL 定义一个编号。在本节的配置案例中，我们会省略这个关键字。

③ *acl-number*：必选参数，设置管理员要配置的 ACL 编号。基本 IP ACL 的编号取值范围是 2000～2999。

步骤 2　**rule** [*rule-id*] {**deny** | **permit**} [**source** {*source-address source-wildcard* | **any**}]：这是一条基本 IP ACL 视图命令，它的作用是定义一条匹配规则。这条命令中的参数有以下几个。

① **rule**：必选关键字，表示管理员将要配置一条规则。

② *rule-id*：可选参数，管理员可以手动指定这条规则的编号，这个参数多被用于管理员需要向现有 ACL 的规则中插入新规则的情形。当管理员没有配置这个参数时，路由器会按照步长（默认为 5）自动为这条规则设置编号。

③ **deny** | **permit**：必选关键字（二选一），指定这条匹配规则的行为。如果要丢弃与这条规则相匹配的 IP 数据包，就使用关键字 **deny**。如果要放行与这条规则相匹配的 IP 数据包，就使用关键字 **permit**。

④ **source** {*source-address source-wildcard* | **any**}：可选关键字组，关键字 **source** 表示管理员要配置源 IP 地址信息；*source-address source-wildcard* 参数用来指定具体的 IP 地址，注意，这里使用的是 IP 地址加通配符掩码的格式；关键字 **any** 表示这条规则要匹配任意源 IP 地址的数据包。

步骤 3　**traffic-filter** {**inbound** | **outbound**} {**acl** | **ipv6 acl**} {*acl-number* | **name** *acl-name*}：这是一条接口视图命令，其作用是在接口上应用 ACL。这条命令中各个参数的作用如下。

① **traffic-filter**：必选关键字，表示管理员要在接口上应用 ACL，并根据 ACL 中的设置进行数据包过滤。

② **inbound** | **outbound**：必选关键字（二选一），指定这个 ACL 的应用方向。如果想要对路由器从这个接口接收到的数据包执行过滤，就使用关键字 **inbound**；如果想要对路由器通过这个接口转发的数据包执行过滤，就使用关键字 **outbound**。

③ **acl** | **ipv6 acl**：必选关键字（二选一），指定对 IPv4 还是 IPv6 数据包进行过滤。

如果想要对 IPv4 数据包执行过滤,就使用关键字 **acl**;如果想要对 IPv6 数据包执行过滤,就使用关键字 **ipv6 acl**。

④ *acl-number* | **name** *acl-name*:必选参数(二选一),指定用来过滤数据包的 IP ACL。管理员可以通过 ACL 编号或 ACL 名称来应用该参数。

注释:

步骤 2 创建 IP ACL 规则的命令中还包含一些其他的可选关键字可供管理员使用,但这些内容超出了本书范畴,因此不进行介绍。有关这条命令的完整句法与参数描述信息,感兴趣的读者可以参考华为设备配置命令相关文档。

接下来我们通过一个简单的案例来具体实施一个基本 IP ACL。

3.3.1 创建基本 IP ACL

以一个简单的企业网环境作为基本 IP ACL 的实施环境,如图 3-10 所示。AR1 作为网络中唯一的路由器,负责不同 VLAN 之间的数据转发,同时作为企业网的网关为局域网中的主机提供互联网连接服务。AR1 通过 G6/0/0 接口连接 ISP 网络,使用 ISP 分配的 IP 地址 222.200.8.10 与 ISP 的路由器进行通信。管理员在 AR1 上手动配置了一条默认路由,这条默认路由的出站接口为 G6/0/0,下一跳 IP 地址为 222.200.8.9。G6/0/1 接口连接公司的财务部服务器 VLAN(VLAN 10),其 IP 地址为 10.10.10.254/24。G6/0/2 接口连接公司的工程部 VLAN(VLAN 20),其 IP 地址为 10.10.20.254/24。G6/0/3 接口连接公司的财务部 VLAN(VLAN 30),其 IP 地址为 10.10.30.254/24。服务器 10 使用的 IP 地址是 10.10.10.10/24,PC20 使用的 IP 地址是 10.10.20.20/24,PC30 使用的 IP 地址是 10.10.30.30/24。

图 3-10　基本 IP ACL 的实施环境

为了方便读者参考,我们把图中的接口、PC 和服务器的地址规划进行整理,见表 3-6。

表 3-6　基本 IP ACL 环境中的 IP 地址规划

设备	IP 地址
AR1 接口 G6/0/0	222.200.8.10/30
AR1 接口 G6/0/1	10.10.10.254/24
AR1 接口 G6/0/2	10.10.20.254/24
AR1 接口 G6/0/3	10.10.30.254/24
ISP 接口 G0/0/0	222.200.8.9/30
服务器 10	10.10.10.10/24
PC20	10.10.20.20/24
PC30	10.10.30.30/24

在这个企业网环境中，管理员要通过基本 IP ACL 实现以下需求。

① 源 IP 地址为私有地址的流量，不能从互联网进入企业网络。

② 财务部服务器 VLAN（10.10.10.0/24）中的服务器只能由财务部 VLAN（10.10.30.0/24）中的主机进行访问。

根据上述需求，管理员决定在 AR1 的 G6/0/0 和 G6/0/1 接口上实施相应的过滤行为，并创建了两个基本 IP ACL，详见例 3-1。

例 3-1　在 AR1 上创建基本 IP ACL

```
[AR1]acl 2000
[AR1-acl-basic-2000]rule deny source 10.0.0.0 0.255.255.255
[AR1-acl-basic-2000]rule deny source 172.16.0.0 0.15.255.255
[AR1-acl-basic-2000]rule deny source 192.168.0.0 0.0.255.255
[AR1-acl-basic-2000]quit
[AR1]acl 2010
[AR1-acl-basic-2010]rule permit source 10.10.30.0 0.0.0.255
[AR1-acl-basic-2010]rule deny source any
```

注释：

私有地址是为了让不同的私有网络能够复用相同的网络地址，以达到节省 IP 地址资源的目的而保留的一段 IPv4 地址空间，这段地址空间被定义在 RFC 1918 文档中。根据 RFC 1918 的定义，以下 3 个地址空间被保留给各个私有网络。

① 10.0.0.0/8：包含的 IP 地址范围是 10.0.0.0～10.255.255.255。

② 172.16.0.0/12：包含的 IP 地址范围是 172.16.0.0～172.31.255.255。

③ 192.168.0.0/16：包含的 IP 地址范围是 192.168.0.0～192.168.255.255。

有关私有 IP 地址的内容，我们会在后文进行详细介绍。

根据前文需求，管理员在 ACL 2000 中拒绝了所有源为私有 IP 地址的访问，在 ACL 2010 中只允许 VLAN 30 的主机访问。例 3-2 使用命令 **display acl** 查看了这两个 IP ACL 的配置。

例 3-2　查看管理员创建的两个 IP ACL

```
[AR1]display acl all
 Total quantity of nonempty ACL number is 2

Basic ACL 2000, 3 rules
Acl's step is 5
 rule 5 deny source 10.0.0.0 0.255.255.255
 rule 10 deny source 172.16.0.0 0.15.255.255
 rule 15 deny source 192.168.0.0 0.0.255.255

Basic ACL 2010, 2 rules
Acl's step is 5
 rule 5 permit source 10.10.30.0 0.0.0.255
 rule 10 deny

[AR1]
```

管理员可以使用命令 **display acl all** 来查看路由器上配置的所有 ACL，也可以使用 **display acl** *acl-number* 来查看指定 ACL。

接下来，我们会把这两个 ACL 分别应用在相应接口的相应方向上，并且通过测试来验证 ACL 的配置结果。

3.3.2　应用基本 IP ACL

现在我们把两个基本 IP ACL 应用在相应的位置上，详见例 3-3。

例 3-3　应用管理员创建的两个 IP ACL

```
[AR1]interface g6/0/0
[AR1-GigabitEthernet6/0/0]traffic-filter inbound acl 2000
[AR1-GigabitEthernet6/0/0]quit
[AR1]interface g6/0/1
[AR1-GigabitEthernet6/0/1]traffic-filter outbound acl 2010
```

从例 3-3 所示命令可以看出，管理员在连接 ISP 的接口 G6/0/0 上应用了入向 ACL，过滤源 IP 地址为私有地址的流量。在连接服务器 VLAN 的接口 G6/0/1 上应用了出向 ACL，只放行 VLAN 30 的流量。接下来，我们来测试一下这两个基本 IP ACL 的配置效果。首先，我们从 IP ACL 2000 开始测试，详见例 3-4。

例 3-4　测试基本 IP ACL 2000

```
[ISP]ping 222.200.8.10
 PING 222.200.8.10: 56  data bytes, press CTRL_C to break
  Reply from 222.200.8.10: bytes=56 Sequence=1 ttl=255 time=90 ms
  Reply from 222.200.8.10: bytes=56 Sequence=2 ttl=255 time=10 ms
```

```
  Reply from 222.200.8.10: bytes=56 Sequence=3 ttl=255 time=50 ms
  Reply from 222.200.8.10: bytes=56 Sequence=4 ttl=255 time=40 ms
  Reply from 222.200.8.10: bytes=56 Sequence=5 ttl=255 time=50 ms

 --- 222.200.8.10 ping statistics ---
  5 packet(s) transmitted
  5 packet(s) received
  0.00% packet loss
  round-trip min/avg/max = 10/48/90 ms
[ISP]ping -a 172.16.0.1 222.200.8.10
 PING 222.200.8.10: 56  data bytes, press CTRL_C to break
  Request time out
  Request time out
  Request time out
  Request time out
  Request time out

 --- 222.200.8.10 ping statistics ---
  5 packet(s) transmitted
  0 packet(s) received
  100.00% packet loss

[ISP]
```

在例 3-4 中，我们从 ISP 路由器向 AR1 的 G6/0/0 接口发起了 ping 测试。在第一次测试中，我们使用了默认源 IP 地址，也就是 ISP 接口 G0/0/0 的 IP 地址 222.200.8.9，测试成功。第二次测试中我们在 **ping** 命令中使用关键字**-a** 指定了发起这个 ping 测试的源 IP 地址，并将其指定为一个私有 IP 地址，测试失败。

当 AR1 从 G6/0/0 接口接收到数据包时，它会检查接口有无应用任何入向过滤措施。在发现需要使用入向 ACL 2000 对这个数据包执行过滤时，AR1 会按照 ACL 2000 中配置的匹配规则来对这个数据包进行匹配。在第二次 ping 测试过程中，AR1 发现它接收到的数据包与 ACL 2000 中编号为 10 的条目相匹配,这时它就会对这个数据包应用条目 10 指定的行为——丢弃。

我们描述过路由器对于入向 IP ACL 的处理过程。在这里，我们可以根据案例，再次明确指出拒绝语句的作用：一旦数据包与拒绝语句相匹配，那么无论这个数据包应该被执行的下一步处理行为是什么，路由器都会直接丢弃这个数据包，而不会进行任何下一步操作（不会返回任何 ICMP 消息）。相反，对于允许语句，当数据包与允许语句相匹配时，路由器会进一步处理这个数据包，在本例中就是为这个 ICMP Echo-Request 消息返回 ICMP Echo-Reply 消息。图 3-11 中展示了进行这两次 ping 测试时，在 AR1 的接口 G6/0/0 的抓包截图。

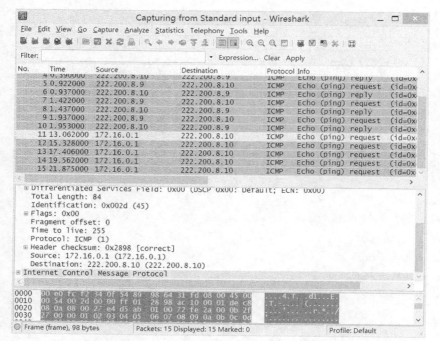

图 3-11　在 AR1 的接口 G6/0/0 上抓包的截图

从图 3-11 中可以看出，AR1 以 ICMP Echo-Reply 消息回应了源 IP 地址为 222.200.8.9 的 ping 请求，但对于源 IP 地址为 172.16.0.1 的 ping 请求，则没有给出任何回应。因此，在例 3-4 中，ISP 路由器发起的第二次 ping 测试返回的结果为请求时间超时（Request time out）。

注释：

　　本例展示的是在简化流策略中应用 ACL。此时，如果使用基于源 IP 地址作为匹配规则的基本 IP ACL 来过滤 IP 流量，过滤的流量就会包括以设备本地作为目的地址的 ICMP 流量。若在流策略中应用 ACL 进行过滤，则本例中的 ACL 不能被用来过滤以设备本地作为目的地址的 ICMP 流量，这是因为流策略中的 ACL 无法过滤那些要被送到 CPU 处理的流量，而这其中就包括去往设备本地的 ICMP 流量。读者在使用不同的 ACL 应用方式时，应参考相关的配置文档，确认该种 ACL 应用方式的使用条件和具体配置命令。

　　下面我们来测试基本 IP ACL 2010 的效果，测试过程见例 3-5。

　　例 3-5　测试基本 IP ACL 2010

```
PC30>ping 10.10.10.10

Ping 10.10.10.10: 32 data bytes, Press Ctrl_C to break
From 10.10.10.10: bytes=32 seq=1 ttl=254 time=16 ms
```

```
From 10.10.10.10: bytes=32 seq=2 ttl=254 time=16 ms
From 10.10.10.10: bytes=32 seq=3 ttl=254 time=15 ms
From 10.10.10.10: bytes=32 seq=4 ttl=254 time=16 ms
From 10.10.10.10: bytes=32 seq=5 ttl=254 time=16 ms

--- 10.10.10.10 ping statistics ---
 5 packet(s) transmitted
 5 packet(s) received
 0.00% packet loss
 round-trip min/avg/max = 15/15/16 ms

PC30>
```

```
PC20>ping 10.10.10.10

Ping 10.10.10.10: 32 data bytes, Press Ctrl_C to break
Request time out!
Request time out!
Request time out!
Request time out!
Request time out!

--- 10.10.10.10 ping statistics ---
 5 packet(s) transmitted
 0 packet(s) received
 100.00% packet loss

PC20>
```

例 3-5 分别从 PC30 和 PC20 向服务器 10 发起了 ping 测试。从测试结果可以看出，PC30 的 ping 测试成功，而 PC20 的 ping 测试失败，这正是我们通过基本 IP ACL 2010 想要实现的效果。

现在，请注意 PC20 的 ping 测试，此测试结果也是超时。也就是说，路由器在根据 ACL 中定义的规则丢弃数据包后，并不会针对这次丢弃行为向发出这个数据包的源设备做出任何"解释"。

在测试并验证了这两个基本 IP ACL 能够正常发挥其功能后，我们还遗留了一个问题，那就是在创建和应用 ACL 之前的设计步骤。尽管在实施中管理员需要先创建 ACL，再将其应用在某个接口的某个方向上，但实际上管理员先要确定的是 ACL 的应用位置和方向，然后才会相应地创建 ACL 中的具体匹配规则和行为。也就是说，在实施 IP ACL 时，管理员的工作流程是首先确定需求，其次设计 IP ACL（确定应用的位置和方向，再确定具体的匹配规则和顺序），最后实施 IP ACL。

其实，我们在展示本例中的基本 IP ACL 配置之前，已经提到过"根据上述需求，管理员决定在 G6/0/1 和 G6/0/0 接口上实施相应的过滤行为"。通常只有确定了 IP ACL 的应用位置和方向,管理员才能开始设计 IP ACL 中的具体规则和顺序,这是因为应用位置和方向对于 ACL 的匹配规则是会产生影响的。

以本例中的第 2 个需求为例,请考虑图 3-12 所示拓扑的情况。

图 3-12 增加路由器后 ACL 应用位置的变更

假设在这个企业网络中,管理员使用其他路由器连接服务器区域(包括服务器 10),那么这时要想通过基本 IP ACL 实现"只允许 VLAN 30 中的用户 PC 能够访问服务器 10"的需求,需要如何修改我们之前的配置呢?

首先我们要确定在这个环境中,哪个位置适合应用基本 IP ACL,并根据源 IP 地址进行过滤。这时我们有一个设计原则:在靠近目的的位置应用基本 IP ACL。根据这个设计原则,管理员可以确定 AR2 的 G0/0/0 接口为最佳的实施位置,这是因为它是直接连接目的 VLAN 10 的接口,并且 ACL 的应用方向是出方向。接着需要确定 ACL 的具体条目,这时我们会发现原本应用在 AR1 接口 G6/0/1 上的出向 ACL 2010 也适用于图 3-12 中所示环境。因此管理员只要把 AR1 接口 G6/0/1 上的出向 ACL 删除,在 AR2 上创建匹配规则相同的 ACL,并将其应用在 AR2 接口 G0/0/0 的出方向上,就满足了新拓扑的过滤需求。

如果读者还没有清楚地理解"在靠近目的的位置应用基本 IP ACL"的设计原则,那么请考虑不修改之前的配置,在新拓扑中仍由 AR1 在其 G6/0/1 接口上执行出向过滤,看看这时会发生什么。假设现在工程部(VLAN 20)中的终端 PC20 需要访问互联网,它的访问可以成功吗?显然是不行的,AR1 在收到 PC20 发来的数据包后,会检查这个数据包是否要执行入向过滤,发现 G6/0/2 接口上并没有应用任何入向 ACL 后,AR1 继续处理这个数据包。查询了本地的 IP 路由表后,AR1 知道应该从 G6/0/1 接口把这个数据包转发出去。在真正执行转发行为之前,AR1 还会查看 G6/0/1 接口的出向过滤措施,然后根据 ACL 2010 中的设置丢弃这个数据包。

图 3-13 描绘了路由器 AR1 接口 G6/0/1 上出向 ACL 和路由器 AR2 接口 G0/0/0 上出向 ACL 的影响范围。

图 3-13 出向 ACL 的影响范围

在这个拓扑中，AR1 接口 G6/0/1 上出向 ACL 的影响范围（矩形灰色区域）要比 AR2 接口 G0/0/0 上出向 ACL 的影响范围（扇形灰色区域）大得多。从图 3-13 中很容易可以看出，在使用源 IP 地址执行过滤时，要把过滤行为尽量部署在靠近目的的位置，这样做可以避免把应该转发的流量提前丢弃，也可以实现更精确的过滤。

但这种过滤方式有一定的缺陷，那就是本应该被丢弃的流量会穿越整个网络，直到差一步就抵达目的地的位置才被丢弃。比如其他部门的 PC 在尝试访问服务器区域时，AR1 会转发这些流量，AR2 会处理这些流量，最后在转发之前进行丢弃。这种做法耗费了转发路径中所有路由器的处理资源，以及网络路径中的带宽资源，也违背了"尽快过滤"原则。要想在实施过滤的同时兼顾到设备和网络资源，管理员可以使用高级 IP ACL，这就是 3.4 节将要介绍的重点。

3.4 高级 IP ACL

在使用高级 IP ACL 进行流量过滤时，管理员能够在匹配规则中设置多种参数，其中包括：源和目的 IP 地址、IP 类型、TCP/UDP 源和目的端口号（端口号范围）、分片信息和生效时间。当在一条匹配规则中同时配置了上述参数时，则必须所有参数都满足条件，路由器才会认为数据包与这条规则相匹配。当然，管理员可以根据实际需求有选择地使用上述参数。在本节的配置案例中，我们只展示根据目的 IP 地址进行匹配的情况，其他参数可由读者自行尝试。

在流控制/简化流控制模块中应用 ACL 来过滤流量时，管理员可以使用以下 3 个步骤来创建并应用高级 IP ACL。

步骤 1 **acl [number]** *acl-number*：这是一条系统视图命令，它的作用是创建一个 IP

ACL，并进入 IP ACL 视图。管理员可以使用这条命令创建任意类型的 ACL
（IP ACL、MAC ACL 或用户自定义 ACL），但要注意根据 ACL 类型来选
择 ACL 的编号。这条命令中的参数有以下几个。

① **acl**：必选关键字，表示管理员将要配置一个 ACL。

② **number**：可选关键字，表示管理员要为这个 ACL 定义一个编号。在本节的配置
案例中，我们会省略这个关键字。

③ *acl-number*：必选参数，设置管理员要配置的 ACL 编号。高级 IP ACL 的编号取
值范围是 3000～3999。

步骤 2　**rule** [*rule-id*] {**deny** | **permit**} **ip** [**destination** {*destination-address destination-wildcard* | **any** }] | **source** {*source-address source-wildcard* | **any**}：这是一条高级 IP
ACL 视图命令，它的作用是定义一条规则。这条命令中的参数有以下几个。

① **rule**：必选关键字，表示管理员将要配置一条规则。

② *rule-id*：可选参数，管理员可以手动指定这条规则的编号，这个参数多被用于管
理员需要向现有 ACL 的规则中插入新规则的情形。当管理员没有配置这个参数时，路由
器会按照步长（默认为 5）自动为这条规则设置编号。

③ **deny** | **permit**：必选关键字（二选一），指定这条匹配规则的行为。如果要丢弃
与这条规则相匹配的 IP 数据包，就使用关键字 **deny**。如果要放行与这条规则相匹配的
IP 数据包，就使用关键字 **permit**。

④ **destination** {*destination-address destination-wildcard* | **any** }：可选关键字组，关键
字 **destination** 表示管理员要配置目的 IP 地址信息；*destination-address destination-wildcard*
参数用来指定具体的 IP 地址，注意，这里使用的是 IP 地址加通配符掩码的格式；关键字
any 表示这条规则要匹配任意目的 IP 地址的数据包。

⑤ **source** {*source-address source-wildcard* | **any**}：可选关键字组，关键字 **source** 表
示管理员要配置源 IP 地址信息；*source-address source-wildcard* 参数用来指定具体的 IP
地址；关键字 **any** 表示这条规则要匹配任意源 IP 地址的数据包。

步骤 3　**traffic-filter** {**inbound** | **outbound**} {**acl** | **ipv6 acl**} {*acl-number* | **name** *acl-name*}：这是一条接口视图命令，其作用是在接口上应用 ACL。这条命令中
各个参数的作用如下。

① **traffic-filter**：必选关键字，表示管理员要在接口上应用 ACL，并根据 ACL 中的
设置进行数据包过滤。

② **inbound** | **outbound**：必选关键字（二选一），指定这个 ACL 的应用方向。如果
想要对路由器从这个接口接收到的数据包执行过滤，就使用关键字 **inbound**；如果想要
对路由器通过这个接口转发的数据包执行过滤，就使用关键字 **outbound**。

③ **acl** | **ipv6 acl**：必选关键字（二选一），指定对 IPv4 还是 IPv6 数据包进行过滤。

如果想要对 IPv4 数据包执行过滤，就使用关键字 **acl**；如果想要对 IPv6 数据包执行过滤，就使用关键字 **ipv6 acl**。

④ *acl-number* | **name** *acl-name*：必选参数（二选一），指定用来过滤数据包的 IP ACL。管理员可以通过 ACL 编号或 ACL 名称来应用该参数。

注释：

在设备上配置高级 IP ACL 规则时，根据 IP 所承载的不同协议类型（比如 ICMP、TCP、UDP、OSPF 协议等），ACL 规则中有不同的参数组合。步骤 2 展示了协议类型为 IPv4 时创建高级 IP ACL 的规则，并且该命令中还包含其他可选关键字供管理员使用。但这些内容超出了本书的范畴，因此不进行介绍。有关这条命令和其他协议类型命令的完整句法与参数描述信息，感兴趣的读者可以参考华为设备配置命令相关文档。

接下来我们通过一个简单的案例来具体实施一个高级 IP ACL。

3.4.1 创建高级 IP ACL

图 3-14 所示的企业网环境是在基本 IP ACL 案例中添加了一台路由器，这时路由器 AR1 的 G6/0/1 接口与 AR2 相连，它们之间使用的网段是 10.10.12.0/24，其中 AR1 的 G6/0/1 接口的 IP 地址是 10.10.12.1/24。AR1 的 G6/0/2 接口连接公司的工程部 VLAN（VLAN 20），其 IP 地址为 10.10.20.254/24。G6/0/3 接口连接公司的财务部 VLAN（VLAN 30），其 IP 地址为 10.10.30.254/24。路由器 AR2 负责连接服务器区域，同时还充当了企业网连接 ISP 的网关设备，为局域网中的内部主机提供互联网连接。AR2 通过 G0/0/0 接口连接公司的财务部服务器 VLAN（VLAN 10），其 IP 地址为 10.10.10.254/24；AR2 通过 G0/0/1 连接 AR1，其 IP 地址为 10.10.12.2/24。财务部服务器使用的 IP 地址是 10.10.10.10/24，PC20 使用的 IP 地址是 10.10.20.20/24，PC30 使用的 IP 地址是 10.10.30.30/24。

图 3-14　高级 IP ACL 实施环境

为了方便读者参考，我们把图 3-14 中的接口、PC 和服务器的地址规划进行整理，见表 3-7。

表 3-7　高级 IP ACL 环境中的 IP 地址规划

设备	IP 地址
AR1 的 G6/0/1 接口	10.10.12.1/24
AR1 的 G6/0/2 接口	10.10.20.254/24
AR1 的 G6/0/3 接口	10.10.30.254/24
AR2 的 G0/0/0 接口	10.10.10.254/24
AR2 的 G0/0/1 接口	10.10.12.2/24
服务器 10	10.10.10.10/24
PC20	10.10.20.20/24
PC30	10.10.30.30/24

在这个企业网环境中，管理员要通过高级 IP ACL 实现以下需求。

财务部服务器 VLAN（10.10.10.0/24）中的服务器只能由财务部 VLAN（10.10.30.0/24）中的主机进行访问。

根据上述需求，管理员决定在 AR1 的 G6/0/2 接口上实施相应的过滤行为，并创建一个高级 IP ACL，详见例 3-6。

例 3-6　在 AR1 上创建高级 IP ACL

```
[AR1]acl 3000
[AR1-acl-adv-3000]rule deny ip destination 10.10.10.0 0.0.0.255
```

根据前文需求，管理员在 ACL 3000 中禁止 VLAN 20 中的用户 PC 访问 VLAN 10。例 3-7 使用 **display acl** 命令查看了这个 IP ACL 的配置。

例 3-7　查看管理员创建的高级 IP ACL

```
[AR1]display acl 3000
Advanced ACL 3000, 1 rule
Acl's step is 5
 rule 5 deny ip destination 10.10.10.0 0.0.0.255

[AR1]
```

接下来，我们会把这个高级 IP ACL 应用在相应接口的相应方向上，并且通过测试来验证配置的结果。

3.4.2　应用高级 IP ACL

现在我们把这个高级 IP ACL 应用在相应的位置上，详见例 3-8。

例 3-8　应用管理员创建的高级 IP ACL

```
[AR1]interface g6/0/2
[AR1-GigabitEthernet6/0/2]traffic-filter inbound acl 3000
```

从例 3-8 所示命令可以看出，管理员在 AR1 连接工程部 VLAN 的 G6/0/2 接口上应用了入向 ACL，过滤目的 IP 地址为财务部服务器 VLAN 的流量。接下来我们测试一下这个高级 IP ACL 的配置效果，详见例 3-9。

例 3-9　测试高级 IP ACL 3000

```
PC20>ping 10.10.10.10

Ping 10.10.10.10: 32 data bytes, Press Ctrl_C to break
Request timeout!
Request timeout!
Request timeout!
Request timeout!
Request timeout!

--- 10.10.10.10 ping statistics ---
  5 packet(s) transmitted
  0 packet(s) received
  100.00% packet loss

PC20>
```

```
PC30>ping 10.10.10.10

Ping 10.10.10.10: 32 data bytes, Press Ctrl_C to break
From 10.10.10.10: bytes=32 seq=1 ttl=253 time=78 ms
From 10.10.10.10: bytes=32 seq=2 ttl=253 time=31 ms
From 10.10.10.10: bytes=32 seq=3 ttl=253 time=47 ms
From 10.10.10.10: bytes=32 seq=4 ttl=253 time=31 ms
From 10.10.10.10: bytes=32 seq=5 ttl=253 time=32 ms

--- 10.10.10.10 ping statistics ---
  5 packet(s) transmitted
  5 packet(s) received
  0.00% packet loss
  round-trip min/avg/max = 31/43/78 ms

PC30>
```

例 3-9 分别从 PC20 和 PC30 向服务器 10 发起了 ping 测试。从测试结果可以看出，PC20 的 ping 测试失败，而 PC30 的 ping 测试成功。这正是我们想通过高级 IP ACL 3000 实现的效果。

现在，我们不妨对比一下在类似的拓扑环境中，使用基本 IP ACL 和高级 IP ACL 实现相同的访问限制需求有什么区别，如图 3-15 所示。

图 3-15　对比基本 IP ACL 和高级 IP ACL

　　图 3-15 简化了前两个案例所使用的拓扑环境,我们把需求也简化描述为不允许 PC20 访问服务器 10。图 3-15(a)展示的是使用基本 IP ACL 进行过滤时,管理员只能匹配源 IP 地址参数。为了避免错误地过早丢弃以 PC20 为源的数据包,导致 PC20 无法访问本应能够访问的目的地,管理员只能在靠近目的地(服务器 10)的位置应用 ACL(AR2 的 G0/0/0 接口出方向)。这符合部署基本 IP ACL 时的建议,即要在靠近目的的位置应用基本 ACL。但这样做会导致本应被丢弃的数据包在穿越整个网络后才被丢弃,浪费了路径中负责转发的路由器资源和链路带宽资源,违背了"尽快过滤"的原则。

　　图 3-15(b)展示了使用高级 IP ACL 进行过滤时,ACL 的应用位置(AR1 的 G6/0/2 接口入方向),即当这个不符合策略的数据包刚进入网络中,就马上被丢弃了。这正符合在部署高级 IP ACL 时的建议:在靠近源的位置应用高级 ACL,也正好符合"尽快过滤"的原则。

　　在展示了高级 IP ACL 的应用并分析了基本 ACL 和高级 ACL 在应用上的区别后,我们最后再来对 ACL 中规则的调整进行一点说明。

　　单独删除指定规则:管理员可以根据规则编号单独删除某一条规则,详见例 3-10。

　　例 3-10　单独删除一条 ACL 规则

```
[AR1] display acl 2000
Basic ACL 2000, 4 rules
Acl's step is 5
 rule 5 deny source 10.0.0.0 0.255.255.255
 rule 10 permit source 10.10.0.0 0.0.255.255
 rule 15 deny source 172.16.0.0 0.0.15.255
 rule 20 deny source 192.168.0.0 0.0.255.255

[AR1] acl 2000
[AR1-acl-basic-2000]undo rule 10
[AR1-acl-basic-2000]quit
[AR1]display acl 2000
```

```
Basic ACL 2000, 3 rules
Acl's step is 5
 rule 5 deny source 10.0.0.0 0.255.255.255
 rule 15 deny source 172.16.0.0 0.0.15.255
 rule 20 deny source 192.168.0.0 0.0.255.255

[AR1]
```

从例 3-10 中的第 1 条 **display** 命令的输出内容中我们可以看出，管理员在基本 IP ACL 2000 中配置了 4 条规则。这个 ACL 无法正确实现管理员的设计，这是因为规则 10 定义的 IP 地址范围被包含在规则 5 定义的 IP 地址范围当中，使规则 10 永远不会被"命中"。因此，管理员通过 ACL 视图中的 **undo rule 10** 命令，单独删除了规则 10。第 2 条 **display** 命令的输出内容展示了删除后的 ACL 2000 中只剩下 3 条规则。

利用 ACL 步长重新自动编号：管理员可以通过修改 ACL 的步长，让设备自动调整 ACL 中已有规则的编号，详见例 3-11。

例 3-11　通过修改 ACL 步长来重新编号

```
[AR1]display acl 2000
Basic ACL 2000, 3 rules
Acl's step is 5
 rule 5 deny source 10.0.0.0 0.255.255.255
 rule 15 deny source 172.16.0.0 0.0.15.255
 rule 20 deny source 192.168.0.0 0.0.255.255


[AR1]acl 2000
[AR1-acl-basic-2000]rule 4 permit source 10.10.0.0 0.0.255.255
[AR1-acl-basic-2000]display acl 2000
Basic ACL 2000, 4 rules
Acl's step is 5
 rule 4 permit source 10.10.0.0 0.0.255.255
 rule 5 deny source 10.0.0.0 0.255.255.255
 rule 15 deny source 172.16.0.0 0.0.15.255
 rule 20 deny source 192.168.0.0 0.0.255.255


[AR1-acl-basic-2000]step 10
[AR1-acl-basic-2000]display acl 2000
Basic ACL 2000, 4 rules
Acl's step is 10
 rule 10 permit source 10.10.0.0 0.0.255.255
 rule 20 deny source 10.0.0.0 0.255.255.255
 rule 30 deny source 172.16.0.0 0.0.15.255
```

```
rule 40 deny source 192.168.0.0 0.0.255.255
```

```
[AR1-acl-basic-2000]
```

例 3-11 中的第 1 条 **display** 命令再次展示出删除了一条规则后的 ACL 2000,之后管理员在正确的位置插入了刚才删除的规则——插入在规则 4 的位置。在第 2 条 **display** 命令的输出信息中,我们可以看到这个 ACL 中各个语句的编号由于之前的删除和插入操作变得很不规律。接着,我们使用 ACL 视图 **step 10** 命令把 ACL 2000 的步长更改为 10,这条命令同时会重新排列 ACL 2000 中已有规则的编号。第 3 条 **display** 命令则展示了重新排序的结果。

3.5   本章总结

本章重点介绍了与 ACL 相关的知识。我们从 ACL 的作用和工作原理入手,介绍了在 IP ACL 中使用的一种特殊掩码——通配符掩码。通配符掩码的运算逻辑与子网掩码相反,在通配符掩码的二进制数值中,0 表示必须匹配,1 表示无须匹配。接下来,本章介绍了 IP ACL 中最为重要的内容,即 IP ACL 中的规则匹配顺序。管理员在设计 IP ACL 时,要注意多个规则之间的先后顺序。鉴于设备默认是按照规则编号进行匹配的,管理员要把较为精确的规则放在较为宽泛的规则之前,这样才能保证 ACL 实现管理员预期的效果。在 IP ACL 的工作原理部分,我们还介绍了 IP ACL 的方向。设备会按照 ACL 的应用方向,针对单向流量实施过滤。

在完成了对 IP ACL 工作原理的说明之后,本章以案例的形式展示了在华为路由器上部署基本 IP ACL 和高级 IP ACL 的方法,并且通过相同的网络拓扑对比了这两种 ACL 在应用上的区别。通过这部分的学习,读者要掌握"在靠近目的的位置应用基本 IP ACL,在靠近源的位置应用高级 IP ACL"的设计原则。在本章的最后,我们介绍了 ACL 配置中两个实用的配置窍门,即利用规则编号单独删除指定规则,以及利用 ACL 步长重新自动编号。

3.6   练习题

一、选择题

1. ACL 能够实现哪些功能?(多选)(   )

  A. 流量过滤

  B. 数据加密

  C. 身份认证

  D. 数据包匹配

2．ACL 中可以关联以下哪些行为？（多选）（　　　）

A．标记　　　　　　　　　　　　B．允许

C．拒绝　　　　　　　　　　　　D．丢弃

3．要想在 ACL 中匹配以下地址范围，需要使用哪个地址/通配符掩码对？（　　　）

　　172.16.30.0～172.16.47.255

A．172.16.30.0 0.0.15.255

B．172.16.30.0 0.0.31.255

C．172.16.30.0 0.0.1.255 和 172.16.32.0 0.0.15.255

D．172.16.30.0 0.0.15.255 和 172.16.32.0 0.0.3.255

4．请将以下选项匹配的 IP 地址范围从最精确到最不精确进行排序。（　　　）

A．10.20.0.0 0.15.255.255　　　　　B．10.168.40.0 0.0.31.255

C．10.16.0.0 0.7.255.255　　　　　D．10.192.78.0 0.0.0.255

5．如果管理员在一个接口应用了一个入向 IP ACL，但这个入向 IP ACL 中没有定义任何规则，以下说法中正确的是哪个选项？（　　　）

A．未命中，放行所有流量

B．未命中，拒绝所有流量

C．在接口输入应用 ACL 的命令时，设备会弹出提示消息并接受命令

D．在接口输入应用 ACL 的命令时，设备会报错并拒绝命令

6．高级 IP ACL 在以下哪些方面优于基本 IP ACL？（多选）（　　　）

A．网络规模越大，越能够节省多数路由器的处理资源

B．网络规模越大，越能够节省网络中的带宽资源

C．对数据包匹配得更为精确

D．配置更为简单

7．针对以下命令的输出信息，说法错误的是哪个选项？（　　　）

```
[AR1]display acl 3000
Advanced ACL 3000, 2 rules
Acl's step is 5
 rule 5 permit ip source 10.10.30.0 0.0.0.255 destination 10.10.10.0 0.0.0.255
 rule 10 deny ip destination 10.10.10.0 0.0.0.255

[AR1]
```

A．ACL 3000 的步长为 5

B．ACL 3000 中有两个匹配规则

C．AR1 上只配置了一个高级 IP ACL

D．规则 10 拒绝了目的 IP 地址在 10.10.10.0～10.10.10.255 之间的所有数据包

二、判断题

1．在华为设备中，管理员使用系统视图命令 **acl** *acl-number* 创建了基本或高级 ACL 后，这个 ACL 就会立即生效。

2．华为路由器在对数据包进行 ACL 匹配时，默认会在相应的 ACL 中找到最精确匹配的规则。

3．ACL 的使用原则是在靠近源的位置应用基本 ACL，在靠近目的的位置应用高级 ACL。

第 4 章
网络地址转换

到目前为止，在我们学习的过程中，大量知识都是围绕着私有网络展开的。在本书中，我们也会接触一些广域网技术。而本章中，我们所要介绍的网络地址转换（Network Address Translation，NAT）常常被用于实现私有网络中的主机与公共网络中的资源之间的通信。

当然了，NAT 不仅仅可以实现私有网络和公共网络的互访，还提供了一定的安全功能，并且也会在网络迁移时成为管理员的首选方案。这些内容我们都会在本章中一一进行讲解。本章会先从 NAT 的作用入手，其中包含私有 IP 地址的详细信息，接着着重讲述 NAT 的工作原理，以及为了发挥 NAT 的作用而采取的几种 NAT 类型。

在掌握了 NAT 理论知识后，本章的后半部分会详细介绍 NAT 在华为设备中的实施方法，其中包括华为设备所能够提供的 NAT 类型，以及与之相关的配置命令。本章会根据每种类型的 NAT 所适用的环境，提供一个相关的案例，并展示这个案例从配置到验证的全部内容。

学习目标

- 掌握 IPv4 私有地址的作用和范围；
- 了解 NAT 的作用；
- 理解 NAT 的工作原理；
- 掌握 NAT 的类型；
- 掌握 NAT 的基本配置；
- 掌握 NAPT 的配置；
- 掌握 Easy IP 的配置；
- 掌握 NAT 服务器的配置。

4.1　NAT 原理

NAT 的一种应用场景是在私有 IP 地址和公网 IP 地址之间执行转换，在本节中我们会具体介绍 NAT 的这种用法。在开始进入 NAT 的学习之前，我们有必要先来介绍一下私有 IP 地址的概念。

在网络的发展过程中，最早只有少数几个互不相连的独立网络。后来，这些独立的网络连接在一起，构成了一个较大的公共互联网络，并逐渐倾向于使用 TCP/IP 架构。之后，使用 TCP/IP 架构的网络数量直线上升，规模迅速扩大，这超出了人们的预期。随着连接到这个公共互联网络中的网络越来越多，IPv4 地址出现了耗竭的迹象。

因此互联网编号分配机构（Internet Assigned Numbers Authority，IANA）对地址分配规划做出了调整，预留了 3 个 IP 地址段用于私有网络，这些地址不能在公共网络中进行路由。这使得所有组织机构都可以在自己的私有网络中，通过这些范围内的 IP 地址（称为私有 IP 地址）来实现私有网络中的通信功能，以此达到复用 IP 地址空间、延缓 IP 地址消耗速度的目的。

IANA 为私有网络预留的 IP 地址空间如下。

① 10.0.0.0/8：包含的 IP 地址范围是 10.0.0.0～10.255.255.255。

② 172.16.0.0/12：包含的 IP 地址范围是 172.16.0.0～172.31.255.255。

③ 192.168.0.0/16：包含的 IP 地址范围是 192.168.0.0～192.168.255.255。

IPv4 私有地址空间被定义在 RFC 1918 文档中。IPv6 地址虽然没有耗竭之虞，但也有一部分地址被保留为私有地址。IPv6 私有地址被定义在 RFC 4193 文档中。在本章中，我们要讨论的内容只与 IPv4 地址有关。

4.1.1　NAT 的作用

NAT 是指把一个 IP 地址转换为另一个 IP 地址的做法。实施这种做法的设备通常是连接两个不同网络的边界路由设备（网关）。

相信很多读者都有过部署家庭网关路由器的经历：用户向本地运营商申请宽带服务，运营商工程师上门安装并调试，使用户可以通过家里的 PC 执行拨号后上网。如果家里有多台设备需要联网，则用户需要自己购买一台带无线 AP（接入点）功能的无线家庭路由器，并让路由器来代替 PC 进行拨号。这时，如果读者观察 PC 获得的 IP 地址，就会发现它使用的其实是一个私有 IP 地址，而运营商分配的公网 IP 地址是配置在路由器上的，这表示路由器通过 NAT 实现了私有 IP 地址与公网 IP 地址之间的转换，把发往运营商的数据包的源 IP 地址都转换为运营商分配的公网 IP 地址。

注释：

有些厂商的家庭路由器管理界面中并没有提供与 NAT 相关的配置选项，这是为了简化配置并降低用户误操作的概率。但这些家庭路由器实际上都支持并默认使用了 NAT。

网络管理员可以通过在网关设备上部署 NAT，为整个使用私有 IP 地址空间的私有网络提供一个或多个公网可路由的 IP 地址。为上网主机提供 NAT 的情景如图 4-1 所示。

图 4-1　为上网主机提供 NAT 的情景

NAT 在执行网络地址转换的同时，也会对外隐藏私有网络内部的地址结构。于是，在 ISP 看来，宽带用户或组织机构只使用了自己分配出去的 IP 地址，而并不知道宽带用户实际使用了几台设备上网，也不会知道宽带用户或组织机构内部的网络结构。

我们再介绍 NAT 的另一种常见应用：当一个企业的网络需要与合作伙伴的网络进行部分互联时，为了确保一定的安全性，管理员可以使用 NAT 对合作伙伴隐藏自己的内部网络结构。例如在企业并购后，多个企业网络要被合并成一个新企业网络的环境，如果合并前的多个网络使用了相同范围的私有 IP 地址，或者私有 IP 地址有部分重叠，那么管理员就可以使用 NAT 作为割接时的过渡手段，优先实现企业业务流量的正常转发，日后对网络进行重新设计，逐步实施旧网络规划到新网络规划的迁移。企业网络融合的过渡解决方案如图 4-2 所示。

在图 4-2 中，企业网络 A 和企业网络 B 使用的 IP 地址空间都是 10.0.0.0/24，现在这两个网络要合并到一起，构成一个完整的新企业网络。在不中断业务的前提下，管理员设计了过渡方案：把企业网络 A 的地址转换为 172.16.0.0/24，把企业网络 B 的地址转换为 192.168.0.0/24。此后，管理员可以重新设计企业网络，并逐步实施迁移计划。这种同时转换源和目的 IP 地址的做法有一个专门的名称——两次 NAT，亦称为双向 NAT。我们在本章中只介绍基本的 NAT 应用，两次 NAT 的配置方法超出了本书的知识范围，故不进行介绍。读者只需了解 NAT 存在这样一种应用方法和应用场景即可。

图 4-2　企业网络融合的过渡解决方案

4.1.2　NAT 的工作原理

无论组织机构无法把内部 IP 地址用于外部通信的理由是它所使用的 IP 地址为私有地址因而无法实现公网中的路由，或是企业出于隐私性考虑而不希望向外部网络暴露自己的网络结构信息，或是其他，企业此时都需要执行 IP 地址转换。在实施了 NAT 后，不仅内网主机使用的私有 IP 地址会被转换为公网可路由的公有 IP 地址，而且外网（公网）设备无法主动向内网主机发起访问，如果需要外网主动向内网发起访问，则需要配置一种特殊类型的 NAT。在本小节中，我们会介绍传统 NAT 的工作原理，其他类型的 NAT 将在后文介绍。

通过使用传统 NAT，管理员能够实现内网主机向外网主机发起并建立会话，而主机用户不会体验到通信的过程中存在网络地址转换的操作。也就是说，主机用户不会意识到在与外网主机进行通信时，自己主机的 IP 地址发生了变化。

如图 4-1 和图 4-2 所描绘的场景所示，只有连接多个网络的边界路由器上需要执行网络地址转换操作。下面，我们来详细介绍一下执行 NAT 的边界路由器具体执行的操作。

传统 NAT 中包含基本 NAT 和网络地址和端口翻译（Network Address and Port Translation，NAPT），我们首先从最简单的基本 NAT 说起。

1. 基本 NAT 的工作原理

对于使用了私有 IP 地址的内网主机来说，管理员可以通过手动配置，把私有 IP 地址转换为全局可路由的（公网）IP 地址，以此来实现内网主机与外网的通信。如果内网中需要访问外网的设备数量小于或等于公网 IP 地址数量，那么每个私有地址都能够被转换为一个公网地址（如图 4-3 所示环境），否则，能够同时访问外网的主机数量就会被公网地址数量所限，导致并不是所有内网主机可以同时访问外网。对于能够访问外网的主机来说，它们可以通过同一个私有 IP 地址–公网 IP 地址转换关系向外网发起多个并发会话。

图 4-3　基本 NAT 的操作

如图 4-3 所示，假设当前企业中只有两台主机需要访问外网，但管理员考虑到近期的扩展需求，向 ISP 申请了 4 个公网 IP 地址。这时管理员就可以在企业网关路由器上静态配置一对一的 IP 地址转换关系，比如把 PC1 使用的私有 IP 地址 10.0.0.1/24 转换为 ISP 分配的公网 IP 地址 123.119.122.1/29，把 PC2 使用的私有 IP 地址 10.0.0.2/24 转换为 ISP 分配的公网 IP 地址 123.119.122.2/29。

下面，我们以图 4-3 中管理员在企业网关路由器 G0/0/1 接口上设置的 NAT 规则为例，介绍在需要执行 IP 地址转换的环境中，企业网关路由器在转发数据包时是如何工作的。

① **PC1 发出的数据包**：从 G0/0/0 接口接收到 PC1 发来的去往互联网中某网站（43.226.160.17）的数据包，根据目的 IP 地址查询 IP 路由表，找到出站接口 G0/0/1。

② 根据出站接口 G0/0/1 上定义的 NAT 规则，确定 PC1 的 IP 地址（10.0.0.1）符合需要转换的条件，并且应被转换为 123.119.122.1。

③ 重新以源 IP 地址 123.119.122.1 封装去往 43.226.160.17 的数据包，并从 G0/0/1 接口发送出去。

④ **去往 PC1 的数据包**：从 G0/0/1 接口接收到从 43.226.160.17 发来且去往 123.119.122.1 的数据包，根据 G0/0/1 接口上定义的 NAT 规则，确定这个目的 IP 地址 123.119.122.1 应该被转换为 10.0.0.1。

⑤ 根据转换后的目的 IP 地址 10.0.0.1 查询 IP 路由表，找到出站接口 G0/0/0。

⑥ 重新以目的 IP 地址 10.0.0.1 封装来自 43.226.160.17 的数据包，并从 G0/0/0 接口发送出去。

管理员也可以让路由器自动执行转换，即当一台主机发来去往外网的数据包时，路由器在仍有公网 IP 地址可用的前提下，自动为内部主机执行转换并记录转换关系。当所有公网 IP 地址都被转换为某个内部主机的地址后，其他内部主机就无法访问外网了，其他主机用户只能等待已绑定的 NAT 的转换关系超时。有空闲的公网 IP 地址后，路由器才能够继续执行新的转换并记录新的转换关系。

然而，当企业内部需要访问外网的主机数量多于企业向 ISP 申请的公网 IP 地址数量时，静态配置一对一转换的方式显然无法满足所有内部主机访问外网的需求，这时就需要使用另一种传统 NAT 技术——NAPT。

2. NAPT 的工作原理

NAPT，从这个名称我们可以看出，NAPT 在网络地址转换的转换关系中添加了一个因素——端口。这样一来，组织机构和个人可以只向 ISP 申请一个或少量公网 IP 地址，就可以满足多台主机同时访问外网的需求。NAPT 能够把 IP 地址和端口号这个二元组从"内部 IP 地址:内部 TCP/UDP 端口号"转换为"公网 IP 地址:公网 TCP/UDP 端口号"，具体操作如图 4-4 所示。

图 4-4　NAPT 的操作

以图 4-4 所示环境为例，企业内部使用 10.0.0.0/24 私有 IP 地址范围，企业向 ISP 申请了一个公网 IP 地址 123.119.122.200，管理员在企业网关路由器的 G0/0/1 接口上实施了 NAPT。

下面，我们来解析当 PC1 和 PC2 先后向外网服务器 43.226.160.17 发起 Telnet 连接（TCP 23 端口）时，企业网关路由器的转换行为。

① **PC1 的数据包**：从 G0/0/0 接口接收到 PC1 发来的源 IP 地址为 10.0.0.1、源端口号为 3017、目的 IP 地址为 43.226.160.17、目的端口号为 23 的数据包后，查询路由表找到出站接口 G0/0/1。

② 根据出站接口 G0/0/1 上定义的 NAPT，把 PC1 数据包的源 IP 地址:源端口号转

换为 123.119.122.200:1024，并在 NAT 转换表中记录这条转换规则。显然，转换之前的内部源端口的取值是由 PC1 决定的，但转换后的公网源端口是由执行网络地址转换的路由器决定的，路由器会选取当前未转换出去的端口来使用。

③ 重新以源 IP 地址：源端口号 123.119.122.200:1024 封装去往 43.226.160.17:23 的数据包，并从 G0/0/1 接口发送出去。

④ **PC2 的数据包**：从 G0/0/0 接口接收到 PC2 发来的源 IP 地址：源端口号为 10.0.0.2:3017、目的 IP 地址:目的端口号为 43.226.160.17:23 的数据包后，查询路由表找到出站接口 G0/0/1。

⑤ 根据出站接口 G0/0/1 上定义的 NAPT，把 PC2 数据包的源 IP 地址:源端口号转换为 123.119.122.200:1025，并在 NAT 转换表中记录这条转换规则。在本例中，我们为了说明即使多台内部主机选择使用相同的源端口号，NAPT 也能够为它们建立唯一的转换关系，所以假设 PC1 和 PC2 都恰好选择使用相同的源端口号来建立 Telnet 会话。

⑥ 重新以源地址 IP 地址:源端口号 123.119.122.200:1025 封装去往 43.226.160.17:23 的数据包，并从 G0/0/1 接口发送出去。

NAPT 只支持从内部主机向外部发起 TCP/UDP 会话，无法支持那些需要从外部向企业内部发起会话的应用。如果企业中有从外部向内部发起访问的需求，那么管理员就需要在企业网关路由器上部署其他类型的 NAT（NAT 服务器功能）。接下来，我们会介绍包含 NAT 服务器功能在内的华为设备上能够实现的 NAT 类型。

4.1.3 NAT 的类型

NAT 在华为设备中的实现方法主要包括：静态 NAT/NAPT、Easy IP 和 NAT 服务器。无论哪种类型的 NAT 实现方法，都要遵循 NAT 工作原理。在介绍具体的配置命令和验证方法前，我们先介绍一下不同类型 NAT 的适用环境。

1. 静态 NAT/NAPT

静态 NAT 的实现方法是管理员在配置 NAT 时，会把内网中一个主机的私有 IP 地址与一个公网 IP 地址进行绑定。也就是说，在静态 NAT 中，公网 IP 地址只会被转换给唯一且固定的内网主机，实现一对一的转换关系。这种方式无法通过一个公网 IP 地址为内网中的多台主机同时提供外网连接，因此在实际使用中比较少见。

静态 NAPT 的实现方法是把二元组"内部网络主机的 IP:端口号"和"公网 IP+端口号"执行一对一绑定。从这种绑定关系我们就可以看出，如果执行静态 NAPT，那么一个公网 IP 地址可以同时为多个私有 IP 地址提供外网连接。

除此之外，静态 NAT/NAPT 还可以把一个私有 IP 地址范围与一个公网 IP 地址范围进行绑定。当内部主机访问外网主机时，如果内部主机使用的 IP 地址包含在管理员指定的私有 IP 地址范围内，那么路由器就会把这个地址转换为对应的公网 IP 地址。

2. Easy IP

Easy IP 可以在拨号上网的环境中，使所有内网用户都通过 ISP 分配的同一个公网 IP 地址连接互联网。这种类型与 NAPT 的区别在于，通过拨号上网获得的公网 IP 地址是临时的，往往每次拨号都会获得不同的公网 IP 地址。如果使用 Easy IP，那么路由器在拨号成功并获得公网 IP 地址后，会自动把这个公网 IP 地址应用为转换后的 IP 地址，无须管理员进行更多的操作。这种方式适合小型局域网，为小型局域网提供上网服务。比如小型办公室或中小型网吧，这种环境的特点是内部主机的数量较少，出站接口需要通过拨号的方式获得 ISP 分配的临时公网 IP 地址，所有内网主机都需要使用这个临时公网 IP 地址来访问互联网。管理员可以在 Easy IP 的配置中应用 ACL，指定允许访问互联网的私有 IP 地址范围。图 4-5 中描绘了 Easy IP 的操作。

图 4-5　Easy IP 的操作

图 4-5 延续使用了图 4-4 中的 IP 地址示例。为了简洁起见，我们没有标注外网主机的 IP 地址，只标明了需要进行 NAT 的私有 IP 地址和转换后的公网 IP 地址。Easy IP 对数据包的处理方式如下。

① 企业网关路由器接收到了内网主机（比如 PC1）访问外网主机的数据包，源 IP 地址为 10.0.0.1，源端口号为 3017。

② 企业网关路由器根据 ISP 分配的公网 IP 地址，把内部主机使用的私有源 IP 地址:源端口号转换为公网源 IP 地址:源端口号，并把 NAT 转换关系记录在 Easy IP 转换表中。路由器在接收到出站（PC1 发往外部主机）数据包时，会正向查找 Easy IP 表条目，把数据包的源 IP 地址:源端口号转换为 123.119.122.200:1024 并发送出去。

③ 企业网关路由器在接收到入站（外部主机响应 PC1）数据包时，会反向查找 Easy IP 表条目，把数据包的目的 IP 地址:目的端口号转换为 10.0.0.1:3017 并发送给 PC1。

3. NAT 服务器

由于 NAT 具有隐藏内部 IP 地址结构的功能，一般情况下外网主机无法主动访问内网主机，但企业有时又需要使用内网服务器对外网主机提供特定服务，这时管理员可以使用被称为 NAT 服务器（NAT Server）的实现方法，使内网服务器不被屏蔽，以便外网用户能够随时主动访问内网服务器。

在使用 NAT 服务器时，管理员要事先配置好转换关系，也就是公网"IP 地址:端口号"和私有"IP 地址:端口号"之间的转换，把需要向外网提供服务的服务器公网"IP 地址:端口号"转换为这台服务器的私有"IP 地址:端口号"。图 4-6 中描绘了 NAT 服务器的操作。

流量方向	转换前	转换后
入向	123.119.122.200:80	10.0.0.10:80
出向	10.0.0.10:80	123.119.122.200:80

图 4-6　NAT 服务器的操作

图 4-6 沿用了图 4-4 中的私有 IP 地址范围和公网 IP 地址示例。为了简洁起见，我们没有标注外网主机的 IP 地址，只标明了需要进行 NAT 的网页服务器私有 IP 地址和转换后的公网 IP 地址。NAT 服务器对于数据包的处理方式如下。

① 管理员需要事先在企业网关路由器上配置 NAT 服务器的转换条目。

② 企业网关路由器在接收到（公网用户主动发起的）入站数据包时，会根据公网用户希望访问的公网"IP 地址:端口号"来查找 NAT 服务器转换表条目，找到它所对应的私有"IP 地址:端口号"，并根据查找结果对入向数据包的目的"IP 地址:端口号"进行转换。在本例中，外网主机发送的数据包目的 IP 地址:端口号是 123.119.122.200:80，转换后的私有 IP 地址:端口号是 10.0.0.10:80。

③ 企业网关路由器在接收到内部网页服务器的响应数据包后，会根据这个数据包的源 IP 地址:端口号查找 NAT 服务器转换表条目，找到它所对应的公网"IP 地址:端口号"，并根据查找结果对出站数据包的源 IP 地址:端口号进行转换。在本例中，内网网页服务器响应的数据包源 IP 地址:端口号是 10.0.0.10:80，转换后的公网"IP 地址:端口号"是 123.119.122.200:80。

在本节中，我们对 NAT 的作用、工作原理和实现方式进行了理论上的介绍。下面我们会对如何在华为设备上配置和查看这些 NAT 进行演示和说明。

4.2 配置 NAT

截至 2011 年 2 月 3 日，IANA 所维护的互联网主地址池已经彻底耗尽。此后，亚太互联网络信息中心首当其冲地分配了剩余的 IPv4 地址段，其他各个区域互联网注册机构也纷纷耗尽了自己负责分配的 IPv4 地址资源。这意味着没有获得足够 IPv4 地址资源的组织机构在构建自己的局域网时，难免需要使用 RFC 1918 文档中保留的私有 IP 地址空间，并且在连接到互联网时通过 NAT 执行 IP 地址转换把私有 IP 地址转换为全局可路由的公网 IP 地址。在这样的大背景下，掌握 NAT 的配置方法显得格外重要，这是因为绝大多数网络技术人员在工作中都少不了要与 NAT 打交道。

华为路由器提供了多种 NAT 实现方式，读者可以按照前文介绍的 NAT 实现方法和适用环境，根据自己的需求来选择应用哪种类型的 NAT。在本节中，我们会逐个介绍每种 NAT 实现方法的基本配置和验证方法。

4.2.1 配置基本 NAT

基本 NAT 实现的是 IP 地址一对一转换关系，因此配置基本 NAT 只需要一条命令：把私有 IP 地址转换为公网 IP 地址。这是一条接口视图的命令，句法为 **nat static global** *global-address* **inside** *host-address*，在命令中，关键字 **global**（全局）指的是公网 IP 地址，关键字 **inside**（内部）指的是私有 IP 地址。图 4-7 展示了本例使用的配置基本 NAT 的网络环境，我们需要在路由器 GW-AR1 上配置这条命令。

图 4-7　配置基本 NAT 的网络环境

在例 4-7 所示环境中，内网中只有一台 PC（上网 PC）能够访问互联网，它的私有 IP 地址是 10.0.0.10/24，网关 IP 地址是 10.0.0.1/24。作为网关的路由器 GW-AR1，一边通过 G0/0/1 接口连接内网，使用私有 IP 地址 10.0.0.1/24；一边通过 G0/0/0 接口连接 ISP 路由器，使用固定公网 IP 地址 202.108.0.1/24。ISP 路由器连接 GW-AR1 的接口的 IP 地址为 202.108.0.2/24。现在管理员要在 GW-AR1 上把上网 PC 的私有 IP 地址 10.0.0.10 静态转换为公网 IP 地址 202.108.0.3，让上网 PC 能够通过这个公网 IP 地址访问互联网。例 4-1 中展示了 GW-AR1 上的全部配置命令。

例 4-1　在 GW-AR1 上配置基本 NAT

```
<Huawei>system-view
[Huawei]sysname GW-AR1
[GW-AR1]interface gigabitethernet 0/0/1
[GW-AR1-GigabitEthernet0/0/1]ip address 10.0.0.1 255.255.255.0
[GW-AR1-GigabitEthernet0/0/1]quit
[GW-AR1]interface gigabitethernet 0/0/0
[GW-AR1-GigabitEthernet0/0/0]ip address 202.108.0.1 255.255.255.0
[GW-AR1-GigabitEthernet0/0/0]nat static global 202.108.0.3 inside 10.0.0.10
[GW-AR1-GigabitEthernet0/0/0]quit
[GW-AR1]ip route-static 0.0.0.0 0.0.0.0 202.108.0.2
```

在例 4-1 所示配置中，我们展示了完成这个案例所需的所有配置命令。除了常规的接口 IP 地址配置外，命令展示中的最后一条命令指定了一条默认路由，以 202.108.0.2 为下一跳 IP 地址，这也是网关路由器上的常见配置。这个配置案例中的重点命令是 G0/0/0 接口视图下的第 2 条命令——**nat** 命令。从这条命令中我们可以看出，管理员在公网 IP 地址 202.108.0.3 和私有 IP 地址 10.0.0.10 之间进行了转换。例 4-2 使用 **display nat static** 命令查看了 GW-AR1 上的静态 NAT 配置。

例 4-2　查看 GW-AR1 上的静态 NAT 配置

```
[GW-AR1]display nat static
 Static Nat Information:
 Interface : GigabitEthernet0/0/0
   Global IP/Port      : 202.108.0.3/----
   Inside IP/Port      : 10.0.0.10/----
   Protocol : ----
   VPN instance-name : ----
   Acl number         : ----
   Netmask : 255.255.255.255
   Description : ----

 Total :    1
[GW-AR1]
```

从这条命令的输出信息中我们可以看出，G0/0/0 接口下有一对转换关系：公网 IP 地址 202.108.0.3 和内部 IP 地址 10.0.0.10 之间的转换。除此之外，我们还可以了解到，静态 NAT 的配置中还可以设置端口号、指定具体协议、应用 ACL，以及添加描述信息。本小节开篇展示的静态 NAT 命令句法中省略了配置这些内容的关键字和参数信息，对命令的完整句法感兴趣的读者可以参考华为设备相关文档。

例 4-3 验证了上网 PC 与 ISP 路由器之间的连通性。管理员在 PC 上使用 **ping** 命令，测试上网 PC 与 202.108.0.2 之间的连通性。

例 4-3 在上网 PC 上测试联网结果

```
PC>ping 202.108.0.2

Ping 202.108.0.2: 32 data bytes, Press Ctrl_C to break
From 202.108.0.2: bytes=32 seq=1 ttl=127 time=31 ms
From 202.108.0.2: bytes=32 seq=2 ttl=127 time<1 ms
From 202.108.0.2: bytes=32 seq=3 ttl=127 time<1 ms
From 202.108.0.2: bytes=32 seq=4 ttl=127 time=16 ms
From 202.108.0.2: bytes=32 seq=5 ttl=127 time<1 ms

--- 202.108.0.2 ping statistics ---
 5 packet(s) transmitted
 5 packet(s) received
 0.00% packet loss
 round-trip min/avg/max = 0/9/31 ms

PC>
```

例 4-3 展示的测试结果显示测试成功。但 GW-AR1 是否执行了 NAT 呢？我们分别在 GW-AR1 的 G0/0/1 和 G0/0/0 接口上设置了抓包，这两个接口的抓包信息如图 4-8 和图 4-9 所示。

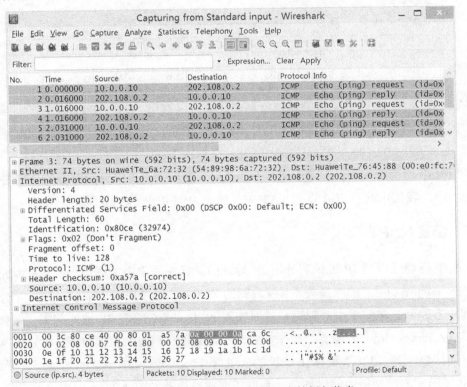

图 4-8　GW-AR1 的 G0/0/1 接口上的抓包信息

从图 4-8 所示 G0/0/1 接口的抓包信息中我们可以看出，GW-AR1 从上网 PC 那里接收到了从 10.0.0.10 发往 202.108.0.2 的 Echo Request 消息，同时 GW-AR1 还向 PC 转发了从 202.108.0.2 发往 10.0.0.10 的 Echo Reply 消息。

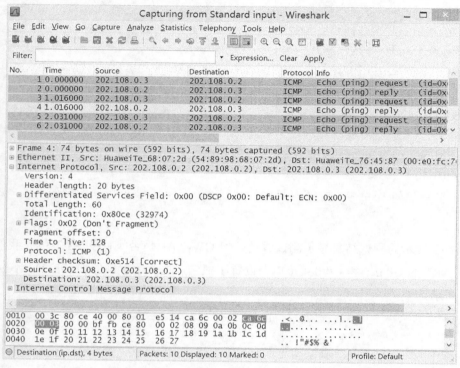

图 4-9　GW-AR1 的 G0/0/0 接口上的抓包信息

从图 4-9 所示 G0/0/0 接口的抓包信息中我们可以看出，GW-AR1 向 ISP 路由器发送了从 202.108.0.3 发往 202.108.0.2 的 Echo Request 消息，同时 GW-AR1 还从 ISP 路由器那里接收到了从 202.108.0.2 发往 202.108.0.3 的 Echo Reply 消息。

对于 ISP 路由器来说，它并不知道 10.0.0.10，而只知道自己分配出去的公网 IP 地址202.108.0.3。我们由此也可以验证 NAT 向外隐藏内部 IP 规划的效果。

4.2.2　配置 NAPT

NAPT 能够在内网 IP 地址和外网 IP 地址的转换关系中添加端口号，也就是记录二元组"IP 地址:端口号"的转换关系，使内网的多台主机可以使用一个或少数几个公网 IP 地址连接互联网。在配置中，管理员需要使用 ACL 来指定私有 IP 地址范围，还要使用地址组（Address-Group）配置命令来指定一个连续的公网 IP 地址范围，并在连接 ISP 路由器的接口上，把定义了私有 IP 地址的 ACL 和定义了公网 IP 地址的地址组关联起来。图 4-10 展示了本例使用的网络环境，我们需要在路由器 GW-AR1 上配置这些命令。

图 4-10　配置 NAPT 的网络环境

在本例所示环境中，内网分为两个 VLAN（VLAN 10 和 VLAN 20），VLAN 10 中主机使用的 IP 地址范围是 10.0.10.0/24，网关地址是 10.0.10.1；VLAN 20 中主机使用的 IP 地址范围是 10.0.20.0/24，网关地址是 10.0.20.1。作为网关的路由器 GW-AR1，一边通过 G0/0/1 和 G0/0/2 接口分别连接内网中的两个 VLAN，这两个接口上分别配置了 IP 地址 10.0.10.1/24 和 10.0.20.1/24；一边通过接口 G0/0/0 连接 ISP，使用固定公网 IP 地址 202.108.0.1/24。ISP 路由器连接 GW-AR1 的接口 IP 地址为 202.108.0.2/24。ISP 为这个网络分配的可用的公网 IP 地址范围是 202.108.0.3～202.108.0.6，共计 4 个 IP 地址。现在管理员要把前两个公网 IP 地址分给 VLAN 10 的用户，把后两个公网 IP 地址分给 VLAN 20 的用户。例 4-4 中展示了 GW-AR1 上与 NAPT 相关的配置命令。

例 4-4　在 GW-AR1 上配置 NAPT

```
[GW-AR1]acl 2010
[GW-AR1-acl-basic-2010]rule permit source 10.0.10.0 0.0.0.255
[GW-AR1-acl-basic-2010]quit
[GW-AR1]acl 2020
[GW-AR1-acl-basic-2020]rule permit source 10.0.20.0 0.0.0.255
[GW-AR1-acl-basic-2020]quit
[GW-AR1]nat address-group 1 202.108.0.3 202.108.0.4
[GW-AR1]nat address-group 2 202.108.0.5 202.108.0.6
[GW-AR1]interface g0/0/0
[GW-AR1-GigabitEthernet0/0/0]nat outbound 2010 address-group 1
[GW-AR1-GigabitEthernet0/0/0]nat outbound 2020 address-group 2
```

例 4-4 中只展示了 NAPT 的相关配置，有关 IP 地址和默认路由的配置信息并未展示。我们相信读者能够凭借到目前为止已经学习的内容搭建出这个简单的网络环境。下面我们来说说 NAPT 的配置，具体步骤如下。

步骤 1　在 ACL 中指定私有 IP 地址范围

管理员可以使用基本 ACL 来指定私有 IP 地址范围。所使用命令句法不再进行解释，本例一开始就使用 ACL 2010 指定了 VLAN 10 的 IP 地址范围，使用 ACL 2020 指定了 VLAN 20 的 IP 地址范围。

步骤 2 在 NAT 地址组中指定公网 IP 地址范围

管理员可以使用系统视图命令 **nat address-group** *group-index start-address end-address* 来指定公网 IP 地址范围，其中，*group-index* 是地址组的编号，这个编号的取值范围会根据不同的设备平台而有所不同。管理员在配置时，可以使用问号（?）功能查看设备所支持的编号范围，也可以使用产品手册和命令参考文档来查询编号的取值范围。*start-address* 和 *end-address* 是管理员要指定的 IP 地址范围中的第一个和最后一个 IP 地址。本例中配置的相关命令分别指定了两个 NAT 地址组，编号分别选择了 1 和 2，并按照前文中提出的需求，把这 4 个公网 IP 地址两两分为一组。

步骤 3 在接口上使用出向 NAT 绑定转换关系

管理员需要在连接外网（本例中是连接 ISP）的接口上使用接口视图命令 **nat outbound** *acl-number* **address-group** *group-index*，绑定 NAT 的转换关系。参数 *acl-number* 部分需要输入管理员之前创建的基本 ACL，参数 *group-index* 部分需要输入 NAT 地址组编号，这样就可以通过一条命令建立一个转换关系。本例中管理员使用了两条命令创建两个转换关系。

注释：

ACL 和 NAT 地址组都是只有在应用后才会生效的配置，因此上述步骤 1 和步骤 2 的顺序可以互换。

接下来我们通过命令查看 GW-AR1 上 NAT 地址组的配置，见例 4-5。

例 4-5　查看 GW-AR1 上的 NAT 地址组配置

```
[GW-AR1]display nat address-group

NAT Address-Group Information:
--------------------------------------
Index    Start-address      End-address
--------------------------------------
1        202.108.0.3        202.108.0.4
2        202.108.0.5        202.108.0.6
--------------------------------------
 Total : 2
[GW-AR1]
```

例 4-5 中使用 **display nat address-group** 命令查看了 GW-AR1 上的 NAT 地址组配置。从命令的输出内容中我们可以看出，GW-AR1 上配置了两个 NAT 地址组，编号、起始地址和结束地址都清晰地以列表的形式列出。管理员还可以使用命令来查看 NAPT 的应用配置，见例 4-6。

例 4-6 查看 GW-AR1 上的出向 NAPT 配置

```
[GW-AR1]display nat outbound
NAT Outbound Information:
--------------------------------------------------------------------

 Interface                   Acl     Address-group/IP/Interface    Type
--------------------------------------------------------------------

 GigabitEthernet0/0/0        2010    1                             pat
 GigabitEthernet0/0/0        2020    2                             pat
--------------------------------------------------------------------

 Total : 2
[GW-AR1]
```

例 4-6 中所示 **display nat outbound** 命令可以用来查看出向 NAT 的转换关系。从本例的命令输出内容中我们可以看出，G0/0/0 接口上有两个 NAT 出向转换关系，Type（类型）都是 pat。类型 pat 指的是启用端口转换功能，这也是 NAPT 的默认配置。管理员也可以在接口视图的命令 **nat outbound** *acl-number* **address-group** *group-index* 中添加关键字 **no-pat**，为某个 NAT 的转换关系禁用端口转换功能。

接着，我们仍通过 ping 功能来测试内网主机与 ISP 路由器之间的连通性和地址转换效果，并在 GW-AR1 的 3 个接口上分别开启抓包功能。图 4-11 和图 4-12 分别展示了内网接口（G0/0/1 和 G0/0/2）的抓包信息。

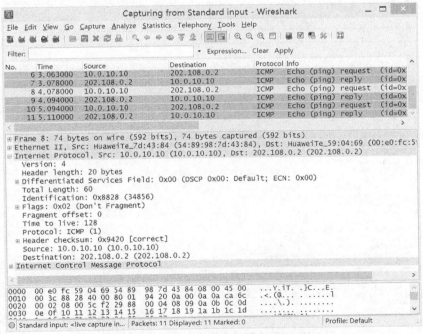

图 4-11　GW-AR1 内网接口 G0/0/1 的抓包信息

图 4-12　GW-AR1 内网接口 G0/0/2 的抓包信息

从图 4-11 和图 4-12 我们可以看出，PC10 和 PC20 分别向外网地址 202.108.0.2 发起了 ping 测试，并且测试成功。它们都接收到了 ISP 路由器的应答。图 4-13 展示了 GW-AR1 的 G0/0/0 接口上的抓包信息。

图 4-13　GW-AR1 外网接口 G0/0/0 的抓包信息

　　管理员在进行测试时，先在 PC10 上发起 ping 测试，再在 PC20 上发起 ping 测试。我们从图 4-13 中可以看出，GW-AR1 先后接收到了来自 202.108.0.3 和 202.108.0.5 的 ping 请求消息，这说明 GW-AR1 把 PC10 发出的数据包源 IP 地址转换为 202.108.0.3，把 PC20 发出的数据包源 IP 地址转换为 202.108.0.5。这两个地址正好是它们各自 NAT 地址组中的第一个 IP 地址。

　　当管理员想要把较多的私有 IP 地址转换为较少的公网 IP 地址，让内网主机都可以使用少数几个公网 IP 地址连接互联网时，就可以使用本小节介绍的 NAPT 配置方法：先指定私有 IP 地址（ACL）和公网 IP 地址（Address-Group），再在连接公网的接口上把两者关联在一起。

4.2.3　配置 Easy IP

　　我们在前文介绍了 Easy IP 的适用环境：通过拨号的方式连接互联网的中小型局域网环境。本小节我们会沿用配置基本 NAT 的网络环境（如图 4-14 所示），让企业网关路由器 GW-AR1 通过基于以太网的点对点协议（Point-to-Point Protocol over Ethernet，PPPoE）的方式向 ISP 路由器发起拨号，并从 ISP 路由器那里获取公网 IP 地址（202.108.0.1），同时把内部私有 IP 地址 10.0.0.0/24 的上网流量都转换为 ISP 分配的公网 IP 地址。

图 4-14　配置 Easy IP 的网络环境

　　本例是在 PPPoE 配置的基础上设置 NAT 的。实际上与 Easy IP 相关的命令非常简单，但要想成功建立 PPPoE 会话，使 GW-AR1 成功向 ISP 路由器发起 PPPoE 拨号，还需要进行多个步骤的配置。第 5 章中会详细介绍 PPPoE 的理论和在华为路由器上配置 PPPoE 的命令，并演示配置案例。为了分清主次，我们在这里暂且不涉及 PPPoE 的配置信息，只介绍与 Easy IP 相关的命令。

　　简单介绍一下当前 GW-AR1 与 ISP 路由器上的配置和环境现状：ISP 路由器作为 PPPoE 服务器，向 PPPoE 客户端分配公网 IP 地址 202.108.0.1，并为其提供上网服务。GW-AR1 作为 PPPoE 客户端，通过物理接口 G0/0/0 连接 ISP 路由器，并通过虚拟拨号接口 Dialer 1 向 ISP 路由器发起拨号获得公网 IP 地址 202.108.0.1。GW-AR1 作为内网主机的网关，配置了静态默认路由，下一跳指向接口 Dialer 1。ISP 路由器不了解企业内网使用的私有 IP 地址范围，只为自己分配的公网 IP 地址提供上网服务。

　　例 4-7 展示了虚拟拨号接口 Dialer 1 获得的 IP 地址。

例 4-7　查看虚拟拨号接口 Dialer 1 上 ISP 分配的 IP 地址

```
[GW-AR1]display interface dialer 1
Dialer1 current state : UP
Line protocol current state : UP (spoofing)
Description:HUAWEI, AR Series, Dialer1 Interface
Route Port,The Maximum Transmit Unit is 1500, Hold timer is 10(sec)
Internet Address is negotiated, 202.108.0.1/32
Link layer protocol is PPP
LCP initial
Physical is Dialer
Current system time: 2022-04-06 02:43:33-08:00
    Last 300 seconds input rate 0 bits/sec, 0 packets/sec
    Last 300 seconds output rate 0 bits/sec, 0 packets/sec
    Realtime 33 seconds input rate 0 bits/sec, 0 packets/sec
    Realtime 33 seconds output rate 0 bits/sec, 0 packets/sec
    Input: 0 bytes
    Output:0 bytes
    Input bandwidth utilization :    0%
    Output bandwidth utilization :    0%
Bound to Dialer1:0:
Dialer1:0 current state : UP
Line protocol current state : UP

Link layer protocol is PPP
LCP opened, IPCP opened
Packets statistics:
 Input packets:0,  0 bytes
 Output packets:5, 420 bytes
 FCS error packets:0
 Address error packets:0
 Control field control error packets:0

[GW-AR1]
```

　　从例 4-7 中的阴影行我们可以确认虚拟拨号接口 Dialer 1 的 IP 地址（202.108.0.1/32）是从 ISP 学到的（negotiated）。接着我们验证一下还没有实施 Easy IP 的配置时，从 PC 向 ISP 路由器发起 ping 测试的结果，见例 4-8。

例 4-8　在 PC 上测试互联网连通性

```
PC>ping 202.108.0.2

Ping 202.108.0.2: 32 data bytes, Press Ctrl_C to break
```

```
Request timeout!

Request timeout!

Request timeout!

Request timeout!

Request timeout!

--- 202.108.0.2 ping statistics ---

 5 packet(s) transmitted

 0 packet(s) received

 100.00% packet loss

PC>
```

ISP 路由器并不了解企业内网使用的私有 IP 地址信息，因而无法回复源 IP 地址为 10.0.0.10 的 ICMP 请求。我们在 GW-AR1 的 G0/0/0 接口进行了抓包。图 4-15 中展示了与 ping 测试相关的抓包信息。

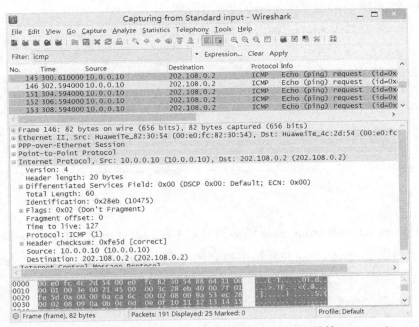

图 4-15　GW-AR1 外网接口 G0/0/0 的抓包信息（源 IP 地址 10.0.0.10）

从图 4-15 所示的抓包信息我们也可以确认，ISP 路由器连续接收到了 5 个以 10.0.0.10 为源 IP 地址的 ICMP 请求消息，但一个都没有回复。我们在 GW-AR1 上实施 Easy IP 的配置，之后再次验证 PC 与 ISP 路由器之间的连通性。

从本小节所用的网络拓扑就可以知道这个配置与基本 NAT 的配置有相似之处：基本 NAT 实现的是一对一的转换，Easy IP 实现的是多对一的转换。基本 NAT 要配置在接口（连接外网的接口）上，Easy IP 也要配置在接口（发起拨号的接口）上。例 4-9 展示了网关路由器 GW-AR1 上与 Easy IP 相关的配置。

例 4-9　在 GW-AR1 上配置 Easy IP

```
[GW-AR1]acl 2000
[GW-AR1-acl-basic-2000]rule permit source 10.0.0.0 0.0.0.255
[GW-AR1-acl-basic-2000]quit
[GW-AR1]interface dialer 1
[GW-AR1-Dialer1]nat outbound 2000
```

由于这里要实现的是多对一的转换，因此我们需要使用基本 ACL 来限定能够进行转换的私有 IP 地址范围，本例中限定的私有 IP 地址范围是 10.0.0.0/24。接着管理员使用 **interface dialer 1** 命令进入了发起 PPPoE 拨号的拨号接口，并在这个接口视图下配置了 NAT 命令 **nat outbound 2000**。这条 NAT 命令的作用是当内网流量去往互联网时，把基本 ACL 2000 中指定的源 IP 地址转换为 ISP 分配的公网 IP 地址。

要想确认 NAT 的配置信息，管理员可以使用例 4-6 中演示的命令 **display nat outbound**。例 4-10 中展示了这条命令的输出信息。

例 4-10　查看 GW-AR1 上的出向 NAPT 配置

```
[GW-AR1]display nat outbound
 NAT Outbound Information:
 --------------------------------------------------------------------------
 Interface              Acl      Address-group/IP/Interface    Type
 --------------------------------------------------------------------------
 Dialer1                2000     202.108.0.1                   easyip
 --------------------------------------------------------------------------
  Total : 1
[GW-AR1]
```

从 **display nat outbound** 命令的输出内容中我们可以清晰地看出，虚拟拨号接口 Dialer 1 上启用了 Easy IP，并且路由器会把 ACL 2000 中指定的源 IP 地址转换为 202.108.0.1。接着，我们再次测试 PC 与互联网的连通性，见例 4-11。

例 4-11　再次测试 PC 与 Internet 的连通性

```
PC>ping 202.108.0.2

Ping 202.108.0.2: 32 data bytes, Press Ctrl_C to break
From 202.108.0.2: bytes=32 seq=1 ttl=254 time=62 ms
From 202.108.0.2: bytes=32 seq=2 ttl=254 time=32 ms
From 202.108.0.2: bytes=32 seq=3 ttl=254 time=31 ms
From 202.108.0.2: bytes=32 seq=4 ttl=254 time=31 ms
From 202.108.0.2: bytes=32 seq=5 ttl=254 time=31 ms

--- 202.108.0.2 ping statistics ---
```

```
5 packet(s) transmitted
5 packet(s) received
0.00% packet loss
round-trip min/avg/max = 31/37/62 ms

PC>
```

从例 4-11 的 ping 测试中我们可以看出，PC 现在能够正常访问互联网。对于 ISP 路由器来说，它接收到的 ICMP 消息的源 IP 地址是什么呢？我们在 GW-AR1 的 G0/0/0 接口进行了抓包，图 4-16 中展示了与 ping 测试相关的抓包信息。

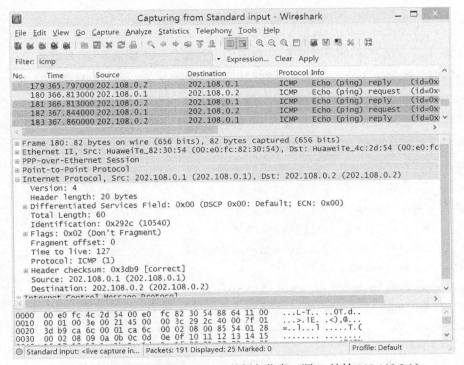

图 4-16　GW-AR1 外网接口 G0/0/0 的抓包信息（源 IP 地址 202.108.0.1）

从图 4-16 所示的抓包信息中我们看到了源 IP 地址 202.108.0.1 发来的 ICMP 请求，以及 ISP 路由器回复的 ICMP 应答，但没有看到 PC 上配置的私有 IP 地址 10.0.0.10。这表示 GW-AR1 已经通过虚拟拨号接口 Dialer 1 配置的出向 NAT 命令成功地为私有 IP 地址执行了 NAT 转换，将其转换为 ISP 分配的公网 IP 地址。

4.2.4　配置 NAT 服务器

在前面几小节内容中，我们介绍的配置方法都是使内网主机能够访问外网的方法。本小节我们要介绍让外网主机能够主动访问内网主机的方法，这种实现方法被称为 NAT 服务器。图 4-17 中展示了本小节使用的网络环境。

图 4-17　NAT 服务器配置的网络环境

在图 4-17 所示的网络环境中，企业需要向外提供网页服务和 FTP 服务，提供这两种服务的服务器都位于企业内部，分别使用私有 IP 地址 172.16.0.3/24 和 172.16.0.4/24。GW-AR1 作为网关路由器连接 ISP 路由器，使用 ISP 分配的公网 IP 地址 202.108.0.1/24。管理员要在路由器 GW-AR1 上配置 NAT 服务器特性，让互联网上的用户能够主动访问内网中的网页服务器和 FTP 服务器。例 4-12 展示了 GW-AR1 上的配置信息。

例 4-12　在 GW-AR1 上配置 NAT 服务器

```
<Huawei>system-view
[Huawei]sysname GW-AR1
[GW-AR1]interface gigabitethernet 0/0/1
[GW-AR1-GigabitEthernet0/0/1]ip address 172.16.0.1 255.255.255.0
[GW-AR1-GigabitEthernet0/0/1]quit
[GW-AR1]interface gigabitethernet 0/0/0
[GW-AR1-GigabitEthernet0/0/0]ip address 202.108.0.1 255.255.255.0
[GW-AR1-GigabitEthernet0/0/0]nat server protocol tcp global 202.108.0.3 www inside
172.16.0.3 www
[GW-AR1-GigabitEthernet0/0/0]nat server protocol tcp global 202.108.0.4 ftp inside
172.16.0.4 ftp
[GW-AR1-GigabitEthernet0/0/0]quit
[GW-AR1]ip route-static 0.0.0.0 0.0.0.0 202.108.0.2
```

例 4-12 展示了管理员到目前为止在 GW-AR1 上配置的所有命令。我们先逐条理解一下这些命令的作用，再通过测试查看这些命令的效果。除了常规的主机名和接口 IP 地址的配置外，命令展示中的最后一条命令还指定了一条默认路由，以 202.108.0.2 为下一跳 IP 地址，这也是网关路由器上的常见配置。这个配置案例中的重点命令是 G0/0/0 接口视图下的两条 **nat** 命令。从这两条命令中我们可以看出，管理员在公网 IP 地址 202.108.0.3:80 和私有 IP 地址 172.16.0.3:80 之间进行了转换，同时在公网 IP 地址 202.108.0.4:21 和私有 IP 地址 172.16.0.4:21 之间进行了转换（服务器默认通过 TCP 80 端口提供网页服务，通过 TCP 21 端口提供 FTP 服务）。

　　配置 NAT 服务器的命令也是在接口视图下输入的，命令为 **nat server protocol**{**tcp**|**udp**} **global** *global-address global-port* **inside** *host-address* [*host-port*]。在配置端口时，管理员可以输入端口编号，也可以输入端口名称。在管理员使用端口编号完成配置后，路由器会在把命令存入运行配置时，将端口号转换成相应的端口名称（如果有对应名称的话）。管理员可以使用问号（**?**）来查看能够配置的协议名称。

　　例 4-13 展示了使用 **display nat server** 命令查看 GW-AR1 上的 NAT 服务器配置。

例 4-13　查看 GW-AR1 上的 NAT 服务器配置

```
[GW-AR1]display nat server

 Nat Server Information:
 Interface : GigabitEthernet0/0/0
   Global IP/Port    : 202.108.0.3/80(www)
   Inside IP/Port    : 172.16.0.3/80(www)
   Protocol : 6(tcp)
   VPN instance-name : ----
   Acl number        : ----
   Description : ----

   Global IP/Port    : 202.108.0.4/21(ftp)
   Inside IP/Port    : 172.16.0.4/21(ftp)
   Protocol : 6(tcp)
   VPN instance-name : ----
   Acl number        : ----
   Description : ----

  Total :    2
[GW-AR1]
```

　　例 4-13 所示命令的输出内容与例 4-12 中查看基本 NAT 的输出内容类似，从这条命令的输出信息中我们可以看出，G0/0/0 接口下有两对转换关系：公网 IP 地址/端口号 202.108.0.3/80(www)和内部 IP 地址/端口号 172.16.0.3/80(www)之间的转换，以及公网 IP 地址/端口号 202.108.0.4/21(ftp)和内部 IP 地址/端口号 172.16.0.4/21(ftp)之间的转换。除此之外，我们还可以了解到，和基本 NAT 的配置一样，NAT 服务器的配置也可以应用 ACL、添加描述信息等。本小节展示的 NAT 服务器命令句法中省略了配置这些内容的关键字和参数信息，对命令的完整句法感兴趣的读者可以参考相关产品文档。

　　图 4-18 验证了公网用户访问网页服务器的结果。

图 4-18　公网用户访问网页服务器

从图 4-18 所示的弹出窗口我们可以看出，公网用户成功地通过公网 IP 地址 202.108.0.3 访问到了我们搭建在内网中的网页服务器，网页服务器向它返回了请求的文件。暂时保留这个对话框，我们在网关路由器 GW-AR1 上使用命令查看 NAT 会话（www），见例 4-14。

例 4-14　查看 GW-AR1 上的 NAT 会话（www）

```
[GW-AR1]display nat session all
 NAT Session Table Information:

    Protocol          : TCP(6)
    SrcAddr  Port Vpn : 123.119.113.123 2824
    DestAddr Port Vpn : 202.108.0.3     80
    NAT-Info
     New SrcAddr       : ----
     New SrcPort       : ----
     New DestAddr      : 172.16.0.3
     New DestPort      : 80

 Total : 1
[GW-AR1]
```

管理员可以使用例 4-14 中展示的命令 **display nat session all** 来查看当前路由器中建立的 NAT 会话。从这个案例可以看出，目的 IP 地址/端口号是公网地址 202.108.0.3/80，转换后的私有 IP 地址/端口号是 172.16.0.3/80。

接下来我们测试公网用户对 FTP 服务器的访问，公网用户在尝试访问 FTP 服务器时会接收到登录失败消息。公网用户无法正常访问 FTP 服务器，这是因为网关路由器 GW-AR1 上缺少应用层网关（Application Level Gateway，ALG）配置。

通常情况下，NAT 只会针对数据包头部的 IP 地址和端口号执行转换，并不会关注数据包载荷部分的内容。而有一些应用协议会在数据包的载荷中携带 IP 地址和端口信息，如果执行 NAT 的网关路由器不对载荷中的地址和端口信息进行任何处理，那么通信就会失败。FTP 就是这样一种协议，与此类似的协议还包括 DNS、SIP、PPTP、

RTSP 等。

　　为了使网关路由器能够针对具体的应用协议，为数据包载荷中携带的 IP 地址和端口号执行相应的转换，管理员需要使用 ALG 功能。在本例所示环境中，管理员只要针对 FTP 启用 ALG 功能就可以了，见例 4-15。

　　例 4-15　在 GW-AR1 上为 FTP 启用 ALG 功能

```
[GW-AR1]nat alg ftp enable
[GW-AR1]display nat alg

NAT Application Level Gateway Information:
---------------------------------
  Application          Status
---------------------------------
  dns                  Disabled
  ftp                  Enabled
  rtsp                 Disabled
  sip                  Disabled
---------------------------------
[GW-AR1]
```

　　例 4-15 在 GW-AR1 为 FTP 启用了 ALG 功能，使它能够针对 FTP 数据包载荷部分的 IP 地址和端口号执行相应的转换。现在我们再次测试公网用户对 FTP 服务器的访问，此时公网用户能够成功登录 FTP 服务器。

　　同样地，我们让公网用户保持这个 FTP 连接，并在网关路由器 GW-AR1 上使用命令查看 NAT 会话（ftp），见例 4-16。

　　例 4-16　查看 GW-AR1 上的 NAT 会话（ftp）

```
[GW-AR1]display nat session all
 NAT Session Table Information:

   Protocol              : TCP(6)
   SrcAddr  Port Vpn     : 123.119.113.123 6664
   DestAddr Port Vpn     : 202.108.0.4     5376
   NAT-Info
    New SrcAddr          : ----
    New SrcPort          : ----
    New DestAddr         : 172.16.0.4
    New DestPort         : 5376

   Protocol              : TCP(6)
   SrcAddr  Port Vpn     : 123.119.113.123 7176
```

```
    DestAddr Port Vpn           : 202.108.0.4     5376
    NAT-Info
      New SrcAddr               : ----
      New SrcPort               : ----
      New DestAddr              : 172.16.0.4
      New DestPort              : 5376


    Protocol                  : TCP(6)
    SrcAddr  Port Vpn           : 123.119.113.123 7432
    DestAddr Port Vpn           : 202.108.0.4     5376
    NAT-Info
      New SrcAddr               : ----
      New SrcPort               : ----
      New DestAddr              : 172.16.0.4
      New DestPort              : 5376


    Protocol                  : TCP(6)
    SrcAddr  Port Vpn           : 123.119.113.123 6920
    DestAddr Port Vpn           : 202.108.0.4     5376
    NAT-Info
      New SrcAddr               : ----
      New SrcPort               : ----
      New DestAddr              : 172.16.0.4
      New DestPort              : 5376


    Protocol                  : TCP(6)
    SrcAddr  Port Vpn           : 123.119.113.123 7688
    DestAddr Port Vpn           : 202.108.0.4     968
    NAT-Info
      New SrcAddr               : ----
      New SrcPort               : ----
      New DestAddr              : 172.16.0.4
      New DestPort              : 1800

 Total : 5
[GW-AR1]
```

从例 4-16 的命令输出内容中我们可以看出，外网用户与 FTP 服务器之间建立了 5 个 NAT 会话，并一一记录了每一对 IP 地址/端口号的转换关系。我们在 GW-AR1 的接口 G0/0/0 上进行了抓包。图 4-19 展示了 IP 数据包的 FTP 数据包载荷中包含（转换后的）IP 地址和端口号的数据包样例。

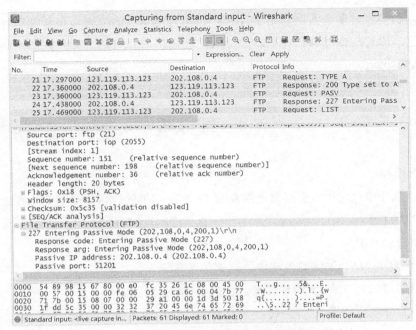

图 4-19　FTP 数据包载荷中携带 IP 地址和端口信息

在使用 NAT 服务器功能时，管理员要对内网服务器向外网提供的服务有所了解，并在需要时启用 ALG 功能。

4.3　本章总结

从本章开始我们的眼界逐渐放宽。在本地网络的基础上，我们开始考虑本地网络与其他外部网络（尤其是互联网）之间相连时所要使用的技术。本章介绍的是在大多数情况下，本地网络与其他外部网络相连接时都会使用的技术——NAT。

首先，本章介绍了 NAT 的作用和工作原理。在使用 NAT 时，管理员不仅能够使用一个或少数几个公有 IP 地址，让所有的内网主机都能访问互联网，而且还能够对外隐藏本地网络中的地址结构，为本地网络带来一定的安全保障。一般情况下，NAT 提供的是从内部 IP 地址向公网 IP 地址的转换，但在有需要的时候（比如需要内网主机对公网用户提供服务），管理员也可以通过使用 NAT 服务器特性，为内部服务器绑定一个公网 IP 地址和端口号，让服务器能够为公网用户提供服务。

然后，本章介绍了在华为路由器上实现 NAT 的几种形式，其中包含了 NAT 能够提供的所有功能：一个私有 IP 地址转换为一个公网 IP 地址、多个私有 IP 地址转换为一个公网 IP 地址、多个私有 IP 地址转换为多个公网 IP 地址，以及通过 NAT 服务器特性使内部服务器为外部用户提供服务。

最后，我们通过多个案例介绍了 NAT 在华为设备上的配置命令和使用环境。通过本章的学习，读者应该能够掌握基本的 NAT 使用环境和方法，并且能够使用华为路由器实现 NAT 功能。

4.4　练习题

一、选择题

1．以下属于 RFC 1918 文档指定的私有 IP 地址范围的选项是哪些？（多选）（　　　）

A．10.0.0.0/8

B．172.16.0.0/16

C．198.162.0.0/24

D．192.168.0.0/24

2．以下有关 NAT 作用的说法中，错误的是哪个？（　　　）

A．NAT 可以把私有 IP 地址转换为公网 IP 地址

B．NAT 可以把公网 IP 地址转换为私有 IP 地址

C．NAT 可以对外隐藏内网 IP 地址架构

D．NAT 不能为私有网络提供安全保护

3．什么是"两次 NAT"？（　　　）

A．本地网关对源和目的 IP 地址同时进行转换

B．本地网关对 IP 地址和端口号同时进行转换

C．本地网关执行一次 NAT 转换，远端网关再执行一次 NAT 转换

D．本地网关执行一次 NAT 转换，ISP 路由器再执行一次 NAT 转换

4．下列有关基本 NAT 和 NAPT 实现的说法中，正确的是哪些？（多选）（　　　）

A．路由器收到内网用户发往外网的数据包时，会根据 NAT 的配置转换源 IP 地址

B．路由器收到内网用户发往外网的数据包时，会根据 NAT 的配置转换目的 IP 地址

C．路由器收到内网用户发往外网的数据包时，会根据 NAPT 的配置转换源 IP 地址和端口号

D．路由器收到内网用户发往外网的数据包时，会根据 NAPT 的配置转换目的 IP 地址和端口号

5．以下哪一项是正确的基本 NAT 配置命令？（　　　）

A．[GW-AR1]**nat static global 202.108.0.3 inside 10.0.0.10**

B．[GW-AR1-GigabitEthernet0/0/0]**nat static global 202.108.0.3 inside 10.0. 0.10**

C．[GW-AR1]**nat global 202.108.0.3 inside 10.0.0.10**

D．[GW-AR1-GigabitEthernet0/0/0]**nat global 202.108.0.3 inside 10.0.0.10**

6．下列针对 NAPT 配置的说法中，正确的是哪些？（多选）（　　　）

A．使用地址组指定需要被转换的私有 IP 地址

B．使用基本 ACL 指定需要被转换的私有 IP 地址

C．使用地址组指定需要转换的公有 IP 地址

D．使用基本 ACL 指定需要转换的公有 IP 地址

7．下列针对 NAT 服务器配置的说法中，正确的是哪些？（多选）（　　　）

A．命令句法为 **nat server** {**tcp** | **udp**} **global** *global-address global-port* **inside** *host-address* [*host-port*]

B．在对使用 TCP 21 端口的应用进行转换时，需要启用 ALG 功能

C．在对使用 TCP 80 端口的应用进行转换时，需要启用 ALG 功能

D．在配置命令中可以使用端口号也可以使用端口名称（如果有的话）

二、判断题

1．在转发数据包的过程中（包括路由器接收数据包和发送数据包的行为），路由器会先执行 NAT 操作，再执行路由操作。

2．在华为设备中，基本 NAT 可以执行一对一转换，NAPT 可以执行多对多转换，Easy IP 可以执行多对一转换。

3．在华为设备中配置基本 NAT、Easy IP 和 NAT 服务器时，都需要在连接外网的物理出站接口上执行相应的 NAT 命令。

第 5 章
广域网

对于大部分动手能力比较强的读者来说，第一次接触高级数据链路控制（High Level Data Link Control，HDLC）这个概念一定不是在教材上，而是在自己的家用路由器上。拿到刚买的家用路由器时，即便是对于网络技术一知半解甚至一窍不通的人员，也能够磕磕绊绊地按照家用路由器配备的说明书，正确地连接家用路由器配备的 1 个广域网接口和几个局域网（Local Area Network，LAN）接口，在家用环境中实现网络访问的共享。

然而，对于喜欢刨根问底的人来说，如果真的在线搜索广域网这个词的表意，他们也许会看得一头雾水。为何我们的广域网接口上连接的只是一根不到半米的五类线，连接的对象也是摆在自己书桌上的家庭网关（调制解调器），人们却说广域网是那种跨越数十甚至上百千米的网络？如果把广域网理解成调制解调器电话线那一端所连接的网络，那么广域网和互联网又有什么区别？

其实，对于广域网的概念与技术感到陌生的不只是缺乏网络技术背景的门外汉。对于很多了解一些网络技术的技术人员和一些已经从业一段时间的工程师来说，广域网技术很有可能也是他们的技术盲区。这不仅因为在企业网络实施过程中，配置广域网接入部分在实施工作中的比重极小，而难度比较大的广域网实施工作不会由企业网的工程师来负责实施，而且因为各个厂商也是从工作实用性的角度出发，在设计各级认证考试中，都没有给广域网技术赋予比较大的比重。这些因素共同导致了很多网络从业者容易忽视广域网技术。

在第 5 章中，为了帮助读者顺利完成广域网技术的"扫盲"，对介绍的广域技术留下相对比较深刻的印象，我们精心选择了 3 种广域网技术，这 3 种技术在一定程度上存在逻辑上的递进关系。我们相信，按照本章的顺序学习这些广域网技术，读者更容易理解和掌握这些技术的工作原理，同时也能打下一个良好的基础，以便在实际工作中遇到其他需要学习的广域网技术时，能够尽快掌握其他同类技术。

我们必须声明一点，大多数可以在局域网中使用的技术与可以在广域网中使用的技术之间并不是那么泾渭分明，也就是说，之前我们介绍过的很多技术，包括以太网在内，实际上都可以应用于广域网环境中。而我们在本章所说的广域网技术，其实指的是多用于广域网接入的网络技术。

- 了解广域网一词在实际工作中的表意；
- 了解广域网的数据帧封装方式及各个字段的作用；
- 理解 HDLC 的配置与调试方法；
- 理解 PPP 的数据帧封装方式及各个字段的作用；
- 理解 PPP 的协商流程；
- 掌握 PAP 与 CHAP 的异同；
- 掌握 PPP 及其认证的配置与调试方法；
- 掌握在以太网环境中封装各类 PPP 消息的方式；
- 理解 PPPoE 的工作流程；
- 掌握 PPPoE 认证的配置与调试方法。

5.1 广域网概述

广域网是覆盖很大地域范围的通信网络——大多数针对广域网的定义如是说。这种定义虽然毫无纰漏，让人无法反驳，但也确实没有给希望了解广域网的人提供太多有价值的信息。为了避免读者在后面的学习和工作中产生更多疑问，我们有必要先对广域网这个概念进行解释。

广域网从概念上看确实指代网络覆盖的地理区域。当一个网络跨越几百、数千甚至上万千米建立站点间的连接时，这个网络就是一个广域网。从这个角度上看，互联网始祖——ARPANET 就是一个广域网，因为它连接的网络跨越了 500km 以上的距离。不过，这个网络在当时被称为远程网而不是广域网。广域网这个词几乎是作为局域网的对应概念在后来才得到广泛使用的。所以，要想理解广域网的概念，读者必须了解广域网与局域网之间的区别。

每当提到局域网这个概念，我们想到的往往是一个由很多交换机、AP、终端和个别充当网关的路由器组成的网络。在绝大多数情况下，搭建这个网络所使用的所有设备、线缆都属于这个网络的企业，连接这个网络的线缆也都位于企业所在的楼宇之内，而这个网络的维护服务通常也是由这个企业的内部人员，或者驻场这家企业的外包人员来为这个企业提供的。也就是说，因为局域网的覆盖范围小，线缆铺设距离短，搭建成本低，维护任务轻，所以局域网往往是由它的使用者所有并全权管理的网络。

广域网则不同。鉴于广域网所连接的区域至少跨越数十千米，这种跨度的网络自然不是每一家企业或每一位用户都有能力搭建并维护的，所以如果企业或者用户希望实现这种跨度的通信，通常只能求助于已经铺设了庞大线路网的电信服务提供商，让它们以租赁的形式向自己提供电信服务。也就是说，广域网并不像局域网那样是由企业或用户所拥有的网络，它的所有方是电信服务提供商。于是，**在工程技术人员的实际交流习惯中，人们往往将那些运营商接入企业/家庭中的，不由用户管理、搭建和所有的网络称为广域网**，哪怕它连接的距离达不到广域网严格定义的地理距离。换句话说，人们在谈到广域网时，往往侧重于表达这个词在网络管理和所有权（不属于用户）方面的转义，而并不强调它在地理跨度层面的本意。如图 5-1 所示，在极端情况下，尽管某企业两座办公楼之间的距离只有 5km，但是如果这家企业向电信运营商租赁专线将这两座办公楼连接起来，那么技术人员还是会将运营商接入办公楼的网络及运营商内部连接这两座办公楼的那部分网络称为广域网。

图 5-1　工程技术人员实际交流中的广域网

广域网与局域网的另一大区别在于技术层面。网络规模与底层技术之间、数据传输技术与网络连接方式之间存在着一定的联系。比如，局域网中使用的一些底层技术只适合用来连接相距较近的节点，而广域网旨在连接更加广泛的地理范围，因此广域网就很有可能需要采用一些不同于局域网的技术。如果目前局域网常使用的物理连接方式是铜线和光纤，应用最广泛的二层技术是以太网技术，那么**广域网常使用的物理连接方式除铜线之外，还包括光纤、蜂窝移动电话网、卫星通信网等，而应用于广域网的二层（和三层）技术包括但不限于 HDLC、点对点协议（Point-to-Point Protocol，PPP）、直接数字控制（Direct Digital Control，DDC），以及正在被逐渐淘汰的异步传输方式（Asynchronous Transfer Mode，ATM）、帧中继等**。当然，造成这种区分更多的因素是一些技术在实际使用层面更适合用于连接大范围网络，另一些技术则更适合用于连接局域网，很少有某项技术在定义层面就限制了它的使用场合。实际上，目前广域网使用以太网作为二层技术的应用实例也不胜枚举。这就像人们在选择出行时也常常会根据出行距离选择出行方式一样：人们之所以做出这种选择是因为每种出行距离自有比较适合的出行方式。毕竟，1km 以内选择步行、1～5km 选择骑自行车出行、5～50km 选择汽车出行，更长距离则选择乘飞机出行，这些看上去就是合理的选择。然而，这种对应关系并不是金科玉律。

在第 5 章中，我们会选择 3 种广域网协议进行介绍。这 3 种广域网协议分别为HDLC、PPP 和 PPPoE。在这 3 种广域网协议中，PPP 借鉴了 HDLC 的数据帧封装方式，而 PPPoE 则是运营商为了在以太网环境中利用 PPP 成员协议提供的服务而设计的协议。因此，我们相信按照这种顺序介绍这 3 种广域网协议读者会比较容易理解，也更容易举一反三，并且能够通过学习到的内容快速理解其他的广域网技术。

5.2 HDLC 概述

这个协议是国际标准化组织（International Organization for Standardization，ISO）以 IBM 公司系统网络架构（Systems Network Architecture）的同步数据链路控制（Synchronous Data Link Control，SDLC）协议作为基础开发出来。实际上，标准的 HDLC不仅可以被用于点到点连接的环境，也可以被用于点到多点连接的环境。但是在后来的实际使用中，人们很少会将 HDLC 用于点到多点的环境当中。现在，华为相关文档直接指出：HDLC 只支持点到点链路，不支持点到多点[①]。所以，读者在实际工作环境中，也可以忽略将 HDLC 应用于点到多点环境中的做法。在本节中，我们会对 HDLC的基本原理进行简单的介绍，并且介绍在一个简单环境中使用 HDLC 建立串行链路点到点通信的方法。

5.2.1 HDLC 的封装与消息类型

在华为路由器上，工作在同步模式下的串行接口，以及逻辑特性与同步模式的串行接口相同的其他接口，都支持封装 HDLC。除此之外，PoS 接口也支持 HDLC 封装。

注释：
逻辑特性与同步模式的串行接口相同的接口包括（但不限于）E1-F 接口、T1-F 接口、基于（工作在 CE1 模式下的）CE1/PRI 接口或基于（工作在 CT1 模式下的）CT1/PRI 接口创建出来的串行接口等。读者如果希望了解更多与路由器物理接口有关的内容，或者在

① Huawei AR120&AR150&AR160&AR200&AR1200&AR2200&AR3200&AR3600 V200R007 产品文档：2602/2626 页.

实际项目中遇到与路由器物理接口设置有关的问题，可以参考该路由器产品的产品文档。

ISO 标准的 HDLC 的封装格式如图 5-2 所示。

图 5-2 ISO 标准的 HDLC 的封装格式

如图 5-2 所示，在 HDLC 的封装格式中，一首一尾各有一个 8 位的固定字段 01111110。这个字段被称为标记（Flag），其作用是提醒接收方数据帧的开始和结束。在传输过程中，只要发送方发送的数据中包含了 5 个连续的 1，发送方就会在这连续的 5 个 1 后插入一个 0，然后继续发送数据。接收方在接收到 5 个连续的 1 之后，会认定后面的 0 是发送方插入的，因此接收方在解封装的过程中会自动忽略 5 个 1 后面的 0。然而，一旦接收方发现 5 个连续的 1 后面仍然是 1，就表示要么数据在传输过程中出现了问题，要么这部分数据就是数据帧前面或后面的标记字段。标记字段是可以前后"拼接的"，前一个数据末尾的标记字段可以是后一个数据前导的标记字段，如图 5-3 所示。

图 5-3 几个连续的 HDLC 数据帧

在 HDLC 数据帧中，地址字段的作用是，标识这个数据帧是一个命令帧还是一个响应帧。两台设备通过 HDLC 进行通信时，HDLC 会给双方各自分配一个地址。当一台设备接收到这个数据帧时，它会查看数据帧的地址字段，判断这是自己的地址还是对端的地址。如果这个数据帧的地址是自己的，则这个 HDLC 数据帧为一个命令帧；如果这个数据帧的地址字段是对方的，则这个 HDLC 数据帧为一个响应帧。

根据 ISO 的定义，HDLC 数据帧被分为以下 3 类。

① 信息帧（Information Frame）：简称 I 帧。信息帧，就是将网络层的信息传输给对端时，发送方会封装的数据帧。

② 管理帧（Supervisory Frame）：简称 S 帧。管理帧的作用是控制数据流量和执行差错，因此管理帧本身并没有负载信息。换句话说，管理帧不包含图 5-2 所示的数据部分。

③ 无编号帧（Unnumbered Frame）：简称 U 帧。无编号帧的用途比较多元，链路的建立与断开就需要通过发送无编号帧来实现。

当发送方发送数据帧时，它就会通过设置 HDLC 封装中控制字段的前两位来标识这个数据帧属于上述哪一种类型。如果控制字段第 1 位为 0，表示这个数据帧为信息帧；如果控制字段前两位为 10，表示这个数据帧为管理帧；如果控制字段前两位为 11，表示这个数据帧为无编号帧。除此之外，控制字段也会被用来标识这个数据帧的发送序号和响应序号。另外，控制字段中有一个 P/F 位，称为轮询/终止位，接收方会用其判断是否需要对之前发送的数据帧进行重传。

曾几何时，通信链路在传输数据时出现错误的概率很高。为了避免数据在传输前后出现变化，HDLC 在数据帧中定义了 FCS（帧检验序列）字段。发送方在发送数据帧时，会使用数据帧的地址字段、控制字段和数据部分计算出一个 16 位或 32 位的校验码，将计算的结果作为 FCS 附带在数据部分后面。当接收方接收到数据帧时，它会对这三部分数据执行相同的计算，然后将计算的结果与发送方提供的校验码进行对比，判断数据帧是否因链路问题而在传输过程中出现了变化。当接收方接收到 6 个连续的 1 时，它也可以使用 FCS 来判断这次出现的 6 个 1 是否是因为数据在链路上出现了传输错误所致。

在本小节即将结束时，有一点我们必须进行说明。HDLC 最初定义了 3 种链路配置模式，分别为普通响应模式、异步响应模式和异步平衡模式。然而在 HDLC 的实际使用中，前两种模式极少使用。因此本小节的所有内容都是参照异步平衡模式下 HDLC 的工作方式进行介绍的。考虑到这种模式实际上是 HDLC 唯一常用的模式，因此读者没有必要关注其他模式下 HDLC 的工作方式。关于 HDLC 的链路配置模式，我们在这里不展开介绍。

在本小节中，我们对 HDLC 的原理进行了比较深入的说明。接下来，我们会对 HDLC 的实施进行介绍。

5.2.2　HDLC 的配置

在学习了与 HDLC 相关的理论知识后，我们会在本小节中演示如何在华为设备上配置 HDLC 接口，以及如何修改与 HDLC 相关的参数。

在本小节中，我们会以图 5-4 所示拓扑为例，演示 HDLC 的配置。

图 5-4　配置 HDLC 的网络环境

如图 5-4 所示，AR1 和 AR2 分别通过各自的串行链路接口 S1/0/0 和 S2/0/0 相连。接下来，我们要把这两个接口使用的封装类型改为 HDLC，并为其配置相应的 IP 地址。例 5-1 展示了管理员将路由器 AR1 接口 S1/0/0 的封装配置为 HDLC 的过程。

例 5-1　在 AR1 上配置 HDLC 封装

```
[AR1]interface serial 1/0/0
[AR1-Serial1/0/0]link-protocol hdlc
```

```
Warning: The encapsulation protocol of the link will be changed. Continue? [Y/N]:y
Apr 10 2022 01:53:11-08:00 AR1 %%01IFNET/4/CHANGE_ENCAP(l)[5]:The user performed
the configuration that will change the encapsulation protocol of the link and then
selected Y.
[AR1-Serial1/0/0]
Apr 10 2022 01:53:11-08:00 AR1 %%01PPP/4/PHYSICALDOWN(l)[6]:On the interface
Serial1/0/0, PPP link was closed because the status of the physical layer was Down.

[AR1-Serial1/0/0]
Apr 10 2022 01:53:11-08:00 AR1 %%01IFNET/4/LINK_STATE(l)[7]:The line protocol PPP
on the interface Serial1/0/0 has entered the DOWN state.
[AR1-Serial1/0/0]
Apr 10 2022 01:53:11-08:00 AR1 %%01IFPDT/4/IF_STATE(l)[8]:Interface Serial1/0/0 has
turned into DOWN state.
[AR1-Serial1/0/0]
Apr 10 2022 01:53:12-08:00 AR1 %%01IFPDT/4/IF_STATE(l)[9]:Interface Serial1/0/0
has turned into UP state.
[AR1-Serial1/0/0]
Apr 10 2022 01:53:12-08:00 AR1 %%01IFNET/4/LINK_STATE(l)[10]:The line protocol
IP on the interface Serial1/0/0 has entered the UP state.

[AR2]
Apr 10 2022 01:53:12-08:00 AR2 %%01IFNET/4/LINK_STATE(l)[5]:The line protocol PPP
on the interface Serial2/0/0 has entered the DOWN state.
```

下面，让我们逐条查看例 5-1 展示的命令和系统提示信息。首先，管理员在 AR1 上进入接口 S1/0/0 的视图，并且使用 **link-protocol hdlc** 命令修改了接口的封装模式。在管理员输入这条命令后，系统会弹出告警信息，并询问是否继续。这时管理员输入了 **y**，接着系统连续弹出了一系列提示消息。下面我们分别用阴影部分标出的编号来逐条对这些提示信息进行解释。

[5]这条消息指出管理员输入了修改链路封装协议的命令，并选择了 Y。

[6]这条消息指出接口 S1/0/0 的 PPP 链路关闭了，其原因是物理层 Down。这是因为华为设备串行链路接口的默认封装模式为 PPP。

[7]这条消息指出接口 S1/0/0 的 PPP 进入了 DOWN 状态。

[8]这条消息指出接口 S1/0/0 进入了 DOWN 状态。

[9]这条消息指出接口 S1/0/0 重新进入 UP 状态。

[10]这条消息指出接口 S1/0/0 的线路协议进入了 UP 状态。

与此同时，AR2 弹出了系统消息，指出接口 S2/0/0 的 PPP 进入 DOWN 状态。接下来，我们继续在 AR2 上修改接口 S2/0/0 的封装，详见例 5-2。

例 5-2 在 AR2 上配置 HDLC 封装

```
[AR2]interface serial 2/0/0
[AR2-Serial2/0/0]link-protocol hdlc
Warning: The encapsulation protocol of the link will be changed. Continue? [Y/N]:y
Apr 10 2022 02:08:58-08:00 AR2 %%01IFNET/4/CHANGE_ENCAP(1)[6]:The user performed the
configuration that will change the encapsulation protocol of the link and then
selected Y.
[AR2-Serial2/0/0]
Apr 10 2022 02:08:58-08:00 AR2 %%01IFPDT/4/IF_STATE(1)[7]:Interface Serial2/0/0 has
turned into DOWN state.
[AR2-Serial2/0/0]
Apr 10 2022 02:08:58-08:00 AR2 %%01IFPDT/4/IF_STATE(1)[8]:Interface Serial2/0/0 has
turned into UP state.
[AR2-Serial2/0/0]
Apr 10 2022 02:08:58-08:00 AR2 %%01IFNET/4/LINK_STATE(1)[9]:The line protocol IP
on the interface Serial2/0/0 has entered the UP state.
```

在我们把 AR2 接口 S2/0/0 的封装模式修改为 HDLC 后，S2/0/0 也经历了类似的状态变迁，并最后进入协议 UP 状态。

例 5-3 以 AR1 为例，查看了接口 S1/0/0 的状态。

例 5-3 查看 AR1 接口 S1/0/0 的状态

```
[AR1]display interface s1/0/0
Serial1/0/0 current state : UP
Line protocol current state : UP
Last line protocol up time : 2022-04-10 02:08:31 UTC-08:00
Description:HUAWEI, AR Series, Serial1/0/0 Interface
Route Port,The Maximum Transmit Unit is 1500, Hold timer is 10(sec)
Internet protocol processing : disabled
Link layer protocol is nonstandard HDLC
Last physical up time   : 2022-04-10 02:08:31 UTC-08:00
Last physical down time : 2022-04-10 02:08:30 UTC-08:00
Current system time: 2022-04-10 02:23:11-08:00
Physical layer is synchronous, Virtualbaudrate is 64000 bps
Interface is DTE, Cable type is V11, Clock mode is TC
Last 300 seconds input rate 1 bytes/sec 8 bits/sec 0 packets/sec
Last 300 seconds output rate 0 bytes/sec 0 bits/sec 0 packets/sec

Input: 172 packets, 6816 bytes
  Broadcast:          0, Multicast:          0
  Errors:             0, Runts:              0
```

```
  Giants:                  0, CRC:              0

  Alignments:              0, Overruns:         0

  Dribbles:                0, Aborts:           0

  No Buffers:              0, Frame Error:      0

Output: 114 packets, 2402 bytes

  Total Error:             0, Overruns:         0

  Collisions:              0, Deferred:         0

    Input bandwidth utilization   :    0%

    Output bandwidth utilization  :    0%
```

从例 5-3 中的阴影行我们可以看出，AR1 接口 S1/0/0 的封装模式已经被成功修改为 HDLC。

接下来，为了实现两台路由器之间的三层通信，我们分别在两个接口上配置 IP 地址，详见例 5-4。

例 5-4　分别在两台路由器上配置 IP 地址并测试

```
[AR1]interface serial 1/0/0
[AR1-Serial1/0/0]ip address 192.168.0.1 255.255.255.252

[AR2]interface serial 2/0/0
[AR2-Serial2/0/0]ip address 192.168.0.2 255.255.255.252
[AR2-Serial2/0/0]quit
[AR2]ping 192.168.0.1
 PING 192.168.0.1: 56  data bytes, press CTRL_C to break
   Reply from 192.168.0.1: bytes=56 Sequence=1 ttl=255 time=170 ms
   Reply from 192.168.0.1: bytes=56 Sequence=2 ttl=255 time=40 ms
   Reply from 192.168.0.1: bytes=56 Sequence=3 ttl=255 time=30 ms
   Reply from 192.168.0.1: bytes=56 Sequence=4 ttl=255 time=40 ms
   Reply from 192.168.0.1: bytes=56 Sequence=5 ttl=255 time=40 ms

 ---192.168.0.1 ping statistics---
 5 packet(s) transmitted
 5 packet(s) received
 0.00% packet loss
 round-trip min/avg/max = 30/64/170 ms
```

在示例 5-4 中，我们分别在 AR1 接口 S1/0/0 和 AR2 接口 S2/0/0 上配置了 IP 地址，并在 AR2 上向 AR1 发起了 ping 测试。测试结果表明这两台路由器可以进行正常通信。

HDLC 协议会通过存活消息来检测链路当前的状态，设备会按照 HDLC 状态轮询定时器设定的轮询时间间隔，有规律地发送存活消息。管理员可以根据自己网络中的情况来按需修改这个参数。如果网络链路上的时延比较长，或者链路上的拥塞程度比较高，管理员可以适当延长轮询时间，防止网络中产生链路振荡。轮询时间过长或过短都有一定的负面影响，如果轮询时间间隔过长，那么当链路中出现故障时，设备检测到故障的时间就会比较晚；反之，如果轮询时间间隔过短，则会增加设备的负担，同时会占用更多的链路带宽。因此一个恰当的 HDLC 轮询时间的选择，是需要根据不同的网络情况进行分析的，轮询时间默认为 10s。管理员可以使用接口视图命令 **timer hold** *seconds* 来设定 HDLC 轮询时间，轮询时间的取值范围是 0～32768，单位是 s。在例 5-5 中，我们更改了两台路由器接口上的 HDLC 轮询时间。

例 5-5　在两台路由器上调整 HDLC 轮询时间并验证

```
[AR1]interface serial 1/0/0
[AR1-Serial1/0/0]timer hold 50

[AR2]interface serial 2/0/0
[AR2-Serial2/0/0]timer hold 50
[AR2]display interface serial 2/0/0
Serial2/0/0 current state : UP
Line protocol current state : UP
Last line protocol up time : 2022-04-10 02:08:58 UTC-08:00
Description:HUAWEI, AR Series, Serial2/0/0 Interface
Route Port,The Maximum Transmit Unit is 1500, Hold timer is 50(sec)
Internet Address is 192.168.0.2/30
Link layer protocol is nonstandard HDLC
Last physical up time   : 2022-04-10 02:08:58 UTC-08:00
Last physical down time : 2022-04-10 02:08:58 UTC-08:00
Current system time: 2022-04-10 03:21:27-08:00
Physical layer is synchronous, Virtualbaudrate is 64000 bps
Interface is DTE, Cable type is V11, Clock mode is TC
Last 300 seconds input rate 0 bytes/sec 0 bits/sec 0 packets/sec
Last 300 seconds output rate 0 bytes/sec 0 bits/sec 0 packets/sec

Input: 425 packets, 20054 bytes
  Broadcast:          0, Multicast:          0
  Errors:             0, Runts:              0
  Giants:             0, CRC:                0

  Alignments:         0, Overruns:           0
  Dribbles:           0, Aborts:             0
  No Buffers:         0, Frame Error:        0
```

```
Output: 516 packets, 13204 bytes
 Total Error:            0, Overruns:           0
 Collisions:             0, Deferred:           0
   Input bandwidth utilization   :    0%
   Output bandwidth utilization  :    0%
```

在例 5-5 中，我们修改了 AR1 和 AR2 上相应接口下的 HDLC 轮询时间，并在 AR2 上通过命令 **display interface serial** 2/0/0 查看了这个参数的变更结果。修改的结果如阴影行部分所示。

在本节中，我们对 HDLC 进行了简单的介绍，同时演示了如何将串行接口的封装协议修改为 HDLC。如果不修改串行接口的封装协议，那么华为设备串行链路接口会默认使用 PPP 来执行数据包的封装。下面我们就来介绍一下华为设备串行接口默认执行的封装协议——PPP。

5.3 PPP 概述

HDLC 是面向比特的数据链路控制协议的典型代表，而我们在本节中要介绍的 PPP 是面向字符的协议。PPP 是在 RFC 1055 定义的串行线路互联网协议（Serial Line Internet Protocol，SLIP）[①]的基础上开发出来的。顾名思义，RFC 1055 定义的 SLIP 的开发初衷就是对 IP 数据包进行封装，让 IP 数据包能够通过串行线路和调制解调器线路进行传输。PPP 对 RFC 1055 定义的 SLIP 的一些限制进行了改进，这些限制包括 RFC 1055 定义的 SLIP 只支持异步传输，同时只支持以 IPv4 作为网络层的通信协议。

PPP 则不然，不仅支持异步传输，也支持同步传输。不仅如此，PPP 可以运行在大量不同类型的接口和链路上，而且可以支持各类网络层协议。此外，PPP 也在 SLIP 的基础上增加了校验机制、（可选的）认证机制和连接协商机制。这些机制可以提升传输的可靠性与安全性。鉴于 PPP 比 SLIP 更加普适、可靠、安全，PPP 现在已经基本取代了 SLIP。

PPP 的原理比较复杂，在接下来的内容中，我们会用尽可能简单的方式来描述 PPP 的工作原理。

5.3.1 PPP 原理

PPP 的封装方式在很大程度上参照了 HDLC 的规范，但 PPP 明确了数据帧中很多字段的取值。PPP 的数据帧封装格式如图 5-5 所示。

---

① RFC 中包含了不止一个 SLIP，因此我们需要在这里通过 RFC 编号指出 PPP 参照的具体是哪个 SLIP。

标记 0x7e	地址 0xff	控制 0x03	协议	数据	FCS	标记 0x7e

图 5-5　PPP 的数据帧封装格式

如图 5-5 所示，PPP 原原本本地使用了 HDLC 封装格式中的标记字段和 FCS 字段。此外，鉴于 PPP 纯粹是一种应用于点到点环境中的协议，任何一方发送的消息都只会由固定的另一方接收并且处理，地址字段存在的意义已经不大，因此 PPP 地址字段的取值被明确为全 1，表示这条链路上的所有接口。最后，PPP 控制字段的取值也被明确为 0x03。

然而，PPP 的封装与 HDLC 有一点区别，那就是 PPP 在封装字段中添加了协议字段。这个协议字段在功能上与 IPv4 头部的协议字段基本一致，都是为了标识这个数据帧的消息负载是使用什么协议进行封装的。

为了能够适应更加广泛的物理介质和网络层传输协议，PPP 采用了分层的体系结构。这个体系架构的上层是网络控制协议（Network Control Protocol，NCP），NCP 的作用是为网络层协议 IPv4、IPv6、IPX、AppleTalk 等协商和配置参数。NCP 并不是一个特定的协议，而是指 PPP 架构上层中一系列控制不同网络层传输协议的协议总称，不同的网络层协议各有一个对应的 NCP，譬如 IPv4 对应的是 IPCP，IPv6 对应的是 IPv6CP，IPX 对应的是 IPXCP，AppleTalk 协议对应的是 ATCP。NCP 下面是链路控制协议（Link Control Protocol，LCP），LCP 的作用是发起、监控和终止连接，通过协商的方式对接口进行自动配置、执行身份认证等。

需要指出的是，NCP 和 LCP 的上下层关系体现在 PPP 连接的协商与建立阶段的层面。也就是说，在两台设备要通过 PPP 在一条串行链路上传输数据之前，它们需要首先通过 LCP 来协商建立数据链路，然后通过 NCP 来协商网络层的配置。请读者不要因为这种上下层关系就误以为一个 IPv4 数据包会逐层封装 IPCP 头部和 LCP 头部。实际上，在上面所说的这两个阶段中，NCP 消息和 LCP 都会被封装在图 5-5 所示的 PPP 数据帧中，再根据下层不同的物理介质对 PPP 数据帧执行成帧。下面，我们首先来简单介绍一下两台设备通过 LCP 协商建立数据链路的过程。

注释：

如果 PPP 数据帧中封装的是 IPCP 消息，则 PPP 数据帧的协议字段取值为 0x8021；如果 PPP 数据帧中封装的是 LCP 消息，则 PPP 数据帧的协议字段取值为 0xC021。

简而言之，在协商建立数据链路的阶段，设备会提出自己所有期待的配置参数，然后等待对方回复是否接受。如果接受，可协商成功；如果不接受，则修改某些参数后再次协商，如图 5-6 所示。

图 5-6　LCP 协商过程示意（搞笑版）

　　具体来说，路由器向串行链路对端设备提出自己所有期待配置参数的消息，称为 LCP 配置请求（Configure-Request）消息。既然是 LCP 配置请求消息，当然是被封装在 LCP 头部之内。LCP 头部定义了代码（1 字节）、标识符（1 字节）和长度（2 字节）3 个字段。当代码字段的取值为 1 时，即标识这个 LCP 消息为配置请求消息；标识符字段的作用是标识这个消息是对哪个 LCP 消息的响应；而长度字段的作用则是标识这个 LCP 消息数据部分的长度。在 LCP 配置请求消息的数据部分，设备需要提出自己所有期待的配置参数。这些配置参数都会被封装在一个 LCP 配置请求消息中发送给对端。当然，这些期待并不是图 5-6 所示的那些经济追求。根据 LCP 的定义，目前设备可以在 LCP 配置请求中协商 7 种不同的配置参数，其中包括（但不限于）最大接收单元、认证协议、协议字段压缩等。如果一个配置请求消息没有包含所有被 LCP 定义为可以协商的参数，那么对端会认为消息发送方希望对没有在消息中提出协商的参数保留默认操作。

　　图 5-7 所示为一个 LCP 配置请求消息的示例。

图 5-7　LCP 配置请求消息的示例

注释：

　　为了简洁，所有固定取值的字段我们都使用十六进制表示。

　　接收到 LCP 配置请求消息之后，如果对端接受所有参数，则会回复配置确认

（Configure-Ack）消息（配置确认消息的代码值为 2）；如果对端认为其中某些参数不可接受，则会回复配置否认（Configure-Nak）消息（配置否认消息的代码值为 3）；如果对端认为其中某些参数无法识别，则会回复配置拒绝（Configure-Reject）消息（配置拒绝消息的代码值为 4）。除此之外，LCP 还定义了另外 7 种消息类型，包括中断请求（Terminate-Request）消息（代码值为 5）、中断确认（Terminate-Ack）消息（代码值为 6）、代码拒绝（Code-Reject）消息（代码值为 7）、协议拒绝（Protocol-Reject）消息（代码值为 8）、Echo-Request 消息（代码值为 9）、Echo-Reply 消息（代码值为 10）和丢弃请求（Discard-Request）消息（代码值为 11）。这些消息与 LCP 提供的链路断开服务、链路维护服务相关，这里不再一一介绍。

注释：

本书对 Echo-Request 消息和 Echo-Reply 消息一概保留原文，不作译出。

但我们在这里必须说明的是，LCP 协商的过程是双向的。换言之，点到点链路每一端的设备需要向对方发送配置请求消息。顺利完成链路建立阶段的前提是，双方都接收到了对方发送的配置确认消息。即使某一方已经对对方发送的配置请求消息回复了配置确认消息，它还是需要向对方发送配置请求消息来征求对方的确认。所以，最顺利的 LCP 协商，是双方各自发送了一条配置请求消息和一条配置确认消息，如图 5-8 所示。

图 5-8　最顺利的 LCP 协商过程

LCP 协商的配置参数包括认证协议。如果双方中的某一方要求执行认证，那么完成链路建立阶段之后，双方就需要开始进行认证。关于这部分内容，我们留待后文再进行介绍，这里暂且略过不提，只考虑双方没有采用认证的情形。如果不执行认证，那么链路建立阶段结束之后，PPP 就会开始通过上层协议对应的 NCP 来协商上层协议的配置参数。这个过程与 LCP 协商大同小异，下面我们以上层协议是 IPv4 协议为例，简单说明一下双方通过 IPCP 协商 IP 配置参数的过程。

与 LCP 相同，IPCP 协商的过程也是双向的。此外，双方设备同样是借助配置请求消息提出自己期待的 IPv4 协议配置参数。如果对端接受配置请求消息中提出的参数，则会回复配置确认消息；如果对端认为其中某些参数不可接受，则会回复配置否认消息，如图 5-9 所示。

图 5-9　IPCP 协商过程

不仅协商过程类似，IPCP 定义的数据封装格式与消息类型也与 LCP 基本相同。所以，封装 IPCP 配置请求消息的 IPCP 头部同样包含了代码（1 字节）、标识符（1 字节）和长度（2 字节）这 3 个字段。代码字段的取值为 1 时，即标识这个 IPCP 消息为配置请求消息。代码字段取值为 2、3、4、5、6、7 时，依次对应 IPCP 的配置确认消息、配置否认消息、配置拒绝消息、中断请求消息、中断确认消息和代码拒绝消息。图 5-10 所示为一个 IPCP 配置请求消息的封装示例。

图 5-10　IPCP 配置请求消息的封装示例

无论 IPCP 与 LCP 有多么类似，IPCP 毕竟负责协商的是 IP 的配置参数，因此它协商的配置参数势必不同于 LCP。实际上，IPCP 需要协商的配置参数包括消息的 PPP 和 IP 头部是否压缩，使用什么算法进行压缩，以及 PPP 接口的 IPv4 地址。通过 IPCP 协商 IPv4 的方式包括两种情形：一种情形是发送配置请求的设备在配置请求消息中携带自己接口的 IPv4 地址,让对端验证是否可以使用这个 IPv4 地址来与其通信——这种参数协商与其他参数协商在逻辑上没有任何差别,因此这里不再赘述;另一种情形是发送配置请求的设备在配置请求消息中携带一个全 0 的 IPv4 地址,让对端设备为自己提供一个 IPv4 地址。此时,对端设备会通过 IPCP 配置否认消息为其提供一个 IPv4 地址。在接收到这个 IPv4 地址之后,发送配置请求的设备会再次发送一个配置请求消息,并且在消息中携带对端刚刚通过配置否认消息提供的这个 IPv4 地址,供对端验证是否可以使用这个 IPv4 地址来与其通信。因此,在 IPCP 协商阶段,PPP 接口可以实现 IPv4 地址的动态配置。在 NCP 协商完成之后,双方设备就可以通过这条 PPP 链路实现网络层的通信了。

当然,LCP 和 NCP 既然负责连接的建立,一定也会负责连接的断开。实际上,我们在前面的内容中就已经提到过,LCP 和 IPCP 各自定义了中断请求(Terminate-Request)消息与中断确认(Terminate-Ack)消息。不过,考虑到链路中断的流程与链路建立得最顺利的流程相同,我们在这里不再赘述。

在本小节中,我们用最简单的逻辑介绍了 PPP 为点到点链路双方建立通信的过程。接下来,我们会介绍 PPP 支持的两种认证方式,以及 PPP 认证的一方或双方提出需要执行认证时,设备会执行的操作方式。

5.3.2 PPP 认证

PPP 支持两种认证协议,这两种认证协议分别为密码认证协议(Password Authentication Protocol,PAP)和挑战握手认证协议(Challenge Handshake Authentication Protocol,CHAP)。在 LCP 链路建立的协商阶段,双方设备会就是否执行认证、采用什么协议执行认证进行协商。如果其中一方或者双方在 LCP 数据链路建立阶段提出需要执行认证,那么 PPP 就会在开始执行 NCP 协商之前完成身份认证。如果身份认证成功,那么双方设备再开始执行 NCP 协商。如果身份认证失败,则链路进入中断状态。

在两种认证协议中,PAP 的逻辑比较简单。PAP 就是一种单纯的明文密码认证协议。如果希望被认证设备在发起认证后,能够通过认证方的认证,那么管理员需要事先在被认证设备上预配置与认证方相同的用户名和密码。在进行认证时,被认证方会使用管理员事先配置的用户名和密码,认证方根据被认证方提供的用户名和密码是否与自己配置的用户名和密码相一致来判断是接受还是拒绝。在这个过程中,认证信息都是以明文的形式进行发送的。

具体来说,PAP(协议值为 0xC023)定义的封装字段也与 LCP 和 IPCP 定义的封装字段相同。而且,PAP 也是通过将不同类型的消息封装在 PPP 数据帧中并且发送给对端的方式来交互认证信息的。PAP 定义了 3 种类型的消息,即认证请求(Authentication-

Request）消息（代码值为 1）、认证确认（Authentication-Ack）消息（代码值为 2）和认证否认（Authentication-Nak）消息（代码值为 3）。其中，认证请求消息的封装如图 5-11 所示。

标记 0x7c	地址 0xff	控制 0x3	协议 0xC023	代码 0x1	标识符	长度	数据部分	FCS校验码	标记 0x7e
PPP头部				PAP头部				PPP尾部	

图 5-11　认证请求消息的封装

在 LCP 数据链路建立阶段，如果一方需要对另一方进行认证，那么在链路建立成功之后，被认证方就会将一个图 5-11 所示的 PAP 认证请求消息发送给认证方。认证方在接收到被认证方发来的认证请求消息之后，会用认证请求消息数据部分中携带的密码与管理员在自己本地配置的密码进行比对。如果一致，那么认证方就会向被认证方发送认证确认消息，表示 PPP（在这个方向上）认证成功；否则，认证方则会向被认证方发送认证否认消息，链路进入中断状态。PAP 协商过程如图 5-12 所示。

图 5-12　PAP 协商过程

PAP 的缺陷很明显，那就是 PAP 采用的这种通过明文发送用户名和密码的方式容易被网络中的"嗅探者"利用。任何人只要抓取到 PAP 认证请求消息，都可以清晰地看到消息中携带的用户名和密码，于是也可以使用相同的用户名和密码来通过认证。鉴于此，我们建议读者如果启用 PPP 认证，那么就应该考虑在设备可以支持 CHAP 认证的前提下，选择 CHAP 作为 PPP 认证协议。

CHAP（协议值为 0xC223）定义的封装字段与 PAP 相同。CHAP 定义了 4 种类型的消息，分别为挑战（Challenge）消息（代码值为 1）、响应（Response）消息（代码值为 2）、成功（Success）消息（代码值为 3）和失败（Failure）消息（代码值为 4）。下面，我们结合这几种消息类型，简单说明一下 CHAP 是如何更加安全地实现认证的。

在消息发送的流程上，如果说 PAP 是被认证方"送上门"的认证，那么 CHAP 就是认证方"找上门"的认证。在 LCP 数据链路建立阶段，如果一方需要对另一方进行认证，那么在链路建立成功之后，认证方就会向被认证方发出一个挑战消息，消息的数据部分携带一个称为挑战值（Challenge Value）的随机数。被认证方接收到挑战消息之后，使用认证方通过挑战消息发送过来的挑战值和 PAP 头部的标识符字段的值（如图 5-11 所示），再加上自己本地预配置的密码，执行 MD5 散列运算，然后将运算结果通过响应消息发送给认证方。认证方接收到响应消息之后，用响应消息中的散列值，与自己使用相同的参数执行散列运算得到的结果进行比对，如果这两个散列值一致，表示管理员在两边预配置的密码一致，那么认证方就会向被认证方发送一条成功消息，否则认证方则会发送一条失败消息。这个流程被称为 CHAP 三次握手。总之，单向 CHAP 认证成功的过程如图 5-13 所示。

说明：

Challenge 一词除了有"挑战"的含义外，也有"质询"的表意。在网络技术领域，当人们提到一种消息类型为 Challenge 消息时，这类消息的功用往往是设备提出质询并等待对端响应。然而，"挑战消息"这种译法已经深入人心，翻译为"质询消息"反而有可能让读者不知所云，因此我们保留了传统的译法。同时，随着人们在越来越多领域中将 Challenge 的质询含义错译为挑战，大众已经开始将错就错，能够以"质询"这种表意来理解汉语中的挑战一词了。

图 5-13 所示的流程虽然复杂，但读者也可以明显看出双方比对散列值是否一致，其实还是在比较双方预配置的密码是否一致，这是因为决定散列值 A 和散列值 B 是否相同的决定性因素就是双方预配置的密码是否相同。此外，虽然在图 5-13 中，我们为求简洁而用省略号替代了各个 CHAP 消息中的大量信息，只展示出了与认证有关的字段，但读者也应该理解 CHAP 能够提供安全认证的原因：无论有人窥探到了这个过程中的哪个消息，他也只能获取到消息的标识符、认证方为这次认证而生成的随机数（挑战值），以及被认证方使用这两个参数和预配置密码计算出来的散列值，而无法获取用户在两边预配置的密码，这是因为用户预配置的密码并不会在链路中传输。

图 5-13 单向 CHAP 论证成功的过程

注释：

通过散列值、标识符和挑战值并无法逆向计算出用户预配置的密码，这是因为散列函数的运算结果是一个抽样值，而抽样值是无法被还原为原始数据的。

CHAP 与 PAP 还有一个重要的区别，那就是 PAP 认证是一次性的，而 CHAP 认证会在此后协商通信的过程中与传输通信数据的过程中被周期性地执行。每次执行 CHAP 认证时，认证方生成的挑战值也各不相同。

注释：

我们在这里介绍 CHAP 的原理的初衷是解释为什么 CHAP 提供的认证方式更加安全。为了简化起见，我们在简述上述流程时没有考虑用户名的因素，而且只探讨了单向认证的操作方式。

在本小节中，我们对 PAP 和 CHAP 这两种协议的工作方式进行了简要的说明。现在读者应该已经对 PPP 的工作流程有了一个大概的认知。再次强调，PPP 是一个内容十分丰富的协议，如果想要结合 PPP 的完整工作流程一一讲述 PPP 的所有成员协议，这几乎需要一本书的篇幅。

下面我们会结合前文介绍的内容，用一些简单的实验操作对这个协议进行演示。

5.3.3　PPP 的配置

用整整两小节的内容介绍了与 PPP 相关的理论知识之后，我们在本小节中将会演示如何在华为设备上配置 PPP 接口，以及如何在 PPP 链路上配置认证参数。

在本小节中，我们会以图 5-14 所示拓扑为例，演示与 PPP 相关的配置操作。

图 5-14　配置 PPP 的网络环境

如图 5-14 所示，AR1 和 AR2 分别使用串行链路接口 S1/0/1 和 S2/0/1 相连，两个接口默认的封装模式就是 PPP，因此我们不需要修改封装协议，只需要为其配置相应的 IP 地址，这两台设备就会使用 PPP 来封装 IP 数据包。例 5-6 展示了管理员在两台路由器上配置 IP 地址并进行验证的命令。

例 5-6　在两台路由器上配置 IP 地址并进行验证

```
[AR1]interface serial 1/0/1
[AR1-Serial1/0/1]ip add 192.168.10.1 30

[AR2]interface serial 2/0/1
[AR2-Serial2/0/1]ip add 192.168.10.2 30
[AR2-Serial2/0/1]
Apr 10 2022 03:30:03-08:00 AR2 %%01IFNET/4/LINK_STATE(l)[4]:The line protocol PPP
IPCP on the interface Serial2/0/1 has entered the UP state.
[AR2-Serial2/0/1]quit
[AR2]display interface serial 2/0/1
Serial2/0/1 current state : UP
Line protocol current state : UP
Last line protocol up time : 2022-04-10 03:30:03 UTC-08:00
Description:HUAWEI, AR Series, Serial2/0/1 Interface
Route Port,The Maximum Transmit Unit is 1500, Hold timer is 10(sec)
Internet Address is 192.168.10.2/30
Link layer protocol is PPP
LCP opened, IPCP opened
Last physical up time  : 2022-04-10 03:25:08 UTC-08:00
```

```
Last physical down time : 2022-04-10 01:27:32 UTC-08:00
Current system time: 2022-04-10 03:33:29-08:00
Physical layer is synchronous, Virtualbaudrate is 64000 bps
Interface is DTE, Cable type is V11, Clock mode is TC
Last 300 seconds input rate 7 bytes/sec 56 bits/sec 0 packets/sec
Last 300 seconds output rate 2 bytes/sec 16 bits/sec 0 packets/sec

Input: 112 packets, 3614 bytes
  Broadcast:           0, Multicast:           0
  Errors:              0, Runts:               0
  Giants:              0, CRC:                 0

  Alignments:          0, Overruns:            0
  Dribbles:            0, Aborts:              0
  No Buffers:          0, Frame Error:         0

Output: 113 packets, 1358 bytes
  Total Error:         0, Overruns:            0
  Collisions:          0, Deferred:            0
    Input bandwidth utilization  :    0%
    Output bandwidth utilization :    0%

[AR2]
[AR2]display ip interface serial 2/0/1
Serial2/0/1 current state : UP
Line protocol current state : UP
The Maximum Transmit Unit : 1500 bytes
input packets : 0, bytes : 0, multicasts : 0
output packets : 0, bytes : 0, multicasts : 0
Directed-broadcast packets:
  received packets:       0, sent packets:        0
  forwarded packets:      0, dropped packets:     0
Internet Address is 192.168.10.2/30
Broadcast address : 192.168.10.3
TTL being 1 packet number:       0
TTL invalid packet number:       0
ICMP packet input number:        0
  Echo reply:                    0
  Unreachable:                   0
  Source quench:                 0
  Routing redirect:              0
  Echo request:                  0
```

```
Router advert:              0
Router solicit:             0
Time exceed:                0
IP header bad:              0
Timestamp request:          0
Timestamp reply:            0
Information request:        0
Information reply:          0
Netmask request:            0
Netmask reply:              0
Unknown type:               0
```

在例 5-6 中，我们首先在 AR1 接口 S1/0/1 上配置了 IP 地址 192.168.10.1/30，接着又在 AR2 接口 S2/0/1 上配置了 IP 地址 192.168.10.2/30。这时，AR1 和 AR2 上同时弹出了表明接口 PPP IPCP 为 UP 状态的消息。在本例中，我们只展示了 AR2 上的提示消息，读者在搭建环境做实验时可以观察 AR1 上的提示消息。

接着，我们在 AR2 上使用 **display interface serial 2/0/1** 命令和 **display ip interface serial 2/0/1** 命令查看了 S2/0/1 接口的状态。第一条命令的输出信息展示了接口使用的数据链路层协议是 PPP（如第一个阴影行所示），第二条命令的输出信息则显示了管理员在接口上配置的 IP 地址（如第二个阴影行所示）。

例 5-7 对两台路由器之间的连通性进行测试。

例 5-7　测试两台路由器之间的连通性

```
[AR2]ping 192.168.10.1
 PING 192.168.10.1: 56  data bytes, press CTRL_C to break
   Reply from 192.168.10.1: bytes=56 Sequence=1 ttl=255 time=170 ms
   Reply from 192.168.10.1: bytes=56 Sequence=2 ttl=255 time=40 ms
   Reply from 192.168.10.1: bytes=56 Sequence=3 ttl=255 time=30 ms
   Reply from 192.168.10.1: bytes=56 Sequence=4 ttl=255 time=30 ms
   Reply from 192.168.10.1: bytes=56 Sequence=5 ttl=255 time=30 ms

   ---192.168.10.1 ping statistics---
   5 packet(s) transmitted
   5 packet(s) received
   0.00% packet loss
   round-trip min/avg/max = 30/60/170 ms

[AR2]
```

在例 5-7 中，我们在 AR2 上对 AR1 执行了 ping 测试。从测试结果可以看出，这两台路由器之间已经能够正常通信了。接下来我们在这条链路上启用 PPP 认证功能。

我们已经说过，PPP 支持 PAP 认证和 CHAP 认证，为了在本例中清晰地展示管理员所使用的用户名/密码信息，我们选择使用安全性较低的 PAP 认证。我们建议读者在自己的网络中设置 PPP 认证时，应尽可能地使用安全性更高的 CHAP 认证。

在配置 PAP 认证时，管理员可以在要求对端向自己认证的路由器，即认证方（AR1）上执行以下操作。

① 在系统视图下执行 AAA 配置。

- 本例使用本地认证，因此我们需要在 AAA 配置中创建本地用户名/密码。
- 在 AAA 配置中把之前创建的用户名应用在 PPP 中。

② 在接口视图下启用 PAP 认证。

- 在需要启用 PAP 认证的串行链路接口下配置 PAP 命令。

在本小节中，我们只演示如何配置单向 PAP 认证，即 AR1 要求认证 AR2，AR2 无须对 AR1 进行认证。例 5-8 展示了在 AR1 上配置与 PPP、PAP 认证相关的命令。

例 5-8　在 AR1 上配置与 PPP、PAP 认证相关的命令

```
[AR1]aaa
[AR1-aaa]local-user router_ar2 password cipher huawei123
[AR1-aaa]local-user router_ar2 service-type ppp
[AR1-aaa]quit
[AR1]interface serial 1/0/1
[AR1-Serial1/0/1]ppp authentication-mode pap
```

在例 5-8 中，我们在 AR1 上使用 **aaa** 命令进入 AAA 视图，使用 **local-user router_ar2 password cipher huawei123** 命令创建了一个名为 router_ar2 的本地用户，并为其配置了密码 huawei123；之后，我们又使用 **local-user router_ar2 service-type ppp** 命令把本地用户 router_ar2 所关联的服务类型设置为 PPP。

在需要对端提供认证信息的接口 S1/0/1 上，我们使用 **ppp authentication- mode pap** 命令启用了 PAP 认证。

在配置 PAP 认证时，管理员可以在被认证方（即本例中的 AR2）上执行的操作为：在接口视图下配置用于 PAP 认证的用户名和密码，即在需要提供 PAP 认证的串行链路接口下配置 PAP 命令。

在本例中，AR1 要求认证 AR2，AR2 是被认证方。例 5-9 展示了在 AR2 上配置与 PPP、PAP 认证相关的命令。

例 5-9　在 AR2 上配置与 PPP、PAP 认证相关的命令

```
[AR2]interface serial 2/0/1
[AR2-Serial2/0/1] ppp pap local-user router_ar2 password cipher huawei123
```

在需要提供认证的一端（AR2），管理员只在需要提供认证的串行链路接口上配置用于 PAP 认证的用户名和密码。

要想使现在配置的认证功能生效，管理员需要在接口视图上执行关闭和再次打开操作。在进行上述操作时，我们在这条链路上进行了抓包，图 5-15 所示为 AR1 和 AR2 的串行链路接口重新被启用后，AR2 向 AR1 提供认证用户名/密码的数据包解析。

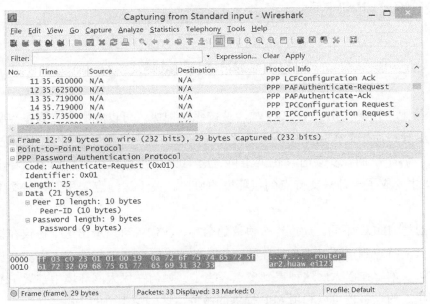

图 5-15　从抓包中查看数据包解析

本例使用 PAP 认证就是为了在这里能够清晰地展示出认证数据包中携带的用户名和密码信息。如果使用 CHAP 认证，那么认证数据包会以加密的形式呈现管理员配置的密码。

例 5-10 展示了从 AR1 上向 AR2 发起 ping 测试的结果。

例 5-10　从 AR1 上向 AR2 发起 ping 测试

```
[AR1]ping 192.168.10.2
  PING 192.168.10.2: 56  data bytes, press CTRL_C to break
    Reply from 192.168.10.2: bytes=56 Sequence=1 ttl=255 time=160 ms
    Reply from 192.168.10.2: bytes=56 Sequence=2 ttl=255 time=40 ms
    Reply from 192.168.10.2: bytes=56 Sequence=3 ttl=255 time=30 ms
    Reply from 192.168.10.2: bytes=56 Sequence=4 ttl=255 time=20 ms
    Reply from 192.168.10.2: bytes=56 Sequence=5 ttl=255 time=20 ms

    ---192.168.10.2 ping statistics---
    5 packet(s) transmitted
    5 packet(s) received
    0.00% packet loss
    round-trip min/avg/max = 20/54/160 ms

[AR1]
```

从例 5-10 所示的 ping 测试结果可以看出，AR1 和 AR2 之间能够正常通信。在本例中，我们只展示了 AR1 需要 AR2 提供单向 PAP 认证的情景。请读者在实验练习中，尝试配置单向/双向 CHAP 认证。

5.4　PPPoE 概述

在理论上，ISO 在定义 HDLC 时，是按照这种协议可以应用于点到多点环境进行设计的。尽管在后来的使用当中，几乎没有人在点到多点环境中使用 HDLC 进行封装。久而久之，各个厂商在实现时，也就不再考虑 HDLC 可以应用于点到多点环境了，于是 HDLC 才变成了一种只支持点到点环境的协议。关于这一点，我们在前文中进行了介绍。

PPP 则与 HDLC 不同。通过这个协议的名称，我们就可以看出这个协议在被定义时就是按照只支持点到点环境进行设计的。但与此同时，PPP 提供的很多服务又让人们希望将这种协议部署在以太网这种点到多点环境中。如何在以太网环境中部署 PPP，让通过以太网相连的设备也可以利用 PPP 提供的服务，这些是本节的主题。

5.4.1　PPPoE 原理

目前，使用最为广泛的有线连接标准毫无疑问就是以太网。以太网的优势毋庸赘言，但以太网也存在自己的限制条件。比如，以太网定义的数据帧封装字段中，没有任何字段可以提供用户身份认证功能，也无法对传输的数据进行压缩。又如，以太网本身也不具备自动分配 IPv4 地址的功能。

经过前文的学习，读者应该发现上述这些以太网提供不了的服务，PPP 都有成员协议可以提供。同时，这些以太网提供不了的服务，恰恰对于 ISP 来说十分重要。比如，ISP 需要通过用户认证来对用户进行服务计费（Billing），也希望用户可以在接入网络时，用户设备能够通过与运营商设备的自动协商给自己自动配置 IP 地址。

然而，当年大多数想要借助 PPP（所提供的认证、压缩和地址分配服务）的 ISP，在底层与网络用户之间采用的连接在数据链路层的角度上可以被看作一个以太网环境①。可是，PPP 显然是不支持以太网环境的，所以以太网网络适配器接口不可能直接把封装好的 PPP 数据帧执行成帧操作，然后发送到以太网环境当中。于是，人们想到了一种方法：在封装好的 PPP 数据帧外面再封装一层以太网数据帧，然后把这个嵌套了 PPP 数据帧的以太网数据帧放到以太网中传输。这样一来，当运营商的接

---

① 在物理层的角度，运营商会使用铺设的模拟线路进行传输，所以在利用模拟线路进行传输的前后，需要使用调制解调器执行数模转换。这一部分并不是我们需要讨论的内容，因此我们忽略了与调制解调相关的话题。

收方设备接收到这个以太网数据帧时，会通过解封装发现其中封装的 PPP 数据帧，然后根据这个 PPP 数据帧内部封装的协议对数据帧进行相应的处理。这种方式一旦被落实，一台设备就可以按照图 5-16 所示的方式，在以太网环境中通过 PPP 数据帧向对端提供认证数据了。

图 5-16　通过以太网环境向对端发送 PPP 数据帧的理论模型

　　最终，人们按照图 5-16 所示的模型定义了 PPPoE。不过，人们并没有严格参照图 5-16 所示的做法定义 PPPoE，而是定义了一个专门的 PPPoE 头部。这个头部包含了一个 4 比特的版本（Version）字段，这个字段的值固定为 0x1；一个 4 比特的类型（Type）字段，这个字段的值同样固定为 0x1；一个 8 比特用来标识 PPPoE 消息类型的代码（Code）字段；一个 16 比特的会话 ID（Session-ID）字段和一个 16 比特的长度（Length）字段。

　　此外，PPP 消息是作为载荷被封装在 PPPoE 消息中的，而这个 PPP 消息的头部只包含了协议（Protocol）字段，其他头部字段和尾部字段全部被取消了。当然，这也不难理解。PPP 数据帧被封装在以太网数据帧当中，因而没有必要保留标识数据帧起始和结尾的标记字段；地址字段、校验字段提供的功能可以通过以太网来实现；固定取值的控制字段也没有保留的价值。

　　综上所述，当一台路由器借助以太网介质向对端提供 PAP 认证请求消息时，它的封装方式实际上如图 5-17 所示。

　　如图 5-17 所示，PPPoE 是作为以太网数据帧的载荷部分被封装在以太网数据帧内部的，而 PPPoE 头部中封装的数据部分由协议字段和 PAP 消息构成。

　　在图 5-17 中，只有两项信息我们此前完全没有提到：一是以太网头部类型字段的取值；二是 PPPoE 头部代码字段的取值。这两项取值与 PPPoE 的工作原理有关，下面我们尽量用最简单的方式对 PPPoE 的工作原理进行简单的说明。

　　PPPoE 的工作过程分为两个阶段，这两个阶段从前到后分别为发现（Discovery）阶段和 PPP 会话阶段。在 PPPoE 的发现阶段中，以太网头部类型字段的取值是 0x8863。

在这个阶段，通信双方需要解决一个问题才能进入 PPP 会话阶段。这个问题就是双方如何通过一个实际上是多路访问的以太网环境，建立逻辑层面的一对一会话。为了做到这一点，PPPoE 在封装格式中定义了一个用来标识不同会话的会话 ID 字段。也就是说，在这个阶段，通信双方需要拥有一个标识彼此之间一对一会话的会话 ID。为了做到这一点，在发现阶段，通信双方需要至少交换 4 个 PPPoE 消息。在说明这个过程之前，我们需要首先明确一点，那就是 PPPoE 是一个客户端–服务器模型的协议，也就是通信双方要区分客户端和服务器角色。

图 5-17　PPPoE 消息实际封装（PAP 认证请求消息）的情况

PPPoE 发现阶段通信流程如图 5-18 所示，具体步骤如下。

步骤 1　PPPoE 客户端会向 PPPoE 服务器发送一条 PPPoE 动态发现发起（PPPoE Active Discovery Initiation，PADI）消息。在封装 PADI 消息的 PPPoE 头部时，代码字段的取值为 0x09，这个消息的作用是在网络中以广播的方式寻找 PPPoE 服务器，并且提出自己希望 PPPoE 服务器提供的服务。

图 5-18 PPPoE 发现阶段通信流程

步骤 2 PPPoE 服务器在接收到 PPPoE 客户端发送的 PADI 广播寻找消息之后，如果它发现自己能够满足 PPPoE 客户端对于服务的要求，那么会用这个 PPPoE 客户端的 MAC 地址封装一个单播的 PPPoE 动态发现提供（PPPoE Active Discovery Offer，PADO）消息。这类消息代码字段的取值为 0x07，其作用是告知 PPPoE 客户端，网络上有一台能够为它提供服务的 PPPoE 服务器。

步骤 3 当 PPPoE 客户端接收到第一个来自 PPPoE 服务器的单播 PADO 响应消息之后，它会用这个 PPPoE 服务器的 MAC 地址封装一个单播的 PPPoE 动态发现请求（PPPoE Active Discovery Request，PADR）消息，请求这台 PPPoE 服务器为自己提供通信服务。PADR 消息代码字段的取值为 0x19。

步骤 4 当 PPPoE 服务器接收到客户端的单播 PADR 消息，发现客户端明确向自己请求提供服务之后，它就会用这个 PPPoE 客户端的 MAC 地址封装一个单播的 PPPoE 动态发现会话确认（PPPoE Active Discovery Session-confirmation，PADS）消息，为这个 PPPoE 客户端提供会话 ID。这类消息代码字段的取值为 0x65。

经过了上述 4 次握手之后，双方就可以进入 PPP 会话阶段了。

在 PPP 会话阶段，通信建立的过程与常规 PPP 通信建立流程没有区别：双方首先通过 LCP 建立数据链路，如果链路建立阶段有一方或者双方选择了认证，则接下来进行身份认证，在完成认证之后再通过上层协议对应的 NCP 协商配置参数，最后通过上层协议进行通信。在这个阶段中,以太网头部类型字段的取值就是图 5-17 所示的 0x8864。同时,在这个阶段中,PPPoE 代码字段的取值为 0x0。因为这个阶段的协商是通过封装在 PPPoE 头部的协议完成的,所以消息类型的定义也应该由内部协议通过自己的代码字段来进行标识。比如在图 5-17 中,消息类型(PAP 认证请求消息)就是通过 PAP 头部的代码字段标识的。

在本小节中,我们对 PPPoE 的由来、封装方式和工作原理进行了说明。接下来,我们会演示这个协议的配置方法。不过,我们在这里先向读者预告一下:从逻辑上看,PPPoE 发现阶段与我们第 6 章要介绍的协议在工作流程上有些类似,读者在学习第 6 章时不妨将两者进行比较。

5.4.2 PPPoE 的配置

学习了 PPPoE 的理论知识后,我们下面来进行 PPPoE 实验的演示,介绍如何把华为设备配置成 PPPoE 服务器和 PPPoE 客户端。

读者或许还记得,我们在之前的演示实验中,刻意忽略了 PPPoE 的配置部分,只介绍了如何配置 Easy IP。本小节会把第 4 章中忽略的 PPPoE 部分补全,并补充一些与 PPPoE 相关的其他可选配置。

为了帮助读者回忆第 4 章中的内容,我们沿用了 Easy IP 配置环境中的拓扑,如图 5-19 所示。

图 5-19 配置 PPPoE 的网络环境

在图 5-19 所示环境中,企业管理员需要负责网关路由器 GW-AR1 上的配置,把它配置成 PPPoE 客户端,并通过 GW-AR1 为内部用户(10.0.0.0/24)提供上网服务。ISP 工程师需要负责 ISP 路由器的配置,把它配置成 PPPoE 服务器。在本小节中,我们把配置分为两个部分进行展示:在第一部分中,我们会展示 ISP 工程师需要对 ISP 路由器执行的配置;在第二部分中,我们会展示企业管理员要对企业网关路由器 GW-AR1 执行的配置。

1. ISP 路由器(PPPoE 服务器)的配置

在图 5-19 所示的这个环境中,企业用户使用的公网 IP 地址是由 ISP 路由器(PPPoE 服务器)进行分配的。PPPoE 服务器是通过本地地址池来为 PPPoE 客户端分配 IP 地址的,因此 PPPoE 服务器的配置也要包含地址池的配置信息。

注释:

在实际工作中，企业管理员也可以在与 ISP 工程师进行协商并签订合同后，手动在虚拟拨号接口上配置 ISP 分配的公网 IP 地址，这时 PPPoE 服务器上就无须配置地址池了。因此以下步骤中，步骤 1 是可选的，步骤 2 和步骤 3 则是必需的。

步骤 1（可选）　创建并配置地址池。

① **ip pool** *ip-pool-name*：使用系统视图命令创建全局 IP 地址池，并进入地址池视图。

② **network** *ip-address* [**mask** {*mask* | *mask-length*}]：使用地址池视图命令指定地址池中的 IP 地址范围。一个地址池中只能配置一个 IP 地址段，本例中配置的 IP 地址段是 202.108.0.0/30。

③ **gateway-list** *ip-address*：使用地址池视图命令指定地址池的网关地址。在本例中就是 ISP 路由器使用的 IP 地址 202.108.0.2。

步骤 2　创建并配置虚拟接口模板。

① **interface virtual-template** *vt-number*：使用系统视图命令创建虚拟接口模板，并进入虚拟接口模板视图。虚拟接口模板编号的取值范围是 0~1023，本例中取值为 10。

② **ip address** *ip-address* {*mask* | *mask-length*}：使用虚拟接口模板视图命令为虚拟接口模板配置 IP 地址。在本例中，为虚拟接口模板配置的 IP 地址就是 202.108.0.2。

③ **remote address pool** *pool-name*（可选）：使用虚拟接口模板视图命令为 PPPoE 客户端分配 IP 地址。

步骤 3　启用 PPPoE 服务器功能，并把虚拟接口模板绑定到物理以太网接口上。

① **interface** *interface-type interface-number*：使用系统视图命令进入接口视图。

② **pppoe-server bind virtual-template** *vt-number*：使用接口视图命令把虚拟接口模板绑定在接口上，同时启用 PPPoE 服务器功能。

例 5-11 展示了 ISP 路由器上的相关配置命令。

例 5-11　ISP 路由器上的相关配置

```
[ISP]ip pool Pool_GW-AR1
Info: It's successful to create an IP address pool.
[ISP-ip-pool-Pool_GW-AR1]network 202.108.0.0 mask 255.255.255.252
[ISP-ip-pool-Pool_GW-AR1]gateway-list 202.108.0.2
[ISP-ip-pool-Pool_GW-AR1]quit
[ISP]interface virtual-template 10
[ISP-Virtual-Template10]
Apr  8 2022 20:48:08-08:00 ISP %%01IFPDT/4/IF_STATE(l)[0]:Interface Virtual-
Template10 has turned into UP state.
[ISP-Virtual-Template10]ip address 202.108.0.2 255.255.255.252
[ISP-Virtual-Template10]remote address pool Pool_GW-AR1
```

```
[ISP-Virtual-Template10]quit
[ISP]interface gigabitethernet 0/0/0
[ISP-GigabitEthernet0/0/0]pppoe-server bind virtual-template 10
[ISP-GigabitEthernet0/0/0]quit
[ISP]
```

从例 5-11 所示配置中我们可以看出，ISP 工程师创建了一个名为 Pool_GW-AR1 的地址池。请读者注意：地址池的名称是区分大小写的。在地址池视图中，ISP 工程师配置了要分配给企业使用的 IP 地址和网关。接着 ISP 工程师创建了虚拟接口模板 10。在虚拟接口模板视图中，ISP 工程师指定了 ISP 使用的 IP 地址，并调用了前面创建的地址池 Pool_GW-AR1。最后在连接 GW-AR1 的物理以太网接口上，ISP 工程师启用 PPPoE 服务器功能，并绑定了虚拟模板 10。

2. 企业网关路由器 GW-AR1（PPPoE 客户端）的配置

在这个环境中，企业用户使用的公网 IP 地址是由 ISP 路由器进行分配的，因此我们不用在虚拟拨号接口下配置 IP 地址。本例中配置 PPPoE 客户端的步骤如下。

步骤 1 创建并配置虚拟拨号接口。

① **interface dialer** *number*：使用系统视图命令创建虚拟拨号接口，并进入虚拟拨号接口视图。

② **dialer user** *user-name*：使用虚拟拨号接口视图命令指定拨号用户的用户名。本例中使用的用户名是 ISP_User。

③ **dialer bundle** *number*：使用虚拟拨号接口视图命令指定拨号绑定关系编号，之后需要在物理接口下进行调用。

④ **ip address ppp-negotiate**：使用虚拟拨号接口视图命令指定从 ISP 那里学习 IP 地址。

步骤 2 启用 PPPoE 客户端功能，并把虚拟拨号接口绑定到物理以太网接口上。

① **interface** *interface-type interface-number*：使用系统视图命令进入接口视图。

② **pppoe-client dial-bundle-number** *number*：使用接口视图命令启用 PPPoE 客户端功能，并调用拨号绑定关系。

例 5-12 展示了企业网关路由器 GW-AR1 上的相关配置命令。

例 5-12 企业网关路由器 GW-AR1 上的相关配置

```
[GW-AR1]interface dialer 10
Apr  8 2022 22:28:02-08:00 GW-AR1 %%01IFPDT/4/IF_STATE(l)[1]:Interface Dialer10
has turned into UP state.
[GW-AR1-Dialer10]dialer user ISP_User
[GW-AR1-Dialer10]dialer bundle 10
[GW-AR1-Dialer10]ip address ppp-negotiate
```

```
[GW-AR1-Dialer10]quit
[GW-AR1]interface gigabitethernet 0/0/0
[GW-AR1-GigabitEthernet0/0/0]pppoe-client dial-bundle-number 10
[GW-AR1-GigabitEthernet0/0/0]quit
[GW-AR1]
Apr  8 2022 22:37:59-08:00 GW-AR1 %%01IFNET/4/LINK_STATE(1)[0]:The line protocol
 PPP on the interface Dialer10:0 has entered the UP state.
[GW-AR1]
Apr  8 2022 22:37:59-08:00 GW-AR1 %%01IFNET/4/LINK_STATE(1)[1]:The line protocol
 PPP IPCP on the interface Dialer10:0 has entered the UP state.
[GW-AR1]
```

从例 5-12 所示配置中我们可以看出，企业管理员在 GW-AR1 上先创建了一个拨号接口 10，并在这个接口下配置了 3 条命令，分别指定了拨号用户、拨号绑定关系和 IP地址获得手段；接着进入连接 ISP 路由器的物理以太网接口，启用 PPPoE 客户端功能，并指定拨号绑定关系。我们从例 5-12 所示的两个阴影行可以看出，在完成 PPPoE 客户端的配置后，路由器自动完成了 PPPoE 拨号工作。

例 5-13 验证了 PPPoE 客户端从 ISP 获得的 IP 地址。

例 5-13　PPPoE 客户端从 ISP 获得的 IP 地址

```
[GW-AR1]display ip interface brief dialer 10
*down: administratively down
^down: standby
(l): loopback
(s): spoofing
Interface              IP Address/Mask      Physical      Protocol
Dialer10               202.108.0.1/32       up            up(s)
[GW-AR1]
```

在例 5-13 中，管理员在 **display ip interface brief** 命令后添加了接口类型和接口编号，这样可以让路由器只显示指定接口的 IP 地址和状态信息。从中我们可以确认拨号接口 10 的物理和协议状态都是 UP，并且获得了 IP 地址 202.108.0.1。

例 5-14 展示了在 PPPoE 客户端和 PPPoE 服务器上分别查看 PPPoE 会话的状态信息。

例 5-14　在 PPPoE 客户端和 PPPoE 服务器上分别查看 PPPoE 会话的状态信息

```
[GW-AR1]display pppoe-client session summary
PPPoE Client Session:
ID  Bundle  Dialer  Intf     Client-MAC     Server-MAC     State
1   10      10      GE0/0/0  00e0fcb44877   00e0fc60583c   UP
[GW-AR1]

[ISP]display pppoe-server session all
```

```
SID Intf                        State   OIntf   RemMAC          LocMAC
1   Virtual-Template10:0        UP      GE0/0/0 00e0.fcb4.4877  00e0.fc60.583c

[ISP]
```

　　管理员在 GW-AR1 上使用 **display pppoe-client session summary** 命令查看 PPPoE 客户端会话。从这条命令中我们可以看出 PPPoE 会话已建立，状态为 UP。一个 PPPoE 会话可以出现以下状态标识。

　　① **IDLE**：表示当前 PPPoE 会话状态为空闲，也就是在按需拨号的环境中，路由器还未发起拨号。

　　② **PADI**：表示当前 PPPoE 会话处于发现阶段，并且已经发送了 PADI 消息。

　　③ **PADR**：表示当前 PPPoE 会话处于发现阶段，并且已经发送了 PADR 消息。

　　④ **UP**：表示当前 PPPoE 会话已建立完成。

　　ISP 工程师可以使用 **display pppoe-server session all** 命令来查看路由器上建立的所有 PPPoE 服务器会话。在本例中，我们只建立了一个会话。从命令的输出内容中我们可以看出与 PPPoE 客户端相对应的内容，比如 MAC 地址信息和状态（UP）信息。

5.5　本章总结

　　第 5 章的篇幅虽然不算太短，但是脉络十分清晰。在 5.1 节中，我们首先对广域网技术进行了简单的概述。在 5.2～5.4 节，我们分别对 3 种不同的广域网协议——HDLC、PPP 和 PPPoE 进行了介绍。在介绍每一种协议时，我们都采用了相同的叙述顺序，即用服务引入，从封装说起，进而介绍协议的工作原理，最后演示协议的配置方法。

5.6　练习题

一、选择题

1. 下列关于 HDLC 数据帧封装中的标记字段，哪个说法是正确的？（　　　）

A. 这个字段的功能尚未定义

B. 这个字段的取值与数据帧的长度有关

C. 这个字段的作用是标识数据帧的开始与结束

D. 这个字段分为多个标记位，每一位与分片有关

2. 在 PPP 数据帧字段中，下列哪个字段的取值不是固定的？（　　　）

A. 标记　　　　　　B. 地址　　　　　　C. 控制　　　　　　D. 协议

3. 下列关于高层协议对应的 NCP 的说法中，哪个说法是正确的？（　　）

A. 如果上层协议是 IPv4，PPP 对应的 NCP 成员协议为 IPCP

B. 如果上层协议是 IPv6，PPP 对应的 NCP 成员协议为 IPCP

C. 如果上层协议是 IPv6，PPP 对应的 NCP 成员协议为 NCP

D. 如果上层协议是 IPX，PPP 对应的 NCP 成员协议为 IPCP

4. 下列关于 LCP 和 NCP 的说法中，哪个是错误的？（　　）

A. 在 PPP 通信建立过程中，LCP 的协商先于 NCP 完成

B. 在 PPP 架构中，NCP 的分层高于 LCP

C. 一般来说，在封装 NCP 消息时，发送方会对数据先封装 NCP，然后再封装 LCP

D. NCP 是一类协议的总称

5. 下列关于 PAP 的说法中，哪些是正确的？（多选）（　　）

A. 明文认证　　　　　　　　　　　B. 三次握手

C. 周期认证　　　　　　　　　　　D. PPP 字段取值为 0xC023

6. 下列关于 CHAP 的说法中，哪些是正确的？（多选）（　　）

A. 明文认证　　　　　　　　　　　B. 三次握手

C. 周期认证　　　　　　　　　　　D. PPP 字段取值为 0xC023

7. 在 PPPoE 客户端与 PPPoE 服务器通信的过程中，它们的协商顺序是下列哪一种？（　　）

A. PPPoE 发现、LCP 协商、认证、NCP 协商

B. LCP 协商、认证、NCP 协商、PPPoE 发现

C. PPPoE 发现、LCP 协商、NCP 协商、认证

D. LCP 协商、NCP 协商、认证、PPPoE 发现

二、判断题

1. 在建立 PPP 通信的过程中，即使一方在还没有向对方发送 LCP 配置请求消息的时候，就已经通过 LCP 配置确认消息确认了另一方的配置请求消息，它也需要向对方发送 LCP 配置请求消息。

2. 在通过 CHAP 执行认证的过程中，通信双方始终不会将认证密码发送到点到点链路上。

3. 在通过 PPPoE 封装 IPCP 消息时，以太网头部类型字段的取值是 0x8863。

第 6 章
DHCP

动态主机配置协议（Dynamic Host Configuration Protocol，DHCP）的原理是复杂的，但它的使用相当广泛，任何一个稍具规模的网络都很难不借助 DHCP 实现高效的部署。从复杂性和广泛性两个角度考虑，我们都有必要对这个协议的原理与配置进行更加深入的介绍。

　　本章会解答几个关于 DHCP 的重要问题，比如多台 DHCP 服务器如何通过 DHCP 客户端发送的广播 DHCP 请求消息判断 DHCP 客户端在向哪台 DHCP 服务器请求 IP 地址；如何让网络设备协助 DHCP 客户端来解决 DHCP 客户端所在的本地网络中没有 DHCP 服务器的问题等。同时，我们也会在本章中介绍如何通过配置，让华为设备在网络中充当 DHCP 服务器和 DHCP 客户端。当然，在开始介绍新的内容之前，我们会首先用一节的内容帮助读者回顾 DHCP 的基本原理。

- 理解 DHCP 的工作方式；
- 理解 DHCP 的封装格式；
- 了解 DHCP 欺骗攻击的原理；
- 掌握将华为路由设备配置为 DHCP 服务器的方式；
- 掌握将华为路由设备配置为 DHCP 中继的方式。

6.1　DHCP 原理

　　2 台台式机、3 台笔记本电脑、2 个平板电脑、3 台网络盒子/IP 电视机、2 个在线摄像头、2 部智能手机、1 个用来保存和访问影像文件的 NAS，共计 15 台联网设备，这是本书作者家中实际联网设备的统计情况，相信这个数量也与很多两口之家的家庭网络终端设备数量相符。任何人实际尝试一下就会发现，哪怕面对这样一个并不复杂的家庭网络，每次在一台终端需要连接网络时就给它手动配置 IP 地址，同时确保它的 IP 地址不与当前其他终端的 IP 地址冲突，都会是一项耗时费力的工作。在 BYOD 办公方式方兴未艾的今天，对于一个连管理员都无法确定网络中具体有多少终端设备的大型网络来说，手动为终端分配 IP 地址简直成了一项不可能完成、也不应该尝试去完成的工作。显然，对于给终端分配 IP 地址这种操作层面高度机械化、却需要耗费大量精力去记录和管理的工作，交给设备自行完成比通过人力完成要经济得多。本章要介绍的 DHCP 就定义了由服务器给终端动态分配配置信息的机制。在本节中，我们会首先对 DHCP 的原理进行说明。

6.1.1　DHCP 概述

对网络管理员来说，在一个具备一定规模的网络中给各个终端一一配置 IP 地址是一项琐碎、繁杂而又容易出现错误的程式化工作，让不具备技术背景的用户自行配置 IP 地址更是天方夜谭，何况用户还搞不清网络中当前有哪些 IP 地址正在被使用。对于这种高度机械化，同时费力又不讨好的工作，最理想的方式就是交给设备自行解决。当然，要想让设备之间有能力通过消息互动来解决这个问题，人们必须为这类通信定义一套标准。

DHCP 定义了一个服务器—客户端模型，让 DHCP 客户端（如 PC 等终端设备）可以从网络中的 DHCP 服务器那里获得能够自行完成配置的信息，包括 IP 地址、默认网关地址、域名服务器地址和一些特定平台的信息，如图 6-1 所示。

图 6-1 所示为 DHCP 的典型应用场景：一台刚刚连接到网络中的终端没有 IP 地址，需要获得一个 IP 地址来真正从逻辑上接入网络，于是尝试向网络发起请求消息。此时，这台终端当然不知道 DHCP 服务器的地址，所以这个请求消息只能以广播的形式发送给局域网中的其他所有设备。虽然目的地址是局域网中的其他所有设备，但大多数设备并不是 DHCP 服务器，它们在解封装后发现这是一个 DHCP 请求消息，就会忽略这个消息。只有 DHCP 服务器会使用一个可以分配的 IP 地址（如有）对这个请求消息作出响应。

虽然上述请求响应流程适用于大多数服务器–客户端模型的应用层协议，但 DHCP 定义的机制显然没有如此简单：鉴于 DHCP 客户端所请求的信息是 IP 地址，因此 DHCP 必须定义客户端在（获得地址之前的）无 IP 地址情况下发送和接收 DHCP 数据包的标准，理解这些通信流程是搞懂 DHCP 通信方式的关键。此外，通过广播发送 DHCP 请求意味着每个子网中必须部署 DHCP 服务器。因为广播请求难免会被三层设备的接口隔离，如果希望部署在一个子网中的 DHCP 服务器也能够为其他子网提供服务，就必须定义配套的机制来解决广播不能发送到其他子网的问题。

图 6-1　笔记本电脑作为 DHCP 客户端，向网络中发送 DHCP 请求

接下来，我们会深入分析 DHCP 的工作方式，并且着重介绍 DHCP 客户端在获得 IP 地址之前，与 DHCP 服务器相互发送消息时，这些 DHCP 消息的源和目的地址分别是如何设置的。

6.1.2　DHCP 的工作方式

一般情况下，DHCP 客户端从 DHCP 服务器那里获得 IP 地址的交互过程可以分为下面 4 个步骤。

步骤 1　DHCP 客户端在网络中寻找 DHCP 服务器。

步骤 2　DHCP 服务器向 DHCP 客户端提供一个 IP 地址。

步骤 3　DHCP 客户端向 DHCP 服务器申请该 IP 地址的使用权。

步骤 4　DHCP 服务器向 DHCP 客户端确认它可以使用该 IP 地址。

下面，我们来展开介绍一下这 4 个步骤中，通信的双方是如何进行数据封装的。

当一台 DHCP 客户端刚刚连接到网络当中时，它需要首先在这个网络中寻找 DHCP 服务器。为了达到这个目的，DHCP 客户端需要封装一个 DHCP 发现消息。

图 6-2 展示的是图 6-1 中笔记本电脑（网络适配器 MAC 地址为 00-9A-CD-11-11-11）所

封装的 DHCP 发现消息。根据 RFC 2131 文档，DHCP 会使用 UDP 作为其传输层协议，对于由 DHCP 客户端发送给 DHCP 服务器的消息，其目的端口号字段需封装为 67，而对于由 DHCP 服务器发送给 DHCP 客户端的消息，其目的端口号字段需封装为 68。因此，图 6-2 中的 DHCP 发现消息在传输层封装的协议是 UDP，而 UDP 头部封装的源端口为 68，目的端口为 67。

图 6-2　DHCP 发现消息的封装

　　DHCP 的作用是给 TCP/IP 网络中的主机提供配置参数，因此 DHCP 消息在网络层使用的是 IP。鉴于 UDP 的 IP 层协议号为 17，因此这个消息 IP 头部的协议字段封装的数值为 0x11（17 换算为十六进制即为 0x11），指明 IP 头部之内封装的协议为 UDP。因为这台笔记本电脑当前还没有获得可用的 IP 地址，所以它的源 IP 地址封装的是全 0。同时，这台笔记本电脑并不知道 DHCP 服务器的 IP 地址，甚至不知道自己所在的子网中是否存在 DHCP 服务器，于是只能通过广播的形式尝试在子网中发现 DHCP 服务器，所以 DHCP 发现消息在 IP 头部目的 IP 地址字段封装的是广播地址 255.255.255.255。

　　在外面一层的数据链路层头部，数据链路层头部的类型字段封装的数值为 0x0800，指明载荷的类型为 IPv4 数据包。因为这是一个以太网广播数据包，所以以太网头部封装的源 MAC 地址即为笔记本电脑网络适配器的 MAC 地址，而目的 MAC 地址为全 1 的广播地址。

注释：

　　关于 DHCP 消息的文字叙述和配图中并没有包含各层封装中的全部字段，仅包含了与 DHCP 消息交互的相关字段。同样，链路层封装的数据帧尾部因与本小节要表达的主旨无关，并没有在图中展示出来。

　　图 6-2 所示为逻辑拓扑，并没有展示连接这个局域网的交换机。当这个局域网的交换机接收到 DHCP 发现消息时，它会查看消息的链路层头部，并由此发现这个数据帧的目的地址为全 1。于是，交换机会将这个数据帧从除了接收到消息的端口外的其他同 VLAN 端口发送出去。

　　虽然子网中的其他设备都会接收到这台笔记本电脑发送的 DHCP 发现消息，但是其他设备在将这个消息解封装到传输层时，会看到这个消息的目的端口字段为 67。由于它们并不是 DHCP 服务器，所以它们不会处理发送给 67 端口的消息。于是这些设备都会丢弃这个数据帧，只有 DHCP 服务器会监听自己的 67 端口，并进一步处理传输层目的端口字段封装为 67 的消息。当 DHCP 服务器进程接收到 DHCP 发现消息之后，它会封装一个 DHCP 提供消息来对 DHCP 客户端作出响应，向客户端提供一个 IP 地址，如图 6-3 所示。

图 6-3　DHCP 提供消息的封装

　　图 6-3 显示了局域网中充当 DHCP 服务器的路由器（以太网接口 IP 地址为 10.1.1.1，网络适配器 MAC 地址为 00-9A-CD-22-11-11）为响应 DHCP 客户端而发送的 DHCP 提

供消息,路由器通过这个消息告诉笔记本电脑可以向自己申请租用 10.1.1.5 这个 IP 地址。根据 RFC 2131 文档,图 6-3 中的 DHCP 提供消息在传输层封装的协议是 UDP,而 UDP 头部封装的源端口为 67,目的端口为 68。

在网络层,DHCP 提供消息当然也会使用 IP,并且将协议字段的数值设置为 0x11(17 换算为十六进制即为 0x11)指明 IP 头部之内封装的协议为 UDP。此外,充当 DHCP 服务器的路由器会用自己连接这个局域网的接口 IP 地址(本例中为 10.1.1.1)作为 DHCP 提供消息的源 IP 地址,这个地址其实也就是这个子网中的 DHCP 服务器地址;同时,因为请求 IP 地址的 DHCP 客户端,也就是图 6-3 中的笔记本电脑当前并没有 IP 地址,所以 DHCP 服务器只能通过广播的形式封装 DHCP 提供消息,将 DHCP 提供消息发送给子网中的所有设备。因此,DHCP 提供消息在 IP 头部目的 IP 地址字段封装的也是广播地址 255.255.255.255。

在数据链路层头部,由于网络层载荷类型同样为 IPv4 数据包,因此数据链路层头部的类型字段封装的数值也是 0x0800。同时,由于这是一个以太网广播数据包,因此路由器会用连接该子网的接口的 MAC 地址来封装以太网头部的源 MAC 地址字段,而目的 MAC 地址是全 1 的广播地址。

提示:

读者在用 eNSP 模拟器完成 DHCP 实验时,如果使用 Wireshark 抓包观察,会发现 DHCP 提供消息是以单播以太帧的形式发送给发送 DHCP 发现消息的那台 DHCP 客户端的,而并不会像前文介绍的那样使用广播发送 DHCP 提供消息。在真实环境中抓包测试时,发现 DHCP 提供消息为单播的概率也比广播更大。在看到这种情况时,读者可以不关心为何实验测试的结果与前文中理论部分的解释不符,但应记得 **DHCP 提供消息既有可能封装为单播消息,也有可能封装为广播消息,单播消息在实际环境中更为常见**。正因如此,我们在图 6-2 和图 6-3 中,将目的 MAC 地址字段和目的 IP 地址字段中的参数用斜体来表示。接下来会对此进行解释,以帮助想要了解具体原因的读者学习。但必须说明,这些内容超出了 DHCP 的知识范畴,读者可以在阅读的过程中跳过。这些知识仅供那些已经阅读了大量不同技术文档,发现不同文档对于 DHCP 提供消息的发送方式阐述大相径庭,测试结果又缺乏说服力的读者参考。

用比较简单的方式来说,RFC 2131 文档对 **DHCP 提供消息是单播还是广播**分为下面 4 种情形。

① 在客户端发送的 DHCP 消息中,网关 IP 地址(giaddr)字段包含了地址信息。这表示这个环境中部署了 DHCP 中继代理,所以服务器会用单播将 DHCP 提供消息发送给中继代理。关于 DHCP 中继代理的内容,我们会在后续进行介绍,这里暂不赘述,这种情形也显然不是这个提示内容的重点。

② 在客户端发送的 DHCP 消息中，网关 IP 地址（giaddr）字段值为全 0，而客户端 IP 地址（ciaddr）字段值为非 0。此时 DHCP 服务器会以客户端 IP 地址（ciaddr）字段中提供的地址封装 DHCP 提供消息的目的 IP 地址，并以单播的形式发送这个消息。这种情况与图 6-2 所示的情况不符。在图 6-2 中，DHCP 客户端刚刚发送了 DHCP 发现消息，自己并没有可以用来填充客户端 IP 地址（ciaddr）字段的 IP 地址，因此这种情形也不是这个提示内容的重点。

③ 在客户端发送的 DHCP 消息中，网关 IP 地址（giaddr）字段值为全 0，客户端 IP 地址（ciaddr）字段值为全 0，广播位置位（取值为 1）。此时 DHCP 服务器会以广播的形式发送 DHCP 提供消息。

④ 在客户端发送的 DHCP 消息中，网关 IP 地址（giaddr）字段值为全 0，客户端 IP 地址（ciaddr）字段值为全 0，广播位未置位（取值为 0）：此时 DHCP 服务器会以客户端硬件地址作为目的 MAC 地址，以要提供给客户端的 IP 地址（即 yiaddr 字段中的地址）作为目的 IP 地址封装单播 DHCP 提供消息。

关于 DHCP 提供是单播消息还是广播消息的问题就变成了彼时广播位会不会置位的问题。这个问题的答案是不一定。其实，RFC 文档中定义的广播位是 DHCP 消息封装中的标志字段，该字段也称标记字段。由于一些 DHCP 客户端在实现上不支持 DHCP 服务器直接把分配给它的 IP 地址作为目的 IP 地址通过单播进行发送的做法，因此，为了防止一些客户端无法支持以单播的形式接收 DHCP 提供消息，DHCP 在消息的（标志）标记字段中定义了一个广播位。如果客户端可以支持以单播的形式接收 DHCP 提供消息，那么客户端就会在发送给 DHCP 服务器的消息中将广播位置 0，否则置 1。

当 DHCP 服务器看到某台 DHCP 客户端发送的消息中广播位为 0 时，它会认为这个客户端可以支持在通过 DHCP 提供消息为客户端分配 IP 地址的同时，直接用分配的 IP 地址作为这个 DHCP 提供消息的目的 IP 地址，以单播形式发送给客户端的这种做法，于是 DHCP 服务器就会向这个客户端发送单播消息。如果广播位为 1，表示这个客户端的实现方式要求客户端必须首先安装这个 IP 地址，之后才能接收以它作为目的 IP 地址的消息。此时为了确保这类客户端能够接收到这个 DHCP 提供消息，DHCP 服务器就会用广播的形式发送 DHCP 提供消息和 DHCP 确认消息。换言之，**DHCP 提供消息是以单播还是以广播的形式发送，取决于请求 IP 地址的 DHCP 客户端在实现上是否接受通过单播 DHCP 提供消息为其提供地址的做法**。

考虑到按照 DHCP 客户端的实现方式分两种情况解释 DHCP 的工作原理远远超出了本书的范畴，而将 DHCP 提供消息解释为广播地址对于初学者来说更容易理解，对于清晰地阐述 DHCP 的工作机制也更加有利。因此在后续内容中，包括在介绍其他 **DHCP** 消息时，都会完全延续将 **DHCP 提供消息解释为广播地址**、**DHCP 客户端的实现不支持在安装动态 IP 地址之前使用该 IP 地址接收单播数据包的情形展开介绍**。对于 **DHCP 客户端通过将广播**

位置位，以表示自己支持 DHCP 服务器以单播形式发送 DHCP 提供消息的这种情形，后文中将不再提及。

当这个消息以广播的形式发送，在这个局域网中的交换机接收到 DHCP 发现消息时，它会将这个数据帧从除了接收消息的端口外的其他同 VLAN 端口发送出去，因此子网中的其他设备都会接收到 DHCP 服务器发送的广播 DHCP 提供消息。那么，此时子网中的其他设备在经过解封装、将消息转成给端口号为 68 的 DHCP 客户端进程之后，它们的 DHCP 客户端如何判断出这个 DHCP 提供消息不是在给自己提供可供租用的 DHCP 地址呢？关于这一点，我们留待后文再进行介绍。总之，在正常情况下，只有发送 DHCP 发现消息的那个客户端，也就是本例中的笔记本电脑会发现这个消息是 DHCP 服务器对自己所发送的 DHCP 发现消息作出的响应。

在接收到 DHCP 提供消息之后，DHCP 客户端会向 DHCP 服务器发送一个 DHCP 请求消息，请求租用之前 DHCP 服务器通过 DHCP 提供消息告诉自己可以租用的那个 IP 地址。DHCP 请求消息的封装如图 6-4 所示。

图 6-4 DHCP 请求消息的封装

读者对比图 6-4 和图 6-2 可以发现，DHCP 请求消息和 DHCP 发现消息在以下几个字段中封装的信息都是相同的。①这两类消息在传输层封装相同的源端口和目的端口，是因为它们都是由 DHCP 客户端发送给 DHCP 服务器的消息。②这两类消息的源 IP 地址字段都会封装 0.0.0.0，这是因为 DHCP 服务器至此尚未确认 DHCP 客户端可以使用它提供的 IP 地址，所以在发送这两类消息时，DHCP 客户端都还没有获得可用的 IP 地址。③这两类消息都使用 DHCP 客户端适配器的 MAC 地址来设置以太网头部的源 MAC 地址字段。

最后，在图 6-4 中，我们将 DHCP 请求消息描述为广播消息，也就是目的 MAC 地址和目的 IP 地址均为全 1 的地址。然而，通过图 6-3 我们可以看到，DHCP 服务器在向 DHCP 客户端发送 DHCP 提供消息时，已经封装了自己的 MAC 地址和 IP 地址，这表示 DHCP 客户端应该是有条件向 DHCP 服务器发送单播 DHCP 请求消息的。实际上，DHCP 客户端在第一次向 DHCP 服务器发送 DHCP 请求时，确实可能会以 DHCP 服务器的 MAC 地址和 IP 地址来封装链路层目的地址和网络层目的地址字段，向 DHCP 服务器发送单播的 DHCP 请求消息。如果在发送之后没有接收到来自 DHCP 服务器的回应，那么 DHCP 客户端会以图 6-4 所示的广播地址封装 DHCP 请求消息。因此在图 6-4 中，我们将目的 MAC 地址字段和目的 IP 地址字段也标识为斜体。

当 DHCP 客户端以广播的形式请求某一台服务器提供的 IP 地址时，其他 DHCP 服务器也会通过这条消息判断出 DHCP 客户端选中了其他 DHCP 服务器提供的 IP 地址。DHCP 服务器通过 DHCP 请求消息判断 DHCP 客户端是否在向自己请求 IP 地址如图 6-5 所示。

图 6-5　DHCP 服务器通过 DHCP 请求消息判断 DHCP 客户端是否在向自己请求 IP 地址

注释：

大多数操作系统的 DHCP 客户端实现（Implementation），会向自己先接收到 DHCP 提供消息中包含的可用 IP 地址发送 DHCP 请求消息。

在图 6-5 所示的环境中,有两台 DHCP 服务器(路由器和 DHCP 服务器 2)使用 DHCP 提供消息响应了笔记本电脑发送的 DHCP 发现消息,而笔记本电脑选中了路由器提供的 IP 地址 10.1.1.5,于是它发送了一条广播的 DHCP 请求消息,请求使用 10.1.1.5 这个 IP 地址。路由器在接收到这个消息之后会立刻发现这是在向自己请求 IP 地址,而 DHCP 服务器 2 在接收到这个消息后也会立刻判断出 DHCP 客户端已经选择了其他 DHCP 服务器提供的 IP 地址。最后,DHCP 服务器 2 会把刚才提供给笔记本电脑的 IP 地址 (10.1.1.100)回收到自己的地址池中。

在 DHCP 服务器接收到向自己请求 IP 地址的 DHCP 请求消息时,它会使用 DHCP 确认消息进行回复。DHCP 确认消息的封装如图 6-6 所示。

图 6-6　DHCP 确认消息的封装

在图 6-6 所展示的封装字段中,DHCP 确认消息的目的 MAC 地址字段被封装为 DHCP 客户端适配器的 MAC 地址,但其网络层 IP 头部的目的 IP 地址字段是全 1 的广播地址。因此,DHCP 确认消息是封装在单播数据帧中的广播数据包。对于这种消息,只有发送相应 DHCP 请求消息的 DHCP 客户端,也就是本例中的笔记本电脑才会将这个消息解封装到网络层和更高层,其他设备则在解封装到以太网头部时就会发现这个消息的目的地址不是自己的而将这个数据包丢弃。

关于 DHCP 的工作流程,还有一个不得不谈的话题,那就是 DHCP 服务器确认 DHCP 客户端可以使用的 IP 地址是有租期的。在 DHCP 环境中,如果租期为 T,那么 DHCP 客户端会在租期过半时,向 DHCP 服务器重新发送续租该 IP 地址的 DHCP 请求消息。

由此，租期的一半在 DHCP 语境中被称为 T_1 时刻，当 DHCP 客户端接收到 DHCP 确认消息时，它就会重置 T_1 计时器；当 T_1 计时器到时时，DHCP 客户端就会向 DHCP 服务器发送单播 DHCP 请求消息来请求续租这个 IP 地址。除 T_1 计时器之外，当 DHCP 客户端接收到 DHCP 确认消息时，它还会重置一个 T_2 计时器。T_2 计时器的时间为 T 的 87.5%，如果直到 T_2 计时器到时，DHCP 客户端还没有接收到 DHCP 服务器对 IP 续租消息发送的 DHCP 确认消息，那么 DHCP 客户端就会在局域网中发送广播的 DHCP 请求消息来请求续租这个 IP 地址。在续租阶段，除了 DHCP 服务器向 DHCP 客户端发送 DHCP 确认消息的这种可能性外，还可能出现下面两种情况。

① DHCP 服务器不同意 DHCP 客户端续租该 IP 地址。此时 DHCP 服务器会向 DHCP 客户端发送一条 DHCP 否认消息。接收到 DHCP 否认消息的 DHCP 客户端会立刻回到原点，从广播 DHCP 发现消息开始重新寻找能够为其提供可用 IP 地址的 DHCP 服务器。

② DHCP 服务器始终没有响应续租 IP 地址的 DHCP 请求消息。如果出现这种情况，那么 DHCP 客户端会在该 IP 地址真正到期时回到原点，从广播 DHCP 发现消息开始重新寻找能够为其提供可用 IP 地址的 DHCP 服务器，并向其请求租用 IP 地址。

最后，我们需要呼应一下前文遗留的一个话题：通过广播发送 DHCP 请求意味着每个子网中必须部署 DHCP 服务器，这是因为广播请求难免会被三层设备的接口隔离。如果希望部署在一个子网中的 DHCP 服务器也能够为另一个子网提供服务，那么必须定义配套的机制来解决广播不出子网的问题。为此，DHCP 定义了 DHCP 中继代理的角色。管理员可以在没有 DHCP 服务器的网络中将一台网络设备配置为 DHCP 中继代理。这样一来，当这台设备接收到 DHCP 客户端广播发送的（DHCP 发现和 DHCP 请求）消息之后，它会将这些广播消息以单播的形式转发给 DHCP 服务器，而 DHCP 服务器在向 DHCP 中继代理回复 DHCP 提供消息时，会以单播的形式发送给 DHCP 中继代理，DHCP 中继代理则会将 DHCP 提供消息广播到 DHCP 客户端所在的子网当中，就像 DHCP 中继代理就是这个子网中的 DHCP 服务器那样。DHCP 中继代理的作用如图 6-7 所示。

在图 6-7 中，路由器只是一台 DHCP 中继代理，因此当路由器接收到在子网中发现 DHCP 服务器和请求 IP 地址的数据包时，它会将真实 DHCP 服务器的 IP 地址作为该数据包的目的 IP 地址，将这些数据包以单播的形式转发给位于另一个子网中的 DHCP 服务器，这就突破了 DHCP 广播消息无法翻越子网的障碍，让使用一台 DHCP 服务器来为多个子网中的终端提供动态配置参数的部署方案成为可能。

在本小节中，我们采用图文结合的方式，对 DHCP 四类消息的封装方式进行了较为详细的介绍。下面我们会结合 DHCP 消息的封装方式与字段，分析 DHCP 是如何为网络提供所需服务的。

图 6-7　DHCP 中继代理的作用

6.1.3　DHCP 的封装格式

协议的功能需要通过定义协议的封装方式来实现，而 DHCP 的封装格式如图 6-8 所示。

图 6-8　DHCP 封装格式

结合前文的内容，我们对图 6-8 中的部分字段进行解释。

① **操作类型（OP）**：标识的是这是一个由客户端发送给服务器的消息，还是一个由服务器发送给客户端的消息。若为前者，则操作类型字段的取值均为 0x01，因此 DHCP 发现消息和 DHCP 请求消息的操作类型值均为 0x01；若为后者，则操作类型字段的取值为 0x02，因此 DHCP 提供消息、DHCP 确认消息和 DHCP 否认消息操作类型字段的取值均为 0x02。

② **硬件类型（HTYPE）**：标识的是硬件地址的类型。在前文中，DHCP 服务器和 DHCP 客户端是在以太网环境中进行通信的。对于以太网环境中使用的 MAC 地址，DHCP 会将消息的硬件类型字段设置为 0x01。

③ **硬件地址长度（HLEN）**：标识的是该媒介的地址由几个 8 位组组成。以太网使用的地址为 MAC 地址，而 MAC 地址的长度为 6 个 8 位组，因此在前文中，所有 DHCP 消息的硬件地址长度字段值皆为 0x06。

④ **交互 ID（也称为交易 ID，XID）**：在前文中，我们曾经遗留了一个问题，即当 DHCP 提供消息用广播的形式发送，而一个子网中又不只有一台 DHCP 客户端时，DHCP 客户端如何判断出一个 DHCP 提供消息是不是在向自己提供可供租用的 DHCP 地址呢？答案是当 DHCP 客户端发送 DHCP 发现消息时，它会设置一个交互 ID。当 DHCP 客户端接收到 DHCP 提供消息时，它会查看这个消息的交互 ID 字段：如果这个字段的值与自己发送的 DHCP 发现消息（的交互 ID 字段值）一致，则代表这是 DHCP 服务器发送给自己的 DHCP 提供消息；如这个字段的值与自己发送的 DHCP 发现消息（的交互 ID 字段值）不一致，则代表这是针对其他 DHCP 客户端的 DHCP 发现消息响应的 DHCP 提供消息。

⑤ **标志（FLAGS，也可称为标记）**：作用主要是让 DHCP 客户端告知 DHCP 服务器，它希望 DHCP 服务器以单播的形式还是以广播的形式对自己作出响应。对于希望 DHCP 服务器以单播形式对自己作出响应的 DHCP 客户端，它们会将这个字段的数值设置为 0x0000，否则会将这个字段的数值设置为 0x8000。

⑥ **客户端前 IP 地址（也称为客户端 IP 地址，CIADDR）**：当一台 DHCP 客户端请求 IP 地址时，它未必没有当前正在使用的 IP 地址。例如，当一台 DHCP 客户端向 DHCP 服务器请求续租 IP 地址时，这台设备当前就一定正在使用一个 IP 地址。在这种情况下，DHCP 客户端应该将这个字段设置为自己当前正在使用的 IP 地址。

⑦ **你的 IP 地址（YIADDR）**：当 DHCP 服务器向 DHCP 客户端提供和确认一个 IP 地址时，它就会将这个字段的值设置为提供和确认给客户端的那个 IP 地址。

⑧ **服务器 IP 地址（SIADDR）**：顾名思义，这个字段的作用就是标识 DHCP 服务器的 IP 地址。当 DHCP 服务器使用 DHCP 提供消息来响应 DHCP 客户端发送的 DHCP 发现消息，或者用 DHCP 确认消息来响应 DHCP 客户端发送的 DHCP 请求消息时，它会

将这个字段设置为自己的 IP 地址。

⑨ 代理设备 IP 地址（也称网关 IP 地址，GIADDR）：这个字段的作用是标识 DHCP 中继代理的 IP 地址。当 DHCP 中继代理代替 DHCP 服务器向 DHCP 客户端转发 DHCP 发现消息，它会将这个字段设置为自己的 IP 地址。

⑩ 客户端硬件地址（CHADDR）：这个字段的作用是标识 DHCP 客户端的硬件地址。当 DHCP 客户端在局域网中以广播的形式发送 DHCP 发现消息时，它就会将这个字段的值设置为自己的硬件地址。

⑪ 可选项：这个字段是可选的。当 DHCP 客户端希望 DHCP 服务器提供其他配置参数，或者 DHCP 服务器向 DHCP 客户端提供其他参数时，它们都会通过设置可选项字段来进行询问、提供、请求和确认。在 DHCP 服务器和 DHCP 客户端交互配置参数时，它们除 IP 地址之外还应该/可以交互的参考包括但不限于：该地址的租期、子网掩码、默认网关地址和 DNS 服务器地址。

至此，我们详细地介绍了 DHCP 的工作原理。通过这部分的内容，读者应该可以感受到 DHCP 本身实际上缺乏足够的安全认证机制，这给 DHCP 的使用制造了一定的隐患。接下来，我们会对这种隐患有可能给网络引入的安全风险进行说明。

*6.1.4　DHCP 欺骗攻击概述

很多欺骗攻击都是在利用协议自身缺乏认证机制的缺陷。因为通信机制本身无法让通信参与方相互确认身份，所以攻击者有机会将自己伪装成某个通信方，在网络中设法窃取通信信息或者让通信无法正常进行。

对于 DHCP 机制来说，发起欺骗攻击的攻击者一般采用下列两种形式达到攻击目的：一种是冒充 DHCP 服务器，另一种是冒充 DHCP 客户端。下面我们对这两种攻击方式的手段和目的分别进行介绍。

冒充 DHCP 服务器的做法相对来说更加常见。攻击者让自己的设备充当 DHCP 服务器，主动对局域网中其他设备发出的 DHCP 发现消息进行响应。通过这种方式，攻击者可以达到各种各样的目的。比如，攻击者可以在响应的 DHCP 提供消息中，通过可选项字段（如图 6-8 所示）将 DNS 服务器的地址和默认网关的地址指向自己。这样达到的攻击效果是让受害设备将所有去往外部网络的数据都发送给自己，从而将自己插入受害设备与外部网络通信的路径，通过这种方法获取受害设备发送的数据，如图 6-9 所示。

在图 6-9 中，当作为 DHCP 客户端的笔记本电脑 2 接收到伪装的 DHCP 服务器发送的 DHCP 提供消息之后，它就会开始针对这个 DHCP 提供消息发送 DHCP 请求消息，在获得伪 DHCP 服务器的确认之后，DHCP 客户端（笔记本电脑 2）就会将自己的默认网关设置为 10.1.1.4。自此，它在向本地网络之外发送流量时，都会以笔记本电脑 1 的 MAC

地址作为目的 MAC 地址来封装数据帧，而交换机也会将这些数据帧转发给笔记本电脑 1，由此笔记本电脑 1 就会接收到笔记本电脑 2 准备发送给外部网络的所有流量。

图 6-9　攻击者伪装成 DHCP 服务器将自己插入受害设备与外部网络通信的路径

　　尽管在图 6-9 所示的网络中路由器作为 DHCP 服务器一直在正常工作，这也无法避免 DHCP 客户端遭到欺骗。这其中的道理我们也曾经在前文中提到过，那就是绝大多数操作系统在运行 DHCP 客户端时，都会请求自己最先接收到 DHCP 提供消息中包含的配置参数。所以，只要伪装的 DHCP 服务器提供的响应先于真正的 DHCP 服务器所提供的响应到达 DHCP 客户端，那么 DHCP 客户端就没有理由不向伪装的 DHCP 服务器请求使用它提供的配置信息。

　　攻击者冒充 DHCP 客户端的做法类似于 MAC 地址泛洪攻击，其目的无非是耗尽 DHCP 服务器上所拥有的 IP 地址资源。众所周知，一台 DHCP 服务器可供租用给一个子网的 IP 地址资源终究是有限的，如果攻击者冒充成大量 DHCP 客户端向 DHCP 服务器请求 IP 地址，那么当真正需要租用 IP 地址的 DHCP 客户端向 DHCP 服务器请求 IP 地址时，DHCP 服务器就会没有 IP 地址可供分配。因此，这又是一种通过泛洪实现的拒绝服务攻击，如图 6-10 所示。

　　利用 DHCP 服务器 IP 地址资源有限这一点发起泛洪攻击的做法还有一点类似于 MAC 地址泛洪攻击，那就是 DHCP 服务器并不会同时向具有相同 MAC 地址的设备重复提供 IP 地址，因此想要发起这种攻击，攻击者同样需要在一台设备上伪造大量不同的 MAC 地址。

图 6-10　攻击者伪装出大量 DHCP 客户端耗尽 DHCP 服务器上的 IP 地址资源

好消息是，上述利用 DHCP 缺乏认证机制发起的攻击是比较陈旧的，目前应对这类攻击的链路层安全技术已经比较成熟。本书在这里旨在向读者介绍这些针对 DHCP 发起的攻击，防御这些攻击的安全技术在此不进行介绍，感兴趣的读者可以查阅华为相关技术文档。

6.2　DHCP 配置

在前文中详细介绍了与 DHCP 相关的理论知识后，我们来看看如何把华为设备配置为一台 DHCP 服务器，以及 DHCP 中继代理。除了可以充当 DHCP 服务器和 DHCP 中继代理外，华为设备还可以充当 DHCP 客户端，从 DHCP 服务器那里动态获取 IP 地址。把华为设备配置为 DHCP 客户端的方法非常简单，我们会在 DHCP 服务器的配置中进行展示。

6.2.1　DHCP 服务器的配置

除了在网络中单独架设一台服务器作为 DHCP 服务器外，使用华为网络设备的管理员还有另一种选择，那就是直接让华为设备在充当网关的同时，还提供 DHCP 服务器功能。本小节将为读者展示如何把一台华为路由器配置为 DHCP 服务器。不同型号的华为路由器能够支持的 DHCP 客户端数量也不尽相同，管理员需要查询具体的设备文档，来确定自己的路由器能够支持多少个 DHCP 客户端。

要想让华为路由器提供 DHCP 服务器功能,管理员可以使用以下两种方式进行配置。

① 基于接口地址池的配置方式:这是使用路由器提供 DHCP 服务的最简单方法,路由器能够为接口连接的同一 IP 子网中的 DHCP 客户端动态分配 IP 地址和网关地址。

② 基于全局地址池的配置方式:路由器不仅能够为与本地接口同属于一个 IP 子网的 DHCP 客户端分配 IP 地址,还能够通过配置全局地址池,为非直连的 DHCP 客户端分配(其他 IP 子网中的)IP 地址。

下面我们分别介绍这两种配置方式的具体步骤和命令。

1. 基于接口地址池的配置方式

基于接口的配置方式实施起来最简单,适用于使用路由器为其接口所连接的 IP 子网动态分配 IP 地址的情况。要想基于接口地址池,把华为路由器配置为 DHCP 服务器,管理员需要执行以下操作。

步骤 1 在路由器上启用 DHCP 功能。

dhcp enable:使用系统视图命令为路由器启用 DHCP 功能。

步骤 2 在充当网关的路由器接口上启用 DHCP 服务器功能并可选择地配置租期、不参与分配的 IP 地址、固定分配的 IP 地址等信息。

dhcp select interface:使用接口视图命令为指定路由器接口启用 DHCP 功能,并指定这个接口使用基于接口的地址池。

dhcp server lease {**day** *day* [**hour** *hour* [**minute** *minute*]] | **unlimited**}(可选):使用接口视图命令来修改 IP 地址的租期,默认租期为 1 天。

dhcp server excluded-ip-address *start-ip-address* [*end-ip-address*](可选):使用接口视图命令在动态分配的 IP 地址范围中排除一些 IP 地址。管理员可以多次执行这条命令,有选择地排除一些 IP 地址。

dhcp server static-bind ip-address *ip-address* **mac-address** *mac-address*(可选):使用接口视图命令为指定客户端固定分配一个 IP 地址。分配的 IP 地址必须在接口地址池范围中,并且未被动态地分配出去。

我们以图 6-11 所示拓扑为例,展示基于接口地址池的 DHCP 服务器配置。

在图 6-11 所示的网络环境中,路由器 AR1_DHCP_SERVER 作为企业网络中的网关路由器,一边通过接口 G0/0/0 连接互联网,一边通过两个物理接口(G0/0/1 和 G0/0/2)连接企业中的两个子网。现在要求管理员对 AR1_DHCP_SERVER 进行配置,使其能够充当 DHCP 服务器,为两个企业子网中的 DHCP 客户端分配 IP 地址。同时,AR1_DHCP_SERVER 还需要充当 DHCP 客户端,从 ISP 路由器那里动态获取 IP 地址信息。例 6-1 中展示了管理员在 AR1_DHCP_SERVER 上执行的 DHCP 服务器配置。

图 6-11　基于接口地址池配置 DHCP 服务器

例 6-1　在 AR1_DHCP_SERVER 上基于接口地址池配置 DHCP 服务器

```
[AR1_DHCP_SERVER]dhcp enable
Info: The operation may take a few seconds. Please wait for a moment.done.
[AR1_DHCP_SERVER]interface gigabitethernet 0/0/1
[AR1_DHCP_SERVER-GigabitEthernet0/0/1]ip address 10.0.10.1 255.255.255.224
[AR1_DHCP_SERVER-GigabitEthernet0/0/1]dhcp select interface
[AR1_DHCP_SERVER-GigabitEthernet0/0/1]quit
[AR1_DHCP_SERVER]interface gigabitethernet 0/0/2
[AR1_DHCP_SERVER-GigabitEthernet0/0/2]ip address 10.0.20.1 255.255.255.192
[AR1_DHCP_SERVER-GigabitEthernet0/0/2]dhcp select interface
```

从例 6-1 中的配置我们可以看出，要想在路由器的接口上启用 DHCP 服务器功能，管理员首先需要在系统视图中，全局启用 DHCP 功能，然后在需要提供 DHCP 服务的接口上，逐一启用 DHCP 服务器功能。例 6-2 中展示了 PC10 和 PC20 分别通过 DHCP 自动获得 IP 地址信息。

例 6-2　PC10 和 PC20 获得的 IP 地址信息

```
PC10>ipconfig

Link local IPv6 address.........: fe80::5689:98ff:fedd:436d
IPv6 address....................: :: / 128
IPv6 gateway....................: ::
IPv4 address....................: 10.0.10.30
Subnet mask.....................: 255.255.255.224
Gateway.........................: 10.0.10.1
Physical address................: 54-89-98-DD-43-6D
DNS server......................:

PC20>ipconfig

Link local IPv6 address.........: fe80::5689:98ff:feaf:725d
```

```
IPv6 address.......................: :: / 128
IPv6 gateway.......................: ::
IPv4 address.......................: 10.0.20.62
Subnet mask........................: 255.255.255.192
Gateway............................: 10.0.20.1
Physical address...................: 54-89-98-AF-72-5D
DNS server.........................:
```

在例 6-2 中，管理员分别在两台终端 PC 上执行了 **ipconfig** 命令，这条命令可以在 Windows 系统中查看设备的 IP 地址信息。从阴影部分可以看出，两台 PC 都获得了 IP 地址/掩码和网关信息，其中它们各自的网关是路由器 AR1_DHCP_SERVER 上启用了 DHCP 服务器功能的两个接口 IP 地址。

本例中只展示了必需命令的配置，读者可以在实验练习中，根据步骤 2 中给出的命令语法，尝试设置可选参数。

例 6-3 中展示了管理员在 AR1_DHCP_SERVER 上执行的 DHCP 客户端配置。

例 6-3　在 AR1_DHCP_SERVER 上执行的 DHCP 客户端配置

```
[AR1_DHCP_SERVER]interface gigabitethernet 0/0/0
[AR1_DHCP_SERVER-GigabitEthernet0/0/0]ip address dhcp-alloc
```

从例 6-3 所示命令可以看出，管理员在连接 ISP 路由器的接口上配置了 **ip address dhcp-alloc** 命令，这条命令在接口上启用了 DHCP 客户端功能。例 6-4 所示命令的输出内容中查看了 G0/0/0 接口获得的 IP 地址。

例 6-4　查看 G0/0/0 接口获得的 IP 地址

```
[AR1_DHCP_SERVER]display ip interface g0/0/0
GigabitEthernet0/0/0 current state : UP
Line protocol current state : UP
The Maximum Transmit Unit : 1500 bytes
input packets : 0, bytes : 0, multicasts : 0
output packets : 6, bytes : 1968, multicasts : 0
Directed-broadcast packets:
 received packets:          0, sent packets:          6
 forwarded packets:         0, dropped packets:       0
ARP packet input number:            9
 Request packet:             9
 Reply packet:               0
 Unknown packet:             0
Internet Address is allocated by DHCP, 202.108.0.1/30
Broadcast address : 202.108.0.3
TTL being 1 packet number:          0
TTL invalid packet number:          0
```

```
ICMP packet input number:          0
 Echo reply:                       0
 Unreachable:                      0
 Source quench:                    0
 Routing redirect:                 0
 Echo request:                     0
 Router advert:                    0
 Router solicit:                   0
 Time exceed:                      0
 IP header bad:                    0
 Timestamp request:                0
 Timestamp reply:                  0
 Information request:              0
 Information reply:                0
 Netmask request:                  0
 Netmask reply:                    0
 Unknown type:                     0
```

从例 6-4 的阴影行我们可以看出，AR1_DHCP_SERVER 的 G0/0/0 接口通过 DHCP 获得了 IP 地址 202.108.0.1/30。

2．基于全局地址池的配置方式

要想在华为路由器上配置基于全局地址池的 DHCP 服务器，管理员需要执行以下步骤。

步骤 1　在路由器上启用 DHCP 功能。

dhcp enable：使用系统视图命令为路由器启用 DHCP 功能。

步骤 2　创建地址池并可选择地配置网关地址、租期、不参与分配的 IP 地址、固定分配的 IP 地址等信息。

ip pool *ip-pool-name*：使用系统视图命令创建地址池并进入地址池视图。

network *ip-address* [**mask** {*mask* | *mask-length*}]：使用地址池视图命令配置地址池中能够动态分配的 IP 地址范围。一个地址池中只能配置一个 IP 地址范围。

gateway-list *ip-address*（可选）：使用地址池视图命令指定网关 IP 地址。

lease {**day** *day* [**hour** *hour* [**minute** *minute*]] | **unlimited**}（可选）：使用地址池视图命令修改 IP 地址的租期，默认租期为 1 天。

excluded-ip-address *start-ip-address* [*end-ip-address*]（可选）：使用地址池视图命令在动态分配的 IP 地址范围中排除一些 IP 地址。管理员可以多次执行这条命令，有选择地排除一些 IP 地址。

static-bind ip-address *ip-address* **mac-address** *mac-address*（可选）：使用地址池视图命令为指定客户端固定分配一个 IP 地址。分配的 IP 地址必须在接口地址池范围中，并且未被动态地分配出去。

步骤 3 在充当网关的路由器接口上启用 DHCP 服务器功能。

dhcp select global：使用接口视图命令为指定路由器接口启用 DHCP 功能，并指定这个接口使用全局地址池。

我们以图 6-12 所示拓扑为例，展示基于全局地址池的 DHCP 服务器配置。

在图 6-12 所示的网络环境中，路由器 AR1_DHCP_SERVER 作为企业网络中的网关路由器，一边通过接口 G0/0/0 连接互联网，一边通过 G0/0/1 接口连接企业内网。现在要求管理员对 AR1_DHCP_SERVER 进行以下配置，使其能够充当 DHCP 服务器，为企业子网中的 DHCP 客户端动态分配 IP 地址。

图 6-12　基于全局地址池配置 DHCP 服务器

① 网关地址为 10.0.10.1。

② 为 FTP 服务器（MAC 地址为 54-89-98-9F-49-FF）分配 IP 地址 10.0.10.30。

③ 保留 5 个 IP 地址暂不分配（10.0.10.25～10.0.10.29），为即将安装的设备（如网络打印机）预留。

④ 动态分配的 IP 地址租期为 30 天。

例 6-5 中展示了管理员在 AR1_DHCP_SERVER 上执行的 DHCP 服务器配置。

例 6-5　在 AR1_DHCP_SERVER 上基于全局地址池配置 DHCP 服务器

```
[AR1_DHCP_SERVER]ip pool Pool_AR1
[AR1_DHCP_SERVER-ip-pool-Pool_AR1]network 10.0.10.0 mask 255.255.255.224
[AR1_DHCP_SERVER-ip-pool-Pool_AR1]gateway-list 10.0.10.1
[AR1_DHCP_SERVER-ip-pool-Pool_AR1]excluded-ip-address 10.0.10.25 10.0.10.29
[AR1_DHCP_SERVER-ip-pool-Pool_AR1]static-bind ip-address 10.0.10.30 mac-address
5489-989f-49ff
[AR1_DHCP_SERVER-ip-pool-Pool_AR1]lease day 30
[AR1_DHCP_SERVER-ip-pool-Pool_AR1]quit
[AR1_DHCP_SERVER]dhcp enable
[AR1_DHCP_SERVER]interface gigabitethernet 0/0/1
[AR1_DHCP_SERVER-GigabitEthernet0/0/1]dhcp select global
```

从例 6-5 中的配置我们可以看出，管理员创建了 IP 地址池 Pool_AR1，并按照需求进行了配置。例 6-6 中查看了这个 IP 地址池的配置和状态信息。

例 6-6　查看 IP 地址池信息

```
[AR1_DHCP_SERVER]display ip pool name Pool_AR1
  Pool-name        : Pool_AR1
  Pool-No          : 0
  Lease            : 30 Days 0 Hours 0 Minutes
  Domain-name      :
  DNS-server0      : -
  NBNS-server0     : -
  Netbios-type     : -
  Position         : Local          Status        : Unlocked
  Gateway-0        : 10.0.10.1
  Mask             : 255.255.255.224
  VPN instance     : --
---------------------------------------------------------------------
    Start      End          Total  Used  Idle(Expired)  Conflict  Disable
---------------------------------------------------------------------
    10.0.10.1  10.0.10.30   29     2     22(0)          0         5
---------------------------------------------------------------------
```

管理员在例 6-6 中使用了 **display ip pool name Pool_AR1** 命令来查看指定地址池的状态。第一个阴影行显示 IP 地址的租期为 30 天。第二个阴影行显示网关地址为 10.0.10.1。第三个阴影行显示 IP 地址的分配统计信息，其中最后一列（Disable）的 5 表示管理员排除了 5 个 IP 地址，这 5 个 IP 地址暂不分配。

例 6-7 查看了 FTP 服务器获得的 IP 地址，以及 PC10 获得的 IP 地址。

例 6-7　查看 FTP 服务器的 IP 地址信息

```
FTP>ipconfig

Link local IPv6 address...........: fe80::5689:98ff:fe9f:49ff
IPv6 address.....................: :: / 128
IPv6 gateway.....................: ::
IPv4 address.....................: 10.0.10.30
Subnet mask......................: 255.255.255.224
Gateway..........................: 10.0.10.1
Physical address.................: 54-89-98-9F-49-FF
DNS server.......................:

PC10>ipconfig

Link local IPv6 address...........: fe80::5689:98ff:fedd:436d
```

```
IPv6 address.....................: :: / 128
IPv6 gateway.....................: ::
IPv4 address.....................: 10.0.10.24
Subnet mask......................: 255.255.255.224
Gateway..........................: 10.0.10.1
Physical address.................: 54-89-98-DD-43-6D
DNS server.......................:
```

从例 6-7 所示命令的输出内容中我们可以看出，MAC 地址为 54-89-98-9F-49-FF 的 FTP 服务器获得了 IP 地址 10.0.10.30，这也是管理员在 IP 地址池中静态绑定的 MAC 地址与 IP 地址。从下半部分 PC10 的命令输出内容中我们可以看出，PC10 获得的 IP 地址为 10.0.10.24。管理员在配置中预留了 IP 地址 10.0.10.25～10.0.10.29，因此 PC10 获得了可用 IP 地址范围中的最大 IP 地址 10.0.10.24。

本小节展示了 DHCP 服务器与 DHCP 客户端同属于一个 IP 子网的情况，它们之间没有间隔任何三层路由设备。DHCP 服务器与 DHCP 客户端不属于同一个 IP 子网时就需要依靠 DHCP 中继代理来转发 DHCP 消息，下面我们将会展示这种环境中的 DHCP 配置。

6.2.2 DHCP 中继的配置

在前文中，我们介绍了如何把作为网关的路由器配置为 DHCP 服务器，让它为同一个 IP 子网中的 DHCP 客户端动态提供 IP 地址信息。本小节我们还将延续使用 6.2.1 节中的拓扑，并在其基础上添加一台路由器和两个 IP 子网。把 AR1_DHCP_SERVER（简称为 AR1）仍作为整个网络中的 DHCP 服务器，新添加的 AR2_DHCP_RELAY（简称为 AR2）作为 DHCP 中继代理，共同为新添加的两个子网提供动态 IP 地址信息。图 6-13 所示为本小节使用的拓扑。

图 6-13　DHCP 中继配置使用的拓扑

本例的实验建立在例 6-5 所示配置的基础上，也就是 AR1 上已经启用全局 DHCP 配置，并已经正常为 VLAN 10 分配 IP 地址。在接下来的配置中，我们首先在 AR1 上添加两个全局地址池，分别指定 VLAN 30 和 VLAN 40 使用的 IP 子网和网关地址。例 6-8 展示了 AR1 上新添加的两个全局地址池，以及 G0/0/2 接口的配置。

例 6-8　AR1 上新添加的两个全局地址池，以及 G0/0/2 接口的配置

```
[AR1_DHCP_SERVER]ip pool Pool_AR2_VLAN30
Info: It's successful to create an IP address pool.
[AR1_DHCP_SERVER-ip-pool-Pool_AR2_VLAN30]network 172.16.30.0 mask 26
[AR1_DHCP_SERVER-ip-pool-Pool_AR2_VLAN30]gateway-list 172.16.30.1
[AR1_DHCP_SERVER-ip-pool-Pool_AR2_VLAN30]lease day 30
[AR1_DHCP_SERVER-ip-pool-Pool_AR2_VLAN30]quit
[AR1_DHCP_SERVER]ip pool Pool_AR2_VLAN40
Info: It's successful to create an IP address pool.
[AR1_DHCP_SERVER-ip-pool-Pool_AR2_VLAN40]network 172.16.40.0 mask 26
[AR1_DHCP_SERVER-ip-pool-Pool_AR2_VLAN40]gateway-list 172.16.40.1
[AR1_DHCP_SERVER-ip-pool-Pool_AR2_VLAN40]lease day 30
[AR1_DHCP_SERVER-ip-pool-Pool_AR2_VLAN40]quit
[AR1_DHCP_SERVER]interface gigabitethernet 0/0/2
[AR1_DHCP_SERVER-GigabitEthernet0/0/2]ip address 10.0.12.1 30
[AR1_DHCP_SERVER-GigabitEthernet0/0/2]dhcp select global
```

　　在例 6-8 所示配置中，管理员在 AR1 上新建了两个地址池：Pool_AR2_VLAN30 和 Pool_AR2_VLAN40，其中分别指定了两个 IP 子网 172.16.30.0/26 和 172.16.40.0/26、各自的网关，以及把租期修改为 30 天。在 AR1 连接 AR2 的接口 G0/0/2 上，管理员使用接口视图命令 **dhcp select global** 启用了 DHCP 服务器功能，并且指定这个接口使用全局地址池。

　　接着我们来看看 AR2 上都需要进行什么配置。管理员要把 AR2 配置为 DHCP 中继代理，需要执行以下步骤。

　　步骤 1　在路由器上启用 DHCP 功能。这一步与配置 DHCP 服务器相同，要想让路由器提供 DHCP 服务，就需要首先在全局启用 DHCP 功能。

　　dhcp enable：使用系统视图命令为路由器启用 DHCP 功能。

　　步骤 2　在路由器接口上启用 DHCP 中继代理功能并指定 DHCP 服务器的 IP 地址。

　　dhcp select relay：使用接口视图命令为指定路由器接口启用 DHCP 功能，并指定这个接口启用中继代理功能。

　　dhcp relay server-ip *ip-address*：使用接口视图命令指定 DHCP 服务器的 IP 地址。

　　例 6-9 中展示了管理员在 AR2 上执行的 DHCP 中继代理配置。

例 6-9　在 AR2 上配置 DHCP 中继代理

```
[AR2_DHCP_RELAY]dhcp enable
[AR2_DHCP_RELAY]interface gigabitethernet 0/0/1
[AR2_DHCP_RELAY-GigabitEthernet0/0/1]ip address 172.16.30.1 26
[AR2_DHCP_RELAY-GigabitEthernet0/0/1]dhcp select relay
[AR2_DHCP_RELAY-GigabitEthernet0/0/1]dhcp relay server-ip 10.0.12.1
[AR2_DHCP_RELAY-GigabitEthernet0/0/1]quit
[AR2_DHCP_RELAY]interface gigabitethernet 0/0/0
```

```
[AR2_DHCP_RELAY-GigabitEthernet0/0/0]ip address 172.16.40.1 26
[AR2_DHCP_RELAY-GigabitEthernet0/0/0]dhcp select relay
[AR2_DHCP_RELAY-GigabitEthernet0/0/0]dhcp relay server-ip 10.0.12.1
[AR2_DHCP_RELAY-GigabitEthernet0/0/0]quit
[AR2_DHCP_RELAY]interface gigabitethernet 0/0/2
[AR2_DHCP_RELAY-GigabitEthernet0/0/2]ip address 10.0.12.2 30
```

按照上述步骤，管理员在 AR2 上如例 6-9 所示配置了例 6-9 中的命令。以连接 VLAN 30 的接口 G0/0/1 为例，在这个接口上管理员使用 **dhcp select relay** 命令启用了 DHCP 功能和中继代理功能，之后使用 **dhcp relay server-ip 10.0.12.1** 命令指定了 DHCP 服务器的 IP 地址。在这个案例拓扑中，DHCP 服务器是 AR1，并且用来向 AR2 所连 VLAN 提供 DHCP 服务的接口是 AR1 的 G0/0/2 接口（IP 地址为 10.0.12.1），因此对于 AR2 来说，DHCP 服务器的 IP 地址就是 AR1 接口 G0/0/2 的 IP 地址 10.0.12.1。如果网络中使用单独一台服务器来提供 DHCP 功能，那么管理员就需要在这里指定那台 DHCP 服务器的 IP 地址，并且要在 AR2 的路由中，确保 AR2 能够访问这台 DHCP 路由器。对于本例来说，AR2 直接与 DHCP 服务器相连，因此无须配置任何路由。这里暂不考虑 VLAN 30 和 VLAN 40 中的终端设备需要访问 VLAN 10 和互联网的情况，只考虑与 DHCP 服务相关的路由问题。

图 6-14 展示了在 AR2 接口 G0/0/2 上的抓包信息，并解析了一个 AR2 为 PC30 转发的 DHCP 发现消息。

之所以我们会知道图 6-14 中解析的数据包是 AR2 为 PC30 转发的 DHCP 发现请求，是因为 DHCP 中继代理在执行代理功能时，不仅会把自己接收到的广播 DHCP 包转换为单播 DHCP 包，还会把执行代理功能的接口 IP 地址作为这个单播 IP 包的源地址。同时我们通过图 6-14 中解析的 Relay agent IP address（中继代理 IP 地址）172.16.30.1 也可以确定，这是来自 VLAN 30 的代理请求。

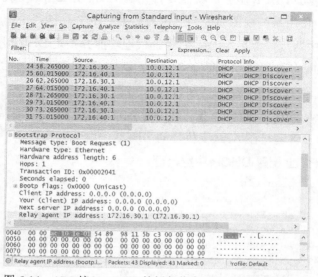

图 6-14　AR2 接口 G0/0/2 的抓包信息（DHCP 发现消息）

在使用 DHCP 中继代理的环境中，Relay agent IP address 这个字段对于 DHCP 服务器来说同样重要，DHCP 服务器会根据这个 IP 地址所属的 IP 子网确认使用本地配置的哪个 IP 地址池。在本例中，管理员在 AR1 上先后配置了 3 个 IP 地址池：Pool_AR1、Pool_AR2_VLAN30 和 Pool_AR2_VLAN40。但在接口上启用 DHCP 服务的命令都是相同的（即 **dhcp select global**），并没有在接口上指明需要使用哪个具体的地址池，而且 AR1 接口 G0/0/2 实际上需要从两个 IP 地址池中分配 IP 地址。此时，AR1 会根据 Relay agent IP address 字段来确定自己需要使用的 IP 地址池，并分配可用的 IP 地址。

从图 6-14 所示截图中我们还可以看出，这里只有 AR2 作为 DHCP 中继代理发送的 DHCP 发现消息，却没有 AR1 作为 DHCP 服务器返回的提供消息。前文中我们提到过，DHCP 中继代理上需要有去往 DHCP 服务器的路由。再进一步说，DHCP 服务器上也应该有去往 DHCP 中继代理的路由。在我们这个案例环境中，提供 DHCP 代理功能的是 AR2 的接口 G0/0/1 和 G0/0/0，这两个接口对于 DHCP 服务器（AR1）来说是非直连的，因此目前 AR1 不知道该如何回复 172.16.30.1 和 172.16.40.1 发来的 DHCP 请求消息。管理员在例 6-10 中为 AR1 添加了两条静态路由，使 AR1 上拥有去往 DHCP 中继代理的路由。

例 6-10　在 AR1 上添加去往 DHCP 中继代理的路由

```
[AR1_DHCP_SERVER]ip route-static 172.16.30.0 255.255.255.192 10.0.12.2
[AR1_DHCP_SERVER]ip route-static 172.16.40.0 255.255.255.192 10.0.12.2
```

管理员再次在 AR2 接口 G0/0/2 上进行抓包，如图 6-15 所示。这次我们在图 6-15 中看到了 DHCP 服务器（AR1）返回的消息，以及后续的 DHCP 信息交互。

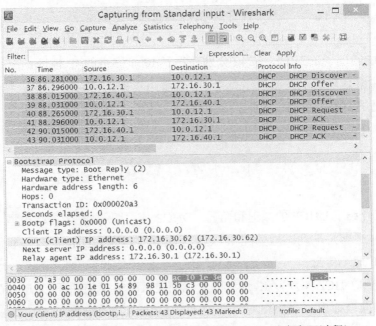

图 6-15　AR2 接口 G0/0/2 的抓包截图（DHCP 消息交互过程）

图 6-15 中解析的数据包是从 DHCP 服务器（10.0.12.1）发往 172.16.30.1（VLAN 30 的 DHCP 中继代理）的，我们可以从 Your (client) IP address（你的 IP 地址）部分看到 DHCP 服务器提供的 IP 地址为 172.16.30.62，这是它为 PC30 提供的 IP 地址。例 6-11 验证了 DHCP 服务器可分别为 PC30 和 PC40 分配 IP 地址。

例 6-11　PC30 和 PC40 获得的 IP 地址

```
PC30>ipconfig

Link local IPv6 address...........: fe80::5689:98ff:fe11:5bc3
IPv6 address......................: :: / 128
IPv6 gateway......................: ::
IPv4 address......................: 172.16.30.62
Subnet mask.......................: 255.255.255.192
Gateway...........................: 172.16.30.1
Physical address..................: 54-89-98-11-5B-C3
DNS server........................:

PC40>ipconfig

Link local IPv6 address...........: fe80::5689:98ff:fef2:14a
IPv6 address......................: :: / 128
IPv6 gateway......................: ::
IPv4 address......................: 172.16.40.62
Subnet mask.......................: 255.255.255.192
Gateway...........................: 172.16.40.1
Physical address..................: 54-89-98-F2-01-4A
DNS server........................:
```

例 6-11 中验证了 PC30 和 PC40 分别获得了 IP 子网中的 IP 地址。至此 DHCP 服务器和 DHCP 中继代理的配置就展示完毕了，读者可以根据自己网络中的需求选择所使用的 DHCP 配置方式。

6.3　本章总结

本章重点介绍了 DHCP 的原理和配置。DHCP 使用服务器–客户端模型，DHCP 服务器负责为 DHCP 客户端动态地分配 IP 地址及其相关信息，DHCP 客户端负责向 DHCP 服务器请求 IP 地址信息。

当一台使用 DHCP 来获取 IP 地址的主机刚连入网络时，它既不知道自己的 IP 地址，也不知道应该向谁请求 IP 地址。它会发送目的 IP 地址为 255.255.255.255 的广播 DHCP 发现消息，在本地子网中寻找 DHCP 服务器。当本地有 DHCP 服务器时，DHCP 服务器接收到这个发现消息后会在有空闲 IP 地址能够分配给主机时，在 DHCP 提供消息中把这个 IP 地址发送给主机。主机接收到 DHCP 提供消息并决定使用 DHCP 服务器提供的 IP 地址后，会向 DHCP 服务器发送 DHCP 请求消息，申请使用这个 IP 地址。服务器在确认这个 IP 地址仍然可用后，会返回 DHCP 确认消息。从这之后，主机就可以使用这个 IP 地址了。

本章详细地介绍了上述通信过程，并介绍了 DHCP 的封装格式和其中重要字段的含义。在理论部分的最后，我们介绍了 DHCP 欺骗攻击的形式，以及它能够对网络造成的伤害。

在学习了与 DHCP 相关的理论知识后，我们介绍了在华为设备上如何配置 DHCP 服务器和 DHCP 中继代理。DHCP 服务器的配置方式有两种：基于接口地址池和基于全局地址池。在使用基于接口地址池时，DHCP 服务器与 DHCP 客户端必须属于相同的 IP 子网。当 DHCP 服务器与 DHCP 客户端属于不同的 IP 子网时，管理员必须使用基于全局地址池的方式来配置 DHCP 服务器，并且在 DHCP 客户端所属 IP 子网中部署 DHCP 中继代理。

6.4　练习题

一、选择题

1. 下列有关 DHCP 的说法中，错误的是哪一个？（　　）

A. DHCP 的全称是动态主机配置协议

B. DHCP 服务器功能可以由专用服务器提供，也可以由路由器提供

C. 每个 IP 子网需要部署一台 DHCP 服务器

D. DHCP 中继代理可以解决 DHCP 客户端与 DHCP 服务器不在同一个 IP 子网的问题

2. 在 DHCP 消息的封装中，通过以下哪个字段可以确保 DHCP 客户端能够知道某个 DHCP 消息是发送给自己的？（　　）

A. 硬件地址长度　　　　　　　　B. 硬件地址

C. 交互 ID　　　　　　　　　　　D. 标志

3. 当 DHCP 服务器与 DHCP 客户端不在同一个 IP 子网时，在 DHCP 消息的封装中，通过以下哪个字段可以确保 DHCP 服务器能够知道应该为这个 DHCP 客户端分配哪个 IP 子网地址？（　　）

A. 客户端前 IP 地址　　　　　　B. 你的 IP 地址

C. 服务器 IP 地址　　　　　　　D. 代理设备 IP 地址

4. DHCP 服务器都能够向 DHCP 客户端提供哪些信息？（多选）（　　）

A. IP 地址/子网掩码　　　　　　B. 网关地址

C. IP 地址租期　　　　　　　　D. DNS 地址

5. 下列有关 **dhcp enable** 命令的说法中，错误的是哪一个？（　　　）

A. 系统视图的命令，用来在全局启用 DHCP 功能

B. 这是接口视图的命令，用来启用接口的 DHCP 功能

C. 充当 DHCP 服务器的路由器需要使用这条命令

D. 充当 DHCP 中继代理的路由器需要使用这条命令

6. 下列有关 IP 地址池的说法中，正确的是哪些？（多选）（　　　）

A. 一个地址池中只能配置一个 IP 子网

B. 地址池中可以配置网关地址

C. 地址池中可以配置排除的 IP 地址，也可以静态绑定 IP 地址和 MAC 地址

D. 一个地址池中可以配置最多 8 个 IP 子网

7. 在作为 DHCP 服务器使用的路由器上，在接口启用 DHCP 功能并使用全局地址池的命令是什么？（　　　）

A. **dhcp enable**　　　　　　　B. **dhcp select interface**

C. **dhcp select global**　　　　　D. **dhcp select relay**

二、判断题

1. 在 DHCP 客户端向 DHCP 服务器发送的 DHCP 发现消息中，DHCP 客户端会使用 DHCP 服务器提供的 IP 地址作为自己的源 IP 地址。

2. 在配置 DHCP 服务器时，如果管理员通过 **dhcp select interface** 命令配置了接口地址池，无须使用任何命令指定网关地址。

3. 在不使用 DHCP 中继代理的环境中，当 DHCP 服务器（路由器）的接口使用全局地址池时，DHCP 服务器会根据接收 DHCP 请求消息的本地接口 IP 地址，选择与这个 IP 地址相同的 IP 子网的地址池。

第 7 章
IPv6 基础

假如每一个 IPv4 地址都可以被当作一个单播地址分配给设备使用，那么长度为 32 位的 IPv4 可以提供不到约 43 亿（2^{32}）个地址分配给联网设备。43 亿这个数字很难让人产生足够深刻的印象，那么将它与后面这个数字对比应该更能说明问题：物联网时代的联网物数量在 2020 年超过了 500 亿。

　　超过 500 亿与不到 43 亿，这种数量级上的差距显然不是技术人员在局域网中复用 RFC 1918 地址就能弥合的。CIDR 只能防止 IPv4 地址遭到过度浪费，并无法逆转 IPv4 地址供不应求的趋势，更无法改变 IPv4 地址已经耗竭的事实。要想将足够多的设备连接到网络当中，就要定义一个新的互联网协议。

　　当然，43 亿对比 500 亿是一种取巧的说法，实际上，早在物联网成为网络发展趋势之前的 20 世纪 90 年代，IPv4 地址空间提供的地址资源不足就已经引起了 IETF 的重视，标准化一种能够提供远比 IPv4 更为广阔的地址空间的协议早在 20 世纪 90 年代被提上了议事日程。在本章和第 8 章中我们要进行着重介绍的 IPv6，就是为了达到这个目的而由 IETF 定义的新型互联网协议。

　　7.1 节首先介绍 IPv6 的由来，然后对比 IPv4 的封装格式介绍 IPv6 头部封装格式中各个字段的作用；接下来对 IPv6 地址的表示方法进行说明。

　　IPv6 地址的分类与 IPv4 地址的分类方式不尽相同。7.2 节会对 IPv6 的单播、任意播和组播地址的形式、作用分别进行详细的介绍。

　　设备之间通过 IPv6 地址实现通信的过程与它们使用 IPv4 地址建立通信的过程存在明显的区别，7.3 节会介绍用来在 IPv6 网络环境中帮助设备建立通信的机制。

- 了解 IPv6 的由来；
- 掌握 IPv6 的数据包封装格式；
- 掌握 IPv6 的编址方式；
- 理解 IPv6 的地址分类方式；
- 理解 NDP 的原理；
- 掌握无状态地址自动配置的方法。

7.1　IPv6

从 IETF 开始就下一代 IP 的设计方案征询意见，到 IPv6 出现在 RFC 文档中，这个过程历时整整 4 年，就连下一代 IP 的地址长度都是一改再改。这一切都是因为 IP 是互联网的骨干协议，只有把尽可能多的因素考虑在内，下一代 IP 才能更好地满足人们的通信需求，这个协议的生命力才会更加旺盛和持久。所以，IETF 在定义下一代 IP 时采取谨慎的态度也就顺理成章了。

尽管一些读者可能在阅读本章之前就对 IPv6 有所了解，但我们还是希望读者现在可以把自己想象成被 IETF 征集意见的对象，设想一下自己会如何对 IPv4 提出修改意见，以及自己会希望下一代 IP 地址的长度达到多少位。这种换位思考的过程会有助于读者理解 IETF 对 IPv6 所做的诸多改进。当然，这些问题的答案在本节中会被一一揭开。

7.1.1　IPv4 的缺陷与 IPv6 的提出

IETF 最早意识到需要定义一个新版本的 IP 地址来取代 IPv4 地址是在 20 世纪 90 年代初期。在网络刚刚开始腾飞的年代，IETF 看到了网络应用的增长潜力，同时意识到 IPv4 是地址长度只有 32 位的协议，地址空间的耗尽只是时间早晚问题。因此，标准化一个新版 IP 势在必行，而下一代 IP 必须拥有几乎不可能耗竭的地址空间。既然要定义新型 IP，那么除了扩大协议的地址空间外，IETF 还希望这个协议能够将 IPv4 的其他弊病一并革除。毕竟，IPv4 的很多弊端在过去的应用当中已经被体现出来。本小节会提出 IPv4 在当时最为人所诟病的问题，由此引出 IPv6 的改进。后文中我们会一一对这些改进的落实方法进行说明。

首先，定义新型 IP 的初衷是为了扩展地址空间，因此新型 IP 的地址长度应该远远长于 IPv4 地址的 32 位。1992 年初，IETF 收到了多项针对下一代 IP 编址方式的提议。后来，IETF 经过不断研讨，最终选出了两项最佳提案。IETF 对这两个提案进行了合并，并且把合并后提议建议的 64 位地址长度再增加一倍，让下一代 IP 的地址长度达到 128 位，同时将这个提议的版本号定义为 IP 第 6 版，IPv6 由此诞生。128 位长度的地址可以提供

2^{128} 个地址,这个数量大到足以给地球表面的每平方米提供 7×10^{23} 个地址。按这个数量级判断,即使其中一部分地址遭到浪费,即使联网物的种类再进行扩展,这个地址空间在可以预见的未来都很难被耗尽,这也就达到了新型 IP 的设计目的。

其次,IPv4 缺乏自动配置机制。要想让 IPv4 主机能够接入网络,需要具备一定网络技术的专业人士对实现通信所需的参数进行手动配置。在当时看来,IPv4 主机在网络中无法做到即插即用,这意味着 IPv4 很难在大范围中使用。如果 IPv4 主机所在的子网中拥有能够提供动态 IPv4 地址配置服务的服务器或者中继代理,那么 IPv4 主机也可以实现即插即用。下一代 IP 需要更进一步,即主机所在子网中不需要任何提供地址配置服务的 BOOTP 服务器[①]就可以自行完成地址配置,做到真正意义上的即插即用。这种不需要服务器主机即可自动配置地址的机制叫作无状态地址自动配置机制。

再次,IPv4 头部定义的大量字段给网络的中间设备带来了较大的处理负担。要想减少网络中设备的处理时延,新型 IP 的头部字段必须进行简化和优化。这里所说的简化是指把那些需要调用大量 CPU 资源执行处理的字段进行删减,优化是指应该对 IP 头部的结构进行调整,让中间设备在处理 IP 数据包时能够用最快速度查找到自己需要的信息。关于 IPv6 头部的封装格式,以及 IPv6 相对于 IPv4 对头部封装字段所做的优化,我们会在后文进行具体介绍。

另外,IPv4 缺乏安全机制。IETF 认为应该通过定义新的 IP,在网络层加入身份认证和加密等安全机制,这种为 IPv6 定义的安全标准就是 IPSec。有意思的是,IPSec 反而是因为后来被引入 IPv4 中才得到了大范围的部署。

最后,在研讨 IPv4 缺陷的年代,流媒体流量刚刚开始在数据通信网络的流量中占据一席之地。IETF 确信在可预见的未来,对网络时延十分敏感的实时流量将会在网络承载的数据中占据越来越大的比重。为了让中间设备有能力针对这些实时流量提供不同于普通流量的优先服务,IPv6 应该更好地为 QoS 技术提供支持。

对于上面这些 IPv4 所展现的问题,IETF 在定义 IPv6 标准时都进行了完善。当然,IPv6 提供的完善方式势必需要通过定义 IPv6 数据包头部的封装字段来得到落实。接下来,我们会通过对比 IPv4 与 IPv6 的头部封装字段,对 IPv6 针对 IPv4 头部封装所做的改善进行说明。

7.1.2　IPv6 的数据包封装

在本小节中,我们会通过对比 IPv4 与 IPv6 头部封装的字段,来介绍 IPv6 头部中的字段。图 7-1 为 IPv4 和 IPv6 头部封装格式的对比。

---

① 这里所说的 BOOTP 服务器包括能提供地址信息的 DHCP 服务器。

图 7-1　IPv4 和 IPv6 头部封装字段对比（不含数据部分）

　　通过对比 IPv4 和 IPv6 头部封装的字段，读者应该已经可以感受到 IPv6 简化和优化头部封装字段的效果。如果不考虑可变长度字段，虽然 IPv6 头部（40 字节）实际比 IPv4 头部（20 字节）大了一倍，但 IPv6 头部封装的字段数量远远小于 IPv4 头部封装的字段数量，减少的字段数量为 IPv6 庞大的地址让出了空间。对比这两版 IP 对头部封装的定义方式，可以直观地感受到它们的差距。

　　为了说清楚这种区别，下面我们首先说明一下在 IPv4 头部中进行定义，但是没有在 IPv6 头部中进行定义的字段，以及这些字段提供的功能如何实现。

　　① **标识、标记、分片偏移**：相比于 IPv4，在 IPv6 的数据包头部格式中再也看不到任何与数据包分片有关的字段了。实际上，分片与重组是相当消耗转发设备资源的处理行为。为了节省转发设备的处理资源，IPv6 环境中的路由器不再对数据包执行分片。当 IPv6 路由器接收到长度大于最大传输单元的数据包时，它会直接丢弃这个数据包，然后把因过大而丢弃数据包的情况通告给数据包的始发设备。为了避免数据包因过大而被路由器丢弃，IPv6 环境中的终端设备必须承担起控制数据包大小的工作。它们会通过路径 MTU 发现机制判断可以发送的最大数据包长度，然后由上层协议来限制数据的规模。如果上层协议无法限制数据大小，则 IPv6 还定义了一个扩展头部，扩展头部的其中一项功能就是处理数据包分片事宜。关于扩展头部的更多内容，我们稍后会进行介绍。

　　② **头部校验和**：同样地，为了提升 IPv6 网络的性能，IPv6 数据包头部删除了校验

和字段。因为数据在转发过程中是否发生了变化，接收方可以通过封装在 IPv6 头部内部的传输层载荷和封装在 IPv6 头部外侧的链路层头部和尾部来执行校验。在网络层中增加一层校验的性价比并不高。

除了上述字段，IPv4 头部中的其他固定字段都可以直接沿用，或以改良的形式在 IPv6 头部中得到体现。下面，我们来介绍既在 IPv6 头部进行定义也在 IPv4 中进行定义的字段。

① **版本**：长度与作用均与 IPv4 头部中对应的字段相同。当然，对于 IPv6 数据包而言，这个字段的取值为 6，即二进制数 0110。

② **服务类型**：长度与作用同样与 IPv4 头部中定义的字段相同。在这个 8 比特的字段中，前 6 比特的作用是标识用于分类数据包的差分服务，后 2 比特的作用是显示拥塞指示（Explicit Congestion Notification，ECN）。

③ **负载长度**：在作用上相当于 IPv4 头部字段中的首部长度与总长度字段。IPv6 头部取消了可变长度的可选项字段，它的长度固定为 40 字节，因此 IPv6 也就没有必要专门用一个字段去标识头部的长度。这个负载长度字段的作用是标识封装在这个 IPv6 头部中的载荷长度。

④ **下一个头部**：功能和长度均与 IPv4 头部中的协议字段相同，它的作用是用一个数值来标识头部中封装数据使用的协议。IPv6 头部中的下一个头部字段与 IPv4 头部中的协议字段在标识相同的协议时，使用的数值也是一致的。换言之，IPv6 下一个头部字段也是使用协议的 IP 协议号来标识 IPv6 头部中封装的协议。例如，当 IPv6 数据包中封装的传输层协议为 TCP 时，这个字段的值为 6。

注释：

关于下一个头部字段，特别值得一提的是，IPv6 定义了一些扩展头。这些扩展头的作用是在 IPv6 提供的基本服务基础上，给需要认证、加密等安全功能，需要逐跳路由等 IPv4 协议可选项功能，或者数据包分片功能等的设备来按需提供扩展服务。一般来说，当 IPv6 设备封装需要使用多个扩展头的 IPv6 数据包时，它们都会按照固定的顺序依次封装扩展头。如果某个 IPv6 数据包使用了一个或一些扩展头，那么这个 IPv6 数据包的下一个头部字段标识的就是这个 IPv6 数据包所使用的、与 IPv6 头部相邻的下一个扩展头。每一个扩展头的封装格式中都包含一个下一个头部字段，用来标识与这个扩展头相邻的再下一个扩展头。如果 IPv6 数据包只使用了一个扩展头，或者这个扩展头是数据包封装的最后一个，即最贴近上层协议的扩展头，那么扩展头的下一个头部字段就会标识这个 IPv6 数据包负载的上层协议。关于扩展头的内容超出了本书的知识范畴，我们在这里不进行赘述。然而，我们在这里提及扩展头是为了说明下一个头部字段是 IPv6 优化数据包头部结构的一大突破。这种层次化封装、用下一个头部字段层层标识的做法相当于给 IPv6 设备提供了一个在 IPv6 数据包中检索适用信息的指针。如果原本长度可变、可选项使用没有固定顺序的 IPv4 头部是一本单词顺序随机排列的英汉词典，读者要想找到某个单词的中文解释必须从头到尾一字不落地阅读，那么把扩展功能分层封装在 IPv6 头部内部，规定了扩展头封装顺序，并层层用下一个头部字段标识的 IPv6 头部就像是对这本英汉词典中的英文单词按照从 A 到 Z 的字母顺序进行排列，并给这本词典加上了目录。

⑤ **跳数限制**：作用和长度均与 IPv4 头部中生存时间的作用相同。IPv4 头部生存时间字段本来的作用是对数据包在网络中传输的时间进行倒计时，一旦生存时间字段标识的时间耗尽，这个数据包就会被网络设备丢弃。生存时间字段也由此得名。但由于数据包在网络中传输的时间远比预计的要快很多，这个字段实际的用法其实是对数据包在网络中传输的跳数进行限制。这样看来，到了 IPv6 头部中，具有相同作用的字段被命名为跳数限制，才是实至名归。

⑥ **源/目的 IP 地址**：作用是标记 IPv6 数据包的 IPv6 源地址和 IPv6 目的地址。由于 IPv6 地址的长度为 128 位，因此 IPv6 数据包头部字段中的源/目的 IP 地址字段的长度也就是 IPv4 长度（32 位）的 4 倍。关于 IPv6 的编址方式，我们会在后文进行详细介绍。

除了上述几个字段外，IPv6 协议还在头部增加了一个在 IPv4 头部中找不到类比对象的全新字段。下面我们对这个字段进行说明。

流标签：作用是用标签的形式来标识不同的数据流。在定义 IPv6 之初，人们希望能够给实时流量提供更有保障的转发服务，流标签字段就是为此目的而定义在 IPv6 头部的。这也就是说，IPv6 实时流量的发送方可以给拥有相同源和目的 IPv6 地址，以及相同源和目的端口号的流量打上相同的标签，来将自己发送的流量标识为不同的数据流，让转发设备能够凭借流标签给实时流量提供更优的服务。目前，在实际使用方面，用流标签标识数据流更多的是为了让一组数据流能够在 IPv6 网络中通过相同的路径进行转发。

在本小节中，我们通过和 IPv4 头部进行对比，对 IPv6 头部的各个字段进行了比较详细的介绍。下面我们会对 IPv6 的编址方式进行具体的介绍。IPv6 编址对于学习和掌握本章和第 8 章的内容，以及配套的实验操作都十分重要，读者须认真对待。

7.1.3　IPv6 地址的表示方式

前面我们介绍过，IPv6 将地址长度扩展到了 128 位。这个地址长度是 IPv4 地址的 4 倍。如果继续沿用 IPv4 地址的点分十进制表示法，那么每个 IPv6 地址都需要通过 16 个八位组来表示。使用点分十进制表示法表示 IPv6 地址会导致地址过于冗长，给人们交流和配置 IPv6 地址带来不便。为了能够更加高效地表示一个长达 128 位的 IPv6 地址，人们设计了使用十六进制的表示方法，将 128 位的 IPv6 地址分为 8 组，每组 16 位，也就是每组 4 个十六进制数。下面我们对二进制数和十六进制数之间的转换方法进行简单的介绍。

因为 $2^4=16$，所以每一位十六进制数都正好可以用 4 位二进制数来表达。也就是说，将二进制数转化成十六进制数十分简单，只需要记住每个 4 位二进制数所对应的十六进制数，我们就可以将任意长度的二进制数从右至左按每组 4 位进行拆分，再将每组的 4 位二进制数分别转换成对应的十六进制数即可。表 7-1 为每 4 位二进制数对应的十进制数和十六进制数。

表 7-1 每 4 位二进制数对应的十进制数和十六进制数

二进制数	十进制数	十六进制数
0000	0	0
0001	1	1
0010	2	2
0011	3	3
0100	4	4
0101	5	5
0110	6	6
0111	7	7
1000	8	8
1001	9	9
1010	10	A
1011	11	B
1100	12	C
1101	13	D
1110	14	E
1111	15	F

下面，我们尝试将二进制数 10001001000111111010 转化为十六进制数。

① 首先，我们将这个二进制数从右至左按每组 4 位进行拆分，得到：1000 1001 0001 1111 1010。

② 下面，我们查找表 7-1，得到这 4 组二进制数对应的十六进制数为 8 9 1 F A。因此，这个二进制数对应的十六进制数为 0x891FA。

将十六进制数转换为二进制数的方法更加简单。我们只需要通过查表将所有十六进制数依次转换为二进制数即可。例如，我们可以尝试将十六进制数 0x8AB17 转换为二进制数。

通过查表可知，8 A B 1 7 对应的二进制数分别为 1000 1010 1011 0001 0111，因此 0x8AB17 对应的二进制数为 10001010101100010111。

IPv6 采用了将 128 位的地址分为 8 组，每组 4 个十六进制数的表示方法。在这种表示方法中，每组的 4 个十六进制数之间用英文的冒号（:）相互隔开。因此，如果将每个十六进制数都用一个 x 来表示，那么每个 IPv6 地址可以表示为 xxxx:xxxx:xxxx:xxxx:xxxx:xxxx:xxxx:xxxx 这样的形式。例如，FC00:0000:0000:08AB:17DE:0000:0000:1012 就是一个 IPv6 地址。

当然，即使采用了这样的表示方法，IPv6 地址还是显得十分冗长。为了使用方便，IPv6 定义了以下两种地址压缩规则。

① 每组十六进制数中的前导 0 可以省略。

根据这种规则，我们可以将上面的 IPv6 地址 FC00:0000:0000:08AB:17DE:0000:0000:1012 压缩为 FC00:0:0:8AB:17DE:0:0:1012。

这种规则很容易理解，因为我们在使用十进制时，省略前导 0 基本已经是一种习惯了，因此也从来没有人会把点分十进制表示的 IPv4 地址 172.16.1.1 写作 172.016.001.001。

② 如果地址中包含连续两个或多个全 0 组，那么这些全 0 组可以压缩为双冒号（::）。但是，一个 IPv6 地址中只能使用一次双冒号。

根据这种规则，我们可以将上面简化后的 IPv6 地址 FC00:0:0:8AB:17DE:0:0:1012 进一步简化为 FC00::8AB:17DE:0:0:1012。

这个规则很容易执行，但读者也应该理解 IPv6 为什么要定义一个 IPv6 地址中只能出现一次双冒号的限制条件。IPv6 地址的压缩有一个前提，那就是压缩后的 IPv6 地址不能存在歧义。如果在一个 IPv6 地址中多次使用双冒号压缩了连续的全 0 组，那么压缩后的 IPv6 地址就会产生歧义。例如，如果我们将一个 IPv6 地址压缩为了 FC00::8AB::17DE，那么这个地址在压缩之前是 FC00:0:0:0:8AB:0:0:17DE 还是 FC00:0:0:8AB:0:0:0:17DE 就无从判断了。

本节对 IPv6 地址的表示方式和压缩规则进行了介绍，同时带着读者复习了二进制数与十六进制数相互转换的方法。接下来我们会对 IPv6 地址的分类展开详细的介绍。

7.2 IPv6 地址分类

IPv4 地址分为单播地址、组播地址和广播地址，IPv6 地址也存在这种地址功能层面的分类。IPv6 的地址分类与 IPv4 的地址分类也存在不同。IPv6 没有定义广播地址，也不推荐发送广播消息。如果实在需要广播功能，那么广播功能也可以通过组播地址来实现。此外，IPv6 定义了一种新的消息发送机制——任意播，与任意播对应的地址被称为任意播地址。因此，IPv6 定义了三大类地址，即单播地址、任意播地址和组播地址。

另外，绝大多数 IPv6 地址都有一个有效范围。根据这个范围的不同，单播、任意播和组播 IPv6 地址还可以进行进一步分类。本节会分别对单播、任意播和组播这三类 IP 地址的用途、编址和其中包含的子类进行详细介绍。首先，让我们从最为常用的单播地址说起。

7.2.1　IPv6 单播地址

IPv6 单播地址根据使用范围和功能分为很多类别，其中特别值得介绍的单播 IPv6 地址类型包括全局单播地址、唯一本地地址和链路本地地址等。接下来，我们会对这些分类的编址方式、使用范围与功能进行说明。

1．全局单播地址

顾名思义，全局单播地址的有效范围是全局有效的。也就是说，**全局单播地址是可以被部署在公共网络环境中的、全网可路由的 IPv6 地址**。既然是全局 IP 地址，当然需要由地址分配机构来统筹资源分配，因此全局单播地址是由 IANA 分配给 RIR，再由 RIR 分配给各地互联网注册机构和互联网服务提供商的。无论从哪个角度来看，全局单播地址都可以与 IPv4 的公网地址进行类比。

在分配 IPv4 地址时，地址分配机构不会分配全部 32 位的地址。它们分配给地址申请者的只会是 IPv4 地址的网络/子网位，之后的主机位则需要由组织机构分配给各个网络适配器接口。在分配 128 位的 IPv6 地址时，地址分配机构的做法当然也是这样。

全局单播地址的结构如图 7-2 所示。

3比特	45比特	16比特	64比特
001	全局路由前缀	子网ID	接口ID

图 7-2　全局单播地址的结构

如图 7-2 所示，在编址上，**全局单播地址的前 3 位固定为 001；从第 4 位到第 48 位的这 45 位是由地址分配机构分配给申请方的；在 48 位之后的 16 位地址供网络管理员给网络划分子网位使用**，相当于 IPv4 可变长子网掩码中定义的子网位，因此这 16 位被称为子网 ID；**剩余的 64 位 IPv6 地址称为接口 ID**，接口 ID 的作用与 IPv4 中的主机位相同，即标识子网中的不同网络适配器接口。

注释：

实际上，学习了之前内容的读者应该发现，IP 地址标识本来就是不同的网络适配器接口而不是主机，因此接口 ID 的确比主机位这种称谓更为贴切，只是具体的叫法直至 IPv6 时代才被正名。

注释：

图 7-2 所示的全局单播地址结构在全局单播地址格式对应的 RFC 文档（RFC 3587）中只是定义全局单播地址的一个示例，而并非一种标准。但 IANA 确实是在使用图 7-2 所示的全局单播地址结构执行全局单播地址分配，而且这种地址格式也与向站点分配 IPv6 地址的推荐方案（RFC 3177）相吻合。如果严格参照 RFC 3587 中的标准描述全局单播地址的格式，那么全局单播地址的格式为全局路由前缀占 n 位，子网 ID 位占 $64-n$ 位，接口 ID 占 64 位。当读者在不同的技术读物中看到上述两种不同的全局单播地址格式时，不必觉得相互矛盾。

综上所述，将全局单播 IPv6 地址的前 3 位固定值转换为 IPv6 表示法可知，**全局单播地址的前缀为 2000::/3**。

2. 唯一本地地址

尽管 IPv6 拥有相当充足的地址空间，但是 IANA 分配了一段可以由不同机构在自己私有网络中复用的私有 IP 地址空间。**这种可以由各个组织机构根据需要自行使用而不需要向地址分配机构申请的单播 IPv6 地址被称为唯一本地地址。显然，唯一本地地址的范围就是部署该地址的私有网络**，这类地址不是全局可路由的地址，它的作用和范围都相当于 IPv4 中的私有 IP 地址。

唯一本地地址的结构如图 7-3 所示。

图 7-3　唯一本地 IPv6 地址的结构

如图 7-3 所示，在编址上，唯一本地地址的前 7 位固定为 1111110；从第 9 位到第 **48 位的这 40 位是一个相当于 IPv4 地址中网络位的全局 ID；后面的子网 ID 部分与接口 ID 部分的长度与全局单播地址相同，分别为 16 比特和 64 比特**。因此，由将唯一本地 IPv6 地址的前 7 位固定值转换为 IPv6 表示法可知，**唯一本地地址的前缀为 FC00::/7**。

读者应该还能记得 NAT 的一种应用场景：企业并购时，因之前双方的企业网络采用了相同的私有 IP 地址前缀，为避免合并后的网络出现 IP 地址冲突，在网络割接前暂以网络地址转换作为通信的临时手段。考虑到 IPv4 地址空间本身就很狭小，RFC 1918 仅定义了 3 段私有 IPv4 地址供企业选用，因此合并时双方企业中使用的私网 IP

地址空间重合的概率极高。IPv6 则不然，私有网络的管理员可以有 40 比特的空间来自由定义企业中使用的网络地址前缀，这个可供网络管理员自由使用的地址长度甚至比 IPv4 地址总长度还多 8 比特，因此不同企业使用相同私有 IPv6 前缀的可能性也就变得相当低了。

下面，我们来简单说明一下唯一本地地址的第 8 位。关于唯一本地地址第 8 位为 0 的地址（即前缀为 FC00::/8 的 IP 地址）如何使用有很多不同的提议，但至今还没有任何一项提议得到标准化。也就是说，FC00::/8 这个 IPv6 地址前缀目前仍然是保留的地址空间。因此，目前真正提供给私有网络自行使用的 **IPv6 地址都是以 11111101 开头**，即前缀为 **FD00::/8 的 IPv6** 地址，如图 7-4 所示。

8比特	40比特	16比特	64比特
11111101	全局ID	子网ID	接口ID

图 7-4　当前真正用于私有地址的 IPv6 地址空间

说明：

在唯一本地地址之前，RFC 文档定义过一种前缀为 FEC0::/10 的 IPv6 站点本地地址（RFC 3513），并一度将这种地址作为类似于 IPv4 私有地址的私有网络可复用地址使用。根据定义，站点本地地址的使用范围应该是一个站点内部。然而，这种地址的定义只包含三部分：前 10 位为 1111111011，接下来的 54 位为子网 ID，最后 64 位为接口 ID。也就是说，与后来定义的唯一本地地址相比，这种地址没有定义全局 ID 部分，导致了人们无法根据站点本地地址本身判断出这个地址标识的网络适配器接口究竟属于哪个站点。此外，很多在口头交流中看似表意十分明确的字眼用于严谨的技术定义时，往往会显得十分模糊，而"站点"就属于这种表意十分模糊的词。考虑到这种缺陷，站点本地地址在 2003 年被废止（RFC 3879）。如果读者在查阅技术资料时，发现一些技术资料将 IPv4 的私有网络地址类比成前缀为 FEC0::/10 的站点本地地址，而没有提到唯一本地地址，请留意该文献的时效性。

3. 链路本地地址

链路本地地址在 IPv4 地址中找不到可以类比的对象，这是 IPv6 定义的一种全新的地址类型。顾名思义，**链路本地地址是只在链路本地有效的地址。在启用 IPv6 时，网络适配器接口会自动给自己配置这样一个 IPv6 地址。**所以，在 IPv6 环境中，每一台设备无须经过管理员的配置，就可以通过这个自动配置的链路本地地址和连接在同一条链路上的其他设备进行通信。当然，当连接在同一条链路上的设备通过链路本地地址相互通信时，这些数据包中 IPv6 头部封装的源 IPv6 地址和目的 IPv6 地址都会是彼此的链路本地地址。因为链路本地地址只在链路本地有效，所以这些数据包不会被发送到其他链路上。

　　链路本地地址的结构如图 7-5 所示。

图 7-5　链路本地地址的结构

　　如图 7-5 所示，**链路本地地址的前 10 位固定为 1111111010，之后的 54 位固定为 0，最后的 64 位为接口 ID**。因此，根据定义，链路本地地址的前缀为 **FE80::/10**。

　　既然所有链路本地地址的前 64 位都是相同的，那么一个网络适配器的接口在启用 IPv6 时，要如何编址 64 位的接口 ID 字段，才能确保自己的链路本地地址在所在链路中不会出现 IP 地址冲突呢？答案是网络适配器的接口需要使用自己的物理 MAC 地址来填充接口 ID 字段。因为适配器接口的物理 MAC 地址理论上应该是唯一的，所以通过 MAC 地址生成的接口 ID 和对应的链路本地地址也是唯一的。

　　将网络适配器接口的 MAC 地址转换为接口 ID 的方法是将 MAC 地址相关的 EUI-64 标识符的第 7 位反转，这一位也被称为 **U/L 位**，是全局（**Universal**）/本地（**Local**）位的简称。既然这里需要提到 EUI-64 标识符，我们不妨解释一下 MAC 地址的编址规则。

　　IEEE 定义了 3 种 MAC 地址的格式，即 MAC-48、EUI-48 和 EUI-64，每种格式最后的数字用于标识 MAC 地址所使用的位数。MAC-48 和 EUI-48 这两种表示方法在数值上完全相同，其区别只限于称谓层面。关于 EUI-48 标识符，我们在这里不作进一步说明，这是因为我们现在的重点是如何将 MAC-48 标识符转换为 EUI-64 标识符，进而将 EUI-64 标识符转换为链路本地地址中的接口 ID。

　　在 MAC 地址的 6 字节长度中，前 3 字节是 IEEE 分配给该 MAC 地址适配器厂商的代码，这个代码也就是组织唯一标识符（Organizationally Unique Identifier，OUI）。而 MAC 地址的后 3 字节则要由设备制造商给各个适配器分配。**要把 MAC 地址的 MAC-48 标识符转换为 EUI-64 标识符，我们只需要在 MAC 地址前 3 字节（即 OUI）的后面插入固定的十六进制数 FF-FE，然后再用设备制造商分配给这个适配器 MAC 地址的后 3 字节将其补充完整即可。**

　　例如，如果我们希望将 MAC 地址 00-9A-CD-00-00-0A 转换为 EUI-64 标识符，那么我们只需要在 00-9A-CD 的后面加上 FF-FE 即可，因此这个 MAC 地址的 EUI-64 标识符为 00-9A-CD-FF-FE-00-00-0A。在获得了这个网络 MAC 地址的 EUI-64 标识符之后，我们只需要将这个标识符的第 7 位二进制数反转，就可以得到这个网络适配器接口在自动配置链路本地 IPv6 时使用的接口 ID 了：02-9A-CD-FF-FE-00-00-0A。这个过程如图 7-6 所示。

图 7-6　使用适配器 MAC 地址获得链路本地地址接口 ID 的计算过程

前面我们解释了链路本地地址的构成和通过 MAC 地址 EUI-64 标识符转换得到链路本地地址接口 ID 的方法。现在我们可以将这些信息总结成一个结论：链路本地地址是由固定的 64 位前缀和通过网络适配器接口 MAC 地址转换得到的 64 位接口 ID 组成的。这种结构决定了每个网络适配器在启用 IPv6 时可以不借助任何设备提供的额外信息，给自己配置链路本地 IPv6 地址。

链路本地地址的构成让它拥有很多物理地址的属性，链路本地地址的这种属性当然与这类地址的使用相关。比如，链路本地地址不是层次化的，所有链路本地地址使用的都是相同的前缀，因此这类地址在结构上是无法汇总的，或者说是扁平的。不过，因为链路本地地址也像 MAC 地址一样只会用于链路本地的寻址，路由器既不会通过路由协议将这类地址通告给其他网络，也不会将以这类地址作为目的地址的数据包路由给其他网络，所以这类地址虽然无法进行汇总，但其本身就是不可路由的地址，能否汇总对路由表中 IPv6 路由条目的数量多少不会产生任何影响。链路本地地址的用途之一就是相邻设备间通信，因而使用这种十分稳定的链路本地地址作为路由条目的下一跳地址可以让路由器在向下一跳设备转发数据包时不会受到网络重新编址的影响。

4．未指定地址

未指定地址就是 128 位地址全部取 0 的前缀地址。根据简化规则，未指定地址写作::/128，这种地址相当于 IPv4 中的 0.0.0.0/32。管理员不能给网络适配器接口分配这个未指定地址。只有当一台 IPv6 设备还没有学习到地址时，未指定地址才会被作为 IPv6 数据包的源 IPv6 地址。比如，一台刚刚接入网络的 IPv6 主机在通过 NDP 发送路由器请求消息时，就可以在封装数据包时将未指定地址作为这个消息的源地址。IPv6 路由器不会转发以未指定地址作为源地址或目的地址的数据包。

注释：

关于 NDP 的工作方式，我们会在后文进行介绍，这里暂不作详细解释。

5. 环回地址

　　环回地址是前 **127 位全部取 0，最后 1 位取 1 的 128 位前缀地址**。根据简化规则，环回地址写作**::1/128**。环回地址相当于 IPv4 中的环回地址 127.0.0.1/8，**这种地址标识的是发送方节点自己，管理员不能给网络适配器接口分配这个环回地址**。当节点（主要是节点上的应用）封装了一个以::1/128 作为目的地址的 IPv6 数据包时，设备的协议栈会将这个数据包发送给虚拟接口（会接收以这个地址作为目的地址的数据包）。所以，只要设备的协议栈工作正常，设备就可以接收到发送给这个环回地址的数据包。

　　本小节对 5 类常见的 IPv6 单播地址进行了介绍，其中包括全局单播地址、唯一本地地址、链路本地地址、未指定地址和环回地址。然而，涉及 IPv6 的技术往往拥有十分宏大的知识体系，要求作者在写作时综合后文中要介绍的整体知识结构进行取舍。限于篇幅，除了上述 5 类 IPv6 单播地址外，另外一些与 IPv4 相关的 IPv6 单播地址及其他特殊功能的 IPv6 单播地址我们没有在这里进行介绍，对此感兴趣的读者可以通过其他渠道了解全面的信息。

7.2.2　IPv6 任意播地址

　　任意播是 IPv6 定义的一种全新的数据发送模式。不过，**IPv6 并没有定义任意播专用的地址空间，而是让任意播与单播共享相同的地址空间**。也就是说，我们无法根据地址本身，判断出这是单播地址还是任意播地址。

　　如果说单播所执行的是一对一的通信方式，组播所执行的是一对多的通信方式，广播所执行的是一对全体的通信方式，那么任意播所执行的就是一对最近（One-to-Nearest）的通信方式，如图 7-7 所示。

　　当网络中多个属于不同主机的网络适配器接口上配置了相同的任意播地址时，那么发送方以这个地址作为目的地址的数据包会被路由设备路由给（在该路由协议看来）距离发送方最近的那个配置了该任意播地址的网络适配器接口。从这个角度上看，任意播的做法可以与网上点餐进行类比。当我们在网站下单时，订单会被提交给距离下单者所在位置最近的餐厅进行处理，并由这家餐厅提供食品加工和送餐服务。

　　目前互联网一共有 13 个 DNS 根服务器，在这 13 个 DNS 根服务器中，有 11 个 DNS 根服务器都是由很多台使用任意播地址的物理服务器组成的服务器集群，组成同一个逻辑 DNS 根服务器的众多物理 DNS 服务器分布在世界各地[①]。当路由器接收到以其中某个 DNS 根服务器的任意播地址作为目的地址的 DNS 查询时，路由器会按照路由协议的就近原则，将查询消息交给离路由器最近的那台物理 DNS 服务器进行处理，如图 7-8 所示。

---

① DNS 根服务器 B 和 DNS 根服务器 H 目前未采用通过任意播地址分布在世界各地的做法。

(a) 单播（源地址为S，目的地址为A）

(b) 广播（源地址为S，目的地址为全1）

(c) 组播（源地址为S，目的地址为G）

(d) 任意播（源地址为S，目的地址为A）

图 7-7　几种数据发送方式示意

图 7-8　任意播工作方式示意

7.2.3　IPv6 组播地址

组播定义了一种数据发送机制，即加入了某个组播组并成为该组播组成员的多台设备都会对以这个组播组地址作为目的地址的数据包执行解封装，并查看其 IP 头部中封装的数据。在这样的组播机制中，数据发送方既可以是组播组成员，也可以不是组播组成员。因此在图 7-7（c）中，只有 G 组的组成员设备接收了发送方以 S 作为源地址，以 G 作为目的地址的数据。为了标识发送方既可以是 G 的组成员，也可以不是 G 的组成员，我们在发送方的位置使用了斜体字来标识"组成员：G"的字样。

组播的应用相当广泛，RIPv2 和 OSPF 这两种路由协议就是使用组播发送信息的。也就是说，启用了这种路由协议的路由设备会自动加入某个组播组，并监听那些以该组播组地址为目的地址的消息，这是因为这些消息是与这个路由协议有关的信息。

关于组播组地址，IPv6 和 IPv4 一样为组播预留了地址空间。IPv6 组播组地址的结构如图 7-9 所示。

图 7-9　IPv6 组播地址的结构

如图 7-9 所示，在结构上，**组播 IPv6 地址的前 8 位固定为 1**。

在前 8 位为 1（0xFF）之后，从第 9 位到第 12 位的这 4 位是标记位。在这 4 位标记位中，**第 1 位（即最左侧位）目前还没有定义，属于保留标记位，因此这一位固定为 0**。标记位第 2 位的用途与汇集点（**Rendezvous Point**）有关，因此这一位被称为 **R** 位，汇集点是组播中的一个概念，这个概念超出了本书的知识范围，因此不进行介绍，读者只需掌握 **R** 位在绝大多数情况下取值为 **0** 即可。**第 3 位标识的是这个组播组地址是否携带了前缀（Prefix），因此被称为 P 位**。如这个组播组地址无前缀，则 P 位取值为 0。鉴于组播地址多不带前缀，因此 P 位的取值在大多数情况下为 0。标记位的最后一位为 **T** 位，这一位比较重要。**T 位为 0 表示组播组已经被 IANA 分配给某种操作或某项协议**，就像它们把 224.0.0.9 分配给 RIPv2 那样；**为 1 表示组播组可以由管理员临时充当一些设备的组播组**。因此，各个协议使用的组播组都是以 **FF0** 开头的 IPv6 地址，而管理员可以使用的组播组都是以 **FF1** 开头的 IPv6 地址。

IPv6 组播地址和单播地址一样拥有一个有效范围，而组播地址从第 **13** 位到第 **16** 位的这 4 位范围位定义了组播地址的有效范围。IPv6 组播地址范围位取值所表示的范围见表 7-2。

表 7-2　IPv6 组播地址范围位取值所表示的范围

范围位取值	对应的 IPv6 地址前缀	表示的范围
1	ffx1::/16	接口本地
2	ffx2::/16	链路本地
3	ffx3::/16	子网本地
4	ffx4::/16	管理范围本地
5	ffx5::/16	站点本地
8	ffx8::/16	组织机构本地
E	ffxe::/16	全局

如果读者认为表 7-2 中本地的这种表述方式不容易理解，那么不妨将其理解为"以使用前缀的 IPv6 组播地址作为目的地址的 IPv6 数据包，不会被发送到该范围之外"。比如，以 ff01::/16 为前缀的组播地址作为目的地址的 IPv6 数据包不会被发送到接口之外。也就是说，这类数据包不会被发送到链路上，它们的功能相当于我们在单播 IPv6 地址中介绍的环回地址。同理，以 ff02::/16 为前缀的组播地址作为目的地址的 IPv6 数据包不会被发送到链路本地之外，以此类推。

因为路由设备之间在链路本地交换管理数据的做法相当常见，而这种在链路本地交换管理数据的操作方式又多与网络管理类应用协议有关，所以读者在往后的工作学习中，有可能会遇到大量标记位取 0（IANA 分配给某种操作或协议的）、范围位取 2（链路本地）的 IPv6 组播地址，即前缀为 ff02 的组播地址，其中包括但不限于表 7-3 中罗列的常用的公共 IPv6 组播地址。

表 7-3　常用的公共 IPv6 组播地址

地址	作用
ff02::1	链路本地的所有节点
ff02::2	链路本地的所有路由器
ff02::5	所有启用了 OSPFv3 的路由器
ff02::6	所有 OSPFv3 指定路由器（DR）
ff02::9	所有启用了 RIP 的协议
ff02::1:2	链路本地的所有 DHCP 服务器和 DHCP 中继代理

注释：

当然，设备之间在通过有些协议交互组播数据时，可能需要将这些数据发送给链路本地之外的网络。比如，DHCP 服务器不在链路本地就属于这种情况，因此有一些范围位并不是 2 的组播 IPv6 地址属于公共 IPv6 组播地址（只要这个组播地址标记位的最后 1 位，即 T 位是 0）。比如，ff05:1:3 就是一个公共 IPv6 组播地址，这个地址标识的是站点本地的所有 DHCP 服务器。我们以 ff02 前缀为线索引出公共 IPv6 组播地址，只是因为前缀为 ff02 的公共 IPv6 组播地址更为常见，也更为常用。

在 IPv6 中，还有一个特殊类型的组播地址叫作请求节点组播地址。请求节点组播地址的内容超出了本书的知识范畴，因此我们不做过多的理论演绎。在后文中提到一些必须通过请求节点组播地址才能解释清楚的技术概念时，我们会围绕相应核心概念进行介绍，有节制地对请求节点组播地址进行说明。

本节对 IPv6 地址的分类进行了介绍，其中对于 IPv6 单播地址分类的介绍尤为详细。下面会对 IPv6 环境中网络层通信的建立过程进行说明。

7.3　IPv6 通信建立

在定义下一代 IP 之前，IETF 曾经为改善 IP 网络的通信质量而就下一代 IP 应该在 IPv4 基础上所做的改进广泛征询了意见。通过收集到的意见，IETF 发现 IPv4 通信的实现需要由网络技术领域的专业人士参与这一点被人们所诟病。因此，IETF 需要下一代 IP 能够在专业技术人员缺席的情况下自动建立通信，通过下一代 IP 实现网络的即插即用。在本节中，我们会介绍 IPv6 赖以实现网络即插即用的机制。既然是实现即插即用的机制，这些机制在一般情况下当然不需要专业技术人员通过配置进行干预，但理解这些机制对专业技术人员理解 IPv6 网络的工作原理来说至关重要，是网络技术人员的基本功。

7.3.1　NDP 概述

在 IPv6 的即插即用机制中，NDP 扮演着核心的角色。NDP 最初被定义在 RFC 1970 中，后来 RFC 用 RFC 2461 替代了 RFC 1970。2007 年 9 月，RFC 2461 被废弃，目前 NDP 被定义在 RFC 4861 中。按照 RFC 的说法，IPv6 中的 NDP 就相当于 IPv4 中的 ARP、ICMP 的路由器发现和 ICMP 的重定向，但 NDP 在 IPv4 的基础上提供了更多的功能，也做出了大量的改进[①]。实际上，除了 ICMP、ARP 提供的服务外，NDP 也可以帮助 IPv6 设备发现本地网络中使用的 IPv6 地址前缀等参数，并帮助 IPv6 设备实现地址自动配置等。在某种程度上，NDP 工作原理的复杂程度比我们用一章的篇幅介绍的 DHCP 犹有过之。因此在本书中，我们只从帮助读者理解 IPv6 设备即插即用是如何实现的这个角度出发，对 NDP 的基本工作原理进行简单的介绍。

提示：

如果希望进一步了解 NDP 的工作方式，我们强烈建议读者在理解本小节内容的基础上，通过实验抓包配合 RFC 文档查询的方式进行自学。在现有知识的基础上，通过搭建实验环境、查询标准文档自学陌生技术，是每一位优秀的技术人员不可或缺的一种能力。

NDP 提供邻居发现服务是通过 ICMPv6 封装消息来实现的。**当 IPv6 头部中封装的是 ICMPv6 头部时，IPv6 头部的下一个头部字段取值为 58**。ICMPv6 就是 IPv6 版的 ICMP，因此 ICMPv6 消息也和 ICMP 消息一样被封装在 IP 头部之中，但和 IPv6 同属于网络层。不仅如此，ICMPv6 对头部固定字段的定义也与 ICMP 相同。ICMPv6 头部封装格式如图 7-10 所示。

---

① RFC 4861 Section 3.1。

图 7-10　ICMPv6 头部封装格式

NDP 定义了 5 种消息类型,这 5 种消息在 IPv6 头部的跳数限制封装的数值都是 255。 接收方如果发现自己接收到的一个 IPv6 数据包中, 封装的是 NDP 消息且跳数限制字段的值不是 255, 那么它就会将这个 NDP 消息丢弃。ICMPv6 在封装这 5 种 NDP 消息时, 会将它们的编码字段值设置为 0。不同消息类型是通过类型值来标识的, 这 5 种消息分别如下所示。

① 路由器请求(Router Solicitation,RS)消息:ICMPv6 头部中的类型字段, 取值为 133。

② 路由器通告(Router Advertisement,RA)消息:ICMPv6 头部中的类型字段, 取值为 134。

③ 邻居请求(Neighbor Solicitation,NS)消息:ICMPv6 头部中的类型字段, 取值为 135。

④ 邻居通告(Neighbor Advertisement,NA)消息:ICMPv6 头部中的类型字段, 取值为 136。

⑤ 重定向(Redirect)消息:ICMPv6 头部中的类型字段, 取值为 137。

显然, 不同 NDP 消息类型在消息字段部分封装的信息各不相同。例如, RS 消息的消息部分就只封装了 32 位的保留字段和非固定长度的可选项部分。RS 消息在网络层的封装如图 7-11 所示。

图 7-11　RS 消息网络层的封装

图 7-11 所示的 RS 消息是由链路本地主机封装的消息，其目的是请求链路本地中的路由器发送一条 RA 消息。当一台 IPv6 设备的适配器接口刚刚接入本地网络时，它就会以未指定地址（::）或者自己的链路本地地址作为源地址，以表 7-3 中介绍的链路本地所有路由器组播地址（FF02::2）作为目的地址发送一条 RS 消息，请求链路本地路由器为自己提供一些信息。IPv6 设备发送 RS 消息的示意如图 7-12 所示。

图 7-12　IPv6 设备发送 NDP RS 消息的示意

注释：

由于 RS 消息 IPv6 头部的源 IP 地址既有可能是未指定地址，也有可能是始发网络适配器接口的链路本地 IPv6 地址，因此我们在图 7-11 中使用斜体来标识未指定地址。

注释：

因为在 RS 消息中封装设备链路层地址是可选操作，所以图 7-12 中使用斜体来标识设备提供的 MAC 地址。

因为只有路由器才会监听链路本地路由器组播地址，所以网络中也只有路由器会使用 RA 消息对 RS 消息作出响应。此时，如果路由器接收到的 RS 消息中的源 IP 地址为未指定地址（::），那么路由器就会以表 7-3 中介绍的链路本地所有节点组播地址（FF02::1）作为 RA 数据包的目的地址，封装组播的 RA 消息。如果路由器接收到的 RS 消息中的源 IP 地址为请求方的链路本地地址，则路由器会以该链路本地地址作为 RA 数据包的目的地址，封装单播的 RA 消息。无论 RA 消息的目的地址是什么，它的源地址永远是消息始发接口的链路本地地址。通过 RA 消息，路由器会向网络中的设备提供一些信息，路由器响应 RA 消息的示意如图 7-13 所示。

图 7-13 路由器响应 NDP RA 消息的示意

在接收到这条 RA 消息之后，请求方就会将路由器的链路本地地址作为默认路由地址添加到自己的路由表中。

除了在接收到 RS 消息之后，以 RA 消息作出响应，IPv6 路由器还会按照一定的周期，主动向链路以组播的形式（目的地址为 FF02::1）发送 RA 消息，向链路中的其他设备通告相关信息。因此，RA 消息采用的是周期发送与触发发送相结合的方式。

本小节对 NDP 的封装与基本工作原理进行了简单的介绍，也对 IPv6 环境中路由器发现的方式进行了描述。接下来会介绍 NDP 是如何替代 ARP 来实现链路层地址解析的。

7.3.2 地址解析

在以太网环境中，执行 IPv4 的设备是通过 ARP 来查询目的设备链路层地址的。然而，ARP 是无法被照搬到 IPv6 环境中的，IPv6 没有定义广播地址，因此通过广播消息来查询目的设备链路层地址的做法行不通。为了解决查询目的设备链路层地址的问题，IPv6 设备需要通过 NDP 发挥 ARP 在 IPv4 网络中的作用。

具体来说，IPv6 设备需要依靠 NDP NS 消息和 NDP NA 消息来实现链路层地址的查询和响应/通告。不过，正如我们在前文介绍的那样，IPv6 没有定义广播地址，所以 NDP 也就无法像 ARP 那样在本地网络中采用广播寻找的方式向网络中的所有设备发送查询消息，期待被请求设备通过目的 IP 地址发现自己是请求对象并作出响应。于是，如何在 IPv6 头部封装 NS 消息的目的 IPv6 地址成了一个问题。对此，NDP 的解决方法是使用目的设备的请求节点组播地址作为 NS 消息的 IPv6 目的地址。

关于请求节点组播地址，这里需要对它进行一个简单的说明。**请求节点组播地址（也译为被请求节点组播地址）的前 104 位固定为 FF02::1:FF，后 24 位直接套用被请求节点单播 IPv6 地址接口 ID 的后 24 位。每当一个网络适配器接口获得了一个单播或任意**

播 IPv6 地址时，它就会同时监听发送给这个单播 IPv6 地址对应的请求节点组播地址， 而这个单播 IPv6 地址对应的请求节点组播地址是把这个单播 IPv6 地址接口 ID 部分的后 24 位填充到 FF02::1:FF/104 这个前缀后面来获得的。

　　IPv6 设备发送 NDP NS 消息的初衷是希望请求到该 IPv6 单播地址所对应网络适配器接口的链路层地址。所以，NS 消息的发送方当然也会拥有 IPv6 单播地址对应的请求节点组播地址，并且可以以这个地址作为目的地址来封装 NS 消息的目的 IPv6 地址。NDP 之所以没有考虑使用链路本地所有节点组播地址（FF02::1）作为 NS 的目的地址，是因为这样会占用其他设备更多的计算资源。如果使用请求节点组播地址作为 NS 消息的目的地址，那么除非链路本地有其他设备拥有相同的后 24 位接口 ID，否则不相关设备在看到这个目的 IPv6 地址时，就不会进一步处理这个 NS 消息。而后 24 位接口 ID 其实就是后 24 位 MAC 地址，也就是组织机构分配给这个网络适配器的 24 位标识符。因此，本地链路中出现相同后 24 位接口 ID 的概率是极低的。

　　IPv6 设备发送 NDP NS 消息的示意如图 7-14 所示。在图 7-14 中，笔记本电脑希望与台式机通信，因此需要请求台式机的链路层地址。于是，这台笔记本电脑以自己的链路本地地址作为源地址，以台式机单播 IPv6 地址所对应的请求节点组播地址作为目的地址，发送了一条 NDP NS 消息，请求台式机向自己提供它（网络适配器接口）的链路层地址。

图 7-14　IPv6 设备发送 NDP NS 消息的示意

　　在接收到 NS 消息之后，被请求设备就会以自己的单播 IPv6 地址作为源地址，以请求设备的单播 IPv6 地址作为目的地址，封装一个单播的 NA 消息，将自己的 MAC 地址提供给对方。IPv6 设备发送 NDP NA 消息的示意如图 7-15 所示。

图 7-15　IPv6 设备发送 NDP NA 消息的示意

在完成上面的流程之后，笔记本电脑会将台式机的 MAC 地址与它的 IPv6 单播地址之间的对应关系作为一个条目填充到 IPv6 邻居缓存中。这个 IPv6 邻居缓存在这里充当了与 IPv4 中 ARP 表类似的角色。

总之，在通信模型的层面，NDP NS 消息和 NDP NA 消息与 NDP RS 消息和 NDP RA 消息别无二致：一台设备希望获取本地链路中另一台设备的通告消息，于是发出请求；被请求设备在接收到消息之后通过通告消息作出响应。只不过相对于 RS/RA 消息而言，NS/NA 消息所请求和通告的主体变成了本地链路上的任意一台设备，而不只是路由器，所请求和通告的对象也由本地链路的配置信息变成了对方的链路层地址。

读者读到这里也许想问，为什么 NDP 不直接使用被请求节点的单播 IPv6 地址作为目的地址来封装邻居请求消息呢？实际上，使用单播 IPv6 地址封装的邻居请求地址另有用途：**当 IPv6 设备使用被请求节点单播 IPv6 地址作为邻居请求消息目的 IPv6 地址来封装邻居请求消息时，其目的是验证被请求节点是否仍然可达。**

NDP NA 消息还有一种用法。当 **IPv6 节点的链路层地址发生变化时，IPv6 也可以未经请求直接向链路本地发送一条 NA 消息，向本地链路中的其他设备通告新的 IPv6 单播地址与链路本地地址之间的对应关系。对于这类未经请求主动发送的 NA 消息而言，因为其目的是通告给本地链路中的所有 IPv6 设备而不是某一台特定设备（发送 NS 消息），所以它的目的地址就是链路本地所有节点组播地址（FF02::1）。**

本节介绍了 IPv6 网络中，设备如何通过 NDP 来解析链路本地其他设备的链路层地址，同时介绍了 NDP NS 消息和 NA 消息的一些其他用法与相应的封装方式。最后我们会介绍本章的最后一个主题，即 IPv6 网络中无状态地址自动配置的实现方式。

7.3.3　无状态地址自动配置

IPv6 为终端设备的网络适配器接口提供了两种地址自动配置的方式，其中一种方法比较容易理解，那就是依赖 DHCPv6 服务器为 IPv6 地址的请求方分配地址。这种方式被称为有状态地址自动配置，也被称为状态化地址自动配置。显然，这种方式与我们在本章中介绍的利用 DHCP 服务器为 IPv4 主机分配地址在工作方式上基本一致，区别仅在于 DHCP 与 DHCPv6 所定义的细节，但 DHCPv6 的内容超出了本书的范围，因此这种方式我们不会进行进一步的介绍。

　　除了这种方式，IPv6 还定义了另一种不依赖任何独立的服务器、也不需要专业技术人员参与操作的 IPv6 地址自动配置方式，这种方式就是本小节要介绍的无状态地址自动配置（Stateless Address Autoconfiguration，SLAAC）。

　　当一台 IPv6 设备刚刚连接到网络中时，它会发送 RS 消息来查询网络中是否存在路由器，并且要求网络中的路由器（如有）向自己发送 RA 消息。在图 7-13 所示的 RA 消息中，我们提到路由器通过 RA 消息告知请求方，请各位采用有状态地址自动配置的方式配置自己的 IPv6 地址。这暗示了 RA 消息中会有专门的字段来通告请求方该采用哪种方式来配置自己的 IPv6 地址。RA 消息中的这个字段实际上是一位，被称为 M 位。RA 消息中的 M 位置位表示路由器指示本地链路中的设备通过 DHCPv6 动态配置 IPv6 地址，不置位表示路由器指示本地链路中的设备通过 SLAAC 来配置 IPv6 地址。在 M 位不置位的情况下，RA 消息会同时向链路本地的网络适配器接口提供这个本地链路的 64 位前缀。路由器通过 RA 消息向请求方提供前缀的示意如图 7-16 所示。

图 7-16　路由器通过 RA 消息向请求方提供前缀的示意

　　在图 7-16 中，刚刚连接到网络中的笔记本电脑以未指定地址作为 RS 消息的源 IP 地址，在网络中发送了组播的 RS 消息。路由器在接收到这个消息之后，通过图 7-16 中所示的 RA 消息作出响应。在这个消息中，RA 消息指示链路本地主机采用 SLAAC 的方式配置 IPv6 地址，并且在配置时以 2000::/64 作为前缀。

　　在通过 RA 消息了解到链路本地的 64 位前缀之后，IPv6 设备可以通过以下两种方式补全 IPv6 地址的后 64 位，并自动配置自己的 IPv6 地址。

① 采用链路本地地址的最后 64 位进行配置,即反转适配器接口的 MAC 地址 EUI-64 标识符的第 7 位。

② 操作系统随机生成最后 64 位。

目前,在 SLAAC 的实际运用中,系统随机生成最后 64 位的做法更为常见。然而,系统自动生成最后 64 位存在一个问题,那就是设备如何保证网络中没有其他设备在执行 SLAAC 时,系统碰巧也随机生成了相同的数值。也就是说,设备需要一种 IPv6 重复地址检测机制,确保 SLAAC 的 IPv6 地址不会与当前其他网络适配器接口配置的 IPv6 地址出现冲突。为了达到这个目的,设备在使用路由器提供的前缀生成 IPv6 地址之后,会在网络中发送一个 NS 消息来请求该 IPv6 地址对应的链路层地址。当设备通过发送 NS 消息来执行重复地址检测时,它会以未指定地址(而不是那个刚刚生成,尚无法确定是否重复的 IPv6 地址)作为这个 NS 消息的源地址。而这个 NS 消息的目的 IPv6 地址,是这个自动生成的 IPv6 单播地址所对应的请求节点组播地址。IPv6 设备发送 NS 消息执行重复地址检测的示意如图 7-17 所示。

图 7-17　IPv6 设备发送 NS 消息执行重复地址检测的示意

在图 7-17 中,笔记本电脑按照路由器提供的前缀,生成了 IPv6 地址 2000::1。接下来,它封装了一个以这个单播 IPv6 地址对应的请求节点组播地址(FF02::1:FF00: 0001)作为目的地址、以未指定地址作为源地址的 NS 消息,并且将这个消息发送到本地链路上。如果这个消息得到了响应,则说明网络中已经有其他设备在使用 2000::1 这个地址,此时笔记本电脑就会重新生成一个 IPv6 地址，并再次封装 NS 消息执行重复地址检测。如果这个消息没有得到响应，则说明网络中目前没有设备在使用这个 IPv6 地址，于是笔记本电脑会开始真正使用这个 IPv6 地址。

在前文中，我们介绍了 IPv6 设备执行 SLAAC 的过程。读者应该可以发现，这个过程没有专业技术人员的干预，也没有 DHCP 服务器的参与，设备就可以自行完成配置。换句话说，这种机制为 IPv6 网络提供了即插即用功能。

7.4　本章总结

本章介绍了大量与 IPv6 相关的基本理论。7.1 节首先通过介绍 IETF 试图对 IPv4 所做的改进，引出了 IPv6 相对于 IPv4 的几点主要优势；然后介绍了 IPv6 的头部封装结构，并将 IPv6 的头部封装结构与 IPv4 的头部封装结构进行了对比；最后介绍了长达 128 位的 IPv6 地址是如何编址的。

7.2 节的内容与 IPv6 地址的分类有关。在 7.2 节中，我们将单播地址、任意播地址和组播地址对各类 IPv6 地址的范围、结构和用途分别进行了介绍。7.2 节的重点是 IPv6 单播地址，因此单播地址占用篇幅较长，主要对链路本地地址、唯一本地地址、站点本地地址、全局单播地址、未指定地址和环回地址的概念一一进行了解释说明。7.2 节还分别对任意播的作用与概念、一些常用 IPv6 组播地址进行了介绍。

7.3 节涉及大量 NDP 的相关内容。7.3 节介绍了 NDP 在 IPv6 网络中的作用与封装方式，解释了 5 种不同的 NDP 消息，以及 IPv6 网络借助不同类型 NDP 消息实现地址解析、邻居可达性验证、地址自动配置、地址冲突检测等功能的方式。

7.5　练习题

一、选择题

1. 如果不考虑扩展头部，那么 IPv6 头部中不再提供 IPv4 头部中下列哪些字段的功能？（多选）（　　　）

A．分片相关字段　　　　　　　　　　B．校验和字段

C．长度相关字段　　　　　　　　　　D．生存时间字段

2. 二进制数 100010010001111110101 对应的十六进制数为下面哪一个？（　　　）

A．0x1123F5　　　　　　　　　　　B．0x5F3211

C．0x891FA1　　　　　　　　　　　D．0x1AF198

3．如果管理员希望配置一个在私有网络范围内有效，但不是全局可路由的 IPv6 地址，应该配置下列哪种 IPv6 地址？（　　）

    A．站点本地地址　　　　　　　　　　　B．唯一本地地址

    C．全局单播地址　　　　　　　　　　　D．链路本地地址

4．当设备的网络适配器接口启用 IPv6 时，它会立刻给自己自动配置下列哪种单播 IPv6 地址？（　　）

    A．站点本地地址　　　　　　　　　　　B．唯一本地地址

    C．全局单播地址　　　　　　　　　　　D．链路本地地址

5．关于第一个十六进制数为 F 的 IPv6 地址，下列说法错误的是哪一个？（　　）

    A．这个 IPv6 地址有可能是链路本地地址

    B．这个 IPv6 地址有可能是唯一本地地址

    C．这个 IPv6 地址有可能是全局单播地址

    D．这个 IPv6 地址有可能是组播地址

6．NDP 可以提供下列哪些服务？（多选）（　　）

    A．邻居设备地址解析　　　　　　　　　B．重复地址检测

    C．邻居可达性验证　　　　　　　　　　D．无状态地址自动配置

7．IPv6 接口在执行重复地址检测时，一定会涉及下面哪种类型的 NDP 消息？（　　）

    A．RS 消息　　　　　　　　　　　　　B．RA 消息

    C．NS 消息　　　　　　　　　　　　　D．NA 消息

二、判断题

1．链路本地地址也有对应的请求节点组播地址。

2．NDP 消息都是使用 ICMPv6 进行封装的。

第 8 章
IPv6 路由

在第 7 章中,我们学习了与 IPv6 编址相关的知识,了解了 IPv6 的地址结构和 IPv6 数据包头部的封装结构。在本章中,我们会结合第 7 章的内容,介绍 IPv6 环境中的路由。

鉴于 IPv6 直连路由在逻辑上与 IPv4 的直连路由别无二致,当管理员在路由器接口上配置了 IPv6 地址后,这个接口的直连路由就会被放入 IPv6 路由表。因此,本章不会单独介绍直连路由,而是把它归到静态路由中进行说明。此外,在 8.1 节中,我们要对 IPv6 静态路由进行介绍,而静态路由并不是路由协议,只是管理员手动添加到路由表中的路由条目,因此 IPv6 静态路由与 IPv4 静态路由在原理上并没有任何区别。所以,8.1 节中并没有原理的说明,我们会直接演示 IPv6 静态路由的配置。

IPv6 环境中当然也可以使用动态路由协议。在本章中,我们会介绍两种适用于 IPv6 环境的动态路由协议:RIPng 和 OSPFv3。这两个协议分别源自 RIPv2 和 OSPFv2,它们与 RIPv2 和 OSPFv2 既有相同的地方,又有为了适应 IPv6 而做的更改。8.2 节和 8.3 节的组织结构都是先对两种协议进行对比,再通过案例展示如何在华为路由器上进行配置和验证。

对于 OSPF 这个相对复杂的协议,我们在这里侧重于通过对比 OSPFv2 和 OSPFv3 的异同来展示 OSPFv3 的特点。对 RIPv2 和 OSPFv2 感到陌生的读者如果希望获得比较良好的阅读体验,不妨在学习本章之前查阅这两种动态路由协议的相关内容。

学习目标

- 掌握如何在接口配置 IPv6 地址;
- 掌握如何配置 IPv6 静态路由;
- 掌握如何部署 RIPng 和如何验证 RIPng 路由;
- 掌握如何部署 OSPFv3 和如何验证 OSPFv3 邻居状态和路由。

8.1　IPv6 路由的配置

　　路由器获得路由信息有 3 种来源：直连路由、静态路由和动态路由，这一点对于 IPv4 网络来说是如此，对于 IPv6 网络来说亦是如此。本节会介绍如何在华为路由器上全局启用 IPv6，如何在接口启用 IPv6 路由，以及如何静态配置 IPv6 路由。

　　在配置 IPv6 静态路由时，管理员的配置思路与 IPv4 静态路由的配置思路相同，只是使用的配置命令有些许不同。当然，需要管理员输入路由信息部分也会由 IPv4 网络地址变为 IPv6 网络地址。

8.1.1　IPv6 静态路由的配置

　　在本小节中，我们会使用图 8-1 所示环境来展示 IPv6 的静态路由配置。如图 8-1 所示，AR1、AR2 和 AR3 上分别启用了 IPv6 路由功能，AR1 与 AR2 通过各自的 G0/0/0 接口相连，使用的 IPv6 子网是唯一本地单播地址 FD12::/64；AR1 与 AR3 通过各自的 G0/0/1 接口相连，使用的 IPv6 子网地址是 FD13::/64。

图 8-1　IPv6 静态路由的配置拓扑

　　要想让华为路由器提供 IPv6 路由，首先要在路由器全局使用系统视图命令 **ipv6** 来启用 IPv6 功能。例 8-1 所示为管理员使用 **ipv6** 命令分别在 AR1、AR2 和 AR3 上启用 IPv6 功能。

　　例 8-1　在 AR1、AR2 和 AR3 上启用 IPv6 功能

```
[AR1]ipv6
```

```
[AR2]ipv6
```

```
[AR3]ipv6
```

在还没有开始配置每台路由器接口的 IPv6 地址前，我们先来看看在全局启用了 IPv6 后，路由器中默认的 IPv6 路由信息。例 8-2 展示了 AR1 启用 IPv6 后的路由信息。

例 8-2　AR1 启用 IPv6 后的路由信息

```
[AR1]display ipv6 routing-table
Routing Table  : Public
    Destinations : 1 Routes : 1

Destination    : ::1              PrefixLength  : 128
NextHop        : ::1              Preference    : 0
Cost           : 0                Protocol      : Direct
RelayNextHop   : ::              TunnelID       : 0x0
Interface      : InLoopBack0      Flags         : D
```

在例 8-2 中，我们使用了 **display ipv6 routing-table** 命令来查看路由器上的 IPv6 路由表。读者不难发现，这条命令与查看 IPv4 路由表的命令十分类似，只是要把关键字 **ip** 替换为关键字 **ipv6**。在很多 IPv6 的配置命令中，命令的句法都是把关键字 **ip** 替换为关键字 **ipv6**。

接下来，我们按照图 8-1 中标注的 IPv6 地址，在 3 台路由器的接口上进行配置，配置命令见例 8-3。

例 8-3　在 3 台路由器上配置接口 IPv6 地址

```
[AR1]interface gigabitethernet 0/0/0
[AR1-GigabitEthernet0/0/0]ipv6 enable
[AR1-GigabitEthernet0/0/0]ipv6 address fd12::1 64
[AR1-GigabitEthernet0/0/0]quit
[AR1]interface gigabitethernet 0/0/1
[AR1-GigabitEthernet0/0/1]ipv6 enable
[AR1-GigabitEthernet0/0/1]ipv6 address fd13::1 64

[AR2]interface gigabitethernet 0/0/0
[AR2-GigabitEthernet0/0/0]ipv6 enable
[AR2-GigabitEthernet0/0/0]ipv6 address fd12::2 64

[AR3]interface gigabitethernet 0/0/1
[AR3-GigabitEthernet0/0/1]ipv6 enable
[AR3-GigabitEthernet0/0/1]ipv6 address fd13::3 64
```

在接口上配置 IPv6 地址前，管理员首先需要使用接口视图命令 **ipv6 enable** 启用 IPv6 功能，否则路由器就无法识别配置 IPv6 地址的命令。此外，在接口视图下配置 IPv6 地址的命令也与配置 IPv4 地址类似，只需把关键字 **ip** 替换为关键字 **ipv6**。我们配置完成接口 IPv6 地址之后，再次查看 AR1 IPv6 路由表的输出信息，见例 8-4。

例 8-4　查看 AR1 的 IPv6 路由表（IPv6 直连路由）

```
[AR1]display ipv6 routing-table
Routing Table   : Public
    Destinations : 6 Routes : 6


Destination      : ::1                 PrefixLength : 128
NextHop          : ::1                 Preference   : 0
Cost             : 0                   Protocol     : Direct
RelayNextHop     : ::                  TunnelID     : 0x0
Interface        : InLoopBack0         Flags        : D


Destination      : FD12::              PrefixLength : 64
NextHop          : FD12::1             Preference   : 0
Cost             : 0                   Protocol     : Direct
RelayNextHop     : ::                  TunnelID     : 0x0
Interface        : GigabitEthernet0/0/0 Flags       : D


Destination      : FD12::1             PrefixLength : 128
NextHop          : ::1                 Preference   : 0
Cost             : 0                   Protocol     : Direct
RelayNextHop     : ::                  TunnelID     : 0x0
Interface        : GigabitEthernet0/0/0 Flags       : D


Destination      : FD13::              PrefixLength : 64
NextHop          : FD13::1             Preference   : 0
Cost             : 0                   Protocol     : Direct
RelayNextHop     : ::                  TunnelID     : 0x0
Interface        : GigabitEthernet0/0/1 Flags       : D


Destination      : FD13::1             PrefixLength : 128
NextHop          : ::1                 Preference   : 0
Cost             : 0                   Protocol     : Direct
RelayNextHop     : ::                  TunnelID     : 0x0
Interface        : GigabitEthernet0/0/1 Flags       : D


Destination      : FE80::              PrefixLength : 10
NextHop          : ::                  Preference   : 0
Cost             : 0                   Protocol     : Direct
RelayNextHop     : ::                  TunnelID     : 0x0
Interface        : NULL0               Flags        : D
```

例 8-4 展示了 AR1 上的 6 条 IPv6 路由信息，第 1 条是 IPv6 环回地址，第 2～5 条是 AR1 的直连路由，我们重点看最后一条路由（阴影）：这条路由的目的地是 FE80::，前缀长度是 10。通过第 7 章的学习，读者应该能够判断出，这是 IPv6 链路本地地址的前缀。当管理员在路由器接口上启用了 IPv6 路由并配置 IPv6 地址后，路由器会自动为这个接口生成链路本地地址，例 8-5 展示了 AR1 接口 G0/0/0 的链路本地地址。

例 8-5　AR1 接口 G0/0/0 的链路本地地址

```
[AR1]display ipv6 interface g0/0/0
GigabitEthernet0/0/0 current state : UP
IPv6 protocol current state : UP
IPv6 is enabled, link-local address is FE80::2E0:FCFF:FEF0:7E40
  Global unicast address(es):
    FD12::1, subnet is FD12::/64
  Joined group address(es):
    FF02::1:FF00:1
    FF02::2
    FF02::1
    FF02::1:FFF0:7E40
  MTU is 1500 bytes
  ND DAD is enabled, number of DAD attempts: 1
  ND reachable time is 30000 milliseconds
  ND retransmit interval is 1000 milliseconds
  Hosts use stateless autoconfig for addresses

[AR1]display interface g0/0/0
GigabitEthernet0/0/0 current state : UP
Line protocol current state : DOWN
Description:HUAWEI, AR Series, GigabitEthernet0/0/0 Interface
Route Port,The Maximum Transmit Unit is 1500
Internet protocol processing : disabled
IP Sending Frames' Format is PKTFMT_ETHNT_2, Hardware address is 00e0-fcf0-7e40
Last physical up time   : 2022-04-26 17:41:26 UTC-08:00
Last physical down time : 2022-04-26 17:40:43 UTC-08:00
Current system time: 2022-04-27 01:52:59-08:00
Port Mode: FORCE COPPER
Speed   : 1000, Loopback: NONE
Duplex  : FULL, Negotiation: ENABLE
Mdi     : AUTO
Last 300 seconds input rate 0 bits/sec, 0 packets/sec
Last 300 seconds output rate 0 bits/sec, 0 packets/sec
```

```
Input peak rate 7424 bits/sec,Record time: 2022-04-27 00:05:38
Output peak rate 7544 bits/sec,Record time: 2022-04-27 00:05:38

Input: 61 packets, 5846 bytes
  Unicast:                54, Multicast:                7
  Broadcast:               0, Jumbo:                    0
  Discard:                 0, Total Error:              0

  CRC:                     0, Giants:                   0
  Jabbers:                 0, Throttles:                0
  Runts:                   0, Symbols:                  0
  Ignoreds:                0, Frames:                   0

Output: 63 packets, 5922 bytes
  Unicast:                53, Multicast:               10
  Broadcast:               0, Jumbo:                    0
  Discard:                 0, Total Error:              0

  Collisions:              0, ExcessiveCollisions:      0
  Late Collisions:         0, Deferreds:                0

    Input bandwidth utilization threshold : 100.00%
    Output bandwidth utilization threshold: 100.00%
    Input bandwidth utilization  :    0%
    Output bandwidth utilization :    0%
```

　　在例 8-5 中，我们可以通过 **display ipv6 interface g0/0/0** 命令看到 AR1 接口 G0/0/0 的 IPv6 链路本地地址是 FE80::2E0:FCFF:FEF0:7E40，这个地址是 AR1 自动生成的。接着我们可以通过 **display interface g0/0/0** 命令的输出信息看到 AR1 接口 G0/0/0 的 MAC 地址为 00e0-fcf0-7e40。此时，读者如果将链路本地地址的生成方法套用到本例中，那么 AR1 接口 G0/0/0 链路本地地址接口 ID 的生成过程如图 8-2 所示。

图 8-2　使用 G0/0/0 接口 MAC 地址获得链路本地地址接口 ID 的计算过程

在接口上配置 IPv6 地址后，路由器会自动生成这个接口直连的 IPv6 路由并将其放入 IPv6 路由表。接下来，我们可以通过 **ping ipv6** 命令测试直连链路的连通性，测试结果见例 8-6。

例 8-6　在 AR1 上测试与 AR2 的连通性

```
[AR1]ping ipv6 fd12::2
 PING fd12::2 : 56  data bytes, press CTRL_C to break
  Reply from FD12::2
  bytes=56 Sequence=1 hop limit=64  time = 50 ms
  Reply from FD12::2
  bytes=56 Sequence=2 hop limit=64  time = 20 ms
  Reply from FD12::2
  bytes=56 Sequence=3 hop limit=64  time = 20 ms
  Reply from FD12::2
  bytes=56 Sequence=4 hop limit=64  time = 40 ms
  Reply from FD12::2
  bytes=56 Sequence=5 hop limit=64  time = 30 ms

 --- fd12::2 ping statistics ---
  5 packet(s) transmitted
  5 packet(s) received
  0.00% packet loss
  round-trip min/avg/max = 20/32/50 ms
```

从例 8-6 的命令测试输出中我们可以看出，AR1 现在已经能够与 AR2 进行通信了。在两台路由器建立通信后，它们会通过 NDP 来检测邻居的状态。管理员可以使用 **display ipv6 neighbors** 命令来查看 IPv6 邻居，例 8-7 展示了这条命令的输出信息。

例 8-7　查看 **AR1** 的 **IPv6** 邻居

```
[AR1]display ipv6 neighbors
--------------------------------------------------------------------------------
IPv6 Address : FD12::2
Link-layer   : 00e0-fc45-7661              State   : REACH
Interface    : GE0/0/0                     Age     : 0
VLAN         : -                           CEVLAN  : -
VPN name     :                             Is Router: TRUE
Secure FLAG  : UN-SECURE

IPv6 Address : FE80::2E0:FCFF:FE45:7661
Link-layer   : 00e0-fc45-7661              State   : REACH
Interface    : GE0/0/0                     Age     : 0
```

```
VLAN          : -                          CEVLAN   : -
VPN name      :                            Is Router: TRUE
Secure FLAG : UN-SECURE


--------------------------------------------------------------------
Total: 2      Dynamic: 2      Static: 0
```

从例 8-7 所示命令的输出信息中我们可以看到，当前 AR1 上已经有了关于 AR2 的 IPv6 邻居记录，但还没有 AR3 的邻居记录。接下来，我们在 AR1 上尝试对 AR3 接口 G0/0/1 的 IPv6 地址发起 ping 测试，测试的结果见例 8-8。

例 8-8　从 AR1 对 AR3 发起 ping 测试

```
[AR1]ping ipv6 fd13::3
  PING fd13::3 : 56  data bytes, press CTRL_C to break
    Reply from FD13::3
    bytes=56 Sequence=1 hop limit=64  time = 400 ms
    Reply from FD13::3
    bytes=56 Sequence=2 hop limit=64  time = 50 ms
    Reply from FD13::3
    bytes=56 Sequence=3 hop limit=64  time = 50 ms
    Reply from FD13::3
    bytes=56 Sequence=4 hop limit=64  time = 50 ms
    Reply from FD13::3
    bytes=56 Sequence=5 hop limit=64  time = 60 ms

  --- fd13::3 ping statistics ---
    5 packet(s) transmitted
    5 packet(s) received
    0.00% packet loss
    round-trip min/avg/max = 50/122/400 ms
```

如例 8-8 的输出信息所示，目前 AR1 与 AR3 之间的直连连接已经能够正常通信。接着，我们再来查看一下 AR1 上的 IPv6 邻居状态，例 8-9 展示了此次查看邻居信息时 AR1 输出的结果。

例 8-9　再次查看 AR1 的 IPv6 邻居

```
[AR1]display ipv6 neighbors
--------------------------------------------------------------------
IPv6 Address : FD12::2
Link-layer   : 00e0-fc45-7661            State    : STALE
Interface    : GE0/0/0                   Age      : 1
VLAN         : -                         CEVLAN   : -
VPN name     :                           Is Router: TRUE
```

```
Secure FLAG : UN-SECURE

IPv6 Address : FE80::2E0:FCFF:FE45:7661
Link-layer   : 00e0-fc45-7661              State     : STALE
Interface    : GE0/0/0                     Age       : 1
VLAN         : -                           CEVLAN    : -
VPN name     :                             Is Router: TRUE
Secure FLAG  : UN-SECURE

IPv6 Address : FD13::3
Link-layer   : 00e0-fcfa-02c6              State     : REACH
Interface    : GE0/0/1                     Age       : 0
VLAN         : -                           CEVLAN    : -
VPN name     :                             Is Router: TRUE
Secure FLAG  : UN-SECURE

IPv6 Address : FE80::2E0:FCFF:FEFA:2C6
Link-layer   : 00e0-fcfa-02c6              State     : REACH
Interface    : GE0/0/1                     Age       : 0
VLAN         : -                           CEVLAN    : -
VPN name     :                             Is Router: TRUE
Secure FLAG  : UN-SECURE

--------------------------------------------------------------------
Total: 4        Dynamic: 4        Static: 0
```

从例 8-9 的输出信息中可以看出，AR1 上现在已经有了 AR3 这个 IPv6 邻居。

要想让 AR2 能够与 AR3 进行通信，我们需要在 AR2 和 AR3 上配置静态 IPv6 路由。在配置路由之前，我们不妨先来查看一下 AR2 上的 IPv6 路由表，见例 8-10。

例 8-10　查看 AR2 的 IPv6 路由表（直连路由）

```
[AR2]display ipv6 routing-table
Routing Table: Public
    Destinations : 4 Routes : 4

 Destination : ::1                 PrefixLength : 128
 NextHop    : ::1                 Preference   : 0
 Cost       : 0                   Protocol     : Direct
 RelayNextHop: ::                  TunnelID     : 0x0
 Interface   : InLoopBack0         Flags        : D

 Destination : FD12::              PrefixLength : 64
 NextHop    : FD12::2             Preference   : 0
 Cost       : 0                   Protocol     : Direct
```

```
RelayNextHop: ::                        TunnelID     : 0x0
Interface    : GigabitEthernet0/0/0     Flags        : D

Destination : FD12::2                    PrefixLength : 128
NextHop      : ::1                       Preference   : 0
Cost         : 0                         Protocol     : Direct
RelayNextHop: ::                        TunnelID     : 0x0
Interface    : GigabitEthernet0/0/0     Flags        : D

Destination : FE80::                     PrefixLength : 10
NextHop      : ::                        Preference   : 0
Cost         : 0                         Protocol     : Direct
RelayNextHop: ::                        TunnelID     : 0x0
Interface    : NULL0                     Flags        : D
```

从路由表中 Protocol 一项我们可以看出，当前 AR2 上的 4 条 IPv6 路由都是直连（Direct）路由，并且没有去往 AR3 接口 G0/0/1 IPv6 网段 FD13::/64 的路由。下面，我们分别在 AR2 和 AR3 上配置了两条 IPv6 路由，例 8-11 所示为相关的配置命令。

例 8-11　在 AR2 和 AR3 上配置静态 IPv6 路由

```
[AR2]ipv6 route-static fd13:: 64 fd12::1
```
```
[AR3]ipv6 route-static fd12:: 64 fd13::1
```

在例 8-11 中，管理员需要使用系统视图命令 **ipv6 route-static** *dest-ipv6-address prefix-length* {*interface-type interface-number* [*nexthop-ipv6-address*] |*nexthop-ipv6-address*} 来配置静态 IPv6 路由。在以太网链路上配置静态路由时，下一跳参数中必须包含 IP 地址。而在点到点串行链路上配置静态路由时，可以只使用 IP 地址，也可以只使用出站接口作为下一跳参数。对于 IPv6 静态路由的配置，这些内容同样适用。在本例中，我们只配置了下一跳 IPv6 地址信息。静态路由条目配置完毕之后，我们再次查看 AR2 的 IPv6 路由表，此时的输出信息见例 8-12。

例 8-12　再次查看 AR2 的 IPv6 路由表

```
[AR2]display ipv6 routing-table
Routing Table: Public
    Destinations : 5 Routes : 5

Destination : ::1                        PrefixLength : 128
NextHop      : ::1                       Preference   : 0
Cost         : 0                         Protocol     : Direct
RelayNextHop: ::                        TunnelID     : 0x0
Interface    : InLoopBack0              Flags        : D

Destination : FD12::                     PrefixLength : 64
```

```
NextHop     : FD12::2                  Preference  : 0
Cost        : 0                        Protocol    : Direct
RelayNextHop: ::                       TunnelID    : 0x0
Interface   : GigabitEthernet0/0/0     Flags       : D

Destination : FD12::2                  PrefixLength: 128
NextHop     : ::1                      Preference  : 0
Cost        : 0                        Protocol    : Direct
RelayNextHop: ::                       TunnelID    : 0x0
Interface   : GigabitEthernet0/0/0     Flags       : D

Destination : FD13::                   PrefixLength: 64
NextHop     : FD12::1                  Preference  : 60
Cost        : 0                        Protocol    : Static
RelayNextHop: ::                       TunnelID    : 0x0
Interface   : GigabitEthernet0/0/0     Flags       : RD

Destination : FE80::                   PrefixLength: 10
NextHop     : ::                       Preference  : 0
Cost        : 0                        Protocol    : Direct
RelayNextHop: ::                       TunnelID    : 0x0
Interface   : NULL0                    Flags       : D
```

从例 8-12 命令输出信息的阴影部分我们可以看出，AR2 上此时已经添加了一条 Protocol:Static（静态）路由，这条静态 IPv6 路由的目的网络为 FD13::/64，下一跳为 FD12::1，也就是与 AR2 直连的 AR1 接口 G0/0/0 的 IPv6 地址。最后，我们来尝试从 AR2 上向 AR3 发起 ping 测试，例 8-13 展示了这次测试的结果。

例 8-13 再次从 AR2 向 AR3 发起 ping 测试

```
[AR2]ping ipv6 fd13::3
 PING fd13::3 : 56  data bytes, press CTRL_C to break
   Request time out
   Request time out
   Reply from FD13::3
   bytes=56 Sequence=3 hop limit=63  time = 40 ms
   Reply from FD13::3
   bytes=56 Sequence=4 hop limit=63  time = 30 ms
   Reply from FD13::3
   bytes=56 Sequence=5 hop limit=63  time = 50 ms

 --- fd13::3 ping statistics ---
   5 packet(s) transmitted
   3 packet(s) received
```

```
40.00% packet loss
round-trip min/avg/max = 30/40/50 ms
```

从例 8-13 的测试结果我们可以看出，现在 AR1、AR2 和 AR3 之间已经实现了全互联，AR2 通过静态 IPv6 路由能够访问 AR3，反之 AR3 也可以通过静态 IPv6 路由访问 AR2。

8.1.2 IPv6 默认路由的配置

配置 IPv6 默认路由使用的命令与配置一般的 IPv6 静态路由相同，目的 IPv6 地址为::，掩码也为 0，这样的组合表示匹配所有 IPv6 地址。在本小节中，我们会使用图 8-3 来展示 IPv6 默认路由的配置。

图 8-3   IPv6 默认路由的配置拓扑

其实这个环境与图 8-1 使用的拓扑是相同的，我们在这里只是为了方便读者阅读而再次展示。在本小节中，我们需要在 AR2 和 AR3 上通过 IPv6 默认路由来实现 AR2 与 AR3 之间的通信。例 8-14 展示了 3 台路由器上的相关配置命令。

例 8-14   3 台路由器上的 IPv6 配置

```
[AR1]ipv6
[AR1]interface gigabitethernet 0/0/0
[AR1-GigabitEthernet0/0/0]ipv6 enable
[AR1-GigabitEthernet0/0/0]ipv6 address fd12::1 64
[AR1-GigabitEthernet0/0/0]quit
[AR1]interface gigabitethernet 0/0/1
[AR1-GigabitEthernet0/0/1]ipv6 enable
[AR1-GigabitEthernet0/0/1]ipv6 address fd13::1 64

[AR2]ipv6
[AR2]interface gigabitethernet 0/0/0
[AR2-GigabitEthernet0/0/0]ipv6 enable
[AR2-GigabitEthernet0/0/0]ipv6 address fd12::2 64
[AR2-GigabitEthernet0/0/0]quit
```

```
[AR2]ipv6 route-static :: 0 g0/0/0 fd12::1
```

```
[AR3]ipv6
[AR3]interface gigabitethernet 0/0/1
[AR3-GigabitEthernet0/0/1]ipv6 enable
[AR3-GigabitEthernet0/0/1]ipv6 address fd13::3 64
[AR3-GigabitEthernet0/0/1]quit
[AR3]ipv6 route-static :: 0 g0/0/1 fd13::1
```

在例 8-14 展示的配置命令中，我们首先使用系统视图命令 **ipv6** 在全局启用了 IPv6，然后进入接口视图并使用 **ipv6 enable** 命令在接口下启用了 IPv6。管理员只有先在接口启用 IPv6，才能够配置 IPv6 地址。

在本例中，读者需要重点关注的是 AR2 和 AR3 上配置的最后一条命令：

[AR2]ipv6 route-static :: 0 g0/0/0 fd12::1

[AR3]ipv6 route-static :: 0 g0/0/1 fd13::1。

在本小节的静态路由配置中，我们以 **:: 0** 表示默认路由，并且使用了"出站接口+下一跳 IPv6 地址"的方式进行配置。要想同时配置出站接口和下一跳 IPv6 地址，管理员要先输入出站接口，再输入下一跳 IPv6 地址。

例 8-15 展示了在 AR2 上查看 IPv6 静态默认路由。

例 8-15 在 AR2 上查看 IPv6 静态默认路由

```
[AR2]display ipv6 routing-table protocol static
Public Routing Table : Static
Summary Count    : 1

Static Routing Table's Status : < Active >
Summary Count    : 1

 Destination     : ::                    PrefixLength : 0
 NextHop         : FD12::1               Preference   : 60
 Cost            : 0                     Protocol     : Static
 RelayNextHop    : ::                    TunnelID     : 0x0
 Interface       : GigabitEthernet0/0/0  Flags        : D

Static Routing Table's Status : < Inactive >
Summary Count    : 0
```

和 IPv4 中一样，管理员也可以在查看 IPv6 路由表的命令中添加关键字 **protocol static** 来限定 VRP 系统只显示 IPv6 静态路由。从例 8-15 的命令输出信息中我们可以看出，这条静态路由的目的地（Destination）是::，下一跳（NextHop）是 FD12::1，出站接口（Interface）是 G0/0/0。与例 8-12 中的路由 FD13::进行对比之后我们可以发现，FD13::路由的标记（Flags）是 RD，而::路由的标记是 D，这是因为我们在 AR2 上配置 FD13::路由时只指定了下一跳 IPv6 地址，而没有指明出站接口，AR2 需要根据下一跳 IPv6 地址确定出站接口信息。换言之，这是一条迭代路由，因此路由条目才多了标记 R（Relay）。这一点与 IPv4 路由中的标记完全相同。例 8-16 测试了默认路由的工作效果。

例 8-16　在 AR2 上向 AR3 发起 ping 测试

```
[AR2]ping ipv6 fd13::3
 PING fd13::3 : 56  data bytes, press CTRL_C to break
  Reply from FD13::3
  bytes=56 Sequence=1 hop limit=63  time = 130 ms
  Reply from FD13::3
  bytes=56 Sequence=2 hop limit=63  time = 50 ms
  Reply from FD13::3
  bytes=56 Sequence=3 hop limit=63  time = 30 ms
  Reply from FD13::3
  bytes=56 Sequence=4 hop limit=63  time = 30 ms
  Reply from FD13::3
  bytes=56 Sequence=5 hop limit=63  time = 60 ms

--- fd13::3 ping statistics ---
  5 packet(s) transmitted
  5 packet(s) received
  0.00% packet loss
  round-trip min/avg/max = 30/60/130 ms
```

从例 8-16 的测试结果我们可以看出，AR2 与 AR3 之间通过静态配置的 IPv6 默认路由实现了通信。

8.1.3　IPv6 汇总路由的配置

在 IPv6 中，路由也是可以进行汇总的，这与 IPv4 完全相同。只不过 IPv6 地址拥有 128 位，并且使用十六进制数值进行表示，因此在计算汇总时会比 IPv4 地址的汇总稍微复杂一些。本小节将使用图 8-4 所示拓扑来介绍如何计算并配置 IPv6 汇总路由。

图 8-4　IPv6 汇总路由的配置拓扑

如图 8-4 所示，AR1 需要通过 AR2 来访问以下 4 个 IPv6 网络：FD00:8AB:17DE:1::/64、FD00:8AB:17DE:2::/64、FD00:8AB:17DE:3::/64 和 FD00:8AB:17DE:4/64。AR2 是如何获得这些路由信息的并不在本小节的介绍内容之内，我们所要关注的是如何在 AR1 上配置与这些 IPv6 网络相关的汇总路由。

首先我们来看看如何把这 4 个 IPv6 网络进行汇总。

① FD00:8AB:17DE:1::——FD00:8AB:17DE:0000 0000 0000 0001::

② FD00:8AB:17DE:2::——FD00:8AB:17DE:0000 0000 0000 0010::

③ FD00:8AB:17DE:3::——FD00:8AB:17DE:0000 0000 0000 0011::

④ FD00:8AB:17DE:4::——FD00:8AB:17DE:0000 0000 0000 0100::

我们在将这 4 个 IPv6 地址中有区别的十六进制数转换成二进制数之后就会发现，它们只有最后 3 位二进制数有区别，因此这 4 个子网地址可以汇总为一个子网：FD00:8AB:17DE::/61。掩码长度 61 是由汇总前的 64 位掩码减去有区别的 3 位掩码得来的。

熟悉 IPv4 路由汇总的读者可能会发现，这个案例中的 IPv6 地址规划实际上是有问题的。如果管理员在 AR1 上使用了汇总路由 FD00:8AB:17DE::/61，实际上是将下面 4 个 IPv6 网络也汇总进来了。

① FD00:8AB:17DE::/64——FD00:8AB:17DE:0000 0000 0000 0000::

② FD00:8AB:17DE:5::/64——FD00:8AB:17DE:0000 0000 0000 0101::

③ FD00:8AB:17DE:6::/64——FD00:8AB:17DE:0000 0000 0000 0110::

④ FD00:8AB:17DE:7::/64——FD00:8AB:17DE:0000 0000 0000 0111::

由此可知，在使用 IPv6 网络时，管理员也要注意网络中的地址规划问题。对于 IPv6 地址的分配设计，本小节仅做这一点提示，接下来我们还是按照图 8-4 所示网络来配置 AR1 上的汇总路由，不再考虑设计不够完善的问题。例 8-17 中展示了管理员在 AR1 上实施的配置命令。

例 8-17　AR1 上的 IPv6 配置

```
[AR1]ipv6
[AR1]interface gigabitethernet 0/0/0
[AR1-GigabitEthernet0/0/0]ipv6 enable
[AR1-GigabitEthernet0/0/0]ipv6 address fd12::1 64
[AR1-GigabitEthernet0/0/0]quit
[AR1]ipv6 route-static fd00:8AB:17DE:: 61 g0/0/0 fd12::2
```

在例 8-17 中，管理员依然使用了 **ipv6 route-static** 命令配置汇总路由。例 8-18 中展示了 AR1 IPv6 路由表中的这条路由。

例 8-18　在 AR1 IPv6 路由表中查看汇总路由

```
[AR1]display ipv6 routing-table protocol static
Public Routing Table : Static
Summary Count   : 1

Static Routing Table's Status : < Active >
Summary Count   : 1

 Destination    : FD00:8AB:17DE::          PrefixLength : 61
 NextHop        : FD12::2                  Preference   : 60
```

```
Cost              : 0                    Protocol    : Static
RelayNextHop      : ::                   TunnelID    : 0x0
Interface         : GigabitEthernet0/0/0 Flags       : D
Static Routing Table's Status : < Inactive >
Summary Count : 0
```

本小节展示了计算 IPv6 汇总路由的方法。在本质上，计算 IPv6 汇总路由的方法和计算 IPv4 汇总路由的方法相同，都是按照二进制数值进行计算。

8.2　RIPng 的配置

在 IPv4 环境中的 RIP 版本有 RIPv1 和 RIPv2，RIPng 就是 IPv6 环境中对应的 RIP 版本，RIPng 的全称是下一代 RIP（路由信息协议）。RIPng 是从 RIPv2 扩展来的，除了增加了对 IPv6 的支持外，并没有完全继承 RIPv2 的所有功能。在本节中，我们会介绍与 RIPng 相关的内容。首先，我们会通过一小节的篇幅来对比 RIPv2 和 RIPng 的区别与共性。接下来，我们再用一小节来展示如何在华为路由器上实现 RIPng 的配置。

8.2.1　RIPng 与 RIPv2 的比较

RIP 中需要我们掌握的基本知识点简要地列在下面。

① RIP（无论 RIPv1 还是 RIPv2）是基于 UDP 的应用层协议，RIP 对应的端口号是 UDP 520。

② RIPv1 在发送 RIP 消息时，封装的目的地址是 255.255.255.255；RIPv2 在发送 RIP 消息时，封装的目的 IP 地址为组播地址 224.0.0.9。

③ RIPv1 和 RIPv2 都采用了周期更新的方式来通告路由信息。

④ RIP 路由的度量值等于跳数，或者说，RIP 认为所有链路的开销值都是 1，且最大度量值为 16 跳。

⑤ RIP 定义了两种不同的消息类型，即请求报文和响应报文。

⑥ RIP 使用水平分割和毒性反转来防止网络中产生路由环路。

RIPng 作为 IPv6 环境中的 RIP 版本，是从 RIPv2 发展来的。根据上面的知识点，我们总结一下 RIPng 的相关情况。

① RIPng 也是基于 UDP 的应用层协议，使用的端口号是 UDP 521。

② RIPng 在发送 RIP 消息时，封装的目的 IPv6 地址为组播地址 FF02::9，封装的源 IPv6 地址是链路本地地址。

③ RIPng 也采用周期更新的方式来通告路由信息。

④ RIPng 作为一种距离矢量型路由协议，使用跳数作为度量值，最大度量值为 16（不可达）。

⑤ RIPng 中也定义了两种不同的消息类型，即请求报文和响应报文。

⑥ RIPng 也使用水平分割和毒性反转来防止网络中产生路由环路。

对于上述列表中的内容，RIPng 基本上继承了 RIPv2 中的设计，只是在 UDP 端口和 RIP 消息的目的组播地址上稍有区别：**RIPng 使用 UDP521 端口，组播目的地址使用 IPv6 地址 FF02::9**。接着我们来看看 RIPng 与 RIPv1 和 RIPv2 的不同。

1. RIPng 的消息封装结构

消息封装结构是 RIPng 与 RIPv1 和 RIPv2 最大的不同。图 8-5 中展示出 RIPng 为了支持 IPv6 而修改的消息封装格式，其中，命令字段与 RIPv2 的作用相同。由于 RIPng 定义了请求报文和响应报文两种不同的消息类型，因此 RIPng 也同样需要命令字段来标识这个 RIPng 消息的类型：当命令字段设置为 1 时，这个 RIPng 消息就是请求报文（Request）；当命令字段设置为 2 时，这个 RIP 消息就是响应报文（Respond）。

版本字段用来标识 RIPng 的版本，当前的版本号取值都为 1。也正是版本 1 的 RIPng 支持请求报文和响应报文这两种 RIP 消息，路由器在接收到 RIPng 消息时，都会通过版本字段来确定对方运行的 RIPng 版本是否与自己相同。

在 RIPng 消息携带的路由条目部分，每个路由条目的结构是相同的。在图 8-5 中，我们希望通过两个路由条目（路由条目 1 和路由条目 N）表示一个 RIPng 消息中可以携带多个路由条目。每个路由条目为 20 字节，其中包含 IPv6 前缀、路由标记、前缀长度和度量值（也就是跳数）。路由标记字段标识了路由携带的属性，它的作用是区分内部 RIPng 路由（RIPng 路由域内的路由）和外部 RIPng 路由（从 EGP 或其他 IGP 注入的路由）。在一个 RIPng 消息中能够携带多少个路由条目取决于网络路径的 MTU。

图 8-5　RIPng 的消息封装结构

2. RIPng 的路由表

与其他 IPv6 路由一样，在 RIPng 的路由表中同样包含目的地址、前缀长度、下一跳、优先级、开销、协议等字段。我们在这里要着重说明的是下一跳字段。

RIPng 消息的源地址是链路本地地址，也就是说，发出 RIPng 消息的路由器会以出站接口的链路本地地址作为这个 RIPng 消息的源地址（排除以 RIPng 接口之外的其他接口发送单播请求消息的情况）。之所以要使用链路本地地址作为 RIPng 消息的源地址，是因为接收到这个 RIPng 消息的路由器在把相关路由放入路由表时，会把 RIPng 消息的源地址作为路由的下一跳地址放入路由表。如果源地址不正确的话，RIPng 邻居就无法正确路由数据包。在后文中，我们会通过命令展示路由器上的 RIPng 路由条目。

3. RIPng 的认证

在本小节的最后，我们来对 IPv6 环境中的动态路由协议认证做一点补充解释。在 IPv4 环境中，由于 IP 自身不支持认证，因此动态路由协议为了保障安全性，自己提供了一定程度的认证功能。比如 RIPv2 支持明文和加密认证，OSPF 也支持明文和加密认证。但在 IPv6 环境中，RIPng 和 OSPFv3 的认证都是由 IPv6 提供的（IPSec），于是路由协议自身也就不提供认证功能了。

8.2.2　RIPng 的配置

在本小节中，我们会使用图 8-6 所示拓扑来展示如何在华为路由器上配置 RIPng。在这个环境中，AR1 和 AR2 上的所有接口都启用 IPv6 协议，并且都参与 RIPng 路由。在这个案例中，我们需要让 AR1 通过 RIPng 学习到 AR2 接口 G0/0/1 所连网络的路由。

图 8-6　RIPng 的配置拓扑

首先，我们需要在 AR1 和 AR2 的系统视图中全局启用 IPv6，然后在相应的接口视图中启用 IPv6 并配置 IPv6 地址。例 8-19 展示了全局启用 IPv6 协议的配置和接口的相关配置。

例 8-19　在 AR1 和 AR2 上配置 IPv6 地址

```
[AR1]ipv6
[AR1]interface gigabitethernet 0/0/0
[AR1-GigabitEthernet0/0/0]ipv6 enable
[AR1-GigabitEthernet0/0/0]ipv6 address fd12::1 64

[AR2]ipv6
[AR2]interface gigabitethernet 0/0/0
[AR2-GigabitEthernet0/0/0]ipv6 enable
[AR2-GigabitEthernet0/0/0]ipv6 address fd12::2 64
```

```
[AR2-GigabitEthernet0/0/0]quit
[AR2]interface gigabitethernet 0/0/1
[AR2-GigabitEthernet0/0/1]ipv6 enable
[AR2-GigabitEthernet0/0/1]ipv6 address fd00::2 64
```

例 8-19 展示的命令已经展示过，这里不做解释。在配置好 IPv6 地址后，管理员可以使用 **display ipv6 interface brief** 命令来查看路由器上配置了 IPv6 地址的接口。这条命令的输出信息见例 8-20。

例 8-20　查看 AR1 和 AR2 上配置的 IPv6 地址

```
[AR1]display ipv6 interface brief
*down: administratively down
(l): loopback
(s): spoofing
Interface                    Physical          Protocol
GigabitEthernet0/0/0         up                up
[IPv6 Address] FD12::1

[AR2]display ipv6 interface brief
*down: administratively down
(l): loopback
(s): spoofing
Interface                    Physical          Protocol
GigabitEthernet0/0/0         up                up
[IPv6 Address] FD12::2
GigabitEthernet0/0/1         up                up
[IPv6 Address] FD00::2
```

在例 8-20 中，**display ipv6 interface brief** 命令的输出信息会以每两行对应一个接口的格式，展示接口上配置的 IPv6 地址及接口的物理状态和协议状态。从例 8-20 所示的命令输出内容中我们可以看出，AR1 的接口 G0/0/0 启用了 IPv6 并配置了 IPv6 地址 FD12::1，AR2 的接口 G0/0/0 启用了 IPv6 并配置了 IPv6 地址 FD12::2，G0/0/1 配置了 IPv6 地址 FD00::2，这些接口的物理状态和协议状态也都是 UP 的。

配置好接口的 IPv6 地址后，AR1 与 AR2 能够通过各自的接口 G0/0/0 进行通信，这是因为这两个接口连接在同一个 IPv6 网段中。但 AR1 无法与 AR2 的接口 G0/0/1 进行通信，这是因为 AR1 上没有去往 FD00::/64 的路由。在这里，我们的工作就是通过 RIPng 让 AR1 能够学到这条路由，具体的配置命令见例 8-21。

例 8-21　在 AR1 和 AR2 上配置 RIPng

```
[AR1]ripng 1
[AR1-ripng-1]quit
[AR1]interface gigabitethernet 0/0/0
```

```
[AR1-GigabitEthernet0/0/0]ripng 1 enable
```

```
[AR2]ripng 1
[AR2-ripng-1]quit
[AR2]interface gigabitethernet 0/0/0
[AR2-GigabitEthernet0/0/0]ripng 1 enable
[AR2-GigabitEthernet0/0/0]quit
[AR2]interface gigabitethernet 0/0/1
[AR2-GigabitEthernet0/0/1]ripng 1 enable
```

RIPng 的配置逻辑与 RIPv1/RIPv2 一样,管理员首先要在系统视图中启用 RIPng 进程(进程 ID 的取值范围是 1~65535,本例中都使用进程 1)。在系统视图中,管理员需要使用 **ripng** *process-id* 命令来启用 RIPng 进程。接下来,管理员进入需要参与 RIPng 路由的接口,在接口视图中使用 **ripng** *process-id* **enable** 命令启用相应的 RIPng 进程。

管理员可以使用 **display ripng** 命令查看 RIPng 的相关信息,其中包括 RIPng 的进程 ID 和各种计时器值等信息。例 8-22 展示了这条命令的输出内容。

例 8-22 在 AR1 上查看 RIPng 信息

```
[AR1]display ripng
Public vpn-instance
   RIPng process : 1
      Preference       : 100
      Checkzero        : Enabled
      Default-cost     : 0
      Maximum number of balanced paths: 8
      Update time    : 30 sec    Age time   : 180 sec
      Garbage-collect time : 120 sec
      Number of periodic updates sent : 67
      Number of trigger updates sent : 0
      Number of routes in database   : 2
      Number of interfaces enabled   : 1
      Total number of routes : 1
      Total number of routes in ADV DB is : 2

  Total count for 1 process :
     Number of routes in database : 2
     Number of interfaces enabled : 1
     Number of routes sendable in a periodic update  : 2
     Number of routes sent in last periodic update   : 1
```

除了这条命令,管理员还可以使用 **display ripng** *process-id* **neighbor** 命令来查看路由器上的 RIPng 邻居简要信息,也可以在这条命令后添加关键字 **verbose** 来查看邻居的详细信息。例 8-23 展示了这两条命令的输出内容。

例 8-23　在 AR1 上查看 RIPng 邻居

```
[AR1]display ripng 1 neighbor
Neighbor : FE80::2E0:FCFF:FE37:6211 GigabitEthernet0/0/0
    Protocol : RIPNG
[AR1]display ripng 1 neighbor verbose
Neighbor : FE80::2E0:FCFF:FE37:6211 GigabitEthernet0/0/0
    Protocol : RIPNG
    Number of Active routes     : 1
    Number of routes in garbage : 0
```

通过例 8-23 第 1 条命令的输出内容我们可以看出，RIPng 是通过链路本地地址来标识邻居的，与此同时这条命令还显示了 AR1 是通过哪个接口（G0/0/0）建立的这个 RIPng 邻居。从第 2 条命令中我们可以看到 RIPng 路由的汇总计数，但这条命令的输出信息并不会展示具体的路由条目。管理员需要使用例 8-24 展示的命令来查看 RIPng 路由。

例 8-24　在 AR1 上查看 RIPng 路由

```
[AR1]display ripng 1 route
  Route Flags: R - RIPng
             A - Aging, G - Garbage-collect
-------------------------------------------------------------------------------
Peer FE80::2E0:FCFF:FE37:6211 on GigabitEthernet0/0/0
Dest FD00::/64,
    via FE80::2E0:FCFF:FE37:6211, cost  1, tag 0, RA, 21 Sec
```

通过例 8-24 所示命令 **display ripng 1 route**，管理员可以查看路由器通过 RIPng 学到的路由，并且可以了解这条路由是通过哪个 RIPng 邻居学到的。

通过查看 IPv6 路由表，管理员可以查看被放入路由表的 RIPng 路由。在例 8-25 中，我们使用了关键字 **protocol ripng** 让路由器只显示通过 RIPng 学到的 IPv6 路由。

例 8-25　在 AR1 上查看 IPv6 路由表中的 RIPng 路由

```
[AR1]display ipv6 routing-table protocol ripng
Public Routing Table : RIPng
Summary Count : 1

RIPng Routing Table's Status : < Active >
Summary Count: 1

Destination : FD00::                      PrefixLength : 64
NextHop    : FE80::2E0:FCFF:FE37:6211     Preference  : 100
Cost       : 1                            Protocol    : RIPng
RelayNextHop: ::                          TunnelID    : 0x0
```

```
Interface    : GigabitEthernet0/0/0              Flags      : D
RIPng Routing Table's Status : < Inactive >
Summary Count: 0
```

从例 8-25 所示的命令输出内容中我们可以看出，在目的地址为 FD00::/64 的 IPv6 路由条目中，AR1 在下一跳部分记录的是 AR2 接口 G0/0/0 的链路本地地址。现在，AR1上已经有了去往 FD00::/64 的路由。下面，我们通过 AR1 向 AR2 接口 G0/0/1 发起 ping测试，验证当前网络的连通性。例 8-26 展示了测试的结果。

例 8-26　验证网络连通性

```
[AR1]ping ipv6 fd00::2
  PING fd00::2 : 56  data bytes, press CTRL_C to break
    Reply from FD00::2
    bytes=56 Sequence=1 hop limit=64  time = 770 ms
    Reply from FD00::2
    bytes=56 Sequence=2 hop limit=64  time = 220 ms
    Reply from FD00::2
    bytes=56 Sequence=3 hop limit=64  time = 160 ms
    Reply from FD00::2
    bytes=56 Sequence=4 hop limit=64  time = 140 ms
    Reply from FD00::2
    bytes=56 Sequence=5 hop limit=64  time = 120 ms

--- fd00::2 ping statistics ---
  5 packet(s) transmitted
  5 packet(s) received
  0.00% packet loss
  round-trip min/avg/max = 120/282/770 ms
```

例 8-26 中命令的输出信息显示测试成功，AR1 与 AR2 之间通过 RIPng 实现了全网路由。

8.3　OSPFv3 的配置

目前，在 IPv4 环境中，我们使用的 OSPF 版本是 OSPFv2，在 IPv6 环境中我们使用的 OSPF 版本则是 OSPFv3。在本节中，我们会通过对比 OSPFv2，介绍一些与 OSPFv3相关的重要信息，同时演示如何在华为路由器上配置 OSPFv3。

我们还是先来说明一下 OSPFv3 与 OSPFv2 之间的区别与共性，再通过案例的形式展示如何在华为路由器上配置 OSPFv3，让路由器之间相互学习 IPv6 路由信息。

8.3.1　OSPFv3 与 OSPFv2 的比较

在本小节中，我们以清单的形式来说明 OSPFv3 与 OSPFv2 的共同点和区别。

概括地说，OSPFv3 继承了 OSPFv2 中的以下特点。

① 协议类型：链路状态型路由协议。

② 度量参数：以接口带宽值作为变量来计算接口开销，每条路由的开销是路径中所有出站接口开销的累加值。

③ 如何决定最优路由：使用最短路径优先（SPF）算法。

④ 路由器 ID：长度为 32 比特，以点分十进制格式表示。在 OSPFv3 中，这不再是接口的 IPv6 地址，但格式仍保留了 OSPFv2 中的定义。

⑤ 区域的概念：在 OSPFv3 中也使用区域的概念，这一点与 OSPFv2 相同。所有区域必须连接骨干区域（区域 0），未与骨干区域直接相连的区域需要通过虚链路连接到骨干区域。

⑥ 5 种 OSPF 数据包类型：Hello 包、数据库描述（DD）包、链路状态请求（LSR）包、链路状态更新（LSU）包和链路状态确认（LSAck）包。OSPFv3 与 OSPFv2 都使用相同的 5 种类型数据包，它们的作用与发送条件也完全相同，但数据包格式是有区别的。关于具体的数据包格式和区别，我们不做详述，但在后文中会展示 OSPFv3 数据包头部的结构，并与 OSPFv2 数据包头部的结构进行对比。

⑦ 邻居关系的发现与维护：如何发现邻居并建立邻接关系的机制与 OSPFv2 相同。比如在广播和 NBMA 链路上选举指定路由器（DR）和备份指定路由器（BDR）的机制。

⑧ 5 种网络类型（接口类型）：点到点、广播、非广播多路访问（NBMA）、点到多点和虚链路。

⑨ 邻居状态机：OSPF 邻居状态的过渡事件与 OSPFv2 相同。

通过上面内容我们发现，OSPFv3 与 OSPFv2 的共性还是很多的，其中最大的共性是这两个协议的整体架构是相同的。当然，由于 IP 的版本有所不同，因此 OSPFv3 也根据 IPv6 的特点对 OSPFv2 进行了各方面的改进。总体而言，OSPFv3 与 OSPFv2 的区别有以下几点。

① OSPFv3 的处理是基于链路的，而 OSPFv2 的处理是基于 IP 子网的。在 IPv6 环境中，设备的一个接口上可以配置多个 IPv6 地址，也就是一个接口可以连接多个 IPv6 网络。两台直连 IPv6 设备之间的通信可以通过链路本地地址实现，因此哪怕它们并没有连接在相同的 IPv6 网络（相同的 IPv6 前缀）中，也可以建立 OSPFv3 邻接关系。

② OSPFv3 数据包类型和主要的链路状态公告（Link State Announcement，LSA）中移除了 IP 地址这一概念，这种做法带来的影响如下。

- OSPFv3 RID（路由器 ID）、区域 ID 仍为 32 比特，也都使用点分十进制格式，但 RID 不再来自 IPv6 地址。
- OSPFv3 总是使用 RID 来识别邻居路由器。在 OSPFv2 中，有时会使用 IPv4 地址来识别邻居设备，比如在广播、NBMA 和点到多点链路上。
- OSPFv3 数据包和主要的 LSA 中不再包含 IPv6 地址信息，当然 LSU 包的 LSA 负载中还是会包含指明该路由下一跳地址的 IPv6 地址。

③ 使用链路本地地址发送 OSPFv3 数据包：OSPFv3 数据包使用路由器接口的链路本地地址作为源地址。一条链路上的所有其他路由器都会学到对方的链路本地地址，并在转发数据包的过程中，把这个地址作为下一跳地址。但虚链路是个例外，在建立虚链路邻接关系时，路由器必须使用全局可路由的 IPv6 地址作为 OSPF 数据包的源地址。

④ OSPFv3 移除了认证功能：OSPFv3 不再支持认证功能，因此 OSPF 数据包头部中与认证相关的字段也一并被移除。我们会在后文中展示 OSPFv3 使用的数据包头部格式。OSPFv3 不再支持认证的理由与 RIPng 相同，鉴于我们在前文中已经对此进行了说明，这里不再赘述。

⑤ OSPFv3 数据包格式和 LSA 格式发生了变化。接下来本小节只展示 OSPFv3 数据包头部的结构，如图 8-7 所示。各种类型的 OSPFv3 数据包和 LSA 格式超出了本书范畴，故不介绍。

图 8-7　OSPFv3 数据包头部的结构

下面，我们来依次说明 OSPFv3 数据包头部结构中各个字段的作用。

① **版本**：作用是标识该 OSPF 消息使用的 OSPF 版本，也就是值为 3。

② **类型**：5 种类型及对应的类型字段取值分别如下。

- 类型字段取值为 1：Hello 消息。
- 类型字段取值为 2：DD 消息。
- 类型字段取值为 3：LSR 消息。
- 类型字段取值为 4：LSU 消息。
- 类型字段取值为 5：LSAck 消息。

③ **数据包长度**：以字节为单位，标识了 OSPFv3 数据包的长度，这个长度包含 OSPFv3 数据包头部。

④ **路由器 ID**：就是一台 OSPFv3 路由器在 OSPFv3 网络中的身份，路由器 ID 的长

度为 32 比特。OSPFv3 路由器只会使用路由器 ID 来标识邻居。

⑤ **区域 ID**：标识了 OSPFv3 数据包所属的 OSPFv3 区域，区域 ID 的长度为 32 比特。所有 OSPFv3 数据包都属于且只属于一个区域。通过虚链路传输的数据包会标识骨干区域 ID，即 0。

⑥ **校验和**：作用与 OSPFv2 头部校验和的作用相同，接收方路由器会通过 OSPFv3 头部的校验和字段校验整个 OSPFv3 数据包，而不只是校验头部。

OSPFv2 的头部封装中包含了上述的所有字段，并且字段的长度和功能没有太大区别。不过，OSPFv2 的后续字段与认证相关。鉴于 OSPFv3 移除了认证功能，因此 OSPFv3 的头部封装以实例 ID 字段代之。

⑦ **实例 ID**：OSPFv3 是基于链路的。不仅如此，OSPFv3 能够在一条链路上运行多个 OSPFv3 实例，每个实例都使用一个唯一的实例 ID；实例 ID 只在链路本地有意义。如果路由器在查看接收到的 OSPFv3 数据包时，发现这个数据包的实例 ID 与接收接口的实例 ID 不匹配，它就会丢弃这个数据包。

⑧ **保留**：当前保留字段的值恒为 0。

OSPF 作为一项功能强大且较为复杂的动态路由协议，两个版本之间的区别不是短短的篇幅就能说清的。在现阶段的学习中，我们对 OSPFv3 中的继承和变更进行了简单介绍，以便让读者对 OSPFv3 有一个大致的了解。接下来，我们会通过一个简单的环境，介绍如何在华为路由器上部署 OSPFv3。

8.3.2 OSPFv3 的配置

本小节中我们会使用图 8-8 所示拓扑来展示 OSPFv3 的配置。在这个案例中，我们会配置两个 OSPF 区域：区域 0（骨干区域）和区域 13。

图 8-8　OSPFv3 的配置拓扑

如图 8-8 所示，AR1 作为区域边界路由器，分别连接区域 0 和区域 13。图 8-8 中 3 台路由器上的所有接口都参与 OSPFv3 路由，管理员的任务是通过部署 OSPFv3 使全网互通。

首先，我们还是需要在每台路由器上启用 IPv6，并在接口上配置 IPv6 地址。例 8-27
展示了相关配置命令。

例 8-27　在 3 台路由器上配置接口 IPv6 地址

```
[AR1]ipv6
[AR1]interface gigabitethernet 0/0/0
[AR1-GigabitEthernet0/0/0]ipv6 enable
[AR1-GigabitEthernet0/0/0]ipv6 address fd12::1 64
[AR1-GigabitEthernet0/0/0]quit
[AR1]interface gigabitethernet 0/0/1
[AR1-GigabitEthernet0/0/1]ipv6 enable
[AR1-GigabitEthernet0/0/1]ipv6 address fd13::1 64

[AR2]ipv6
[AR2]interface gigabitethernet 0/0/0
[AR2-GigabitEthernet0/0/0]ipv6 enable
[AR2-GigabitEthernet0/0/0]ipv6 address fd12::2 64
[AR2-GigabitEthernet0/0/0]quit
[AR2]interface gigabitethernet 0/0/1
[AR2-GigabitEthernet0/0/1]ipv6 enable
[AR2-GigabitEthernet0/0/1]ipv6 address fd22::2 64

[AR3]ipv6
[AR3]interface gigabitethernet 0/0/0
[AR3-GigabitEthernet0/0/0]ipv6 enable
[AR3-GigabitEthernet0/0/0]ipv6 address fd33::3 64
[AR3-GigabitEthernet0/0/0]quit
[AR3]interface gigabitethernet 0/0/1
[AR3-GigabitEthernet0/0/1]ipv6 enable
[AR3-GigabitEthernet0/0/1]ipv6 address fd13::3 64
```

在配置好接口 IPv6 地址后，管理员可以通过 **display ipv6 interface brief** 命令查看接
口的 IPv6 地址配置，也可以通过 **ping ipv6** 命令来测试一下直连链路的连通性，以保证
IPv6 地址配置无误。

接着，我们需要在全局启用 OSPFv3，并把接口加入相应的 OSPFv3 区域，例 8-28
展示了相关配置命令。

例 8-28　在 3 台路由器上配置 OSPFv3

```
[AR1]ospfv3 1
[AR1-ospfv3-1]router-id 1.1.1.1
[AR1-ospfv3-1]quit
[AR1]interface gigabitethernet 0/0/0
[AR1-GigabitEthernet0/0/0]ospfv3 1 area 0
```

```
[AR1-GigabitEthernet0/0/0]quit
[AR1]interface gigabitethernet 0/0/1
[AR1-GigabitEthernet0/0/1]ospfv3 1 area 13
```

```
[AR2]ospfv3 1
[AR2-ospfv3-1]router-id 2.2.2.2
[AR2-ospfv3-1]quit
[AR2]interface gigabitethernet 0/0/0
[AR2-GigabitEthernet0/0/0]ospfv3 1 area 0
[AR2-GigabitEthernet0/0/0]quit
[AR2]interface gigabitethernet 0/0/1
[AR2-GigabitEthernet0/0/1]ospfv3 1 area 0
```

```
[AR3]ospfv3 1
[AR3-ospfv3-1]router-id 3.3.3.3
[AR3-ospfv3-1]quit
[AR3]interface gigabitethernet 0/0/0
[AR3-GigabitEthernet0/0/0]ospfv3 1 area 13
[AR3-GigabitEthernet0/0/0]quit
[AR3]interface gigabitethernet 0/0/1
[AR3-GigabitEthernet0/0/1]ospfv3 1 area 13
```

在例 8-28 中，我们使用配置了 **ospfv3 1** 命令，这条命令的作用是创建 OSPFv3 进程 1，并让管理员进入 OSPFv3 进程 1 视图。这条命令的句法为 **ospfv3** *process-id*，其中，*process-id* 的取值范围是 1～65535。

在 OSPFv3 视图中，我们使用 **router-id** *router-id* 命令手动指定了每台路由器的 OSPFv3 RID（路由器 ID）。在 OSPFv3 中，路由器 ID 的长度与 OSPFv2 路由器 LD 的长度相同，都是 32 比特，并且也是以点分十进制的格式展示的。

接下来，我们进入了相应接口的接口视图，使用 **ospfv3** *process-id* **area** *area-id* 命令让接口加入相应的区域。在 OSPFv3 中，区域 ID 的长度也与 OSPFv2 区域 ID 的长度相同，都是 32 比特，并且也是以点分十进制格式展示的。管理员在配置时可以使用十进制格式来简化输入的字符数量，比如我们在上面的示例中就直接输入了十进制数字 0 和 13。

等 OSPFv3 邻居建立后，管理员可以使用 **display ospfv3 peer** 命令来查看建立好的 OSPFv3 邻居关系。例 8-29 展示了分别在这 3 台路由器上输入相同命令后的输出内容。

例 8-29　在 3 台路由器上输入 display ospfv3 peer 命令

```
[AR1]display ospfv3 peer
OSPFv3 Process (1)
OSPFv3 Area (0.0.0.0)
Neighbor ID      Pri    State     Dead Time    Interface    Instance ID
2.2.2.2          1      Full/DR   00:00:36     GE0/0/0               0
```

```
OSPFv3 Area (0.0.0.13)
Neighbor ID          Pri   State          Dead Time   Interface    Instance ID
3.3.3.3              1     Full/Backup 00:00:31        GE0/0/1                0

[AR2]display ospfv3 peer
OSPFv3 Process (1)
OSPFv3 Area (0.0.0.0)
Neighbor ID          Pri   State          Dead Time   Interface    Instance ID
1.1.1.1              1     Full/Backup 00:00:33        GE0/0/0                0

[AR3]display ospfv3 peer
OSPFv3 Process (1)
OSPFv3 Area (0.0.0.13)
Neighbor ID          Pri   State          Dead Time   Interface    Instance ID
1.1.1.1              1     Full/DR        00:00:35     GE0/0/1                0
```

　　下面，我们以例 8-29 所示内容的阴影部分为例，简单说明 OSPFv3 邻居的输出信息。
　　首先，命令输出的第一行信息显示了 OSPFv3 进程 ID，下一行显示了 OSPF 区域 ID。注意，VRP 系统显示的 OSPF 区域 ID 格式为点分十进制，区域 0.0.0.0 也就是区域 0。如果一台路由器参与了多个 OSPFv3 区域的路由，那么在这条命令的输出内容中，路由器就会按照区域 ID 数值从小到大的顺序展示所有区域中的邻居信息。以 AR1 为例，在阴影部分结束之后，系统就开始展示另一个区域的邻居信息了。让我们再回到区域 0，这条命令其实展示的是 OSPFv3 邻居的简要信息。通过这些信息，我们可以看出邻居的路由器 ID 和邻居状态。如果想要查看邻居的详细信息，管理员需要使用关键字 **verbose**。例 8-30 以 AR1 为例，展示了 **display ospfv3 peer verbose** 命令的输出信息。

　　例 8-30　display ospfv3 peer verbose 命令的输出信息

```
[AR1]display ospfv3 peer verbose
OSPFv3 Process (1)

 Neighbor 2.2.2.2 is Full, interface address FE80::2E0:FCFF:FEFB:588D
     In the area 0.0.0.0 via interface GE0/0/0
     DR Priority is 1 DR is 2.2.2.2 BDR is 1.1.1.1
     Options is 0x000013 (-|R|-|-|E|V6)
     Dead timer due in 00:00:32
     Neighbour is up for 02:41:05
     Database Summary Packets List 0
     Link State Request List 0
     Link State Retransmission List 0
     Neighbour Event: 6
     Neighbour If Id : 0x3
 Neighbor 3.3.3.3 is Full, interface address FE80::2E0:FCFF:FE13:492C
```

```
In the area 0.0.0.13 via interface GE0/0/1
DR Priority is 1 DR is 1.1.1.1 BDR is 3.3.3.3
Options is 0x000013 (-|R|-|-|E|V6)
Dead timer due in 00:00:35
Neighbour is up for 02:16:33
Database Summary Packets List 0
Link State Request List 0
Link State Retransmission List 0
Neighbour Event: 5
Neighbour If Id : 0x4
```

例 8-30 展示了 **display ospfv3 peer verbose** 命令的输出信息，在这里我们只着重指出一点：在阴影部分中，我们可以看到接口地址（interface address）这一项是 OSPFv3 邻居接口的地址。也就是说，阴影中的接口地址是 AR2 接口 G0/0/0 的地址，且是这个接口的链路本地地址，而不是管理员手动配置的全局单播地址，所以，OSPFv3 是使用接口的链路本地地址来建立 OSPFv3 邻居的。这种做法可以避免网络地址在重新规划时，路由器的 OSPFv3 邻居状态随之出现变动。

在 **display ospfv3 interface** *interface-type interface-number* 命令的输出信息中，我们可以清晰地看到本地路由器建立 OSPFv3 邻居使用的 IPv6 地址，见例 8-31。

例 8-31　display ospfv3 interface g0/0/0 命令的输出信息

```
[AR1]display ospfv3 interface g0/0/0
GigabitEthernet0/0/0 is up, line protocol is up
  Interface ID 0x3
  Interface MTU 1500
  IPv6 Prefixes
    FE80::2E0:FCFF:FE47:5FFB (Link-Local Address)
    FD12::1/64
  OSPFv3 Process (1), Area 0.0.0.0, Instance ID 0
    Router ID 1.1.1.1, Network Type BROADCAST, Cost: 1
    Transmit Delay is 1 sec, State Backup, Priority 1
    Designated Router (ID) 2.2.2.2
    Interface Address FE80::2E0:FCFF:FEFB:588D
    Backup Designated Router (ID) 1.1.1.1
    Interface Address FE80::2E0:FCFF:FE47:5FFB
    Timer interval configured, Hello 10, Dead 40, Wait 40, Retransmit 5
      Hello due in 00:00:02
    Neighbor Count is 1, Adjacent neighbor count is 1
    Interface Event 3, Lsa Count 2, Lsa Checksum 0xe76a
    Interface Physical BandwidthHigh 0, BandwidthLow 1000000000
```

从例 8-31 命令输出内容的阴影部分中我们可以看到，AR1 接口 G0/0/0 上的 IPv6 前缀信息，其中 FE80::2E0:CFFF:FE47:5FFB 是路由器自动生成的链路本地地址，从地址后面的括号中也可以确认它是链路本地地址。

接着我们来确认一下 AR1 通过 OSPFv3 查看到的路由信息，见例 8-32。

例 8-32　查看 AR1 上的 OSPFv3 路由

```
[AR1]display ospfv3 routing

Codes : E2 - Type 2 External, E1 - Type 1 External, IA - Inter-Area,
        N - NSSA, U - Uninstalled

OSPFv3 Process (1)
    Destination                                              Metric
      Next-hop
    FD12::/64                                                  1
      directly connected, GigabitEthernet0/0/0
    FD13::/64                                                  1
      directly connected, GigabitEthernet0/0/1
    FD22::/64                                                  2
      via FE80::2E0:FCFF:FEFB:588D, GigabitEthernet0/0/0
    FD33::/64                                                  2
      via FE80::2E0:FCFF:FE13:492C, GigabitEthernet0/0/1
```

display ospfv3 routing 命令显示的是 AR1 通过 OSPFv3 查看到的所有路由信息，要注意这里展示的路由并不一定都是 IPv6 路由表中的可用路由。管理员可以使用 **display ipv6 routing-table protocol ospfv3** 命令来查看被放入 IPv6 路由表中的 OSPFv3 路由，见例 8-33。

例 8-33　在 AR1 上查看 IPv6 路由表中的 OSPFv3 路由

```
[AR1]display ipv6 routing-table protocol ospfv3
Public Routing Table : OSPFv3
Summary Count: 4

OSPFv3 Routing Table's Status : < Active >
Summary Count: 2

Destination : FD22::                    PrefixLength : 64
NextHop     : FE80::2E0:FCFF:FEFB:588D  Preference   : 10
Cost        : 2                         Protocol     : OSPFv3
RelayNextHop: ::                        TunnelID     : 0x0
Interface   : GigabitEthernet0/0/0      Flags        : D

Destination : FD33::                    PrefixLength : 64
NextHop     : FE80::2E0:FCFF:FE13:492C  Preference   : 10
```

```
Cost        : 2                          Protocol    : OSPFv3
RelayNextHop: ::                         TunnelID    : 0x0
Interface   : GigabitEthernet0/0/1       Flags       : D

OSPFv3 Routing Table's Status : < Inactive >
Summary Count: 2

Destination : FD12::                     PrefixLength: 64
NextHop     : ::                         Preference  : 10
Cost        : 1                          Protocol    : OSPFv3
RelayNextHop: ::                         TunnelID    : 0x0
Interface   : GigabitEthernet0/0/0       Flags       :

Destination : FD13::                     PrefixLength: 64
NextHop     : ::                         Preference  : 10
Cost        : 1                          Protocol    : OSPFv3
RelayNextHop: ::                         TunnelID    : 0x0
Interface   : GigabitEthernet0/0/1       Flags       :
```

从例 8-33 中我们可以看出，AR1 的 IPv6 路由表中被放入了 4 条 OSPFv3 路由，但只有两条非直连路由的状态是 Active。另两条既是 AR1 的直连路由，又是 AR1 从 OSPFv3 邻居学到的路由，因此它们的状态是 Inactive，这两条 OSPFv3 路由的开销（Cost）为 1。管理员在 AR1 上查看这两条通过直连学到的相同路由时，会发现它们的开销为 0。

现在 AR2 学习到了 OSPFv3 区域 13 中的所有路由。同样，AR3 也学习到了 OSPFv3 区域 0 中的所有路由。例 8-34 展示了 AR2 学到的所有 OSPFv3 路由。

例 8-34 查看 AR2 上的 OSPFv3 路由

```
[AR2]display ospfv3 routing

Codes : E2 - Type 2 External, E1 - Type 1 External, IA - Inter-Area,
        N - NSSA, U - Uninstalled

OSPFv3 Process (1)
   Destination                                   Metric
     Next-hop
     FD12::/64                                    1
       directly connected, GigabitEthernet0/0/0
 IA FD13::/64                                     2
       via FE80::2E0:FCFF:FE47:5FFB, GigabitEthernet0/0/0
     FD22::/64                                    1
       directly connected, GigabitEthernet0/0/1
 IA FD33::/64                                     3
       via FE80::2E0:FCFF:FE47:5FFB, GigabitEthernet0/0/0
```

从例 8-34 的命令输出内容中我们可以看出，FD13::/64 和 FD33::64 这两条 IPv6 路由的前面都标明了 IA，这表示它们是 OSPFv3 区域间路由。AR2 会把这两条区域间路由放入自己的 IPv6 路由表，并将其作为活跃（Active）路由来使用。例 8-35 展示了 AR2 的 IPv6 路由表。

例 8-35　AR2 上的 IPv6 路由表

```
[AR2]display ipv6 routing-table protocol ospfv3
Public Routing Table : OSPFv3
Summary Count    : 4

OSPFv3 Routing Table's Status : < Active >
Summary Count    : 2

Destination    : FD13::                       PrefixLength : 64
NextHop        : FE80::2E0:FCFF:FE9E:14D3     Preference   : 10
Cost           : 2                            Protocol     : OSPFv3
RelayNextHop   : ::                           TunnelID     : 0x0
Interface      : GigabitEthernet0/0/0         Flags        : D

Destination    : FD33::                       PrefixLength : 64
NextHop        : FE80::2E0:FCFF:FE9E:14D3     Preference   : 10
Cost           : 3                            Protocol     : OSPFv3
RelayNextHop   : ::                           TunnelID     : 0x0
Interface      : GigabitEthernet0/0/0         Flags        : D

OSPFv3 Routing Table's Status : < Inactive >
Summary Count    : 2

Destination    : FD12::                       PrefixLength : 64
NextHop        : ::                           Preference   : 10
Cost           : 1                            Protocol     : OSPFv3
RelayNextHop   : ::                           TunnelID     : 0x0
Interface      : GigabitEthernet0/0/0         Flags        :

Destination    : FD22::                       PrefixLength : 64
NextHop        : ::                           Preference   : 10
Cost           : 1                            Protocol     : OSPFv3
RelayNextHop   : ::                           TunnelID     : 0x0
Interface      : GigabitEthernet0/0/1         Flags        :
```

从例 8-35 中我们可以看出，两条非直连 IPv6 路由的状态是 Active，另两条既是 AR2 的直连路由，又是 AR2 从 OSPFv3 邻居（AR1）学到的路由，因此它们的状态是 Inactive，这两条 OSPFv3 路由的开销（Cost）为 1。管理员在 AR2 上查看这两条通过直连学到的相同路由时，会发现它们的开销为 0。

我们可以推断出 AR3 学到的 IPv6 路由和它放入 IPv6 路由表的路由条目（状态为 Active）。我们在这里不再展示 AR3 上的相关信息，读者可以在实验练习的过程中检验自己的推测结果是否正确。

8.4　本章总结

在本章中，我们以 IPv6 路由的配置为重点，介绍了 IPv6 路由的相关内容，其中包括 IPv6 静态路由、RIPng 和 OSPFv3。

在 IPv6 静态路由部分，我们介绍了如何在华为路由器上配置 IPv6 静态路由，并且展示了 IPv6 默认路由的配置，以及 IPv6 汇总路由的计算和配置方法。

接下来，我们介绍了两种动态路由协议的 IPv6 版本：RIPng 和 OSPFv3。当然除了这两个路由协议，IPv6 环境中还可以部署其他动态路由协议。

在 8.2 节中，我们讲述了 RIPng 与 RIPv2 的异同，并通过案例的形式展示了 RIPng 的配置和验证方法。在 8.3 节中，我们按照 8.2 节的结构，首先讲述了 OSPFv3 与 OSPFv2 的异同，然后通过案例展示了华为路由器上 OSPFv3 的配置和验证方法。

8.5　练习题

一、选择题

1. 在 IPv6 环境中配置 IPv6 静态路由时，如果路由 FD00:8AB:17DE::/64 的下一跳 IPv6 地址是 FD00::10，出站接口是 G1/0/0，那么管理员可以使用以下哪些配置命令？（多选）（　　）

A．ipv6 route-static fd00:8ab:17de:: 64 g1/0/0

B．ipv6 route-static fd00:8ab:17de:: 64 fd00::10

C．ipv6 route-static fd00:8ab:17de:: 64 g1/0/0 fd00::10

D．直连路由，不需要配置静态路由命令

2. RIPng 和 OSPFv3 分别属于哪种类型的动态路由协议？（　　）

A．距离矢量型动态路由协议，链路状态型动态路由协议

B．路径矢量型动态路由协议，链路状态型动态路由协议

C．距离矢量型动态路由协议，增强型距离矢量型动态路由协议

D．路径矢量型动态路由协议，增强型距离矢量型动态路由协议

3. 以下有关 RIPng 的说法中，正确的是哪些？（多选）（　　）

A．RIPng 使用 UDP 520 端口发送和接收路由信息

B．RIPng 使用组播 IPv6 地址 FF00::9 作为目的地址发送路由更新

C．RIPng 使用链路本地地址作为源地址发送路由更新

D．一个 RIPng 消息中能够携带的路由条目的数量取决于网络中的 MTU

4．RIPng 与 RIPv2 在以下哪个方面有所区别？（　　　）

A．路由更新方式　　　　　　　　B．防环机制

C．消息类型　　　　　　　　　　D．度量参数

E．以上答案均不正确

5．RIPng 会使用以下哪种地址作为路由的下一跳地址？（　　　）

A．全局单播地址　　　　　　　　B．唯一本地地址

C．链路本地地址　　　　　　　　D．以上答案都正确

6．OSPFv3 与 OSPFv2 在以下哪些方面有所区别？（多选）（　　　）

A．网络类型（接口类型）　　　　B．发送路由更新消息使用的目的组播地址

C．OSPF 消息格式　　　　　　　D．支持的认证方式

7．管理员在路由器上配置了命令 ospfv3 1 area 13，其中的 "1" 表示什么？（　　　）

A．路由器 ID　　　　　　　　　B．OSPF 的进程 ID

C．接口 ID　　　　　　　　　　D．区域 ID

二、判断题

1．在创建 IPv6 静态路由时，如果目的地址和掩码为全 0，则表示配置的是 IPv6 默认路由。

2．OSPFv2 中的路由器 ID 为 32 位，OSPFv3 中的路由器 ID 为 128 位。

3．在 OSPFv3 中，OSPF 接口的默认开销与 OSPFv2 中是相同的。

第 9 章
网络安全技术

随着网络日渐渗透到人们生活中的方方面面，人们对网络的依赖性变得越来越强烈。人们向网络中发送的数据不再是聊天室中那些话语，而是包含了许多与我们的身份证件、银行账户、投资理财账户有关的重要信息。各类企业网络中传递的也不只是通知会议时间和待办事务的电子邮件：医院内部网络中传输的可能是手术患者的疾病治疗史与药物过敏史的资料，机场内部网络中传输的可能是塔台关于航班起降调度的高度与时间的信息。随着物联网时代的到来，网络中还会传递越来越多联网设备的控制信息。

如果最初网络攻击只是网络爱好者们的一种炫技方式，目的也不过是在满足自己好奇心的同时收获一点小小的虚荣，那么时至今日，网络攻击已经演变成一项会影响人们个人信息安全、资产安全和人身安全的重大问题。因此网络安全没有理由不引起人们的重视。

在本章中，考虑到网络安全技术变化速度快、设备（操作系统版本）依赖性强等特点，为了避免读者学习到的内容只适用于极少数特殊场合或者很快会过时，我们只从网络安全技术中选取了两项在各类网络中都普遍适用（而且短期内不可能被淘汰）的技术框架（即 AAA 和 IPSec）进行介绍。首先，我们会从如何使用 AAA 来确保设备管理访问的可靠性开始介绍，同时演示如何在华为设备本地或者通过远程服务器对设备的管理员进行身份认证。接下来，我们会对 IPSec 这个比较复杂的技术框架进行介绍，其中包括 IPSec 这个框架所包含的内容、IPSec 框架中各组成成分为保护数据传输而提供的服务、IKE 协商建立 SA 的流程、IPSec 的封装协议与封装方式、网络设备封装与解封装数据包的大致流程，以及如何在两台华为设备之间配置建立 IPSec VPN。最后，我们会摆脱具体的技术视角，从更加宏观的角度看待安全问题，解释构成安全的三大要素和 TCP/IP 模型的各层中有可能出现的网络攻击方式。

学习目标

- 了解 AAA 所包含的内容；
- 理解 RADIUS 协议的封装方式及工作原理；
- 掌握在华为设备上配置本地认证与调试本地授权的方式；
- 理解通过 AAA 服务器为华为设备的管理员提供认证的方式；
- 理解 IPSec 的大体框架；
- 掌握 IPSec 两种封装方式的异同；
- 掌握 IKE 阶段 1（主模式）的协商流程；
- 掌握 IKE 阶段 2 的协商流程；
- 掌握 ESP 协议提供的服务和 ESP 的封装方式；
- 了解 AH 协议提供的服务和 AH 的封装方式；
- 理解路由器使用 ESP 作为 IPSec 封装协议时加解密数据包的流程；
- 理解 GRE 协议的原理与封装方式；
- 掌握 IPSec VPN 的配置方式；
- 理解 CIA 三要素的内容，即它们各自的表意；
- 了解 TCP/IP 模型的各层中常见的安全问题。

9.1 AAA 工作原理

你会允许陌生人在你不在场的情况下随便使用你的手机吗？我想你不会，因为我们都知道这样太不安全了。网络设备当然不能任由局外人来进行管理，只有负责设备管理的人才能参与设备管理，这是一切网络安全、信息安全、数据安全的基本前提。如果任何人都可以管理设备，然后让设备根据自己的目的执行操作，那么在这些设备上实施再好的安全策略也是形同虚设。

你会允许不熟悉的人在你不在场的情况下随便使用你的计算机吗？我想你也许会，前提是你给自己的计算机设置了一个访客账户，并且给访客账户设置了有限的访客权限。网络设备管理也可以采取这样的办法，即给不同的管理员分配不同的账户，每个账户拥有不同的管理权限。

你想了解不熟悉的人在你不在场时，在你的计算机上执行了哪些操作吗？我想你有可能会，尤其是你的计算机在对方使用之后出现问题的情况下。对于部署在复杂环境中的网络设备来说，记录和观察设备各个用户所做的管理操作尤为重要。

既然网络安全对上面这些需求如此重要，我们当然要对这些功能所对应的技术进行一番介绍说明。

9.1.1 AAA 简介

AAA 既不是一项协议，也不是一项技术，而是 3 项独立安全功能的总称，这 3 项安全功能分别为认证（Authentication）、授权（Authorization）和审计（Accounting）。在配置 Telnet 和 SSH 协议时，我们只用到了 AAA 中的第一个 A，也就是认证。下面，我们分别对这 3 个 A 的表意进行简单的说明。

① **认证**：通过 SSH 的实验，读者应该理解了认证功能的作用。认证功能旨在通过用户提供的用户名、密码等信息来区分其是否有权限访问（正在试图访问的）资源。也就是说，认证就是健身俱乐部的会员卡，前台会在人们进入健身俱乐部时查验会员卡。只有那些有卡的人员才可以使用健身俱乐部中的健身器械。

② **授权**：旨在根据用户的属性（比如用户名）来区分其有权限执行哪些操作。VRP系统是区分用户等级和命令等级的，不同级别的用户可以执行不同级别的命令，这种根据用户级别决定其可以执行的操作管理就属于授权功能的范畴。也就是说，授权是根据健身卡的等级来判断一位会员是否有权使用健身资源，银牌会员只能操作跑步机区域的设备，金牌会员可以使用跑步机区域、组合器械区域和自由器械区域内的设备，白金会员在金牌会员权限的基础上还可以使用游泳池，钻石会员在白金会员权限的基础上可以使用网球场，这就属于授权功能的范畴。

③ **审计**：在这里可以翻译为记账或者计费。审计功能旨在记录各个用户在访问期间所执行的操作。审计的功能超出了本书的范围，这里不进行过多介绍，实验中也不进行演示。

注释：

本书以审计作为 Accounting 的翻译，以计费作为 Billing 的翻译。

网络设备可以通过两种不同的方式对发起管理访问的用户执行认证、授权和审计，其中一种方式是在本地完成的，如图 9-1 所示。也就是说，网络设备通过自己本地数据库中的信息来完成身份验证、权限指定和操作记录。

另一种方式是通过外部的 AAA 服务器来完成的。当用户向网络设备发起管理访问时，网络设备向位于指定地址的 AAA 服务器发送查询信息，让 AAA 服务器判断是否允许这位用户访问，以及这位用户拥有什么权限，如图 9-2 所示。

在图 9-2 所示的环境中，管理员访问路由器时使用的是 Telnet 或 SSH 这类远程管理协议。然而，被管理设备与 AAA 服务器之间通信时使用的又是什么协议呢？关于这个问题，我们留待后文再进行解释。

图 9-1　本地 AAA 的工作方式示意

图 9-2　通过 AAA 服务器执行 AAA 的工作方式示意

9.1.2　RADIUS 协议简介

在实际网络环境中，确实有不少设备在本地执行 AAA 功能。然而，当网络中有大量设备需要管理，同时网络中又需要部署大量不同级别的用户时，管理员就需要逐个设备进行配置。当与 AAA 相关的配置需要修改时，管理员还需要逐个设备进行修改。这样不仅会增加管理员的工作负担，同时还会增加配置错误的概率。

与在设备本地执行 AAA 功能相比，通过 AAA 服务器为网络集中提供 AAA 服务最直接的优势来源于扩展性。因此，在中等及以上规模网络中，图 9-2 所示的这种依靠 AAA 服务器集中提供 AAA 服务的做法更加常见。在这种环境中，人们当然需要定义一种被访问设备/资源与 AAA 服务器之间通信的标准。而我们在本小节中要进行介绍的远程身份认证拨号用户服务（Remote Authentication Dial-in User Service，RADIUS）协议，就定义了 AAA 服务器为被访问设备/资源提供 AAA 相关通信服务的标准。

注释：

在认证访问环境中，被访问设备一般被称为网络接入服务器（Network Access Server，NAS）。不过，NAS 虽然名为服务器，但它在 AAA 通信环境中扮演的角色显然是 RADIUS 客户端，AAA 服务器才是 RADIUS 服务器。由于我们担心第一次接触这个概念的用户容易根据字面意思，将 NAS 理解为 RADIUS 服务器或者 AAA 服务器，因此我们在后文中还是会继续使用表意更加明确的被访问设备一词。

RADIUS 协议是一项通过 UDP 提供传输层服务的应用层协议。最初，RADIUS 服务器通过 1645 端口提供认证和授权服务，通过 1646 端口提供审计服务。但由于这两个端口分别与另外两个协议的常用端口号相冲突，因此 **RADIUS 目前通过 1813 端口提供认证和授权服务，通过 1814 端口提供审计服务。** RADIUS 消息封装格式如图 9-3 所示。

图 9-3　RADIUS 消息封装格式

学习到这个阶段的读者应该已有能力判断出前 3 个字段的作用。在前 3 个字段中，代码字段的作用是标识这个 RADIUS 消息的类型；标识符字段的作用是标识 RADIUS 请求消息与响应消息之间的对应关系；数据长度字段的作用则是标识（包含图 9-3 所示全部字段的）整个 RADIUS 消息的长度。

除了这 3 个字段，认证码字段的作用是让被访问设备（如图 9-2 中的路由器）认证其接收到的响应消息是否由它请求的那台 AAA 服务器（如图 9-2 中的 AAA 服务器）响应的。当 AAA 服务器响应一台被访问设备时，它会使用请求消息中的加密密钥与响应数据一起计算出一个 MD5 散列值。被访问设备在接收到来自 AAA 服务器的响应消息时，它也会同样使用响应消息中的值与自己之前发送给 AAA 服务器的共享密钥计算出一个 MD5 散列值。如果两个值相等，则表示这个响应消息不是由未授权设备伪装的 AAA 服务器发送的响应消息。

属性字段是一个可变长度字段。一个 RADIUS 消息中可以包含多个属性字段。其中每个属性字段包含 4 比特的类型字段（用来标识这个属性字段携带的属性值类型）、4 比特的长度字段和一个可变长度的属性值字段，这个可变长度的属性值会提供一些与 AAA 服务相关的重要信息，比如用户提供的用户名、用户提供的密码、被访问设备的 IP 地址、被访问设备使用的端口号等。显然，不同类型消息经常会携带不同的属性。

既然前面提到了代码字段，在这里就不得不提到 RADIUS 消息的类型。虽然代码字段保留了 8 比特的长度，但目前 RADIUS 消息的类型并不算多，其中包括（但不限于）访问请求（Access-Request）消息（代码值为 0x1）、访问接受（Access-Accept）消息（代码值为 0x2）、访问拒绝（Access-Reject）消息（代码值为 0x3）、审计请求（Accounting-Request）消息（代码值为 0x4）、审计响应（Accounting-Response）消息（代码值为 0x5）、访问挑战（Access-Challenge）消息（代码值为 0xb）等。

在一个部署了远程 AAA 使被访问设备通过 RADIUS 协议与 AAA 服务器交互的网络中，当被访问设备接收到用户发送的用户名和密码时，这台设备会封装一个访问请求消息，将用户名和使用共享密钥加密过的密码作为属性值封装在访问请求消息中发送给 AAA 服务器。AAA 服务器在接收到这个访问请求消息时，会查询自己的用户数据库，如果找到了对应的用户名，则会对使用共享密钥的密码进行解密，然后校验密码是否正确。如果密码正确，则 AAA 服务器会向被访问设备发送一条访问接受消息；如果密码有误，或者 AAA 服务器在自己的数据库根本没有查询到这个用户名，那么 AAA 服务器就会发送一条访问拒绝消息。另外，根据设置，AAA 服务器有可能在核对密码无误之后，向被访问设备发送一条访问挑战消息，要求被访问设备提供更多信息来验证访问者的身份。此时，被访问设备也会要求访问者提供更详细的信息来认证自己的访问资格，并根据访问者提供的信息再次向 AAA 服务器发送访问请求消息。图 9-4 显示了以此执行认证的流程。

根据 RADIUS 协议的定义，认证和授权的交互都是通过在相同的消息中封装不同的属性来实现的。但审计的操作需要独立通过交互审计请求消息和审计响应消息来完成。在 RADIUS 审计消息中，根据审计状态类型这个属性中封装参数的不同，审计请求消息可以分为（在审计开始时发送的）审计开始请求消息、（在用户访问过程中发送的）审计临时更新请求消息和（用户停止访问后发送的）审计停止请求消息。审计的内容超出了本书的知识范围，我们在这里不进行赘述。

图 9-4　AAA 服务器通过 RADIUS 执行认证（和授权）的流程

除了 RADIUS 协议外，HWTACACS 协议也可以被用来充当被访问设备与 AAA 服务器之间交互 AAA 数据的通信协议。关于 HWTACACS 协议的内容，本书不再进一步介绍。

在本小节中，我们对 RADIUS 的基本概念、消息封装格式与工作原理进行了梳理。接下来，我们会通过一些简单的实验，演示如何在设备本地对用户进行认证和授权，以及如何让被访问设备通过 RADIUS 协议与远端 AAA 服务器进行通信来获取用户认证服务。

9.1.3　AAA 的配置

在学习了与 AAA 相关的理论知识，以及与 RADIUS 相关的理论知识后，本小节将为读者展示在远程管理华为网络设备时，如何利用 AAA 的认证功能实现用户身份的认证，防止非法用户随意登录设备。本小节将会展示两种认证方式：AAA 本地认证和 AAA RADIUS 服务器认证。

1.　AAA 本地认证

远程管理华为网络设备有两种方法：Telnet 和 SSH。本小节为了简化配置，突出重点（AAA 相关的配置信息），我们使用 Telnet 作为远程登录方式。为了提高安全性，本小节通过 Telnet 进行登录时，使用 AAA 进行本地认证。案例使用的网络环境如图 9-5 所示。

图 9-5　使用 AAA 本地认证的方式进行登录验证

在这个环境中，我们要在路由器 AR1 上针对 Telnet 启用 AAA 本地认证，对通过 Telnet 向 AR1 发起管理访问的用户进行认证。用户只有输入正确的用户名和密码，才能够成功登录 AR1。

华为网络设备在默认情况下有一个名为 default 的认证方案（authentication-scheme）。管理员不能删除这个认证方案，但能够对其进行修改。在认证方案 default 中，默认的认证模式为本地认证（local），也就是说，路由器会使用本地数据库对用户的登录行为进行认证。在这个案例中，我们就直接使用 default 认证方案，并且保留默认的认证模式 local。例 9-1 中展示了 AR1 上默认的 AAA 配置信息。

例 9-1　AR1 上默认的 AAA 配置信息

```
[AR1]aaa
[AR1-aaa]display this
[V200R003C00]
#
aaa
 authentication-scheme default
 authorization-scheme default
 accounting-scheme default
 domain default
 domain default_admin
 local-user admin password cipher %$%$K8m.Nt84DZ}e#<O`8bmE3Uw}%$%$
 local-user admin service-type http
#
return
```

在例 9-1 中，管理员先使用系统视图命令 **aaa** 进入 AAA 视图，然后在 AAA 视图中使用 **display this** 命令，这条命令能够查看当前视图中的配置信息。在 **display this** 命令的输出内容中，我们标记出两个阴影行。

① authentication-scheme default：这是默认的认证方案 default。在 AAA 视图中输入命令 **authentication-scheme default**，就可以进入 default 认证方案的视图，并修改 default 中的参数。在 default 认证方案视图中，管理员可以使用 **authentication-mode local** 命令设置本地认证模式。由于这是默认的认证模式，因此即使管理员输入了这条命令，在配置中也是看不到这条命令的。

② domain default_admin：这是默认的管理员域 default_admin，也就是通过 HTTP、SSH、Telnet、Terminal 或 FTP 方式进行设备登录的用户所属的域。在 AAA 视图中输入命令 **domain default_admin**，就可以进入 default_admin 域视图，并修改这个域中的参数。在 default_admin 域视图中，管理员可以使用 **authentication-scheme default** 命令设置为这个域的用户使用 default 认证方案。由于这是默认的认证模式，因此即使管理员输入了

这条命令，在配置中也是看不到这条命令的。

对于通过 Telnet 的方式登录设备的用户来说，用户属于 default_admin 域，这个域使用默认的 default 认证方案，default 认证方案中又设置了默认的本地认证模式。在这个层层嵌套的配置中，如果想要通过 AAA 本地认证对 Telnet 进行保护，管理员无须进行任何修改，因此接下来需要做的，是创建用来进行 Telnet 登录的本地用户，详见例 9-2。

例 9-2　在 AR1 上创建本地用户

```
[AR1]aaa
[AR1-aaa]local-user user1 password cipher huawei111
Info: Add a new user.
[AR1-aaa]local-user user1 service-type telnet
[AR1-aaa]local-user user2 privilege level 15 password cipher huawei222
Info: Add a new user.
[AR1-aaa]local-user user2 service-type telnet
```

在例 9-2 中，管理员创建了两个本地用户：user1 和 user2。在创建 user1 时，管理员只指定了用户名（user1）和密码（huawei111），并且把 user1 的接入服务类型设置为 Telnet。在创建 user2 时，管理员除了指定用户名（user2）和密码（huawei222），把 user2 的接入服务类型也设置为 Telnet 外，还指定了 user2 的级别为 15，也就是最高级别。管理员没有为 user1 指定级别，因此 user1 拥有默认级别 0，也就是最低级别。

最后，管理员还需要配置 VTY 线路，把它的认证模式设置为 AAA，详见例 9-3。

例 9-3　设置 VTY 线路的认证模式

```
[AR1]user-interface vty 0 4
[AR1-ui-vty0-4]authentication-mode aaa
```

在完成了本地用户的创建和 VTY 线路的配置后，管理员从 PC 向 AR1 发起 Telnet 连接。读者应该已经熟悉在 PC 上进行 Telnet 设置，使 PC 能够远程管理华为路由的操作，这里不再逐步演示，而是直接展示 Telnet 结果。

图 9-6 展示了管理员在 PC 上使用 user1 进行登录的结果。管理员使用 user1 进行登录，成功登录 AR1 后，输入问号查询当前能够输入的配置命令，发现命令非常有限，这是因为 user1 的级别是 0。

图 9-7 展示了管理员在 PC 上使用 user2 进行登录的结果。管理员使用 user2 进行登录，成功登录 AR1 后，输入问号查询当前能够输入的配置命令，发现 user2 能够使用的命令非常多。因为 user2 的级别是 15，也就是最高级别，所以 user2 能够使用全部命令。

图 9-6　管理员在 PC 上使用 user1 进行登录的结果

图 9-7　管理员在 PC 上使用 user2 进行登录的结果

通过使用 **display local-user** 命令，管理员可以查看设备本地配置的用户信息，例 9-4 展示了查看 AR1 上的本地用户。

例 9-4　查看 AR1 上的本地用户

```
[AR1]display local-user
--------------------------------------------------------------------
User-name                   State   AuthMask    AdminLevel
--------------------------------------------------------------------
Admin                       A       H           -
user1                       A       T           -
user2                       A       T           15
--------------------------------------------------------------------
Total 3 user(s)
```

通过例 9-4 的输出内容我们可以看出，AR1 上有 3 个本地用户，User-name（用户名）分别是 Admin、user1 和 user2。State（状态）表示本地用户的状态：A 或 B，其中，A 表示 Active，B 表示 Block。AuthMask 表示本地用户的接入类型：Admin 的接入类型为 H（HTTP），user1 和 user2 的接入类型为 T（Telnet）。另外，接入类型还有 S（SSH）、F（FTP）等。AdminLevel 表示本地用户的管理员级别，从这里也可以看出，管理员把 user2 的级别设置为 15。

通过使用 **display local-user username** *user-name* 命令，管理员可以查看某一个本地用户的信息，例 9-5 展示了查看 AR1 上本地用户 user2 的信息。

例 9-5　查看 AR1 上本地用户 user2 的信息

```
[AR1]display local-user username user2
 The contents of local user(s):
 Password          : ****************
 State             : active
 Service-type-mask : T
 Privilege level   : 15
 Ftp-directory     : -
 Access-limit      : -
 Accessed-num      : 0
 Idle-timeout      : -
 User-group        : -
```

由于管理员在例 9-2 中创建本地用户的用户名和密码时，对密码使用了加密（cipher）选项，因此例 9-5 的命令输出内容中看不到用户 user2 的密码。

2. AAA RADIUS 服务器认证

接着我们展示如何通过在 RADIUS 服务器上设置用户名和密码，为 Telnet 访问提供认证服务。这个案例使用的网络环境如图 9-8 所示。

图 9-8　使用 RADIUS 服务器认证的方式进行登录验证

在使用 RADIUS 服务器进行认证的环境中，管理员首先需要配置好 RADIUS 服务器上的参数，比如 RADIUS 共享密钥、用户（用户名/密码）等。管理员在 RADIUS 服务器上创建了两个用户 user1 和 user2。RADIUS 服务器的配置方式并不是本小节的重点，因此在这里只使用 RADIUS 服务器来展示一些必要的参数信息和日志消息，重点仍关注华为网络设备（路由器）的配置。图 9-9 中展示了 RADIUS 服务器的系统设置，其中有设置的共享密钥（huawei123）和认证端口（1812），这些参数与我们接下来的配置相关。

图 9-9　RADIUS 服务器的系统设置

在这个案例中，我们仍使用 default 认证方案，并把其中的认证模式从默认的本地（local）模式更改为 RADIUS 服务器模式。例 9-6 展示了在 AR1 上更改 AAA 方案。

例 9-6　在 AR1 上更改 AAA 方案

```
[AR1]aaa
[AR1-aaa]authentication-scheme default
[AR1-aaa-authen-default]authentication-mode radius
```

在例 9-6 中，管理员先使用系统视图命令 **aaa** 进入 AAA 视图，然后使用 AAA 视图命令 **authentication-scheme default** 进入 default 认证方案视图，最后使用命令 **authentication-mode radius** 更改认证模式，即使用 RADIUS 服务器进行认证。

接着管理员要在 AR1 上配置与 RADIUS 服务器相关的信息，也就是需要创建一个
RADIUS 服务器模板，并在其中设置与 RADIUS 服务器进行通信所需的参数，比如 RADIUS
服务器的 IP 地址和共享密钥。例 9-7 展示了在 AR1 上配置 RADIUS 服务器模板。

例 9-7　在 AR1 上配置 RADIUS 服务器模板

```
[AR1]radius-server template radius-auth
Info: Create a new server template.
[AR1-radius-radius-auth]radius-server authentication 192.168.56.1 1812
[AR1-radius-radius-auth]radius-server shared-key huawei123
```

从例 9-7 所示命令我们可以看出，管理员在 AR1 上使用系统视图命令 **radius-server
template radius-auth** 创建 RADIUS 服务器模板 radius-auth。输入这条命令后，AR1 弹出
提示信息，表示新的服务器模板已创建，同时管理员进入 RADIUS 服务器模板视图。在这
个视图中，管理员需要设置 AR1 与 RADIUS 服务器进行通信所需的参数。命令
radius-server authentication 192.168.56.1 1812 设置了 RADIUS 服务器的 IP 地址
192.168.56.1 和认证端口 1812。命令 **radius-server shared-key huawei123** 设置了 RADIUS
共享密钥，这个密钥需要与 RADIUS 服务器上配置的密钥相同。如图 9-9 所示，RADIUS
服务器上设置的密钥是 huawei123，因此管理员在 AR1 上也需要配置同样的密钥。

接着由于进行 Telnet 认证的用户属于域 default_admin，因此管理员需要在这个域中
配置 RADIUS 服务器模板。在默认情况下，域中没有配置 RADIUS 服务器模板。例 9-8
展示了 AR1 上的相关配置。

例 9-8　在 AR1 的 default_admin 域中配置 RADIUS 服务器模板

```
[AR1]aaa
[AR1-aaa]domain default_admin
[AR1-aaa-domain-default_admin]radius-server radius-auth
```

在例 9-8 中，管理员在 AAA 视图中使用 **domain default_admin** 命令进入 default_admin
域视图，并使用 **radius-server radius-auth** 命令配置了刚创建的 RADIUS 服务器模板。

VTY 线路的配置与使用 AAA 本地认证的配置相同，仍保留认证模式 AAA。到这里
我们的所有配置就完成了。例 9-9 在 AR1 上使用命令测试 RADIUS 用户 user1。

例 9-9　在 AR1 上使用命令测试 RADIUS 用户 user1

```
<AR1>test-aaa user1 huawei111 radius-template radius-auth
<AR1>
Info: Account test succeed.
```

管理员在例 9-9 中使用命令测试 user1 是否能够通过 RADIUS 的认证，从而检验 AR1
与 RADIUS 服务器之间的通信是否正常。从 AR1 的系统提示消息可以看到 user1 测试成
功。图 9-10 展示了 RADIUS 服务器的日志消息，从中也可以看出 user1 通过认证。

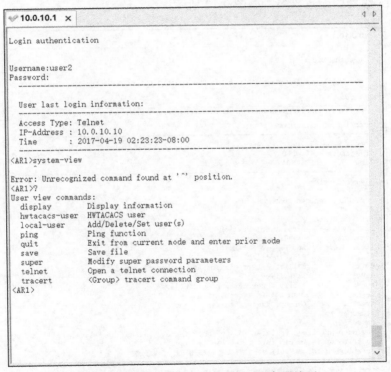

图 9-10　RADIUS 服务器的日志消息（添加账号和认证测试）

下面我们从 PC 向 AR1 发起 Telnet 连接，并使用 user2 进行 RADIUS 服务器认证，如图 9-11 所示。

```
10.0.10.1  ×                                              ◁ ▷

Login authentication

Username:user2
Password:
  ------------------------------------------------------------
  User last login information:
  ------------------------------------------------------------
  Access Type: Telnet
  IP-Address  : 10.0.10.10
  Time        : 2017-04-19 02:23:23-08:00
  ------------------------------------------------------------
<AR1>system-view

Error: Unrecognized command found at '^' position.
<AR1>?
User view commands:
  display       Display information
  hwtacacs-user HWTACACS user
  local-user    Add/Delete/Set user(s)
  ping          Ping function
  quit          Exit from current mode and enter prior mode
  save          Save file
  super         Modify super password parameters
  telnet        Open a telnet connection
  tracert       <Group> tracert command group
<AR1>
```

图 9-11　使用 user2 进行 RADIUS 服务器认证

在图 9-11 中，管理员使用 user2 成功登录 AR1，但无法执行 **system-view** 命令。通过问号查看当前可用命令，发现命令很少，可知当前的级别为 0。要想修改级别，管理员可以使用 **super** 命令。但在此之前，管理员先要在 AR1 上配置修改级别的认证方式，同样是在认证方案 default 中进行配置，详见例 9-10。

例 9-10　在 AR1 上配置修改级别的认证方式

```
[AR1]aaa
[AR1-aaa]authentication-scheme default
[AR1-aaa-authen-default]authentication-super super
[AR1-aaa-authen-default]quit
[AR1-aaa]quit
[AR1]super password level 15 cipher huawei12345
```

例 9-10 在 **authentication-super** 命令中指定关键字 **super**，表示当管理员使用 **super** 命令提高级别时，使用本地认证方式；当管理员使用 **super** 命令降低级别时，无须进行认证。之后管理员还需要在系统视图中指定使用 **super** 命令提高级别时所使用的密码，比如例 9-10 中的 **super password level 15 cipher huawei12345** 命令表示当管理员使用 **super** 命令，从较低级别向级别 15 切换时，需要输入密码 huawei12345。

这样一来，通过 RADIUS 服务器进行认证的 user2 在登录 AR1 后，可以使用命令 **super** 获得 15 级别的配置权限，如图 9-12 所示。

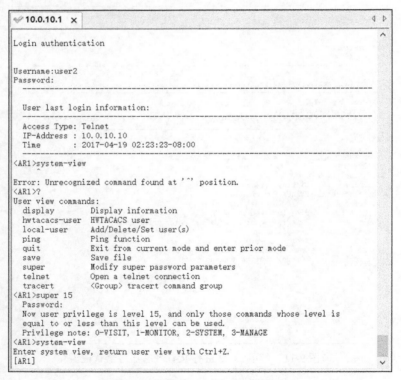

图 9-12　使用 super 命令切换级别

如图 9-12 所示，管理员输入 **super 15** 命令后，系统提示管理员输入密码。这时管理员输入之前配置的密码 huawei12345，系统会提示当前级别已经提升为 15 级。管理员再次使用 **system-view** 命令，这次顺利进入了系统视图。

接下来检查 AR1 上的 RADIUS 配置。管理员可以使用 **display radius- server configuration** 命令来查看 AR1 上的 RADIUS 服务器模板配置，详见例 9-11。

例 9-11 查看 AR1 上的 RADIUS 服务器模板配置

```
[AR1]display radius-server configuration
------------------------------------------------------------------------
  Server-template-name              :  radius-auth
  Protocol-version                  :  standard
  Traffic-unit                      :  B
  Shared-secret-key                 :  %$%$$s<^='|9b6|X25@TE(2UG.+'%$%$
  Timeout-interval(in second)       :  5
  Primary-authentication-server     :  192.168.56.1        :1812:-
                                       LoopBack:NULL      Source-IP:::
  Primary-accounting-server         :  ::              :0       :-
                                       LoopBack:NULL      Source-IP:::
  Secondary-authentication-server :  ::              :0       :-
                                       LoopBack:NULL      Source-IP:::
  Secondary-accounting-server       :  ::              :0       :-
                                       LoopBack:NULL      Source-IP:::
  Retransmission                    :  3
  EndPacketSendTime                 :  0
  Dead time(in minute)              :  5
  Domain-included                   :  YES
  NAS-IP-Address                    :  0.0.0.0
  NAS-IPv6-Address                  :  ::
  Calling-station-id MAC-format     :  xxxx-xxxx-xxxx
------------------------------------------------------------------------

  Total of radius template :1
```

例 9-11 中用阴影突出显示的 3 行信息，正是管理员在 AR1 上配置 RADIUS 服务器模板 radius-auth 时设置过的参数：名称（radius-auth）、共享密钥（显示为加密形式），以及认证服务器（192.168.56.1）和认证端口（1812）。

管理员还可以查看域 default_admin 的配置，详见例 9-12。

例 9-12 在 AR1 上查看域 default_admin 的配置

```
[AR1]display domain name default_admin
  Domain-name                  :  default_admin
  Domain-state                 :  Active
  Authentication-scheme-name   :  default
  Accounting-scheme-name       :  default
  Authorization-scheme-name    :  -
```

```
Service-scheme-name          :  -
RADIUS-server-template       :  radius-auth
HWTACACS-server-template     :  -
User-group                   :  -
```

从例 9-12 中的阴影行我们可以看出，域 default_admin 中配置了 RADIUS 服务器模板 radius-auth。在默认情况下，域中是没有配置任何 RADIUS 服务器模板的。

本小节展示了如何在华为路由器上配置基于 AAA 的认证，其中包括使用路由器本地认证，以及结合 RADIUS 服务器提供认证。本小节没有涉及 RADIUS 服务器的配置，鉴于 RADIUS 是工业标准，除了可以使用华为 Agile Controller（敏捷控制器）作为 RADIUS 服务器，管理员还可以根据自己的实际情况，选择任意 RADIUS 服务器与华为路由器进行配合。

9.2　IPSec VPN、GRE 协议的原理和配置

在各类影视剧中，互不相识的人在需要交流一些命运攸关的敏感信息时，总是需要用一些手段来保障这些信息不被他人窃取。比如，人们会用接头暗号来证明自己身份的真实性，防止其他人员冒名顶替参与交流。再如，人们会事先约定好一本图书，然后把要传递的文字信息用一系列（与该图书页–行–字相对应的）数字的形式进行传递，这样哪怕信息在传递过程中被别人监听到，不知道图书约定的人也无从了解双方传递信息的真实表意。

同样的道理，当用户之间通过一个不安全的公共网络进行通信时，如果通信的内容比较敏感，用户也需要有一套机制能够确保通信的安全性。在这套机制中，有很多与安全有关的问题都需要解决。在本节中，我们会集中探讨用户通过不安全网络进行通信时，如何通过 IPSec VPN 和 GRE 隧道从不同角度保障通信数据的安全。

9.2.1　IPSec 简介

学习到这个阶段的读者不妨进行这样一个思想实验：如果设计一个包含加密功能的机制来保障用户之间穿越不安全网络的通信，那么这个机制应该在封装数据的哪个阶段来实现呢？图 9-13 所示为在各阶段执行加密封装机制的示意。

显然，图 9-13（c）所示机制基本上是不可行的。如果将网络层头部一起封装在经过加密的负载中，那么转发设备要想依据数据包的目的 IP 地址来对数据包进行转发，就必须能够对数据包进行解密，提取出这个数据包的目的 IP 地址。换句话说，这就要求在不安全的网络中，每一台参与转发的设备都拥有对负载进行解密的密钥。这当然难以实现，即使能够实现也不够安全。

数据链路层头部	网络层头部	传输层头部	（加密的）负载	数据链路层尾部

(a) 在加密负载之外封装传输层头部

数据链路层头部	网络层头部	（加密的）负载	数据链路层尾部

(b) 在加密负载之外封装网络层头部

数据链路层头部	（加密的）负载	数据链路层尾部

(c) 在加密负载之外封装链路层头部（和尾部）

图 9-13 在各阶段执行加密封装机制的示意

图 9-13（a）和图 9-13（b）所示机制在定义时曾经经过了讨论。最终图 9-13（a）所示机制被淘汰的原因在于实现的难度。在应用层（或传输层）对数据提供安全性保护的前提是应用层的进程/系统支持这样的功能，这就要求人们首先必须修改所有的应用进程或者修改所有的操作系统才能实现这样的机制。此外，这种机制意味着加密与解密的工作被全部提交给终端系统的用户，这与网络应该尽可能对终端用户隐藏技术操作的目标背道而驰。反之，在加密负载之外封装网络层头部的做法可以由路由器来实现，解密则由接收方设备所连接的网关路由器来完成，整个加密的过程终端用户有可能完全没有参与，甚至完全感受不到。于是，中间的做法胜出，在网络层提供安全机制更适合成为通信各方跨公共网络建立安全通信的方式。

不过，在人们研发 IPv4 的年代，互联网还是一个仅被用于学术研究的通信平台，因此这一版的互联网协议并没有考虑到网络安全的因素，也没有给在网络层提供安全性保护提供扩展空间。所以，人们必须定义一个新的标准来提供网络层安全，这个新的标准就是 IP 安全（IP Security，IPSec）。

IPSec 并不是一项协议，而是一个高度模块化的框架。人们在使用 IPSec 保护网络流量时，不需要依赖某一种特定的加密算法、认证算法、封装协议等固定技术，而是可以根据自己的实际情况灵活进行选择。这样做一方面是为了让使用者可以根据不同网络的客观需求，在网络性能、便利性与安全性三者之间达到最理想的平衡状态，规避强制所有使用者消耗大量网络性能来执行高强度安全计算的方式；另一方面是为了避免出现仅仅因某一项特定安全技术（如加密算法）遭到破解，就给整个 IPSec 带来毁灭性影响的情况。

总体来说，在 IPSec 定义的框架中，人们可以选择的因素包括以下 5 个。

① 两种可供选择的封装协议：IPSec 框架中包含了两种封装安全消息的协议。一种协议是封装安全负载（Encapsulating Security Payload，ESP）协议，可以提供的服务包括数据加密、通信方身份认证和数据完整性保护。另一种协议是身份认证头（Authentication Header，AH）协议。AH 协议只能为封装的数据提供通信方身份认证和数据完整性保护，但不会为数据提供加密的服务（所以说，如果使用 AH 协议作为 IPSec 通信的封装协议，

那么负载部分就不适合使用图 9-13 中的称谓——加密负载，而只能称为受保护数据）。目前，在 IPSec 协议栈中，使用包含加密服务的 ESP 协议作为封装协议的做法已经明显占主导地位。目前，如果使用 IPSec，则华为设备上默认使用的封装协议就是 ESP 协议。

② 封装协议使用的加密算法和认证算法：IPSec 框架没有定义要通过哪种认证算法（如使用 ESP 协议作为封装协议）和加密算法来提供加密和认证功能，因此管理员可以自由选择自己希望使用的加密算法与认证算法。可供管理员选择的认证算法包括 MD5、SHA1、SHA2 等，如使用 ESP 协议作为封装协议，则管理员可选择的加密算法包括 3DES、DES、AES 等。当然，管理员可以使用哪些算法也取决于管理员用来建立 IPSec 通信的设备支持哪些算法。

③ 如何安全地生成、交换和管理密钥信息：如果密钥信息以明文的方式公开地在不安全网络中进行交换，那么用这种密码加密的密文的安全性很难得到保障。在 IPSec 框架中，密钥是通过互联网安全关联和密钥管理协议（Internet Security Association and Key Management Protocol，ISAKMP）来实现的。ISAKMP 名为协议，实际上同样是一种框架。ISAKMP 框架建议使用互联网密钥交换（Internet Key Exchange，IKE）协议来实现安全的密钥交换。如果环境十分简单，发起方和接收方地址几乎不会变动，对安全性要求也并不严格，那么管理员也可以通过手工配置来完成密钥管理。IKE 协议目前有两个版本，新版的 IKE 协议（即 IKEv2）于 2014 年的 10 月见诸于 RFC 文档。所以，管理员现在可以选用传统的 IKE 协议（即 IKEv1）和 IKEv2 作为 ISAKMP 的执行协议。

注释：

虽然名为 IKE 协议，但它提供的服务实际上已经超出了为 IPSec 通信双方交换密钥的范畴，它会在 IPSec 通信双方之间建立并维护两条安全关联（Security Association，SA）。考虑到 SA 的概念比较抽象，我们会随着 IKE 协议定义的工作流程慢慢将其引出，在这里暂不作额外说明。

④ 使用哪种认证算法和加密算法来安全地交换密钥：在通过 IKEv1 或 IKEv2 动态交换管理密钥的过程中，管理员同样可以选择使用哪种认证算法和加密算法。关于 IKE 协议的内容，我们会在后文中进行进一步介绍，在这里暂不赘述。

⑤ 两种可供选择的封装方式：关于在受保护的负载之外封装网络层头部，IPSec 定义了两种做法——一种做法是将管理员选用的 IPSec 封装协议封装在传输层头部之外，然后再封装网络层头部，这种封装方式被称为传输模式；另一种做法是将其封装在网络层头部之外，然后在封装后的受保护数据之外再封装另一个网络层头部，这种封装方式被称为隧道模式。在后文中，我们会详细介绍 IPSec 如何在这两种模式下完成 IPSec 头部的封装。

总之，我们本小节的重点在于说明 IPSec 是一个可以使用不同封装协议、可以选择不同认证与加密算法、可以采取不同密钥共享手段，同时还拥有不同封装方式的网络层安全框架。

它规避了只能使用特定安全算法的风险，给使用者提供了灵活多样的安全通信选择。

为了帮助读者大致了解这个框架为用户提供安全服务的原理，在下面几小节中，我们会对这个框架涉及的很多方面分别进行具体的介绍。

9.2.2　IKE 简介

IKE 协议是一种用来交换和管理密钥的协议。相对而言，这种协议定义的工作流程比较复杂。在本小节中，我们会尝试用尽可能简单的方式向读者说明 IKE 协议的大致工作流程。值得特别提示的是，我们在本小节中介绍的内容与后面的配置工作息息相关。如果不能读“通”本小节中叙述的流程，那么读者就有可能只能通过机械记忆的方式实施 IPSec VPN 的配置，而且在面对排错问题时更容易一筹莫展。

注释：

2014 年 10 月，IKEv2 得到了标准化（RFC 7296）。我们在本书中，只对 IKEv1 进行探讨。IKEv2 对 IKEv1 进行了简化，掌握了传统 IKE 协议协商过程的读者，有能力通过自学迅速掌握 IKEv2 的工作原理。

此外，由于 IKEv2 是一项较新的技术，因此目前不同版本的华为 VRP 在执行 IKE 协议协商时，使用的 IKE 协议版本是不同的，而执行不同版本的 IKE 设备之间不可能完成 IKE 协议协商。因此读者在实际配置和调试 IPSec VPN 时，要手动设置 IKE 协议的版本。本书在后面的实验演示部分会演示 IKEv1 的配置方法。读者在自学了 IKEv2 的基本原理后，可以举一反三，自行尝试配置 IKEv2。

为了从无到有，完成从通过无安全保障的环境交换密钥元素到通过有安全保障的环境交换通信数据的跨越，IKEv1 定义了一个“两步走”（2 Phases）策略。

阶段 1（Phase 1）：目的是建立安全通信信道。此时，通信双方都会对对方的身份进行认证，并且为阶段 2 的通信建立一条安全的通信信道。在这个阶段中，IKE 定义了两种模式，一种模式被称为主模式（Main Mode），另一种模式被称为野蛮模式（Aggressive Mode）。

阶段 2（Phase 2）：目的是建立安全数据信道。此时，通信双方基于阶段 1 对对方身份的确认，以及在阶段 1 中协商建立起来的安全通信信道，协商要保护的通信流量，以及如何保护该通信流量。阶段 2 只有一种模式——快速模式（Quick Mode）。

我们先来从阶段 1 说起。在阶段 1 协商时，IKE 提供了两种模式可供选择，即主模式和野蛮模式，其中，主模式的协商可以在执行阶段 1 协商的过程中，保护设备的身份信息，但需要两台设备之间相互交换 6 个消息；野蛮模式不会在阶段 1 协商时保护设备的身份信息，但双方设备只需要相互交换 3 个消息。所以，与野蛮模式的协商相比，主模式的协商更加安全但也略显烦琐。在阶段 1 中，华为设备默认会使用主模式来执行协商，因此，我们接下来只介绍主模式的协商过程。

要建立安全通信的两台设备会通过第 1 个消息和第 2 个消息来协商它们要在阶段 1 中使用的安全提议。这些安全提议包括认证方式、认证算法、加密算法、DH 密钥交换参数、协商后这条安全信道的维持时间等。

既然是协商，当然是有商有量。发起协商的一方可以提供多个安全提议，每个安全提议都包含一套各自（不同）的认证方式、认证算法、加密算法、DH 密钥交换参数、协商后这条安全信道的维持时间等信息。接收方在接收到这些信息之后，用管理员给自己配置的安全提议与发起方给自己指定的安全提议进行匹配，然后选中匹配的提议作为响应消息反馈给协商的发起方。由于是一方提出供对方选择的提议，每个安全提议也被称为 IKE 安全提议。双方交换 IKE 安全提议的流程如图 9-14 所示。

图 9-14　双方交换 IKE 安全提议的流程

如图 9-14 所示，AR2 在接收到消息之后，发现 AR1 的安全提议二与自己的一个安全提议相符，于是在（通过第 2 个消息）响应 AR1 时，提出自己选择安全提议二。

在完成了第 1 个消息和第 2 个消息的交换之后，双方就采用的安全提议达成一致。

在第 3 个消息和第 4 个消息中，双方会相互交换一些与密钥有关的随机数，然后再各自通过这些随机数，计算出一致的密钥，如图 9-15 所示。

图 9-15　交换密钥相关信息

如图 9-15 所示，双方通过交换一些计算密钥的参数，计算出相同的密钥（即图 9-15 中的密钥 K)，而网络中截获到这些参数的人完全无法通过这些参数计算出他们使用的密钥。对于这里的数学原理，我们会在后文进行简单说明。

在完成了前面 4 个消息的交换之后，双方会相互交换第 5 个消息和第 6 个消息来认证彼此的身份。这时，双方会运行散列函数，将它们通过第 1 个消息和第 2 个消息协商出来的安全提议、第 3 个消息和第 4 个消息计算出来的密钥、自己的（加密点）IP 地址等参数计算为一个散列值，然后使用第 3 个消息和第 4 个消息计算出来的密钥对这个散列值进行加密，再发送给对方。接收方会使用第 3 个消息和第 4 个消息计算出来的密钥对自己接收到的散列值进行解密，然后使用自己拥有的参数进行散列计算。如果消息可以解密，且自己散列计算的结果与解密后消息中携带的散列值相等，则这个 IP 地址所代表的 IPSec 设备身份是真实可信的。这个过程在逻辑上与 CHAP 有些类似，但更加复杂，我们在这里不进行赘述。

至此，IKE 阶段 1 主模式的 6 个消息已经全部交换完毕。此时，双方设备已经确认了对方的身份（是真实可靠的），同时拥有了可以对后续消息进行加密的密钥，所以我们称通信的双方分别向对方建立了 IKE SA。接下来，双方设备就会以 IKE SA 为平台，展开阶段 2 的协商。

阶段 2 只有一种模式，那就是快速模式。这个阶段的目的是协商双方在通信过程中要进行保护的流量，同时协商如何保护这个流量。鉴于阶段 2 协商的目的是保护 IP 通信流量的安全，阶段 2 也被称为 IPSec 阶段，这个阶段中协商的安全提议也被称为 IPSec 安全提议，双方协商建立的结果被称为 IPSec 安全关联，即 IPSec SA。

在这个阶段中，双方需要交换 3 个消息。在快速模式的第 1 个消息和第 2 个消息中，双方需要对要加密的通信流量、加密算法、认证算法、封装协议、封装方式、密钥有效期等信息进行协商。发起协商的一方可以提供多个安全提议，每个安全提议都包含一套各自（不同的）信息。接收方在接收到这些信息之后，用管理员给自己配置的安全提议与发起方给自己指定的安全提议进行匹配，然后选中匹配的提议作为响应消息反馈给协商的发起方。在发起方接收到响应之后，用第 3 个消息对此进行确认，这 3 个消息全部会使用双方在阶段 1 中计算出来的密钥进行加密。IKE 阶段 2 快速模式协商流程如图 9-16 所示。

图 9-16　IKE 阶段 2 快速模式协商流程

在图 9-16 中，AR2 在接收到消息之后，发现 AR1 的安全提议一与自己的一个安全提议（安全提议二）相符，于是在（通过第 2 个消息）响应 AR1 时，提出自己选择第一个安全提议。AR1 在接收到 AR2 的选择之后，通过第 3 个消息进行了确认。

在完成了图 9-16 的 3 次消息交互之后，从 AR1 去往 AR2 和从 AR2 去往 AR1 的流量都会按照在阶段 2 中协商好的方式得到安全保护，双方为各自的流量建立起一条去往对方方向的 IPSec SA。至此，双方两个阶段的协商也就完成了。

每建立一条 IPSec SA，路由器就会将这条 IPSec SA 保存进自己的一个安全关联数据库（SA Database，SADB）中，同时将针对这条 IPSec SA 定义的策略，也就是我们在 IKEv1 阶段 2（如图 9-16 所示）中提到的那些安全提议保存到一个安全策略数据库（Security Policy Database，SPDB）。从此，每当路由器发送 IPSec 流量时，它都会使用待发送流量的信息（如源 IP 地址、目的 IP 地址）来查找自己的 SADB，以期寻找这个流量所对应的 SA。在找到之后，SADB 中的对应条目就会提供一个指针，指向 SPDB 中与这个 SA 对应的策略集，告诉路由器该使用哪些策略对这个流量进行处理。同理，当接收方接收到 IPSec 流量时，它也会查看 SADB 来寻找这个流量是通过哪条 SA 发送过来的，然后根据该 SA 指向的 SPDB 条目，寻找应该用来处理这个流量的策略集。

IKE 的流程对于很多初学者来说不容易理解，为了突出重点信息，我们对上面所示的过程进行了适当的简化。读者如果希望顺利理解本小节的内容，应该在学习后面的实验章节时，有意将本小节介绍的原理与配置的步骤结合起来。在实验完成之后，读者也应该着重通过命令去查看接口、流量和 SA 的状态，逐渐通过实际操作来加深自己对原理的认识，这一点对于掌握本小节的内容是十分重要的。

接下来，我们会使用尽可能简单的方式来说明本小节中的路由器 AR1 和 AR2 是如何在主模式中通过第 3 个消息和第 4 个消息交换一些看似无关的数值，最终计算出相同密钥的。最后，我们会解释完成了 IKE 两个阶段的协商之后，IPSec 设备会如何根据 IKE 阶段 2 协商的结果（是使用隧道模式的封装方式还是使用传输模式的封装方式）来执行 IPSec 封装的。

*9.2.3　DH 算法数学背景概述

对于大多数读者来说，在 9.2.2 节中最"不可理喻"的部分恐怕就在于 IKE 阶段 1 主模式下的密钥计算过程。AR1 向 AR2 发送了 g、p、A 这 3 个参数，AR2 给 AR1 发送了参数 B。于是，双方各自计算出相同的密钥。

这里的问题是，AR1 和 AR2 是如何计算出相同密钥的。如果它们可以计算出相同的密钥，那么为什么发起中间人攻击并且截获了这些参数的攻击者无法按照相同的过程计算出这个密钥？在本小节中，我们会对这个问题进行说明。

AR1 与 AR2 在阶段 1 主模式的协商中，会通过第 1 个消息和第 2 个消息相互交换 DH 组信息。AR1 与 AR2 是通过 DH 算法使用（第 3 个消息和第 4 个消息中相互交换的）参数计算出一致密钥的。

首先，发起方（AR1）会通过 DH 算法随机生成以下 3 个参数（这里的参数为正整数）。

① g：一个巨大的整数。

② p：一个巨大的素数[①]，如果用十进制表示，则有数百位。因为是素数（prime），所以通常用 p 来表示。

说明：

g 的取值与群论有关（g 是群 $<Z_p^*, x>$ 中一个 $p-1$ 阶的本原元），所以一般用 g 来表示这个参数。在理论上，读者可以这样近似理解 g 的取值：g 不必是素数，也不必很大，但它的各次幂除以素数 p，要得出尽可能多的余数。当然，读者可以忽略这个值的取值方法。

③ a：一个小于 p 且大于 0 的随机数。

接下来，发起方（AR1）计算出整数 A，使 $A = g^a \bmod p$[②]。然后，AR1 将整数 g、素数 p 和计算出来的 A 发送给接收方（AR2）。

AR2 在接收到这 3 个数之后，也会随机生成 1 个小于 p 且大于 0 的随机数 b，并且计算出整数 B，使 $B = g^b \bmod p$[③]。然后，B 发送给发起方（AR1）。

到现在为止，双方已经完成了 IKE 阶段 1 主模式下第 3 个消息和第 4 个消息的交互。下面，我们解释它们如何用这些参数计算出相同的密钥。首先，我们来看 AR2。

AR2 在接收到 g、p、A，并且生成了随机数 b 之后，就已经可以计算出密钥 K。计算方法是 $K = A^b \bmod p$[④]。

AR1 在接收到 B 之后，也会用自己生成的随机数计算出密钥 K。计算方法是 $K = B^a \bmod p$[⑤]。

注释：

$A^b \bmod p = (g^a \bmod p)^b \bmod p = g^{ab} \bmod p = K$

$B^a \bmod p = (g^b \bmod p)^a \bmod p = g^{ab} \bmod p = K$

从数学上证明上面的等式超出了本书的范畴，本文我们不进行介绍。接下来，我们分析如果有中间人发起攻击，那么该中间人是否能够计算出 K。

在图 9-15 中，中间人截获了双方的通信，得到了参数 g、p、A 和 B。如果想要计算

---

① 亦译为质数，即只能被自己和 1 整除的数。
② 缺乏数论背景的读者可以这样理解计算的结果：A 是 g 的 a 次方除以 p 所得的余数。
③ 即 B 是 g 的 b 次方除以 p 所得的余数。
④ 即 K 是 A 的 b 次方除以 p 所得的余数。
⑤ 即 K 是 B 的 a 次方除以 p 所得的余数。

出 K，他需要获得 AR1 生成的随机数 a，或者 AR2 生成的随机数 b。然而，要根据 g、p、A 计算出 a，或者根据 g、p、B 计算出 b，就需要计算离散对数。计算离散对数也是一个比较复杂的话题，我们在这里不作进一步讨论。

那么，中间人为什么不能像 AR2 那样在接收到 g、p 和 A 之后，生成一个随机数 c 来计算出一个密钥呢？道理是显而易见的，因为这个密钥（$K'=A^c \bmod p$）在数学上等于 K 的概率微乎其微。当然，如果 AR1 真的希望与生成随机数 c 的设备执行阶段 1 主模式的协商，那么 AR1 也会使用它通过 c 计算并发送过来的 C 计算出 K'，并用 K' 作为两者之间的密钥。

在本小节中，我们说明了 DH 算法的原理，对它的有效性进行了简单的分析。当然，对于那些需要借助大量数学背景的内容，我们进行了规避。对于加密算法数学背景感兴趣的读者，可以在课后学习相关课程。如果能够通过本小节的简单介绍，激起读者探究数论和密码学的兴趣，我们也会深感荣幸。

9.2.4 IPSec 的操作方式

IPSec 框架定义了两种通信数据封装协议（ESP 协议和 AH 协议）和两种封装模式。通过 IPSec 建立通信的双方会在 IKE 的阶段 2 中完成针对通信数据封装协议和封装模式的协商[①]。于是，在双方建立了双向 IPSec SA 之后，它们就会开始按照协商过的协议和方式来封装并发送 IPSec 消息了。

AH 协议的协议号为 51。在 IPSec 框架定义的通信数据封装协议中，AH 协议定义的封装方式比较简单，只定义了头部封装，并没有尾部封装。然而，AH 协议只能提供完整性校验、源设备认证和反重放攻击保护，并不会对自己封装的数据提供加密，这是 AH 协议目前基本被弃用的原因之一。AH 协议定义的头部封装格式如图 9-17 所示。

图 9-17　AH 协议定义的头部封装格式

---

① 这句描述只适用于双方通过 IKEv1 建立 IPSec SA 的情形，若通信双方使用 IKEv2 建立 IPSec SA，则它们会在初始交换（Initial Exchange）阶段完成上述协商。

在 AH 协议定义的封装字段中，大多数字段的内容读者完全可以理解，我们不进行赘述。仅对下面两个字段的作用进行一下简单的说明。

① 安全参数索引（SPI）：作用是唯一地标识一条 SA。也就是说，IPSec 通信方在接收到这个封装的 AH 消息时，可以通过该字段判断出这个消息是通过哪条 SA 发送过来的。

② 序列号：作用是标识这个 AH 消息的序号。我们在前文说过，AH 协议可以防止重放攻击。简单地说，每当 IPSec 通信方发送一个 AH 消息，它都会增加序列号字段的值来标识。接收方如果发现某个 IPSec 消息 AH 头部封装的序列号值与自己之前处理过的消息相同，就会将该消息视为重放攻击而丢弃这个 IPSec 消息。这就是 AH 协议防止重放攻击的原理。

IPSec 可以让管理员从两种通信数据的封装方式中进行选择。其中传输模式是将管理员选用的 IPSec 封装协议，封装在传输层头部之外，然后再封装网络层头部；而隧道模式采用的做法则是将其封装在网络层头部之外，然后在封装后的受保护数据之外再封装另一个网络层头部。图 9-18 所示为 AH 协议在这两种模式下封装的应用层消息（以网络层协议为 IPv4 为例）。

(a) AH协议的传输模式封装

(b) AH协议的隧道模式封装

图 9-18　AH 协议在传输模式和隧道模式下封装的应用层消息

注释：

在图 9-18（b）中，AH 头部下一个头部字段取值为 4，是因为 4 标识的是 IP-in-IP 封装。当设备在执行（诸如 AH 协议隧道模式这类操作）将一个 IP 头部封装在另一个 IP 头部时，内层 IPv4 头部之外的那一层封装，会以 0x04 这个协议号标识自己里面封装的是 IP。关于 IP-in-IP 封装的详细解释与用法，读者可以参阅 RFC 2003。

关于 AH 协议，还有一点必须进行说明。读者在看到图 9-18 时，千万不要认为 AH 头部只会校验其内部封装的信息。实际上，AH 头部也会对它外层封装的 IPv4 头部/新 IPv4 头部（除服务类型、标记、分片偏移、生存时间、校验和之外的其他字段）进行校验。也就是说，如果在两台 IPSec 设备之间传输数据时，数据包 IPv4 头部的其他字段（包括源 IP 地址和目的 IP 地址字段）发生了变化，那么这个数据包在到达对端时就无法通过完整性校验。所以，使用 AH 协议封装的消息是不能通过 NAT 技术转换地址的。于是，随着 IPv4 地址越来越稀缺，能够校验外层头部这个原本被 AH 协议的支持者们视为优点的协议特色也遭反戈一击，这似乎成了 AH 协议日渐被冷落的另一个原因。

与 AH 协议相比，协议号为 50 的 ESP 协议虽然只提供（封装在内部的）负载的安全性服务，但是可以在完整性、认证和反重放攻击之外进一步为封装的数据提供加密，保障了数据的私密性。此外，隧道模式的 ESP 协议还可以支持 NAT。因此，正如我们在前文所说，目前使用 ESP 协议作为 IPSec 的通信数据封装协议已经成为绝对主流的做法。ESP 协议定义的头部封装格式如图 9-19 所示。

图 9-19　ESP 协议定义的头部封装格式

如图 9-19 所示，ESP 协议的封装分为头部和尾部两部分，完整性校验的功能被放到了 ESP 尾部。使用 ESP 协议作为封装协议，在传输模式和隧道模式下封装的应用层消息如图 9-20 所示。

IPv4头部 协议号：50	ESP头部	TCP头部 （加密）	数据部分 （加密）	ESP尾部 下一个尾部：6 （加密）	完整性校验

(a) ESP协议的传输模式封装

新IPv4头部 协议号：50	ESP头部	原IPv4头部 协议号：6 （加密）	TCP头部 （加密）	数据部分 （加密）	ESP尾部 下一个尾部：4 （加密）	完整性校验

(b) ESP协议的隧道模式封装

图 9-20　ESP 协议在传输模式和隧道模式下封装的应用层消息

如图 9-20 所示，通过封装 ESP 协议，从 ESP 头部字段（不含）到 ESP 尾部字段（含）的信息都会（使用管理员选择的加密协议）进行加密。

在这里我们必须提醒读者，设备在对数据进行解封装的时候，绝不是按照图 9-20 这种平面示意从左至右的顺序执行解封装的，而是一层一层地进行解封装的。因此，请不要看到下一个头部字段被标识在图 9-20 中的倒数第 2 部分就感到奇怪。ESP 尾部标识的下一个头部指的仍然是 ESP 头部所封装的头部信息，也就是传输模式中封装的 TCP 头部或者隧道模式中封装的原 IPv4 头部。那么，IPSec 的发送方是如何使用 ESP 协议封装应用层消息的呢？下面我们以传输模式为例，说明这个封装的过程。

概括地说，完整的 IPSec 封装流程分为以下几个步骤。

步骤 1　当发送方 IPSec 设备想要使用 ESP 协议封装一个应用层消息时，它会首先给这个消息及其 TCP 头部封装 ESP 尾部，其中 ESP 尾部的下一个头部字段指定下一个头部为 TCP 头部，如图 9-21 所示。

图 9-21　发送方 IPSec 设备给一个应用层消息封装 ESP 尾部

步骤 2　发送方 IPSec 设备通过查询 SADB 中的 SA，找到对应的 SPDB 条目，确定要用于这个消息的加密算法与密钥，并按照这个 SPDB 的规定对图 9-21 所示的 3 部分消息进行加密，如图 9-22 所示。

图 9-22　发送方 IPSec 设备对 ESP 消息执行加密操作

步骤 3　发送方 IPSec 设备给消息添加 ESP 头部，其中 ESP 头部中的 SPI 来自 SADB 中对应 SA 条目的取值，如图 9-23 所示。

图 9-23　发送方 IPSec 设备封装 ESP 头部

步骤 4　发送方 IPSec 设备通过查询到的 SPDB 条目，确定要用于计算消息的散列算法，对图 9-23 所示的 4 部分消息执行相应的散列计算，得到完整性校验部分，并执行封装，如图 9-24 所示。

图 9-24　发送方 IPSec 设备封装完整性校验部分

步骤 5　发送方 IPSec 设备封装 IPv4 头部。因为 IPv4 头部中封装的是 ESP 协议，所以 IPv4 头部协议号字段封装的参数为 50。至此，路由器就封装好图 9-20 中传输模式的数据包。

当 IPSec 接收方接收到这个封装消息时，它的解封装过程大致与上面的流程相反，分为以下几个步骤。

步骤 1　接收方 IPSec 设备根据 IPv4 头部协议号字段的取值，判断出 IPv4 头部中封装的是 ESP 协议。于是，接收方设备（根据 ESP 头部封装的 SPI 值）查询 SADB 中的 SA 对应的 SPDB 条目，确定发送方计算完整性校验时使用的散列算法，并使用相同的散列算法计算 ESP 消息，将计算结果与封装在消息最后的完整性校验部分进行比较，（如果通过完整性校验）并解封装完整性校验部分，如图 9-25 所示。

图 9-25　接收方 IPSec 设备执行完整性校验

步骤 2　接收方 IPSec 设备解封装 ESP 头部，如图 9-26 所示。

接收方IPSec设备

图 9-26　接收方 IPSec 设备解封装 ESP 头部

步骤 3　接收方 IPSec 设备查询 SADB 中的 SA 所对应的 SPDB 条目，确定发送方 IPSec 设备用于这个消息的加密算法与密钥，并使用相同的加密算法和密钥对图 9-26 所示的 3 个加密部分执行解密，如图 9-27 所示。

图 9-27　接收方 IPSec 设备对 ESP 消息执行解密

步骤 4　接收方 IPSec 设备根据解密后的 ESP 尾部中封装的下一个头部消息，判断出
ESP 协议中封装的下一个头部为 TCP 头部，并对这个 ESP 尾部执行解封装，
如图 9-28 所示。

图 9-28　接收方 IPSec 设备对 ESP 尾部执行解封装

　　至此，一个 IPSec 消息就被解封装为一个普通的 TCP 数据段。当然，上面的流程只
是实际操作流程的简化版。这一部分内容以 IPSec 设备使用传输模式 ESP 协议封装一个
应用层消息的情形为例，旨在帮助读者理解 IPSec 封装与解封装的流程。

　　在前面的内容中，我们对 IPSec 框架中两种封装协议的封装格式进行了简单的说明，并
且以应用层消息为例对比了使用两种不同的封装模式封装协议所得到的消息。接着，我们以
传输模式封装 ESP 协议为例，说明了发送方和接收方封装消息和解封装消息的流程。最后，
我们来简单概括一下传输模式和隧道模式在使用场景方面的建议。

　　无论执行哪种模式的封装，当这个（经过了 IPSec 封装的）消息在不安全网络中进
行传输时，转发设备都会使用封装在 IPSec 头部（ESP/AH 头部）外侧的那个网络层头
部执行数据包转发，这就代表不安全网络中的设备必须能够使用那个网络层头部中所载
的地址来转发这个数据包。对于传输模式的封装来说，封装在 IPSec 头部之外的网络层
头部就是唯一的网络层头部，这个头部所载的地址信息需要有能力让这个消息从发送方

IPSec 设备发送给接收方 IPSec 设备。对于隧道模式的封装来说，IPSec 发送方和接收方可以分别充当隧道的一端，IPSec 发送方接收到数据源设备发送过来的 IP 数据包，对这个 IP 数据包执行 ESP 封装，然后在外层再封装这一层 IP 头部。这个新封装的 IP 头部所载的地址信息只需要有能力将这个消息从发送方 IPSec 设备发送给隧道另一端的接收方 IPSec 设备即可。当接收方 IPSec 设备接收到这个数据包之后，对外层 IP 头部和 ESP 头部执行解封装，然后根据内层 IP 头部查询路由表，将其发送给信息的接收方。

综上所述，如果通信数据的发送方和接收方就是建立 IPSec SA 的那两台设备，那么这种场景可以使用传输模式，如图 9-29 所示；如果不符合这个条件，则需要使用隧道模式。比如，建立 IPSec SA 的两台设备分别是两个站点的网关路由器或防火墙。当两个局域网跨越不安全网络进行通信时，这两台设备负责为跨越不安全网络的通信数据执行 IPSec 封装和解封装，这就是隧道模式的常见使用场景，如图 9-30 所示。

图 9-29　传输模式的常见使用场景

图 9-30　隧道模式的常见使用场景

在本小节中，我们用尽可能简练的方式，图文并茂地解释了 IPSec 两种通信数据封装协议的封装格式，以及两种不同的封装类型。以采用传输模式封装 ESP 协议为例，我们介绍了 IPSec 通信双方封装和解封装 IPSec 消息的流程。

下面我们会介绍一种并不属于 IPSec 框架，也不提供安全服务，但常常会和 IPSec 一起使用的协议。

9.2.5　GRE 协议概述

GRE（Generic Route Encapsulation，通用路由封装）协议是打通网络转发通路的隧道协议。这种十分简单的协议可以像隧道模式的 IPSec 通信数据封装协议（ESP/AH 协议）那样，将一个网络层头部封装在另一个网络层头部中进行传输。在本小节中，我们会对这种协议的用法及原理进行说明。

首先，我们来介绍 GRE 协议的一种使用场景，如图 9-31 所示。

图 9-31　GRE 协议的一种使用场景

现在，请读者参照图 9-31 思考一个问题。如果路由器 1 和路由器 3 都启用了 OSPF 协议，并且路由器 1 的 G0/0/0 接口和路由器 3 的 G0/0/1 接口都被管理员添加到 OSPF 区域 0 中，但路由器 2 上并没有启用 OSPF，那么路由器 1 和路由器 3 之间可以建立完全邻接关系，并相互发送 LSA 吗？这个问题的答案显而易见：不能。因为 OSPF 的邻居状态的迁移、链路状态信息的通告都是通过组播来完成的。路由器 2 没有启用 OSPF，自然就不会监听 OSPF 路由器接口才会监听的组播地址，更没有理由为两边的 OSPF 路由器执行转发 OSPF Hello 消息和 LSA。

那么，我们怎么才能在不让路由器 2 参与 OSPF 的前提下，让路由器 1 和路由器 3 建立起 OSPF 完全邻接关系呢？如果读者联想到 IPSec 隧道模式封装，可能会想到图 9-32 所示的这种解决方案：把 OSPF 数据包带着网络层头部一起封装到一个路由器 2 能够执行正确转发的新 IP 头部中。

如果有一种协议可以提供图 9-32 中"某协议"的服务，将一个 IPv4 数据包封装起来，并且在外层再封装一个新的 IPv4 头部，那么路由器 1 和路由器 3 之间就可以顺利地相互转发 OSPF 消息了。在图 9-32 所示的环境中，当路由器 2 接收到图中所示的数据包之后，它会根据这个数据包（新）IPv4 头部的目的地址查找自己的 IPv4 路由表，发现这个数据包的目的网络与自己的 G0/0/1 直连，于是就会将这个（封装在新 IPv4 头部中的）组播消息通过自己的 G0/0/1 接口转发给路由器 3，尽管路由器 2 本身并没有监听这个组播地址。

路由器2的IPv4路由表		
子网	接口	类型
12.1.1.0/24	G0/0/0	直连
23.1.1.0/24	G0/0/1	直连

图 9-32　跨越非 OSPF 路由器建立 OSPF 完全邻接关系的解决方案

协议号为 47 的 GRE 协议就提供了图 9-32 中"某协议"所提供的服务，可以将大量不同类型的网络层协议封装到另一个网络层头部当中。同理，管理员可以根据转发需求，在两台并不相连的路由器之间创建一条虚拟的转发隧道，让它们对于内部封装的网络层协议而言就像直连设备一样。这种功能是 IPSec 无法提供的，这也是 GRE 隧道的价值所在。

GRE 协议定义的头部封装格式如图 9-33 所示。

图 9-33　GRE 协议定义的头部封装格式

图 9-33 中的各个字段很容易理解，下面我们简单进行介绍。

① 协议类型：作用类似于 IPv4 头部中的协议字段，它的作用是标识 GRE 头部内封装的协议类型。不过，这个字段针对不同内部封装协议而取值，与其协议号并不相同。例如，内部协议为 IPv4，则这个字段的取值为 2048，即十六进制 0x800。

② 校验和：可选字段，作用是让对端验证这个 GRE 头部所封装的数据是否在传输过程中出现了变化。如果设置了校验和字段，则图 9-33 中的 C 位会置位，否则 C 位为 0。

③ 关键字（Key）：可选字段，其取值取决于 GRE 封装的应用层协议，其作用是让对端验证这个 GRE 头部所封装的应用层消息。如果设置了关键字字段，则图 9-33 中的 K 位会置位，否则 K 位为 0。

④ 序列号：可选字段，作用与 ESP/AH 协议头部同名字段的作用相同。如果设置了序列号字段，则图 9-33 中的 S 位会置位，否则 S 位为 0。

综上所述，如果我们在图 9-32 中使用 GRE 协议来封装 OSPF 消息，那么封装的消息就会如图 9-34 所示。

图 9-34　使用协议 GRE 封装消息

比起 GRE 协议的工作原理，读者也许会觉得本小节介绍的 GRE 协议工作环境更加无法理解。为什么我们就不能在路由器 2 上启用 OSPF，而选择在路由器 1 和路由器 3 之间建立隧道呢？其实，在实际网络环境中，网络工程师往往没有管理所有网络设备的权限。

现在，读者不妨将路由器 2 设想为互联网，将路由器 1 和路由器 3 设想为同一个企业不同站点的默认网关。虽然将两个站点接入互联网，互联网上的路由设备自会有能力承担这两个站点之间的通信，就像路由器 2 可以使用自己的直连路由转发往返于路由器 1 和路由器 3 的流量那样，但同一个企业跨互联网建立的通信却无法在不同站点的网关路由器间相互发送组播数据包，不同站点的网关路由器也无法建立 OSPF 完全邻接关系。然而，这个企业的网络工程师显然没有权限管理和配置互联网上的路由器，此时这个企业的网络工程师就可以在两个站点之间建立一条 GRE 隧道，并以此在不同站点的网关之间建立 OSPF 通信。

当然，GRE 协议的用途远远不只是在两台原本不相直连的 OSPF 设备之间，跨越非 OSPF 环境建立 OSPF 邻接关系。GRE 协议的作用是在网络层本不相直连的设备之间建立虚拟的隧道，让它们实现逻辑层面的网络层直连。所以，如果网络工程师面临的需求是要把两台（原本于网络层并不直连的）设备在网络层直连，那他就可以考虑使用 GRE 协议在这两台设备之间建立逻辑的网络层直连关系。

读到这里，读者或许已经发现，GRE 协议和 IPSec 存在结合使用的前景。比如，我们希望对图 9-34 中传输的消息提供加密、认证等安全性保护，就可以在这个数据包外面再封装隧道模式的 ESP 协议，这种应用方式叫作 IPSec over GRE。再比如，我们希望图 9-30 中路由器 1 和路由器 2 这两台路由器之间可以相互发送组播消息，则可以在 IPSec 数据包的外层再封装 GRE，这种应用方式叫作 GRE over IPSec。

9.2.6 IPSec VPN 的配置

在学习了与 VPN 相关的理论知识后，本小节我们将介绍如何使用华为路由器建立 IPSec VPN，以保障两个站点之间通信的安全性。在这个案例中，我们将使用图 9-35 所示环境。

图 9-35 在两个站点之间建立 IPSec VPN

在图 9-35 所示环境中，站点 1 和站点 2 分别是同一个企业位于不同城市的办公网络，它们会通过自己的网关连接到互联网。管理员要在两个网关（AR1 和 AR2）之间建立 IPSec VPN 隧道，以连接两个站点的企业内网。在这个环境的配置中，AR1 和 AR2 要通过 IKE 协商的方式创建 IPSec VPN 隧道。管理员使用以下步骤进行配置。

步骤 1 在 AR1 和 AR2 上通过静态路由的方式指定去往对端的路由。

步骤 2 使用高级 IP ACL 指定需要通过 IPSec 隧道进行保护的流量（指定流量的源和目的 IP 地址）。

步骤 3 创建 IPSec 安全提议，并指定 IPSec 使用的各项参数。

步骤 4 创建 IKE 安全提议，并指定 IKE 使用的各项参数。

步骤 5 创建 IKE 对等体，并在其中引用配置的 IKE 安全提议。

步骤 6 创建 IPSec 安全策略，并在其中应用 ACL、IPSec 安全提议和 IKE 对等体。

步骤 7 建立连接的两端，在面向互联网的接口上应用安全策略。

接下来我们按照上述步骤来配置 AR1 和 AR2，并逐步进行验证。

步骤 1 在 AR1 和 AR2 上通过静态路由的方式指定去往对端的路由。

首先，管理员要实现基本的 IP 连通性，因此在路由器连接外网（G0/0/0）和内网

（G0/0/1）的接口上分别配置 IP 地址，并配置去往另一个站点的静态 IP 路由。例 9-13 展示了步骤 1 的配置。

例 9-13　在 AR1 和 AR2 上配置接口 IP 地址和静态路由

```
[AR1]interface gigabitethernet 0/0/0
[AR1-GigabitEthernet0/0/0]ip address 202.108.10.1 255.255.255.252
[AR1-GigabitEthernet0/0/0]quit
[AR1]interface gigabitethernet 0/0/1
[AR1-GigabitEthernet0/0/1]ip address 10.10.10.1 255.255.255.0
[AR1-GigabitEthernet0/0/1]quit
[AR1]ip route-static 202.108.20.0 255.255.255.252 202.108.10.2
[AR1]ip route-static 10.20.20.0 255.255.255.0 202.108.10.2

[AR2]interface gigabitethernet 0/0/0
[AR2-GigabitEthernet0/0/0]ip address 202.108.20.1 255.255.255.252
[AR2-GigabitEthernet0/0/0]quit
[AR2]interface gigabitethernet 0/0/1
[AR2-GigabitEthernet0/0/1]ip address 10.20.20.1 255.255.255.0
[AR2-GigabitEthernet0/0/1]quit
[AR2]ip route-static 202.108.10.0 255.255.255.252 202.108.20.2
[AR2]ip route-static 10.10.10.0 255.255.255.0 202.108.20.2
```

AR1 和 AR2 直连的互联网路由器没有在图中表现出来，AR1 接口 G0/0/0 的 IP 地址是 202.108.10.1/30，它直连的互联网路由器接口 IP 地址为 202.108.10.2/30；AR2 接口 G0/0/0 的 IP 地址是 202.108.20.1/30，它直连的互联网路由器接口 IP 地址为 202.108.20.2/30。

在例 9-13 的配置中，管理员在 AR1 和 AR2 上分别配置了两个接口的 IP 地址和两条静态路由，这两条静态路由分别指明了如何去往对端站点的公网 IP 地址，以及如何去往对端站点的内部 IP 子网。静态路由中指定的下一跳 IP 地址其实就是 AR1 或 AR2 接口 G0/0/0 直连的互联网路由器接口 IP 地址。

例 9-14 测试了两个站点之间当前的连通性。

例 9-14　测试站点 1 与站点 2 之间的连通性

```
[AR1]ping 202.108.20.1
 PING 202.108.20.1: 56  data bytes, press CTRL_C to break
   Reply from 202.108.20.1: bytes=56 Sequence=1 ttl=254 time=110 ms
   Reply from 202.108.20.1: bytes=56 Sequence=2 ttl=254 time=50 ms
   Reply from 202.108.20.1: bytes=56 Sequence=3 ttl=254 time=60 ms
   Reply from 202.108.20.1: bytes=56 Sequence=4 ttl=254 time=30 ms
   Reply from 202.108.20.1: bytes=56 Sequence=5 ttl=254 time=50 ms

 --- 202.108.20.1 ping statistics ---
   5 packet(s) transmitted
```

```
    5 packet(s) received

    0.00% packet loss

    round-trip min/avg/max = 30/60/110 ms
PC10>ping 10.20.20.20

Ping 10.20.20.20: 32 data bytes, Press Ctrl_C to break
Request timeout!
Request timeout!
Request timeout!
Request timeout!
Request timeout!

--- 10.20.20.20 ping statistics ---
  5 packet(s) transmitted
  0 packet(s) received
  100.00% packet loss
```

例 9-14 先从 AR1 上测试了与 AR2 公网 IP 地址之间的连通性，AR1 在发出 ping 测试时没有指定源 IP 地址，因此它会使用出站接口的 IP 地址，也就是自己的公网 IP 地址。运营商分配的公网 IP 地址在互联网中是可路由的。从测试结果我们也能看出，当前 AR1 与 AR2 之间的连通性是没有问题的。

接着，管理员在站点 1 的内网主机 PC10 上对站点 2 的内网主机 PC20 发出了 ping 测试。通过结果可以看出，当前两个内网之间是无法相互访问的，这是因为内网主机使用的私有 IP 地址无法在互联网上实现路由，站点 1 和站点 2 所连接的 ISP 路由器上没有任何私有 IP 地址的路由信息。

步骤 2 使用高级 IP ACL 指定需要通过 IPSec 隧道进行保护的流量（指定流量的源和目的 IP 地址）。

要想穿越互联网实现两个站点中内网主机之间的通信，管理员需要在 AR1 与 AR2 之间建立 IPSec VPN 隧道。接下来，管理员使用高级 IP ACL 指定了需要穿越 IPSec VPN 隧道的内网流量，详见例 9-15。

例 9-15 在 AR1 和 AR2 上使用高级 IP ACL 定义需要穿越 IPSec VPN 的流量

```
[AR1]acl 3010
[AR1-acl-adv-3010]rule permit ip source 10.10.10.0 0.0.0.255 destination 10.20.20.0
0.0.0.255
[AR1-acl-adv-3010]rule deny ip

[AR2]acl 3020
[AR2-acl-adv-3020]rule permit ip source 10.20.20.0 0.0.0.255 destination 10.10.10.0
0.0.0.255
[AR2-acl-adv-3020]rule deny ip
```

以 AR1 配置为例，管理员创建了编号为 3010 的高级 IP ACL，并放行了以 10.10.10.0/24 为源 IP 地址，同时以 10.20.20.0/24 为目的 IP 地址的流量，这种做法能够更为精确地匹配需要受到 VPN 保护的流量。另外，管理员还使用 **rule deny ip** 命令拒绝了其他流量，使 ACL 只放行特定流量，这种做法也提高了网络的安全性。AR2 上的配置与 AR1 呈镜像，也就是需要调换源和目的 IP 地址的位置。

读者还可以注意到，管理员在 AR1 与 AR2 上使用了不同的 ACL 编号。实际上，在建立 IPSec VPN 的两台设备上，ACL 编号不必相同，ACL 编号只在路由器本地有意义。在这个案例中，管理员在 AR1 和 AR2 上配置其他与 IPSec VPN 相关的参数时，也会使用不同的编号和名称，一方面让读者能够意识到这些编号和名称只具有本地意义；另一方面在实际工作中，管理员也可以按照实际需求指定更有意义的名称。

步骤 3　创建 IPSec 安全提议，并指定 IPSec 使用的各项参数。

接下来我们进入 IPSec 的配置步骤，在 AR1 和 AR2 上分别创建一个 IPSec 安全提议，并且在其中指定 IPSec 所要使用的认证和加密算法。例 9-16 展示了这个步骤（步骤 3）中的配置信息。

例 9-16　在 AR1 和 AR2 上创建并配置 IPSec 安全提议

```
[AR1]ipsec proposal prop10
[AR1-ipsec-proposal-prop10]encapsulation-mode tunnel
[AR1-ipsec-proposal-prop10]transform esp
[AR1-ipsec-proposal-prop10]esp authentication-algorithm sha2-256
[AR1-ipsec-proposal-prop10]esp encryption-algorithm aes-128

[AR2]ipsec proposal prop20
[AR2-ipsec-proposal-prop20]esp authentication-algorithm sha2-256
[AR2-ipsec-proposal-prop20]esp encryption-algorithm aes-128
```

在例 9-16 中，管理员需要使用系统视图命令 **ipsec proposal** *proposal-name* 来创建一个 IPSec 安全提议，并进入 IPSec 安全提议视图。在默认情况下，路由器中没有任何 IPSec 安全提议。安全提议的名称可以由 1～15 个字符构成，这个名称只具有本地意义。AR1 与 AR2 在通过对比双方支持的 IPSec 安全提议，并对 IPSec 所需要使用的认证和加密算法进行协商时，并不在乎这个安全提议的名称是否相同，只要其中指定的参数相同，匹配就算成功。

在 IPSec 安全提议中，管理员需要指定用来建立 IPSec 连接的各种参数，其中包括数据封装模式、安全协议、认证和加密算法，路由器会使用这些参数来协商并建立 IPSec SA。以下为管理员在本例的 IPSec 安全提议中实施的配置。

① **encapsulation-mode {transport | tunnel}**：管理员需要使用这条命令指定 IPSec 所使用的数据封装模式，华为设备默认使用隧道模式（**tunnel**）。本例中使用默认的隧道模式。

② **transform {ah | ah-esp | esp}**：管理员需要使用这条命令指定 IPSec 所使用的安全协

议，华为设备默认使用的安全协议是 ESP 协议（**esp**）。本例中使用默认的 ESP 协议。

③ **esp authentication-algorithm** {**md5** | **sha1** | **sha2-256** | **sha2-384** | **sha2-512** | **sm3**}：在使用 ESP 协议作为安全协议时，管理员可以使用这条命令来指定 ESP 认证算法。根据路由设备的型号和软件版本的不同，默认的 ESP 认证算法可能有所不同，因此管理员最好根据自己的需求手动指定认证算法。本例中使用的认证算法是 sha2-256。

④ **esp encryption-algorithm** [**3des** | **des** | **aes-128** | **aes-192** | **aes-256** | **sm1** | **sm4**]：在使用 ESP 协议作为安全协议时，管理员还可以指定加密算法，这时就需要使用这条命令。指定加密算法的命令不仅在句法上与指定 ESP 认证算法的句法类似，而且默认的 ESP 加密算法也由路由设备的型号和软件版本决定。本例中使用的加密算法是 aes-128。

刚才我们提到过，在需要建立 IPSec VPN 的两端设备上，IPSec 安全提议的名称不必相同，但其中的参数必须相同。同时，在 IPSec VPN 两端设备上可以各自拥有多个 IPSec 安全提议，两台设备会从多个安全提议中，自动协商出适用的一个。

管理员可以使用 **display ipsec proposal** 命令来查看路由器上配置的 IPSec 安全提议。例 9-17 展示了 AR1 上的 IPSec 安全提议。

例 9-17　查看 AR1 上的 IPSec 安全提议

```
[AR1]display ipsec proposal

Number of proposals  : 1

IPSec proposal name :    prop10
Encapsulation mode  :    Tunnel
Transform           :    esp-new
ESP protocol        :    Authentication   SHA2-HMAC-256
                         Encryption       AES-128
```

从例 9-17 可以看出，管理员在 AR1 上只配置了一个名为 prop10 的 IPSec 安全提议，其中封装模式选择了隧道（Tunnel）、安全协议使用了 ESP（显示为 esp-new），ESP 协议部分分别展示了管理员配置的认证算法（SHA2-HMAC-256）和加密算法（AES-128）。

步骤 4　创建 IKE 安全提议，并指定 IKE 使用的各项参数。

接下来，管理员需要创建并配置有关 IKE 的参数，即我们需要分别创建并配置 IKE 安全提议和 IKE 对等体。例 9-18 为创建并配置 IKE 安全提议。

例 9-18　在 AR1 和 AR2 上创建并配置 IKE 安全提议

```
[AR1]ike proposal 10
[AR1-ike-proposal-10]authentication-method pre-share
[AR1-ike-proposal-10]authentication-algorithm sha1
[AR1-ike-proposal-10]encryption-algorithm aes-cbc-128

[AR2]ike proposal 20
```

```
[AR2-ike-proposal-20]authentication-algorithm sha1
[AR2-ike-proposal-20]encryption-algorithm aes-cbc-128
```

管理员需要使用系统视图命令 **ike proposal** *proposal-number*，创建一个 IKE 安全提议并进入 IKE 安全提议视图。IKE 安全提议的编号取值范围是 1～99。从例 9-18 所示的两台路由器配置中我们也能判断出，IKE 安全提议的编号与 IPSec 安全提议的名称一样，只具有本地意义；AR1 和 AR2 在协商 IKE 安全参数时，也不在意 IKE 安全提议的编号是否相同，它们只在乎 IKE 安全提议中的认证和加密算法是否匹配。

在 IKE 安全提议中，管理员需要指定 IKE 为交换和保护密钥所使用的认证方式，以及认证和加密算法。以下为管理员在 IKE 安全提议中实施的配置。

① **authentication-method {pre-share | rsa-signature | digital-envelope}**：管理员需要使用这条命令指定 IKE 使用的认证方式，默认的认证方式是预共享密钥（**pre-share**）。本例中就使用默认的预共享密钥方式，因此管理员仅在 AR1 上作为展示输入了这条命令，在 AR2 上就没有进行配置。在使用预共享密钥时，建立 IPSec VPN 的两个站点管理员之间可以通过带外的方式交换密钥信息，比如通过电话、电子邮件、面对面交流等方式约定密钥。

② **authentication-algorithm {aes-xcbc-mac-96 | md5 | sha1 | sha2-256 | sha2-384 | sha2-512 | sm3}**：管理员需要使用这条命令来指定 IKE 使用的认证算法。IKE 认证算法的默认参数与路由设备的型号和软件版本相关，管理员最好根据自己的需求手动指定认证算法，本例中使用的认证算法是 **sha1**。再做一点有关选择算法的提示：我们这个案例中要使用 **IKEv1**，因此无法选择 **aes-xcbc-mac-96**，这是因为 IKEv1 不支持这种认证算法。感兴趣的读者可以在进行实验练习时试着选择这种算法，并在 IKE 对等体中引用这个 IKE 安全提议时注意观察路由器的提示。

③ **encryption-algorithm {3des-cbc | des-cbc | aes-cbc-128 | aes-cbc-192 | aes-cbc-256 | sm4}**：管理员需要使用这条命令来指定 IKE 使用的加密算法。路由设备支持的加密算法也与路由设备的型号和软件版本相关。本例中使用的加密算法是 **aes-cbc-128**。

再次强调，在需要建立 IPSec VPN 的两端设备上，IKE 安全提议中的参数必须相同，但 IKE 安全提议的编号不必相同。

步骤 5　创建 IKE 对等体，并在其中引用配置的 IKE 安全提议。

在创建了 IKE 安全提议后，管理员需要创建 IKE 对等体，并在其中应用刚才创建的 IKE 安全提议。例 9-19 展示了有关 IKE 对等体的创建和配置命令。

例 9-19　在 AR1 和 AR2 上创建和配置 IKE 对等体

```
[AR1]ike peer ike10 v1
[AR1-ike-peer-ike10]ike-proposal 10
[AR1-ike-peer-ike10]pre-shared-key cipher huawei123
```

```
[AR1-ike-peer-ike10]remote-address 202.108.20.1
```

```
[AR2]ike peer ike20 v1
[AR2-ike-peer-ike20]ike-proposal 20
[AR2-ike-peer-ike20]pre-shared-key cipher huawei123
[AR2-ike-peer-ike20]remote-address 202.108.10.1
```

在例 9-19 中，管理员需要使用系统视图命令 **ike peer** *peer-name* [**v1** | **v2**]来创建一个 IKE 对等体，并进入 IKE 对等体视图。IKE 对等体的名称可以由 1～15 个字符构成，从配置中我们可以知道，这个名称只具有本地意义。在第一次使用这条命令创建 IKE 对等体时，管理员必须在命令中指定 IKE 对等体使用的版本，之后再进入已创建的 IKE 对等体视图时就无须输入版本号了。

在 IKE 对等体视图中，管理员指定了对端 IP 地址、应用了之前建立的 IKE 安全提议，并定义了预共享密钥。

① **ike-proposal** *proposal-number*：管理员需要使用这条命令来应用之前已经配置的 IKE 安全提议，IKE 对等体之间才会使用这个 IKE 安全提议中的认证和加密算法，来对密钥进行管理。

② **pre-shared-key** {**simple** | **cipher**} *key*：管理员需要使用这条命令来设置 IKE 对等体建立连接所使用的预共享密钥。关键字 **simple** 和 **cipher** 分别指定了在路由器的配置中，这个预共享密钥的保存形式：**simple** 保存为明文，**cipher** 保存为加密形式。本例中选择了 **cipher**，这种做法更为安全。本例设置的预共享密钥为 huawei123，两端 IKE 对等体上必须配置相同的预共享密钥。

③ **remote-address** *ip-address*：管理员需要使用这条命令来设置 IKE 对等体对端的 IP 地址。通常这个 IP 地址是公网可路由地址，也就是 ISP 分配给企业使用的公网 IP 地址。本例中使用了路由器连接互联网的接口上所配置的 IP 地址（也就是从 ISP 获得的 IP 地址）。

在配置好这些参数后，例 9-20 使用 **display ike peer verbose** 命令查看了 AR1 上创建的 IKE 对等体。

例 9-20　在 AR1 上查看 IKE 对等体

```
[AR1]display ike peer verbose

Number of IKE peers: 1

------------------------------------------
  Peer name                 :   ike10
  Exchange mode             :   main on phase 1
  Pre-shared-key cipher     :   "@J*U2S* (7F,YWX*NZ55OA!!
  Proposal                  :   10
```

```
Local ID type               :   IP
DPD                         :   Disable
DPD mode                    :   Periodic
DPD idle time               :   30
DPD retransmit interval     :   15
DPD retry limit             :   3
Host name                   :
Peer IP address             :   202.108.20.1
VPN name                    :
Local IP address            :
Local name                  :
Remote name                 :
NAT-traversal               :   Disable
Configured IKE version      :   Version one
PKI realm                   :   NULL
Inband OCSP                 :   Disable
```

从例 9-20 的命令输出内容中我们可以看到，目前为止所配置的与 IKE 相关的所有参数，其中包括比较重要的 IKE 对等体名称（ike10）、IKE 安全提议编号（10）、IKE 对等体 IP 地址（202.108.20.1）和 IKE 版本（Version one）。从例 9-20 的命令输出内容中还可以看到 IKE 在阶段 1 所使用的模式（main on phase 1），我们在这里没有对默认模式进行修改，因此使用了 IKE 主模式。其他的参数超出了读者当前需要掌握的内容范畴，感兴趣的读者可以在后续的学习中进一步深入了解。

步骤 6 创建 IPSec 安全策略，并在其中应用 ACL、IPSec 安全提议和 IKE 对等体。

接下来，管理员需要创建 IPSec 安全策略，并把之前创建好的 ACL、IPSec 安全提议和 IKE 对等体等配置信息都关联到 IPSec 安全策略中。例 9-21 展示了 AR1 和 AR2 上 IPSec 安全策略的创建和配置。

例 9-21 在 AR1 和 AR2 上创建和配置 IPSec 安全策略

```
[AR1]ipsec policy po10 10 isakmp
[AR1-ipsec-policy-isakmp-po10-10]ike-peer ike10
[AR1-ipsec-policy-isakmp-po10-10]proposal prop10
[AR1-ipsec-policy-isakmp-po10-10]security acl 3010

[AR2]ipsec policy po20 20 isakmp
[AR2-ipsec-policy-isakmp-po20-20]ike-peer ike20
[AR2-ipsec-policy-isakmp-po20-20]proposal prop20
[AR2-ipsec-policy-isakmp-po20-20]security acl 3020
```

在例 9-21 中，管理员需要使用系统视图命令 **ipsec policy** *policy-name seq-number* [**gdoi** |

isakmp [**template** *template-name*] | **manual**]来创建一个 IPSec 安全策略,并进入 IPSec 安全策略视图。IPSec 安全策略的名称由 1~15 个字符构成,序号取值范围是 1~10000。从配置中我们可以知道,这些参数都只具有本地意义。

由于本例中管理员使用 IKEv1 来自动协商建立 IPSec VPN,因此在创建 IPSec 安全策略时,管理员需要选择关键字 **isakmp**。以下为管理员在 IPSec 安全策略中实施的配置。

① **ike-peer** *peer-name*:管理员使用这条命令应用了之前(步骤 5 中)创建的 IKE 对等体。

② **proposal** *proposal-name*:管理员使用这条命令应用了之前(步骤 3 中)创建的 IPSec 安全提议。

③ **security acl** *acl-number*:管理员使用这条命令应用了之前(步骤 2 中)创建的高级 IP ACL。

这样一来,管理员就把步骤 2~步骤 5 中创建的参数全都应用在 IPSec 安全策略中。例 9-22 使用 **display ipsec policy** 命令查看了 AR1 中创建的 IPSec 安全策略。

例 9-22　在 AR1 中查看 IPSec 安全策略

```
[AR1]display ipsec policy

===========================================
IPSec policy group: "po10"
Using interface:
===========================================

    Sequence number: 10
    Security data flow: 3010
    Peer name    : ike10
    Perfect forward secrecy: None
    Proposal name: prop10
    IPSec SA local duration(time based): 3600 seconds
    IPSec SA local duration(traffic based): 1843200 kilobytes
    Anti-replay window size: 32
    SA trigger mode: Automatic
    Route inject: None
    Qos pre-classify: Disable
```

从例 9-22 的命令输出内容中我们可以找到刚才应用的 IKE 对等体(ike10)、IPSec 安全提议(prop10),以及指定了受保护流量的 ACL(3010)。

步骤 7　建立连接的两端,在面向互联网的接口上应用安全策略。

在配置好所有与 IPSec 和 IKE 相关的参数后,管理员的最后一步工作就是把 IPSec 安全策略应用在相应的接口上。例 9-23 展示了在 AR1 和 AR2 上应用 IPSec 安全策略。

例 9-23 在 AR1 和 AR2 上应用 IPSec 安全策略

```
[AR1]interface gigabitethernet 0/0/0
[AR1-GigabitEthernet0/0/0]ipsec policy po10
```

```
[AR2]interface gigabitethernet 0/0/0
[AR2-GigabitEthernet0/0/0]ipsec policy po20
```

管理员需要在接口视图中使用 **ipsec policy** *policy-name* 命令来应用之前配置的 IPSec 安全策略。到这里为止，管理员的所有配置就完成了。接下来 AR1 和 AR2 会自动协商并建立 IKE SA 和 IPSec SA，两个站点中的内网用户之间也能够通过 IPSec 隧道进行通信了。下面我们就通过一些命令，在路由器上先验证一下 IKE SA 和 IPSec SA 的建立结果，然后在内网主机上通过 ping 测试来验证两个站点之间的连通性。

例 9-24 展示了 AR1 和 AR2 上已建立的 IKE SA。

例 9-24 在 AR1 和 AR2 上查看已建立的 IKE SA

```
[AR1]display ike sa
  Conn-ID  Peer          VPN   Flag(s)            Phase
  ------------------------------------------------------------------
      2    202.108.20.1   0    RD|ST              2
      1    202.108.20.1   0    RD|ST              1

  Flag Description:
  RD--READY   ST--STAYALIVE   RL--REPLACED   FD--FADING   TO--TIMEOUT
  HRT--HEARTBEAT  LKG--LAST KNOWN GOOD SEQ NO.  BCK--BACKED UP
```

```
[AR2]display ike sa
  Conn-ID  Peer          VPN   Flag(s)            Phase
  ------------------------------------------------------------------
      2    202.108.10.1   0    RD                 2
      1    202.108.10.1   0    RD                 1

  Flag Description:
  RD--READY   ST--STAYALIVE   RL--REPLACED   FD--FADING   TO--TIMEOUT
  HRT--HEARTBEAT  LKG--LAST KNOWN GOOD SEQ NO.  BCK--BACKED UP
```

在例 9-24 中，管理员使用 **display ike sa** 命令查看了路由器上建立的 IKE SA 状态。其中我们重点关注 Flag(s)字段，这个标记字段的取值和描述信息展示在命令的末尾。对比 AR1 和 AR2 的标记字段我们会发现，AR1 多了一个 ST 标记，这个标记表示 AR1 是 IKE SA 协商过程的发起方。AR1 和 AR2 都有的标记 RD 表示 IKE SA 已经成功建立。若标记字段为空，表示 IKE SA 的协商没有成功，管理员需要重新检查两端设备上配置的认证和加密参数是否匹配。

例 9-25 在 AR1 和 AR2 上使用 **display ipsec sa brief** 命令查看了路由器上已建立的 IPSecSA。

例 9-25　在 AR1 和 AR2 上查看已建立的 IPSec SA

```
[AR1]display ipsec sa brief

Number of SAs:2
Src address    Dst address    SPI          VPN  Protocol  Algorithm
-------------------------------------------------------------------------------
202.108.20.1   202.108.10.1   2967839764   0    ESP       E:AES-128 A:SHA2_256_128
202.108.10.1   202.108.20.1   406806218    0    ESP       E:AES-128 A:SHA2_256_128

[AR2]display ipsec sa brief

Number of SAs:2
Src address    Dst address    SPI          VPN  Protocol  Algorithm
-------------------------------------------------------------------------------
202.108.20.1   202.108.10.1   2967839764   0    ESP       E:AES-128 A:SHA2_256_128
202.108.10.1   202.108.20.1   406806218    0    ESP       E:AES-128 A:SHA2_256_128
```

从例 9-25 命令的输出内容中，我们重点关注 SPI 字段。SPI 的作用是唯一地标识一个 IPSec SA。在 IPSec 流量封装过程中，路由器从 SADB 中查找相应 SA 的 SPI 值并添加 ESP 头部，那么路由器是如何选择 SPI 值的呢？这个问题的答案在例 9-25 所示的内容中一目了然。以 AR1 为例，在向 AR2 发送数据时，AR1 会使用 SPI 406806218，这是因为这个 SPI 标识的是源 IP 地址为 202.108.10.1、目的 IP 地址为 202.108.20.1、协议为 ESP 的数据包。通过后文的抓包截图我们也可以验证这一点。

在 IPSec VPN 建立之后，管理员可以再次测试站点 1 和站点 2 内网主机之间的通信。我们还是从 PC10 向 PC20 发起 ping 测试，测试结果见例 9-26。

例 9-26　PC10 向 PC20 发起 ping 测试

```
PC10>ping 10.20.20.20

Ping 10.20.20.20: 32 data bytes, Press Ctrl_C to break
From 10.20.20.20: bytes=32 seq=1 ttl=127 time=63 ms
From 10.20.20.20: bytes=32 seq=2 ttl=127 time=31 ms
From 10.20.20.20: bytes=32 seq=3 ttl=127 time=47 ms
From 10.20.20.20: bytes=32 seq=4 ttl=127 time=31 ms
From 10.20.20.20: bytes=32 seq=5 ttl=127 time=47 ms

--- 10.20.20.20 ping statistics ---
 5 packet(s) transmitted
 5 packet(s) received
 0.00% packet loss
 round-trip min/avg/max = 31/43/63 ms
```

从例 9-26 展示的测试结果我们可以看出，现在两个站点中的内网主机之间能够进行通信了。我们在 AR1 接口 G0/0/0 上进行了抓包，图 9-36 展示了抓包信息。

图 9-36 在 AR1 接口 G0/0/0 上抓包

  图 9-36 中解析的数据包是从 AR1 发往 AR2 的 ICMP 消息，它携带的 SPI 是 0x183f5eca，这是以十六进制表示的数值，而我们刚才推测 AR1 会在其封装的数据包中使用的 SPI 值 406806218 是十进制格式。如果读者熟练掌握了十进制数与十六进制数之间的转换规则，或者善用计算器软件的话，就可以发现这两个 SPI 值是相同的。并且从这个数据包的解析中我们可以看出，这个消息是经过了加密的，互联网中的路由器无法知道这个数据包中携带的是哪种类型的消息。只有当数据包到达 IPSec VPN 的另一端（也就是 AR2），AR2 才能读取到数据包携带的真实数据，并把真实的消息解密出来进行下一步处理（本例中就是把 ICMP 消息转发给 PC20）。

  IPSec VPN 案例是目前为止读者接触到的拥有最"庞大"配置量的配置任务。虽然 IPSec 的配置比较复杂，但由于 IPSec 是一个模块化的框架，因此与之相关的庞大配置任务可以被分为多个小配置任务。

  IPSec VPN 配置任务的逻辑性强，虽然案例可以帮助读者加深对理论的理解，但读者不能死记硬背配置的步骤，因为死记硬背不利于读者在遇到问题时理清思路。在实际工作中，管理员在实施 IPSec VPN 之前，需要在实施文档中详细列出每个步骤中需要使用的参数，并且在实施中按步骤进行配置。一旦 IPSec VPN 建立不成功，管理员就需要依靠自己掌握的 IPSec 理论基础，按部就班地排查 IPSec VPN 建立不成功的根本原因。现在的企业网络大多数需要使用 VPN 技术，掌握 IPSec VPN 的技术原理和配置方法，是作为网络管理员必不可少的一项技能。

9.3　利用网络安全技术保证网络安全性

前面我们对 AAA 和 IPSec 这两种常用的安全技术进行了原理讲解和配置演示。当然，这两项安全技术提供的服务并不足以解决所有与网络安全相关的问题，它们都只能在某一方面为网络提供安全防护。实际上，网络安全拥有相当多的维度，人们从不同角度入手可以找出不同的漏洞，设计出不同的攻击方式，以及不同的防御策略。也就是说，没有一项技术能够全方位、彻底地保障网络安全。网络攻击的方式也在随着网络技术的发展而不断变化，没有人能够穷举所有网络攻击方式和对应的防御技术。

在本节中，我们首先把目光从某一项特定技术为网络提供安全防护服务这一狭隘的视角移开，尝试从宏观的角度来对构成网络安全的要素进行分类。接下来，我们通过列举一些常见的网络安全问题和网络安全技术来为本章收尾。

9.3.1　网络安全三要素

判断一个人是否健康需要一系列的指标。健康专家们对于保持健康的建议也是多层次多方面的，比如保持低压力状态、减少情绪波动、规律作息时间、远离污染地区、经常参加有氧运动、平衡膳食结构、戒除不良嗜好、养成开朗包容的个性、保持居住环境干净整洁等。这些建议是从人类生理和心理健康的不同角度提出的，它们本身并没有优劣或先后之分，也没有相互替代或抵消的关系。大鱼大肉的饮食习惯给身体造成的负担绝对不会因为家庭环境干净整洁就被抵消。

如何保护网络安全犹如如何保持身体健康，这个问题的答案也应该是多角度的。这些建议往往也会包含很多理想主义的说法，越关注这个问题的人也就越愿意为更多的建议做出牺牲。一般来说，信息安全的核心往往会被概括为机密性（Confidentiality）、完整性（Integrity）和可用性（Availability），人们常常将这三方面的英文首字母组合起来，称之为信息安全的 CIA 三要素。下面，我们分别对这三方面的概念进行说明。

所谓机密性，是指确保信息只能由授权者进行访问。在我们之前所介绍的技术中，加密技术的作用就是保障信息的机密性。显然，对数据执行加密无法防止攻击者截获数据，但是可以保证截获了数据的攻击者依然无法访问这些数据。在图 9-37 中，两位通信者在跨越不安全网络交换敏感信息，两者之间的网关路由器充当了加密隧道的端点，负责对进出隧道的流量执行加/解密处理。不安全网络中的窃听者虽然截获了它们之间传输的数据，但是看到的却是加密之后的密文，无法了解双方传输的信息。

图 9-37 对数据提供机密性保障

所谓完整性，是指确保信息在从源到目的之间没有遭到非法修改。当攻击者通过技术手段实施中间人攻击时，他可以在信息的发送方和接收方之间对数据执行拦截和篡改，如图 9-38 所示。

图 9-38 攻击者破坏信息的完整性

所谓可用性，是指确保合法用户在需要时就能够访问到所需的信息。从表面上看，破坏信息可用性，致使人们无法访问重要信息的危害程度似乎小于破解或修改敏感信息给人们带来的危害程度。但随着 IT 办公融入各行各业，可用性遭到破坏给人们造成的损失越来越严重。2017 年 5 月，勒索病毒 WannaCry 感染英国多家医院，致使中毒计算机中的文件遭到锁定而无法访问，用户必须付费才能解锁文件。WannaCry 甚至导致患者的心脏手术被迫推迟。这就是破坏信息可用性有可能危及人们生命的真实案例。

注释：

鉴于计算机病毒既不必然依靠网络传播，也不必然以影响用户对网络和网络资源的使用为目的，所以在严格意义上，计算机病毒问题并不属于网络安全的范畴，而应该属于信息安全领域中计算机安全的范畴。鉴于此，本书不会对与计算机病毒有关的内容进行解释说明，仅以 WannaCry 为例，提醒读者不要小觑破坏信息可用性可能对大众造成的危害。

综上所述，CIA 三要素如果能够得到满足，那么就相当于保证了只有合法用户可以且随时访问到准确而完整的信息。

当然，CIA 三要素并不能概括所有保障信息安全的属性。在过去的十几年，很多机构和个人认为应该在 CIA 三要素的基础上补充一些其他的元素作为信息安全的属性，比如真实性/身份认证（Authenticity/Authentication）、可审计性（Accountability）、抗重放性（non-Repudiation）、可靠性（Reliability）、所有权（Possession）等。不过，也有一些专业人士认为其中一些元素已经包含在 CIA 中的某个要素当中了。

信息安全是一个比网络安全外沿更广的领域。在本书中，我们只讨论信息在网络传输过程中有可能遭遇的问题，以及应对的手段。接下来，我们会对网络安全中一些常见的问题进行简单的介绍。

9.3.2 常见的网络安全问题及其解决方法

网络安全的目标是使合法用户能够随时以合法的方式安全地使用网络及网络资源，同时让非法使用网络及网络资源的操作无法实现。干扰上述目标的行为，就是破坏网络安全的行为。破坏网络安全的行为如下。

① 通过伪装技术来访问本无权访问的网络或网络资源。

② 通过各类拒绝服务攻击妨碍合法用户正常访问网络。

③ 通过各类中间人攻击窃听合法用户之间传输的数据。

④ 通过各类中间人攻击篡改合法用户之间传输的数据。

显然，上面的内容只是举例说明，网络攻击的方式不仅五花八门，而且层出不穷，其中很多攻击方式可以同时达到多重攻击效果。

攻击者先需要确定自己想要达到的目的，其次要根据对方的机制特点和弱点"下手"。这就像想要顺手牵羊的人常常会蹲守在人流量颇大的火车站，趁一位踩着高跟鞋的年轻女士自己逐个把 3 个大小各异的箱包放在安检 X 光机传送带上，匆忙走向安检门的瞬间，把看上去装了笔记本电脑、照相机等设备的双肩背包拎走。这类偷窃行为之所以比较容易成功，是因为小偷看准了这类环境人多混杂易于隐藏和逃匿、单身女性穿着高跟鞋难以追赶、双肩背包易得手且收益大等特点，才有针对性地实施盗窃。网络中的恶意行为也是如此。

恶意破坏网络安全的行为被称为攻击行为，攻击者会针对网络中的薄弱环节（称其为漏洞）进行攻击。通常攻击者会根据想要实现的破坏结果，选择漏洞实施攻击。在本小节中，我们会介绍一些常见的攻击方式，后文将介绍抵抗这些攻击的手段。读者可以在学习本小节内容的过程中，思考自己的应对方法。

图 9-39 所示为按照 TCP/IP 协议栈总结的常见网络安全问题。

图 9-39　TCP/IP 协议栈中常见的网络安全问题

下面，我们从图 9-39 中的数据链路层和网络层各选取一个网络安全问题进行简单的说明。

数据链路层的 VLAN 跳转攻击，就是典型通过伪装技术来访问本无权访问的网络或网络资源。使用 VLAN 技术可以将一个局域网中的用户分配到不同的 VLAN 当中，对他们实现数据链路层的隔离。不同 VLAN 之间的相互访问需要借助三层路由功能才能实现。上面的叙述在逻辑上当然是正确的，但攻击者也可以通过逻辑的手段来规避这种隔离。

在图 9-40 中，攻击者在交换机上找到一个被管理员配置为 Trunk 模式却弃之不用的端口，于是将自己的计算机伪装成一台交换机，让它通过发送 802.1Q 数据帧与所连交换机的 Trunk 端口协商建立起一条 Trunk 链路。因为 Trunk 链路本身就可以承载各个 VLAN 中的流量，所以在 Trunk 链路建立成功之后，这台计算机就可以向任何 VLAN 发送数据帧了。

图 9-40　VLAN 跳转攻击示意

说明：

　　VLAN 跳转攻击还有另外一种变体，即攻击者连接的不是 Trunk 端口依然可以执行 VLAN 跳转攻击。关于这种变体，我们不再具体描述。

　　在执行 VLAN 跳转攻击时，攻击者通过逻辑方式绕过了用于实现数据链路层隔离的 VLAN 技术，达到了访问自己原本无权访问的网络这一目的，下面我们来介绍一个网络层的网络安全问题。

　　在 IPv4 开始变得流行起来之前，它只用于连接大学、图书馆和研究机构。随着网络的民用化和商用化，IPv4 对于安全因素欠缺考虑的弱点就暴露了出来。Smurf 攻击就是攻击者在网络层通过拒绝服务攻击妨碍合法用户正常访问网络。

　　在执行 Smurf 攻击时，攻击者是在利用 ICMP 的工作原理发起攻击。他会把自己发送的数据包源 IP 地址修改为受害主机的 IP 地址，把目的 IP 地址设置为受害主机所在 IP 子网的广播地址，并向网络中持续发送大量携带上述源和目的 IP 地址的 ICMP Echo-Request 消息。这个 IP 子网中的其他主机在接收到这个 ICMP Echo-Request 消息后，会向受害主机返回正常的 ICMP Echo-Reply 消息。如果这个 IP 子网中的主机数量足够庞大，持续发送的 ICMP Echo-Request 消息就会带来成倍的持续返回的 ICMP Echo-Reply 消息。这种庞大的流量最终会淹没受害主机，降低它的处理速度并最终使它无法正常工作，如图 9-41 所示。

图 9-41　Smurf 攻击示意

　　在图 9-41 中，攻击者通过 Smurf 攻击，让 IP 地址为 B 的受害者受到了严重干扰。这就是利用网络层技术达到拒绝服务的一种攻击手段。

前面我们介绍了两种攻击方式。再次强调，网络攻击方式是会随着网络的变化而动态发展的，没有人能够穷举所有网络中存在的隐患。

不过，不断发展变化的并不只是网络攻击方式，网络安全措施也在不断地发展变化。当攻击者发现了网络机制中一种可以利用的机制，并且针对这种机制设计了一种攻击方式让大量网络用户成为受害者之后，各个标准化机构、高校、企业中的专业人士也会同时迅速作出响应。每一种重大网络安全隐患的爆发会让各个网络的机制变得更加健全，让那些曾经可以呼风唤雨的攻击手段成为"明日黄花"。

比如，通过 VLAN 跳转攻击，人们懂得不再把配置为自动协商模式的 Trunk 端口弃之不顾。企业的技术专家会针对交换机的配置指定安全标准，要求其他工程师把所有不使用的端口都配置为 Access 模式，同时将这些端口划分到默认 VLAN 之外的其他 VLAN 中（针对 VLAN 跳转攻击变体的建议）。

此外，Smurf 攻击出现于 20 世纪 90 年代，并且几乎终止于同一时期。这种攻击利用的漏洞有两个：主机会对广播 ICMP 请求作出响应，路由器会转发广播 ICMP 消息。这种在今天看似漏洞的行为，在当时却是标准。如今路由器具有拒绝转发及响应广播数据包的功能，大多主机设备默认不对广播 ICMP 消息作出响应，使 Smurf 攻击根本没有了施展的空间。

目前，针对图 9-39 中的所有攻击方式，多多少少有一些对应的安全技术或者推荐做法与技术可以解决或者缓解。限于篇幅，我们在此不再历数。我们建议学有余力的读者自行了解图 9-39 中我们还没有介绍过的攻击方式，同时查询出解决这些网络攻击的安全技术，和/或为了避免遭受这些网络攻击应该采取的预防措施。

在这一章的最后，我们希望读者能够理解一点，即网络的最终目的是实现信息以可靠的形式互通。从这个角度上看，因忽视安全问题而既没有部署有效的安全技术又没有遵循安全方面的设计建议，导致人们蒙受损失；因过度关注安全问题而采取过于严格的安全策略和措施，导致正常通信受到影响，这两种情况都应该极力避免。当然，不同机构对网络安全的重视程度各不相同，应该予以考虑使用的安全机制当然也存在巨大差异。因此，没有一套"放之四海而皆准"的方法可以让所有企业参照这些方式来按部就班地规划自己的网络。

9.4　本章总结

在任何行业中，安全都是重中之重，网络通信领域也是如此。但同时安全的涵盖范围又非常广，本章只从 AAA 和 IPSec VPN 入手，让读者对网络安全技术有一个具体的了解。9.1.1 节中介绍了 AAA（认证、授权和审计）安全体系的重要性，以及 AAA 两种工作模式的原理及其对比：本地认证模式和服务器认证模式。在服务器认证模式中，管理员可以使用 RADIUS 协议实现认证。9.1.2 节中介绍了 RADIUS 消息的报文格式和 RADIUS 的工作原理。9.1.3 节中展示了如何通过本地认证和 RADIUS 认证的方式管理路由器的访问行为。

9.2 节介绍了各种网络中都在广泛使用的 VPN 技术——IPSec VPN。这部分内容中，首先介绍了 IPSec VPN 中使用的技术，比如用来交换密钥的 IKE，以及用来计算密钥的 DH 算法。之后介绍了 IPSec 的工作原理并演示了配置案例。本章不仅包含了具体的安全技术，更在 9.3 节中提出了网络安全的三要素，并分别对其进行介绍。最后列举了一些网络中常见的安全问题和解决办法。当然，除本章涉及的网络安全技术外，其他安全技术不胜枚举，并且在安全技术之外的安全规范对网络来说也至关重要。

9.5　练习题

一、选择题

1. 以下哪些场景是在描述 AAA 的作用？（多选）（　　）

A. 管理员在巡检设备时，使用低权限的账号登录路由器

B. 运营商根据手机用户的上网流量进行收费

C. 用户打开计算机后需要输入密码才能进入系统

D. 用户在华为官网上登录华为账户后才能够查看并下载需要授权的资料

2. IKE 阶段 1 分别定义了哪两种模式？（多选）（　　）

A. 主模式　　　　　　　　　　B. 主动模式

C. 快速模式　　　　　　　　　D. 野蛮模式

3. IKE 的作用是什么？（　　）

A. 保护数据的安全传输　　　　B. 保护数据的完整性

C. 保护密钥的安全交换　　　　D. 建立 IKE SA

4. IPSec 提供的安全性有哪些？（多选）（　　）

A. 私密性　　　　　　　　　　B. 完整性

C. 真实性　　　　　　　　　　D. 防重放

5. IPSec 提供了哪两种传输模式？（多选）（　　）

A. 主模式　　　　　　　　　　B. 快速模式

C. 传输模式　　　　　　　　　D. 隧道模式

6. 以下有关 GRE 的说法中，错误的是？（　　）

A. GRE 是 Generic Routing Encapsulation 的缩写

B. 管理员可以通过 GRE over IPSec 在两个站点之间建立安全的动态路由环境

C．GRE 协议的协议号是 47

D．GRE 是一种加密隧道传输技术

7．网络安全三要素分别是哪些？（多选）（　　　）

A．完整性 　　　　　　　　　　　　B．真实性

C．可用性 　　　　　　　　　　　　D．机密性

二、判断题

1．在使用 RADIUS 服务器进行认证的环境中，用户需要先与 AAA 服务器进行通信并认证自己的身份。认证通过后，AAA 服务器会把认证结果告知用户想要登录的设备。

2．IPSec SA 是单向的，IKE SA 是双向的。建立了 IPSec VPN 的两个网关之间需要使用两个 SA 来分别对输入和输出数据流提供保护。

3．IPSec 隧道模式可以提供认证和加密，而传输模式只能提供身份认证。

第 10 章
WLAN 技术

近些年来，人们购买的移动设备已经很少像过去那样配备有线网络适配器了，这反映了无线网络在人们的生活中已经越来越普及。无线网络的普及让通信摆脱了线缆和接头的桎梏，让通信变得更加便捷、灵活。各类相关应用的问世让人们有了更多的理由把自己的业余生活与无线终端绑定在一起，也让整个社会对网络更加依赖。时至今日，很多年轻人几乎已经忘记了那个需要通过网线才能上网的时代。人们越来越少地使用网线来连接终端设备。网线也日渐淡出了人们的视野，成为只有连接网络基础设施时才会用到的连接方式。

当然，传输介质的变化意味着无线局域网（Wireless Local Area Network，WLAN）技术与有线局域网技术在物理层和数据链路层的工作方式会有很大区别。所以，很多适用于有线局域网环境的机制难免会在无线局域网环境中失效。这些机制就是本章要介绍的重点。

在本章中，我们会首先对无线网络物理层的原理、机制和标准进行介绍，然后介绍本章的重点内容，也就是无线局域网的数据链路层相关机制、技术与标准。在这一部分中，我们会解释无线传输环境如何避免信号发生冲突、无线局域网的帧如何封装、无线局域网的拓扑有哪些类型，以及无线帧是如何在无线网络环境中进行传输的。由于无线网络的介质是开放性的，因此它势必会给无线局域网引入一些不同于有线局域网的安全风险。最后，我们会对无线局域网的安全隐患，以及当前用户保护无线局域网安全的机制进行阐述。

学习目标

- 了解射频的相关概念和标准；
- 了解定义无线技术的标准化组织及其职能；
- 掌握 IEEE 802.11 标准的帧封装结构；
- 掌握帧在无线局域网中的传输方式；
- 理解无线工作站（STA）与 AP 建立关联的流程；

- 理解无线局域网不同于有线局域网的安全隐患；
- 理解 WEP 的原理及其脆弱性；
- 了解 WPA 和 WPA2 的工作原理。

10.1　无线概念

在开始介绍与 WLAN 相关的原理与实现之前，我们先来简要介绍一下无线传输中与传输介质相关的基本概念。在有线通信的环境中，物理层的传输介质是各种线缆，比如超五类线缆、单模光纤线缆等。而在无线通信的环境中，信号传输的物理层载体则是空间本身，这里的信号指的是无线电波。在本节中，我们会介绍与无线电波相关的内容，其中包括无线电波是什么，它有什么特点，人们如何能够利用它的特点来实现信息传输。

10.1.1　射频

无线通信依赖无线电波来传输信息。无线电波是一种电磁波，电磁波无处不在，它们是通过带电体扰动周围的磁场而产生的波动，这种波可以在空中（甚至在真空中）传播。

英国苏格兰物理学家麦克斯韦最早预言了电磁波的存在，并预言电磁波与光的速度相同。在麦克斯韦逝世后 8 年（即 1887 年），又一位伟大的物理学家——德国人赫兹通过实验证实了麦克斯韦的假说。时任卡尔斯鲁厄大学教授的赫兹在学校实验室中搭建了一个实验环境，他通过一个电路强迫两块相隔一定距离的锌板上分别聚集大量的正负电荷。当两块锌板之间聚集的电荷过多时，负电荷（电子）就会在正电荷的吸引下跳过两块锌板之间的空隙被吸引到对面的那块锌板上，同时两块锌板之间会产生火花。如果电荷的移动真的会形成电磁波，扰动周围的磁场，那么根据法拉第定律，被扰动的磁场会形成电场。于是，赫兹在相距 10m 的位置设置了一个检测装置，这是一个根本不含电源的弯曲导线，导线两头接近但是包含可以产生电火花的微小间隙。如果在制造电磁波的两块锌板之间产生火花，这个与之相距 10m 的无缘导线两头的间隙之间也产生了微弱的火花，就可以证明（锌板之间的）电子运动产生了电磁波。最终，赫兹在无缘导线两头观察到了微弱的电火花。同时，测量结果显示，电磁波产生装置（即前文中的电路）中的电流频率和接收装置（即前文中的无缘导线）中的电流频率相同。而后，赫兹通过反复实验测量和计算，得出电磁波的传播速度等于光速的结论，这些和麦克斯韦的预言一致。现在我们都已经知道，赫兹实验中产生的电磁波就是今天我们所说的无线电。

赫兹实验之后又过了几年，年仅 20 岁的意大利人马可尼听说了赫兹的实验。他很快注意到"电磁波可以让相隔 10m 之外的接收装置产生反应"这个实验中蕴含的商机。这意味着人们可以不借助任何线路在一个地点通过电磁波产生装置产生信号，再在另一个地点使用检测装置检测这些信号，这两点之间不需要通过线路相连。于是，马可尼在 1895 年发明了使用这一原理实现的通信装置，并在之后获得了专利。后来，马可尼不断改进自己的装置。在他的努力之下，使用无线电传输的莫尔斯电码成功实现了从欧洲到南美洲的跨越。马可尼也因为这项伟大的发明而于 1909 年被授予诺贝尔物理学奖。

在上面的内容中，我们结合无线电的发现与应用历史，对使用无线电传输信号的物理学原理进行了简单的解释。实际上，今天的无线通信也是基于上面这种工作原理实现的。

人们把电磁波按照波长分为多种类型，其中波长范围在 1mm～100km 之间的电磁波被命名为无线电波。表 10-1 列出了各种类型的电磁波及其频率和波长。表 10-1 中按照波长从短到长，频率从高到低的顺序来排列电磁波类型。

表 10-1　电磁波的分类

电磁波类型	波长	频率	举例
电离辐射	1 pm～100nm	300EHz～3PHz	γ 射线、X 射线
紫外线、可见光、红外线	100nm～1mm	3PHz～300GHz	近紫外线、远红外线
无线电波	1mm～100km	300GHz～3kHz	超高频、高频、低频

表 10-1 提到了电磁波的波长和频率，波长是指在波形中，两个相邻波峰（或波谷）之间的长度；频率是指每秒钟电磁波振动的次数。真空中电磁波的传播速度是光速，约等于 $3×10^8$m/s。在真空中，电磁波的频率、波长和速度有如下关系。

$$波长×频率=速度$$

在实际应用中，无线电波多在空中传播，因此公式相应地变为波长×频率 = 速度 < 光速。现在我们着重来看无线电波。人们在对无线电波进行描述时，大多会使用频率而不是波长。无线电波的频率高达 300GHz，低至 3kHz，有一些定义把频率低于 3GHz 的波形描述为微波，本书将其统一称为无线电波。根据上述公式，无线电波在频率为 300GHz 时波长约为 1mm，在频率为 3kHz 时波长约为 100km。不同频率的无线电波具有不同的特性，我们在后文中会详细介绍。

在对无线电波有了大致了解后，我们来解释什么是射频。射频（Radio Frequency，RF）的全称是无线电频率，人们在无线电波的频率范围内，按照一定规则分出了多个频段。表 10-2 中列出了无线电波中各个频段的频率和波长。

在最初进行分类的命名时，人们没有考虑到低频以下，以及高频以上的频段，因此后来出现了甚（Very）、特（Ultra）、超（Super）、极（Extremely）、至（Tremendously）这样的命名。无线电波的不同频率具有不同的特性：在低频范围内，无线电波能够在一定程度上"绕过"障碍物。但随着传播距离渐渐远离信号源，它的能量也会急剧下降。在高频范围内，无线电波在遇到障碍物后会被反弹回来，接收的信号在很大程度上与信号的反射相关。

表 10-2　无线电波频段的频率和波长

频段名称	英文缩写（英文全称）	频率	波长
极低频	ELF（Extremely Low Frequency）	（3～30）Hz	（100000～10000）km
超低频	SLF（Super Low Frequency）	（30～300）Hz	（10000～1000）km
特低频	ULF（Ultra Low Frequency）	（300～3000）Hz	（1000～100）km
甚低频	VLF（Very Low Frequency）	（3～30）kHz	（100～10）km
低频	LF（Low Frequency）	（30～300）kHz	（10～1）km
中频	MF（Medium Frequency）	（300～3000）kHz	（1000～100）m
高频	HF（High Frequency）	（3～30）MHz	（100～10）m
甚高频	VHF（Very High Frequency）	（30～300）MHz	（10～1）m
特高频	UHF（Ultra High Frequency）	（300～3000）MHz	（100～10）cm
超高频	SHF（Super High Frequency）	（3～30）GHz	（10～1）cm
极高频	EHF（Extremely High Frequency）	（30～300）GHz	（10～1）mm
至高频	THF（Tremendously High Frequency）	（0.3～3）THz	（1～0.1）mm

　　在实际的无线电系统应用中，有多种类型的传播方式，本书只关注视线传播，VHF及以上频率的无线电波都依靠视线传播。视线传播是指无线电波在从发射天线到接收天线的传播过程中，是以直线进行传播的。视线传播多用于手机、无绳电话、对讲机、FM广播、雷达、无线网络等短距离无线电传输，以及卫星电视、卫星电话等卫星通信。

　　虽然无线电波能够传播很长的距离，但所有频率的无线电波都会受到其他电器设备的干扰，因此不同设备之间的干扰是个大问题。这也是为什么各国政府都会出台措施，对无线电发射器的使用进行严格管制，其中包括无线电频率和功率等参数。除了可以在规定范围内使用开放频段，个人和组织机构都不能未经许可就随意使用未开放频段。要想使用个人无线电设备，用户应该详细了解其所在国家所执行的法律法规，以免触犯法律或对公众的生活和工作造成严重影响。本章不会涉及政府管制的具体限制规程，但会介绍国际标准化组织关于无线电频段使用的规范。

10.1.2　频段与信道

　　频段这个术语在前文中就反复出现了。从表 10-2 中可以推测出，频段指的就是电磁波的一个频率范围。比如超高频（SHF）指的就是频率在（3～30）GHz 这个范围内的频段。频率范围与 IPv4 地址空间一样，是宝贵且会耗尽的资源。为了能够合理地使用频率资源，保证各行各业和不同的服务在使用频率资源时彼此之间不会出现干扰，国际电信联盟无线电通信部门（ITU-R）负责对每个通信系统，以及每种业务所使用的频段进行统一的频率范围使用规定。在具体执行时，每个国家和地区可以在规定许可的范围内，根据自己的实际情况来选择具体的实现方式。

　　ITU-R 的无线电使用规定为几十种不同的业务分配了特定的频段，其中包括卫星通信、航空通信、海上通信、陆地通信、广播、电视、GPS 定位、无线通信等。不同的无线通信环境对电磁波的传播效果构成不同的影响，ITU-R 需要考虑的问题是根据不同空间中电磁波传播的特点来分配频段。在分配频段时，ITU-R 需要考虑每种通信环境的特点，合理选择最为适用的频率范围，以便能够既节省频段资源，又能够满足传输要求。

为了利用无线电波来传输信息，人们不仅把它分出了多个频段，还在每个频段中分出了多个信道。每个信道都具有一定的信息传输容量，通常使用它的带宽（以 Hz 为单位）或数据速率（以 bit/s 为单位）来对信道进行描述。图 10-1 中描绘了 2.4GHz 频段中的多个信道。

图 10-1　2.4GHz 频段中的多个信道[①]

图 10-1 中描绘了 2.4GHz 频段中的多个信道。2.4GHz 频段的频率范围是（2.4～2.5）GHz，其中划分了 14 个相互重叠的信道。划分规则如下：每个信道的宽度为 22MHz，每两个信道的中心频率之间间隔 5MHz。因此，第 1 个信道的中心频率为 2.412GHz、第 2 个为 2.417GHz、第 3 个为 2.422GHz，以此类推。

从图 10-1 中我们也可以看出，有 3 个用灰色表示的信道是相互没有重叠的，它们分别是信道 1、信道 6 和信道 11。使用相互不重叠的信道可以避免信道之间的干扰。

在 ITU-R 的规范中，用来实现无线通信的频段范围来自 ISM（工业、科学和医疗）频段。ISM 频段指的是未经许可就可以使用的频段，这个频段中包含多种无线电应用，例如微波炉和无线电通信。总体而言，常用于无线通信的 ISM 频段是 2.4GHz 和 5GHz。在我国，2.4GHz 的频段范围是（2.412～2.472）GHz，有最多 4 个非重叠信道（比如图 10-1 所示的信道 1、信道 6、信道 11 和信道 14）；5GHz 的频段范围是（5.725～5.825）GHz，有最多 23 个非重叠信道。与 2.4GHz 频段相比，5GHz 频段受到的干扰较小，但信号传输范围较小。

对于频段和信道在应用时的具体实现方法，本章仅进行概念性介绍。我们在后文将介绍前文提到的 ITU-R，以及一些无线通信标准。

[①] 使用 2.4GHz 频段的标准有多个，根据不同标准使用的压缩隔离信道技术的不同，每种标准定义的非重叠信道的编号及实际使用的信道数量会有所不同。本书旨在通过图 10-1 展示的其中一种 2.4GHz 信道划分标准，描绘频段与信道的关系。

10.1.3　标准化组织介绍

在前文中，我们主要围绕着射频介绍了无线的物理概念，本小节要介绍的标准化组织正是 ITU-R，它负责划分和管理无线频段。我们先来介绍一下国际电信联盟（ITU），其简称为国际电联。ITU 一共建立了 3 个部门：ITU-R、ITU-T 和 ITU-D。ITU 是专属联合国的一家非营利性机构，与 ITU 成员国政府和 700 多家私营机构（分类为部门成员、部门准成员和学术成员）开展国际合作。华为技术有限公司作为 SIO（科学与工业组织），同时是这 3 个部门的成员。

1865 年 5 月 17 日，20 名创始成员在巴黎签署了第一份《国际电报公约》，国际电报联盟（International Telegraph Union）就此成立，它正是 ITU 的前身（1934 年改用现名，又于 1947 年成为联合国专属机构）。1880 年，大卫·爱德华·休斯在伦敦皇家学会上演示了一种看不见摸不着的信令传输，其后来被命名为无线信令。19 世纪 90 年代，诸多发明家开始进行实践实验，随后无线电（被称为无线电报）诞生了。无线电信号的覆盖范围逐年增加，并于 1901 年实现了单向跨大西洋传输。然而，随着技术的发展，各国在对技术的实际应用上产生了差异。这种差异带来的问题最终在 1902 年得到了重视：普鲁士亨利王子在穿越大西洋从德国访问美国的途中，试图从他的船上向美国罗斯福总统发送一个礼节性的问候。由于船上的无线电设备类型和国籍都与美国本地不同，所以这次通信失败了。随后，在德国政府的促成下，1906 年第一次国际无线电报会议在柏林举行。在这次会议中，二十多个国家代表决定于 1907 年 5 月 1 日开始正式成立 ITU 无线电电报部门，并出台了《国际无线电报公约》，其中的规定也就是无线电规则。迄今为止，这些规则经过了多次修改和添加，包含如何在全球共享和使用无线电频谱资源和卫星轨道等诸多信息。1932 年，在马德里会议上，《国际电报公约》和《国际无线电报公约》合并为《国际电信公约》，并决定在 1934 年 1 月 1 日起正式改为 ITU。

ITU 在 3 个领域中的工作是以部门为单位，通过举办会议实现的。下面我们简单介绍一下这 3 个部门。

① ITU-R：ITU 无线电通信部门。负责全球无线电业务，其中包括无线电频谱和卫星轨道的分配和管理。

② ITU-T：ITU 电信标准化部门。ITU-T 出台的标准（称为建议书）是当今 ICT 网络运行的根本。没有 ITU-T 提出并更新的诸多标准，人们就无法以统一的方式实现信息传输、语音和视频压缩、互联网接入等。

③ ITU-D：ITU 电信发展部门。它分为两个研究组：第 1 研究组致力于"发展电信/ICT 的有利环境"研究，第 2 研究组致力于"ICT 应用、网络安全、应急通信和气候变化适应"的研究。

10.2 WLAN 运行

在本节中，我们要介绍无线网络的数据链路层协议。无线网络使用的射频标准由 ITU-R 进行规范，物理层和数据链路层的实现标准则由通常称为 Wi-Fi 的 IEEE 802.11 标准进行规范。

10.2.1 IEEE 802.11 标准的帧结构

IEEE LAN/MAN 标准委员会（IEEE 802）于 1997 年发布了 802.11 无线网络标准，这个标准后来出现了大量的变体，这些变体均由 IEEE 802 委员会进行创建和维护。802.11 系列标准中的第一位成员是 802.11-1997，现在已被淘汰；802.11b 是第一个被广泛应用的无线网络标准，其次是 802.11a、802.11g、802.11n、802.11ac 等。

支持使用 2.4GHz 频段的无线路由器上通常会如此标识自己支持的标准：2.4GHz 802.11b/g/n，这说明这台无线路由器能够支持使用 802.11b、802.11g 或 802.11n 标准的无线客户端。当无线客户端与它进行连接时，它们会自动协商出使用的具体标准。这个频段最多只能提供 4 个非重叠信道，并且由于工作在这个频段上的电子设备较多，使用 2.4GHz 进行传输的无线信号有可能会受到周围微波炉、无绳电话和蓝牙设备的干扰。出于一些原因，比如 5GHz 的使用在一些国家和地区受到法规的制约等，（与同期颁布的 802.11a 标准相比）802.11b 是最早被广泛应用在商业产品中的无线网络标准。802.11g 和 802.11n 也利用 2.4GHz 频段，通过不同的调制及复用技术，提升了频段利用率，提供了更多带宽。

支持使用 5GHz 频段的无线路由器上通常会如此标识自己支持的标准：5GHz 802.11a/n/ac。这说明它能够连接使用 802.11a、802.11n 或 802.11ac 的无线客户端。802.11n 能够工作在 2.4GHz 或 5GHz 频段上，无论在哪个频段上工作，它提供的带宽容量都是相同的。802.11ac 是当前已经投入市场的最新 802.11 标准，从表 10-3 的对比中我们可以看出，它提供的速率远超过其他几个标准提供的速率。

表 10-3　常用的 IEEE 802.11 系列标准

	802.11a	802.11b	802.11g	802.11n	802.11ac
标准颁布时间	1999 年	1999 年	2003 年	2009 年	2013 年
最高数据速率（Mbit/s）	54	11	54	～600	500～1000
通信频段（GHz）	5	2.4	2.4	2.4 或 5	5
信道带宽（MHz）	20	22	20	20 或 40	80 或 160
室内覆盖距离（m）	～30	～30	～40	～70	～35

本小节对于 802.11 标准的类型仅进行基础介绍，重点介绍 IEEE 802.11 帧的格式和类型。在无线网络中，数据链路层的数据结构也被称为帧，由 IEEE 802.11 进行规范。每个 802.11 帧都由 802.11 头部、负载和 FCS 构成，但也可能有些 802.11 帧不携带负载。图 10-2 描绘了 IEEE 802.11 帧和 802.11 头部的格式。

图 10-2　IEEE 802.11 帧和 802.11 头部的格式

如图 10-2 所示，IEEE 802.11 头部包含了很多字段。其中，帧控制字段的长度为 2 字节（16 比特），这个字段又分为下面这些子字段。

① **协议版本**：长度为 2 比特，这个字段当前的取值为 0。其他取值的作用目前尚未定义。

② **类型**：长度为 2 比特，这个字段的作用是标识这个帧的类型。802.11 定义了 3 种类型的帧，分别为管理帧（取值 00）、控制帧（取值 01）和数据帧（取值 10）。

③ **子类型**：长度为 4 比特。每种类型的 802.11 帧都有多种子类型，这个字段的作用正是与类型字段结合起来，标识这个帧属于哪一种子类型。

④ **To DS 和 From DS**：长度各为 1 比特。这两个字段的作用我们会在后文再进行说明。

⑤ **更多分片（More Fragments，MF）**：长度为 1 比特。这个字段的作用与 IP 头部标记字段中 MF 位的作用相同，是指明后续是否还有这个帧的其他分片。因此，除了最后一个分片的这个字段取值为 0，一个帧的其他分片的这个字段取值皆为 1，即还有更多分片。

⑥ **重传**：长度为 1 比特，这个字段的作用是标识这个帧是否为重传的帧。如果是重传的帧，那么这一位的取值即为 1。显然，这个字段的作用是让接收方识别出重复帧。

⑦ **电源管理**：长度为 1 比特，用来指明发送方的电源管理状态（是否为省电模式）。如果发送方工作在省电模式下，则帧的这个字段会取 1。对于 AP 发送的帧中，这个字段取值总为 0。

⑧ **更多数据（More Data，MD）**：前面的电源管理位标识了发送帧的客户端的电源工作模式。如果 AP 发现某个客户端发送的帧电源管理字段为 1，那么它就会在

这个客户端休眠时为其缓冲帧。这个字段的作用是通过缓冲后续帧的 AP 向使用省电模式的客户端指示，在这个帧之后还有更多（至少一个）帧要进行发送，所以暂时不要进入休眠。

⑨ **受保护帧**：长度为 1 比特，指明这个帧是否使用了保护机制进行加密，比如 WEP（有线等效保密）、WPA（Wi-Fi 保护访问）或 WPA2。在使用了保护机制的帧中，这个字段的取值为 1。

⑩ **顺序**：长度为 1 比特，指明接收方是否必须严格按照顺序接收帧。当只有发送方认为接收方必须按照顺序接收这组帧时，才会将这组帧的顺序字段设置为 1。在大多数情况下，这个字段的取值都为 0，因为严格地按顺序传输会降低传输性能。

除帧控制字段，802.11 头部还包含下列字段。

① **持续时间 ID**：长度为 2 字节（16 比特）。这个字段多用来指明接收方在多长时间内必须接收到下一个帧。另外，这个字段也有一些其他的用法。关于这个字段的用法，我们在后文还会进行简单的补充说明。

② **地址**：802.11 帧中最多可以携带 4 个地址字段，每个字段中标记的是一个 MAC 地址。MAC 地址字段的数量和顺序取决于 To DS 和 From DS 字段的取值。至于 802.11 帧中需要包含多个 MAC 地址的原因，我们也会在后文进行解释。

③ **序列控制**：长度为 2 字节（16 比特）。顾名思义，这个字段的作用是标识这个帧的顺序。值得说明的是，重传帧（即帧控制字段中重传字段取值为 1 的帧）的序列控制号与之前传输的帧相同；同一个帧的分片也会使用相同的序列控制号。这个字段的目的是帮助接收端执行重复帧检测。

802.11 帧的负载长度是可变的，范围是 0～2346 字节。FCS 的长度为 4 字节，FCS 位于 802.11 帧的末尾，它也常被称为 CRC（循环冗余校验），设备能够利用它来检查帧的完整性。在设备发送 802.11 帧之前，要计算 FCS 值并将其附加在 802.11 帧末尾。设备接收到 802.11 帧时，也要计算 FCS 值并将其与接收到帧的 FCS 进行对比，如果两个 FCS 值相匹配，则这个 802.11 帧是完整的。显然，这个字段的作用与以太网数据帧尾部的 FCS 字段相同。

我们刚刚提到类型和子类型字段要结合在一起来标明 802.11 帧的精确类型。下面，我们分别介绍一部分管理帧（帧控制字段中类型字段取值为 00 的帧）和控制帧（帧控制字段中类型字段取值为 01 的帧）中重要子类型的取值，以及这些帧的作用。

在管理帧中我们会看到以下（并不是全部）子类型取值。

① 0x00：关联请求帧。由无线客户端发送给 AP，让 AP 能够为它分配资源并进行同步。这种类型的 802.11 帧中包含无线网络的 SSID（也就是无线网络的名称），如果 AP 接受请求的话，就会为无线客户端预留内存并建立关联 ID。

② 0x01：关联响应帧。由 AP 发送给无线客户端，其中包含对一个关联请求的处理

结果——接受或拒绝。如果接受的话，这个帧中会包含关联 ID 等信息。

③ 0x02：重新关联请求帧。当无线客户端从当前关联的 AP 掉线并找到信号更强的 AP 时，它会使用这个子类型向新 AP 发起请求。

④ 0x03：重新关联响应帧。由新 AP 发送给无线客户端，其中包含对一个关联请求的处理结果——接受或拒绝。如果接受的话，这个帧中会包含关联 ID 等信息。

⑤ 0x04：探测请求帧。由无线客户端发出，用来请求另一个无线客户端的消息。

⑥ 0x05：探测响应帧。AP 在接收到无线客户端发来的探测请求帧后，会以这个子类型对无线客户端进行回复。

⑦ 0x08：信标帧。AP 周期性发送的帧类型，用来通告自己的存在。这个帧中会包含 SSID 等信息。

⑧ 0x0A：解除关联帧。无线客户端在希望断开与 AP 的连接时会发送这个类型的帧。这种做法能够让 AP 释放为无线客户端预留的内存空间。

在控制帧中我们会看到以下（并不是全部）子类型取值。

① 0x1B：请求发送（RTS）帧。无线客户端在发送数据之前，向接收方预约发送时间的帧。关于这个帧的作用，我们在后文还会进行简单的介绍。

② 0x1C：允许发送（CTS）帧。接收方无线客户端接受了发送方通过 RTS 预约的时间，并对此作出的响应帧。关于这个帧的作用，我们在后文还会进行简单的介绍。

③ 0x1D：ACK（确认）帧。接收方无线客户端在接收到一个 802.11 帧后，若这个帧通过了 FCS 校验，它就会向发送方无线客户端发送一个 ACK 帧。如果发送方无线客户端在一段时间内都没有接收到 ACK 帧的话，它就会重新发送相应的 802.11 帧。

在本小节中，我们对 802.11 帧的封装结构进行了简单的说明。下面我们会对无线局域网的工作原理进行简单的介绍。

10.2.2　无线局域网工作原理

在局域网中使用无线方式传输帧和使用有线方式传输帧显然存在很大的差别，这些差别决定了无线局域网与有线局域网在工作方式上的不同。

无线传输的范围是开放性的，无线信号衰减又十分严重，这决定了两点：第一，因为相比于无线设备正在发送的信号，无线设备接收到的信号往往会衰减到极低的水平，所以无线设备如果同时发送和接收数据，其他设备发送的信号相对于这台设备自身发出的信号就会显得十分微弱，因此无线设备无法同时收发数据；第二，发送方无法保证数据的所有目标接收方都在自己发送的无线电信号覆盖的范围之内，所以发送方发送的任何数据都无法保证可以被局域网中的所有设备接收到。这两点决定了无线局域网环境中必须引入避免冲突的机制，但又不能直接将有线局域网中的同类机制沿用到无线环境中。因此，我们在后文中需要探讨这两点对于无线网络规避冲突的机制。接下来我们介绍无线信号衰减问题如何导致 CSMA/CD 机制无法适用于无线环境，以及无线环境中用来执行冲突检测的同类机制。

有线局域网中用来检测冲突的是 CSMA/CD 机制。其中，冲突检测（CD）机制是指发送方在发送数据的同时也要侦听传输介质，比较自己传输的数据是否与自己从该介质上接收到的数据相一致。如果不一致则代表介质中发生了冲突，于是发送方就会将发送数据的时间后退一段随机的时间，然后再进行数据发送。但我们在前文中也提到过，无线信号会在传播的过程中严重衰减。这导致的结果是，无线发送方正在发送的数据与其他设备发送的数据在发送方处发生了冲突，其他设备发送的数据在发送方看来也许只是叠加在自己所发数据上的一些微不足道的噪声，因此发送方并没有理由停止数据发送。也就是说，冲突检测机制这种对比接收数据与发送数据的做法不适合照搬到无线网络环境中。无线局域网需要另一种不同于 CSMA/CD 的机制来避免冲突的发生。

在无线局域网中，数据链路层 MAC 子层所对应的冲突规避机制叫作 CSMA/CA，即带冲突避免的载波感应多路访问机制。CSMA/CA 机制的冲突避免与冲突检测机制存在很大差异。

首先，采用 CSMA/CA 机制的设备未必会一旦看到信道空闲，就迫不及待地先发送，而是常常会直接后退一段随机的时间。除非这台设备已经很久没有发送帧（第一帧），同时在它打算发送帧时检测到信道是空闲的，那么它才会（在等待一段很短的固定时长之后）直接发送帧。若不满足上述情况，无论是因为发送方发送的不是（短期内的）第一个帧，还是因为发送方在发送时检测到信道忙，它都会直接后退一段随机的时间。

注释：

固定时长称为分配的帧间空隙（DIFS）。这段时长是为了协调不同优先级帧的发送顺序。如果其他无线客户端待发送帧优先级高，则它等待的 DIFS 会比较短。这样可以保证高优先级帧优先得到发送。

其次，采用 CSMA/CA 机制的设备不会一边发送一边检测，而是只会把自己当前要发送的帧发完。如果后面还有帧待发送，（考虑到这个帧显然不是第一帧）也需要回退一段随机的时间再发。这是因为相比于发送方正在发送的数据，其他设备发送的无线信号在发送方往往太过渺小。

最后，采用 CSMA/CA 机制的设备会通过自己是否在重传计时器设定的时间范围内接收到对方回复的 ACK，来判断是否需要重传之前的帧。反之，鉴于有线网络的通信环境比无线网络有保障得多，CSMA/CD 机制不需要接收方对自己接收到的帧进行确认。

总之，当一台无线局域网中的设备想要发送一组帧时，它会首先侦听信道是否正忙。如果信道空闲，它就会等待 DIFS，然后立刻发送帧；反之，如果信道正忙，它就会将计时器设置一段随机的时间，等待计时器超时再（在等待 DIFS 后）执行帧的发送。在此期间，它会不断侦听信道，只要信道处于繁忙状态，它就会中止计时器的倒计时，直到信道空闲才让计时器继续倒计时。当计时器超时的时候，它就会等待 DIFS，然后发送帧。接下来，在这台设备发送后续帧时，无论信道是否正忙，它都会将计时器设置一段随机的时间，而不会像发送第一个帧那样（在等待 DIFS 后）直接执行帧的发送。

我们用尽可能简单的方式阐述了 CSMA/CA 机制是如何解决无线信号衰减严重这一问题的。这在一定程度上显示了它与 CSMA/CD 机制的不同。然而，我们并没有解释 CSMA/CA 机制如何回应发送方无法保证无线信号覆盖到局域网中的所有设备这个问题。这个问题会导致设备无法通过 CSMA/CA 机制准确判断信道是否正忙。下面，我们来对这个问题进行解释。

图 10-3 所示为一个简单的通信环境，其中 STA1 和 STA3 都希望和 STA2 进行通信。STA2 确实同时处于 STA1 和 STA3 的信号覆盖范围之内，但 STA1 和 STA3 彼此并不在对方的信号覆盖范围之内。这也就是说，STA1 和 STA3 彼此接收不到对方发送的信号。正是因为 STA1 和 STA3 彼此接收不到对方发送的信号，所以 STA1 和 STA3 都无法通过侦听发现是否还有其他设备正在向 STA2 发送信号，也就无法意识到自己是否应该向 STA2 发送数据。但实际上，它们发送的信号已经在它们信号覆盖的范围内发生了碰撞，STA2 无法正常解读它们发送的内容，这被称为无线通信中的隐藏站问题。

图 10-3　无线通信的隐藏站问题

隐藏站是将常规冲突检测机制应用于无线环境中，有可能导致漏报。此外，将常规冲突检测机制应用于无线环境中，也有可能会导致误报。在图 10-4 所示的环境中，STA2 准备向 STA1 发送信息的同时，STA3 也准备向 STA4 发送信息。由于 STA2 和 STA3 彼此在对方的无线信号覆盖范围之内，因此它们都检测到对方发送的信号，也都理所当然地认为自己当前不能发送信号。但实际上，它们的信号发送对象，都不在对方的无线信号覆盖范围之内。因此 STA2 向 STA1 发送数据，并不会影响 STA3 向 STA4 发送数据。这种无线网络发送方因检测到并不会影响自己传输的信号而停止传输的情况被称为暴露站问题。

图 10-4　无线通信的暴露站问题

为了避免出现上面的情况，CSMA/CA 机制规定无线设备在发送帧时不仅要侦听信道是否正忙，也要侦听信道中传输的帧，并获取帧中携带的网络分配向量（Network Allocation Vector，NAV）值。NAV 值携带在持续时间 ID 字段中，它标识了信道会被这组数据的发送占据多长时间，使无意间侦听到帧的无线设备可以通过这个参数了解信道不可用的时间，而不会在这个时间发送帧。这样一来，当这台无线设备需要发送帧时，发送（携带该 NAV 的）帧的那台设备对它而言已经变成了隐藏站，这台无线设备也不会在 NAV 列明会占用信道的时间里发送帧了。根据 CSMA/CA 机制的定义，侦听信道中是否正在传输数据叫作物理侦听；通过侦听到的帧中携带的 NAV，判断信道会被占用到什么时候，则称为虚拟侦听。

另外，有一种称为 RTS/CTS 的可选机制能够进一步弥补隐藏站的问题。这种机制就像人们在给重要的人打电话之前，有时会先发一条短信询问对方"5min 后是否可以和我打 20min 的电话"，通过这种方式来与对方预约时间。在发送帧之前，使用这种机制的无线设备会先发送一条 RTS 消息，并且通过 RTS 消息中的 NAV 值与对方预约信号发送时长。如果对方响应了一条 CTS 消息，即表示对方接受了预约。

在介绍了无线局域网技术如何尝试规避冲突之后，下面我们来从更加宏观的角度解释无线局域网的工作原理。

无线局域网的拓扑可以分为两种模式。一种模式叫作对等体模式（Peer Mode），通过对等体模式建立的无线局域网也称为自组织网络（Ad Hoc Network）。顾名思义，在这种无线局域网中没有诸如 AP、无线路由器这样被人们部署在网络中，专为其他无线设备服务的网络设备。网络设备以对等体的形式两两建立无线通信。在 Windows 环境中，如果我们在管理无线网络的界面中选择创建临时网络，就相当于创建自组织网络；我们平时用手机创建热点，也是这种模式。

另一种模式叫作基础设施模式（Infrastructure Mode）。在这种网络中，无线客户端通过预先被人们部署以便为客户端提供服务的基础设施（如 AP、无线路由器等设备）来建立通信。在基础设施模式下，由一个 AP 及所有与其相连的无线客户端组成的环境被称为一个基本服务集（Basic Service Set，BSS），无线客户端可以接收到无线信号的范围被称为基本服务区（Basic Service Area，BSA）。在一个 BSS 中，通常以 AP 的 MAC 地址作为这个 BSS 的标识符，称为 BSSID。它与读者熟悉的 SSID 不同，SSID 表示一个无线网络的名称，只有当 AP 与无线客户端上设置相同的 SSID 时，它们才能直接进行通信。SSID 也可以被认为是 ESSID，下一段介绍 ESS 的概念。

值得一提的是，BSS 还有两个类似的概念。IEEE 802.11 规定，对等体模式下建立起来的自组织网络称为一个独立基本服务集（Independent Basic Service Set，IBSS）。在 IBSS 中，BSSID 与 AP 的 MAC 地址无关，通常是一个全网唯一的随机值。而通过有线局域网将多个无线 BSS 连接起来，组成的环境叫作扩展服务集（Extended Service Set，ESS）。所有 ESS 可以为无线客户端提供访问的区域，都称为扩展服务区（Extended Service Area，ESA）。在 ESA 中，连接各个 AP 的有线网络称为分布系统（Distribution System，DS）。

图 10-5 所示为无线局域网相关概念在一个简单企业网（部分）中的展现。

图 10-5　无线局域网相关概念在一个简单企业网（部分）中的展现

下面，我们结合图 10-5 和无线 IEEE 802.11 定义的一些封装字段，以无线终端 1 和无线终端 4 的通信为例，解释一下无线网络的通信过程。

注释：

在下面的描述中，我们不考虑任何无线设备执行安全加/解密的过程，也不考虑网络中交换机填充自己的 MAC 地址表、各个设备执行 ARP 请求的操作。也就是说，我们默认通信开始时，设备已经学习到目的 IP 地址所对应的 MAC 地址，交换机的 MAC 地址表中已经拥有各个客户端 MAC 地址与端口的对应关系，且无线设备没有采用加密。

当无线终端 1 希望和无线终端 4 通信时，它需要通过 IEEE 802.11 无线网络将帧发送给 AP1。所以，无线局域网的发送方必须既能够让自己这个 BSS 中的 AP 意识到这个帧是发送给它并且需要通过它桥接入有线网络当中，又要让最终的目的设备知道它是这个帧的目的设备。这解释了我们在 10.2.1 节遗留的问题——IEEE 802.11 为何需要定义多个地址字段。为了标识这个帧是不是需要通过 AP 进行桥接，IEEE 802.11 在头部中定义了 To DS 和 From DS 字段。既然 DS 是指连接不同 BSS 的有线网络，对于发送 IEEE 802.11 数据的无线客户端来说，如果这个帧需要通过 AP 桥接到 DS 当中进行转发，它就会将 To DS 字段置位（设置为 1）；当 AP 从 DS 中将以太网帧桥接为 IEEE 802.11 帧时，它则会将这个帧的 From DS 字段置位（设置为 1）。从这个角度上看，To DS 和 From DS 可以近似理解为 To AP 和 From AP。显然，To DS 字段或 From DS 字段置位的帧至少携带 3 个 MAC 地址。

在这个环境中，无线终端 1 会封装这样一个帧：将自己的 To DS 字段置位（设置为 1），将地址 1 字段设置为 AP1 的 MAC 地址，也就是这个 BSS 的 BSSID（00:9A:CD:AA:AA:AA），将地址 2 字段设置为自己的 MAC 地址（00:9A:CD:11:11:11），将地址 3 字段设置为无线终端 4 的 MAC 地址（00:9A:CD:44:44:44），然后计算这个帧的 FCS 值，将其封装在帧尾部。把这个帧通过 IEEE 802.11 无线接口以电磁波的形式发送到 BSA1 中，如图 10-6 所示。

在一个 ESS 中，AP 实际上是 IEEE 802.11 网络与有线以太网之间的桥接点。无线客户端发送给有线以太网的帧需要在 AP 这个码头上岸，有线以太网传输给无线客户端的帧也需要通过 AP 这个码头下海。在图 10-5 的示例中，接入点 AP1 在检测到无线终端 1 发送的帧之后，会首先对帧尾部封装的 FCS 执行检测，判断帧的完整性。校验通过之后，AP1 会通过帧地址 1 字段的 MAC 地址判断出这个帧需要通过自己桥接到有线网络当中。接下来，AP1 会通过序列控制字段来对帧执行重复帧检测。如果通过了重复帧检测（且该帧没有加密，即帧控制字段中的受保护帧字段取值为 0），则 AP 还会继续根据帧控制字段中的更多分片字段，判断这个帧是否是某个帧的分片，以及这个分片之后是否还有更多的分片。如是，则等待其他分片到达后对帧进行重组后再执行桥接；否则即会开始桥接帧。

图 10-6　无线终端 1 向 AP1 发送 IEEE 802.11 帧

在桥接帧时，AP1 会将 IEEE 802.11 帧地址 3 字段的取值（00:9A:CD:44:44:44）封装为以太网数据帧的目的 MAC 地址，将 IEEE 802.11 帧地址 2 字段的取值（00:9A:CD:11:11:11）封装为以太网数据帧的源 MAC 地址，这样就得到了一个以无线终端 1 的 MAC 地址作为源 MAC 地址，以无线终端 4 的 MAC 地址作为目的 MAC 地址的以太网数据帧头部。于是，AP1 会使用新的以太网数据帧头部对这个以太网数据帧进行 FCS 重新计算，并且将计算结果封装在以太网数据帧的尾部。接下来，AP1 就会通过有线网络适配器接口将这个数据帧发送到分布系统（即有线网络）当中，如图 10-7 所示。

注释：

为求简单清晰，也为了更好地对应我们在前文介绍的内容，我们在上面的描述中省略了 AP 在桥接时处理其他 IEEE 802.11 字段的介绍。

当交换机 2 接收到 AP1 发送的数据帧时，它会查询自己的 MAC 地址表，判断出应该将以无线终端 4 的 MAC 地址作为目的 MAC 地址的数据帧通过与交换机 3 相连的接口转发出去。而当交换机 3 通过与交换机 2 相连的接口接收到这个数据帧时，它也会查询自己的 MAC 地址表，判断出应该将以无线终端 4 的 MAC 地址作为目的 MAC 地址的数据帧通过连接 AP2 的接口转发给 AP2。

AP2 在接收到这个以太网数据帧时，会对 AP1 计算的 FCS 执行校验。接下来，AP2 会查看这个以太网数据帧头部封装的目的 MAC 地址，判断这个数据帧的目的设备（即无线终端 4）是否是自己关联的无线客户端。如是，则根据该无线客户端（此前发送数据帧中电源管理字段标识）的电源管理方式，决定是否对帧执行缓存，等待无线客户端结束休眠再执行发送。

图 10-7　AP1 执行无线到有线数据帧的桥接与发送

实际上，在向无线局域网中发送该帧时，AP2 会将这个以太网数据帧的 From DS 字段置位，标识这是一个通过 AP 桥接到无线以太网中的帧，并且将这个帧的目的 MAC 地址（00:9A:CD:44:44:44）转换为 IEEE 802.11 头部的地址 1 字段；将自己的 MAC 地址，也即 BSSID（00:9A:CD:BB:BB:BB）转换为这个帧 IEEE 802.11 头部的地址 2 字段；将这个以太网数据帧的源 MAC 地址（00:9A:CD:11:11:11）转换为 IEEE 802.11 头部的地址 3 字段。同时，AP2 还会根据一系列因素判断如何封装这个 IEEE 802.11 帧头部的其他字段（例如，根据是否加密该帧判断如何设置这个 IEEE 802.11 帧中帧控制字段的受保护帧位等。根据无线终端 4 的电源管理模式和自己是否缓存了其他发送给无线终端 4 的帧，判断如何设置 IEEE 802.11 帧中帧控制字段的 MD 位等），然后使用新的 IEEE 802.11 帧头部对这个无线帧进行 FCS 重新计算，并且将计算结果封装在这个 IEEE 802.11 帧的尾部。接下来，AP2 就会通过无线网络适配器接口将这个帧以电磁波的形式发送到 BSA2 中。无线终端 4 在检测到这个帧时，即可通过帧地址 1 字段的数值，判断出这是 AP 从有线网络中桥接给自己的帧，如图 10-8 所示。

图 10-8　AP2 执行有线到无线帧的桥接与发送

前面我们对一个 ESS 中的帧发送、桥接和转发流程进行了描述。当 AP2 接收到一个交换机 3 转发过来的以太网数据帧时，会根据这个数据帧以太网头部封装的目的 MAC 地址来判断这个数据帧的目的设备是否与自己进行了关联。这里的问题是，无线客户端与 AP 之间最初是如何建立关联的？所谓的关联，究竟是指什么？

无线客户端与 AP 建立关联的流程可以大致分为以下 3 个步骤。

步骤 1　无线客户端发现 BSA 中的 AP。

无线客户端发现 AP 的方式有两种，一种是 AP 通过信标帧定期在 BSA 中通告自己的存在，让进入这个 BSA 的无线客户端能够检测到 AP 定期发送的帧，并且凭借帧中携带的 SSID 发现这个 AP。在这种模式下，无线客户端是被动发现 AP 的，因此这种模式称为被动模式。与被动模式相对的是主动模式，即另一种是主动模式。在主动模式中，无线客户端会主动在 BSA 中发送携带 AP SSID 的帧执行探测请求，期待 AP 对探测请求作出响应，一旦 AP 作出响应，无线客户端即发现了 AP。显然，主动模式要求无线客户端事先已经知道 BSA 中的 SSID。如果管理员出于安全考虑禁止 AP 定期自动发布信标帧（不广播 SSID），无线客户端就只能提前知道自己需要连接的 SSID，选择手工添加 SSID 并通过主动模式来发现 AP 了。

步骤 2 无线客户端向 AP 认证自己的身份。

如果 AP 需要无线客户端提供身份认证，那么当无线客户端提出认证请求之后，它就会发送一个消息要求无线客户端用预共享密钥（Pre-Shared Key，PSK）对这个消息进行加密。如果 AP 接收到的（无线客户端）加密结果，可以使用自己的预共享密钥进行解密，且解密后的消息与加密前发送的消息一致，即代表无线客户端通过了认证。关于这一步我们还会在后文进行说明。

步骤 3 双方建立关联。

在通过认证之后，无线客户端就会发送关联请求帧请求 AP 与自己建立关联。这个关联请求帧中会包含自己的 MAC 地址，接收到关联请求帧的 AP 会通过关联响应帧作出回复，并且将这个 MAC 地址与一个关联标识符（Association Identifier，AID）建立对应关系。这种对应关系可以与以太网交换机 MAC 地址表中，交换机端口与相连设备 MAC 地址之间的对应关系进行类比。当 AP 接收到一个有线以太网数据帧时，会通过其头部封装的目的 MAC 地址来判断这个数据帧的目的设备是否是自己关联的无线客户端，这正是通过查找关联无线客户端的 MAC 地址与 AID 之间的对应关系来实现的。

在本小节中，我们首先讲述了无线局域网传输机制与有线局域网传输机制的差异，并由此对无线局域网避免冲突的机制进行了说明。然后，我们对无线局域网的拓扑分类和一些术语进行了说明，并通过（一个 ESS 中）从一个 BSS 的无线客户端发送到另一个 BSS 的无线客户端的帧所经历的处理流程，介绍了帧在无线局域网和有线局域网中的封装、桥接和转发方式。最后，我们对无线客户端与 AP 之间建立关联的流程进行了简单的说明。

关于无线局域网更加详细的工作方式，我们不再进一步展开说明。

我们需要把着眼点放到无线局域网的安全性上。

10.3 WLAN 的安全性

无线传输的范围是开放性的，所以发送方无法保证数据的所有目标接收方都在自己发送的无线电信号覆盖的范围之内。由此，隐藏站和暴露站成为在有线网络中并不存在，但在无线网络中却有可能出现的问题。

然而，一些原本应该接收到局域网数据的接收方有可能因为发送方传输信号的覆盖范围有限而没有接收到信号，这是无线局域网传输范围（与有线局域网）不同所导致的问题之一。由于无线局域网传输范围异于有线局域网而有可能导致的问题同样值得思考。因为无线网络的传输范围是开放的，所以发送方同样也无法确保那些没有获得授权的设备不会出现在自己发送的无线电信号覆盖的范围之内。因此，一些已经在有线局域网的实践中被证明是真理的安全措施并不适用于无线局域网环境中。关于这一点，管理员在部署无线局域网之前应该十分清楚，这也正是本节要进行讨论的话题。

10.3.1　WLAN 的隐患

一方面因为网络技术从业者大多更喜爱探讨、钻研和实施对于普通大众而言高深莫测的抽象技术，另一方面因为网络技术人员对于企业网项目中甲方的办公环境和安全现状确实没有太多置喙的空间，所以尽管很多网络安全技术作品的作者不厌其烦地强调物理安全的重要性，但有些企业网络的物理安全规范实际上仍付之阙如。这里所说的物理安全规范包括限制人员随意进入办公区域的准则，例如办公区域应刷卡进入；安装十字转门确保一卡一人；不在无人值守区域提供有线接入接口等。实际上，上述机制是在建议网络技术人员留意对有线局域网介质的保护，防止外来人员未经许可就接入有线局域网介质当中，窃取有线网络中传输的数据。

然而，无线介质本身就是一个开放的区域，人们无法采用限制外来人员访问有线介质的物理安全策略来限制外来人员接入无线局域网的介质。企业部署的无线局域网中发出的信号，难免会传递到该企业无法管辖的区域之中。

既然要对数据进行加密，当然要保证不是每个人都有资格参与这个无线局域网的数据传输。因此，应该考虑在无线局域网中使用的安全措施还有认证机制。也就是说，对于加密的无线局域网，需要通过身份认证机制来保证与 AP 建立关联的设备都是合法的无线客户端。

这里值得注意的是，无线局域网不仅比有线局域网更需要配备认证机制，而且无线局域网不适合采用用户单方面向 AP 提供认证数据的做法。诚然，没有人会在自己的有线局域网环境中接过一条连接在陌生人或访客设备上的网线，把它的 RJ-45 接头插在自己笔记本电脑的网络适配器接口上。然而，在无线环境中恶意插入设备，其隐蔽性无疑增强了很多。攻击者可以通过设置，把自己的无线笔记本电脑变成一个 AP，并且冒用与合法无线局域网相同的 SSID 发布信息。如果认证机制只是用户向 AP 提供预共享的用户名和密码，那么非法用户只需要将自己伪装成一台 AP，就可以获取到合法用户发送过来的用户名和密码，并且根据这些信息连接合法的无线局域网。所以，无线局域网中部署的认证机制应该是双向的，即无线客户端和 AP 都对对方执行认证。

除了存在上面这些隐患，无线网络共享开放信道的通信模式也给攻击者向无线局域网中发送恶意流量提供了更多契机。在有线网络环境中，攻击者必须能在物理上接入局域网中，才能将自己的恶意流量发送到这个网络当中。而在无线局域网环境中，攻击者只需要恶意占用这个无线局域网的信道，让其他无线客户端都无法发送帧，就可以轻易实现拒绝服务攻击。恶意占用信道的方式很多，比如攻击者可以采用物理的方式放置一个与无线局域网通信频率同频段的信号源，让它在这个无线局域网的信号覆盖范围内持续发送同频率信号；也可以采用逻辑的方式，让自己的无线客户端在无线局域网中不断发送 CTS 帧，让信号覆盖范围内的所有无线客户端都等待 CTS 指定的 NAV 时间范围，而在这个时间范围之内，攻击者就可再次发送 CTS 帧让其他无线客户端继续等待，以此达到持续占用信道的目的。

有一点必须补充说明，在无线局域网中发起拒绝服务攻击往往只是攻击者的手段，而不是目的。发起拒绝服务攻击常常是为了让受波及的无线客户端重新与 AP 建立关联。在此期间，攻击者可以通过大量无线客户端与 AP 之间相互认证和建立关联所发送的帧，得到有助于破解这个无线网络加密信息的数据。

在本小节中，我们对无线局域网中有可能存在的隐患进行了说明。接下来，我们会对无线局域网中的安全算法进行概述。

10.3.2　保护 WLAN 通信

可以想象，随着人们认识到无线局域网（相比于有线局域网）存在的安全隐患，IEEE 势必会推出一系列与之配套的安全机制来缓解或者防止这些隐患的发生。在本小节中，我们会对无线局域网中曾经及当前正在应用的 3 种安全机制进行介绍。

IEEE 最初推出的无线局域网标准安全机制是有线等效保密（Wired Equivalent Privacy，WEP）协议，"有线等效"表达了 IEEE 对这种安全机制的期许——它们希望通过 WEP 协议，可以让无线局域网达到有线局域网的安全水准。这也就是说，IEEE 认为将 WEP 协议应用到无线局域网中，就可以抵消各类无线局域网的安全隐患。不过，以后来的结果推论，IEEE 对 WEP 协议的安全性估计得过于乐观了。下面，我们来简单介绍一下 WEP 的工作机制。

WEP 可以为无线局域网中的通信提供身份认证、数据加密和完整性校验服务。这项协议并没有定义密钥分发机制，它认为密钥都是预先配置在无线局域网基础设施上，并且通过其他方式告知合法的无线局域网用户的。我们在后文中暂时称这个预共享密钥为 K，它的长度是 40 位，这 40 位的密钥 K 会被用来加密这台（运行 WEP 的）无线设备发送的所有帧。除了这 40 位的密钥，运行 WEP 的设备在每次对一个帧进行加密时，都会再生成一个用来对这个帧进行加密的长度为 24 位的初始化向量（Initialization Vector，IV）。IV 虽然会被用来对这个帧进行加密，但是在发送这个帧时会以明文的形式携带在帧中。K 和 IV 所组成的 64 位数据称为 WEP 种子（WEP seed）。

注释:

WEP 只使用 64 位密码是因为美国政府对于密码技术设置了出口限制。当美国政府放松了出口限制之后，很多厂商都推出了支持 128 位 WEP 种子的产品，其中 104 位是预共享密钥的长度。而 IV 长度仍为 24 位。

WEP 需要加密的流量包括待传输的数据载荷，以及无线设备根据数据载荷计算出来的 CRC-32 校验码。接收方设备在对数据执行解密之后，就会使用这个 CRC-32 校验码来校验这个帧在传输的过程中是否遭到了篡改。

接下来，无线设备会使用 RC4 流密码算法，把 64 位的 WEP 种子计算为一个密码流 $(K_1, K_2, K_3, \cdots, K_n)$，并使用这个密码流中的每一个密码，与待加密数据（即数据载荷和 CRC-32 校验码）中的每一个字节执行异或运算，得到加密后的数据载荷，这就是 WEP 加密的原理，其整个流程如图 10-9 所示。

图 10-9　WEP 加密数据载荷的流程

注释:

RC4 的具体计算过程和流密码算法的工作原理超出了本书的介绍范围，我们在这里不进行赘述。

在对明文载荷和 CRC-32 部分与密钥流一一执行异或运算之后，得到的结果就是 WEP 帧的加密载荷。在封装其他字段（包括明文的 IV）之后，无线设备就会将这个帧发送到无线信道当中。接收方接收到帧之后，首先会对预共享密钥 K 和帧头部携带的 IV 执行 RC4 运算，获得与发送方加密时相同的密码流，然后使用密码流来对接收到的帧进行解密，并进行完整性校验。

上面是 WEP 的原理。下面我们来说说 WEP 协议提供的安全性保障为什么无法满足 IEEE 对于它的期待。

首先，攻击者可以让 BSS 中的某位无线用户向自己发送攻击者提前已经知道的解密后明文数据的帧（即明知故问，目的是获得加密后的数据），这可以通过 IP 欺骗来实现。既然解密后的数据已知，攻击者就可以使用解密后的明文与未解密的密文逐个字节执行异或运算，得出这个帧的密码流，如图 10-10 所示。

图 10-10　攻击者计算出密码流

通过上面的流程，攻击者可以建立一个（欺骗得到的）帧对应的密码流与该帧头部携带的 IV 之间的对应关系，并且不断通过欺骗攻击来填充这个密码流与 IV 的对应表。随着攻击者在网络中发起欺骗的数量越来越多，这个对应表就会越来越充实，攻击者接收到的正常帧（无线局域网中传输的帧）头部的 IV 与这个对应表中 IV 发生匹配的概率就会越来越高，这意味着这个无线局域网中传输的加密帧能够被攻击者解密的概率也越来越高，这就是字典攻击，如图 10-11 所示。

当然，真正的 IV 是一个 24 位的二进制数，理论上攻击者需要建立 2^{24}=16777216 条对应关系才能解密无线网络中传输的所有数据，而且一旦这个无线局域网的管理员更换了预共享密钥，之前收集的条目就毫无意义了。然而，在实际攻击中，攻击者只需要 1min 左右的时间，就可以完成对 WEP 的破解。任何人都可以通过免费的黑客软件破解 WEP 保护的无线网络。因此，任何希望（自己管理的）无线局域网拥有可靠安全机制的管理员都不应该使用 WEP 保护自己的无线局域网。

图 10-11　字典攻击

由于 WEP 遭到破解，IEEE 必须为无线局域网安全提供新的解决方案。2003 年，IEEE 定义了一个过渡性的无线网络安全机制，以尽快替代安全性堪忧的 WEP，这个机制被称为 Wi-Fi 保护接入（Wi-Fi Protected Access，WPA）。同时，IEEE 还在加紧尝试定义更加完备的安全机制。

WPA 在很大程度上沿用了 WEP 的流程与算法，这是为了让曾经支持 WEP，但现在亟须使用更加可靠安全机制的用户所使用的固件（通过简单的升级）能对新的 WPA 安全机制提供支持。尽管如此，WPA 还在私密性、反重放攻击和完整性上对 WEP 进行了改善。

在私密性方面，WPA-PSK 采用的时限密钥完整性协议（Temporal Key Integrity Protocol，TKIP）也会使用预共享密钥（长度为 128 位）与 IV 结合的方式对每个帧生成一个种子密钥，然后使用 RC4 流密码算法计算出密码流，并且对加密数据一一执行异或运算以达到加密的效果。不过，WPA 把 IV 的长度延长到 48 位，这显然大大提升了攻击者通过字典攻击解密无线局域网中数据的难度。假设建立 24 位 IV 与其密码流的对应关系需要 1min，那么建立 48 位 IV 与其密码流的对应关系则需要 16777216min，也就是将近 32 年的时间。不仅如此，WPA 也不会像 WEP 那样仅仅将 IV 附带在预共享密钥后面直接执行 RC4 计算，而是会首先使用一个混合函数来对预共享密钥和 IV 执行计算，然后才会执行 RC4。这两种举措使 WPA 与 WEP 相比，WPA 安全性大大提升。

在反重放攻击方面，WPA 在消息封装中引入了序列号。如果接收方发现接收到的 WPA 帧失序，接收方就会立刻丢弃这个帧，这没有给重放攻击留下多少施展的空间。

在完整性方面，WPA 用更为安全的消息完整性校验（MIC）取代了 WEP 中使用的循环冗余校验，这使得攻击者无法在不对数据进行解密的前提下，就对加密数据和对应的完整性校验值进行篡改，同时让接收方毫无察觉。如果用户使用的是循环冗余校验，那么攻击者就可以实现这样的操作。

不过，WPA 终究只是 IEEE 定义的一种临时协议。一年后，IEEE 完成了远比 WPA 更加完善的 WPA2 标准化。WPA2 使用最为安全的高级加密标准（AES）算法来对数据执行加密，同时定义了执行完整性校验的 CCMP 加密协议并且强制要求通信方采用 CCMP 来完成完整性校验。最初，很多无线网络适配器并不支持 WPA2。不过，从 2006 年开始，Wi-Fi 联盟已经要求所有使用其商标的产品都必须通过 WPA2 提供认证。鉴于人们之后证明 WPA 也存在安全隐患，我们推荐读者在任何对于安全性有较高要求的环境中，使用 WPA2 来提供认证服务、数据加密、完整性保障和反重放攻击保护。

注释：

CCMP 和 AES 的操作和计算流程比较复杂，这些内容超出了本书的知识范围，我们在这里不进一步介绍。

最后说明一点，读者在使用 WPA 和 WPA2 作为无线局域网的安全保障机制时，会发现无线设备提供了企业版 WPA/WPA2 的选项。企业版 WPA/WPA2 往往不再通过在无线设备上配置预共享密钥的方法来提供安全防护，而是让认证方通过外部 AAA 服务器来对被认证方提供的信息进行认证。当然，从技术角度看，使用本地认证也是可行的。

在本节中，我们探讨了无线局域网中的安全隐患，以及三代用来提供无线局域网安全防护的技术。在对无线局域网的相关原理进行一番介绍之后，下面我们来演示无线局域网基本的配置和验证流程。

10.4　WLAN 的配置

在本节中，我们会介绍使用华为无线 AC 来对 AP 提供控制和管理的企业无线网络环境，从而使企业网中的无线用户能够通过 AP 连接到企业网中。在家庭环境中，我们一般直接登录 AP 并进行配置即可（这种 AP 也就是前文提到的胖 AP）；但在企业环境中往往需要部署多台 AP，让管理员逐台 AP 去登录并进行配置是不现实的，所以一般都会增加一台集中控制器——AC。管理员通过在 AC 上完成配置并下发给 AP（这种 AP 是瘦 AP），使整个企业级无线局域网的部署和运维更加高效。在本节中，我们会使用 AC 结合瘦 AP 的方式展示企业环境中 WLAN 的配置，首先通过图 10-12 了解 WLAN 配置拓扑。

图 10-12　WLAN 配置拓扑

在图 10-12 中，AP 和 AC 之间需要采用无线接入点的控制和配置（Control and Provisioning of Wireless Access Points，CAPWAP）协议进行通信。具体来说，AC 和 AP 之间会通过 CAPWAP 协议实现状态的维护工作：AC 会通过 CAPWAP 协议对 AP 进行管理，并向 AP 下发业务配置信息；AP 会通过 CAPWAP 协议把业务数据上传到 AC。

在这个小型 WLAN 环境中，我们需要对 AC 进行配置，具体有以下几个步骤。

步骤 1　配置 AC 与 AP/企业网络路由器之间的通信（本例使用二层通信）。

步骤 2　把 AC 配置为 DHCP 服务器，基于接口 IP 地址为 AP 和无线工作站 STA 分配 IP 地址。

步骤 3　配置 AP 上线。

（1）创建 AP 组。通过把需要相同配置的 AP 添加到同一个 AP 组中，实现统一管理和配置。

（2）配置 AC 系统参数，其中包括国家（地区）码 CN、AC 与 AP 之间用来通信的源接口（VLANIF 100）。

（3）配置 AP 上线的认证方式并导入 AP，使 AP 正常上线。

步骤 4　配置 WLAN 业务参数。

（1）创建 SSID 模板，并配置 SSID。

（2）创建安全模板，并配置安全策略。

（3）创建虚拟 AP（Virtual AP，VAP）模板，并配置数据转发模式、业务 VLAN、应用 SSID 模板和安全模板。

（4）在 AP 组中应用 VAP 模板。

在按步骤展示 AC 的配置前，我们先把要进行配置的参数进行汇总，详见表 10-4。

表 10-4　需要在 AC 上进行配置的参数

配置项	配置参数
AP 组	名称：ap-group-guest
	应用的模板：VAP 模板 vap-guest、域管理模板 domain-guest
域管理模板	名称：domain-guest
	国家（地区）码：CN

（续表）

配置项	配置参数
SSID 模板	名称：ssid-guest SSID 名称：guest
安全模板	名称：sec-guest 安全策略：WPA2+PSK+AES 密码：huawei123
VAP 模板	名称：vap-guest 转发模式：隧道转发 业务 VLAN：VLAN 110 应用的模板：SSID 模板 ssid-guest、安全模板 sec-guest

表 10-4 中各个配置项的作用我们会在接下来具体的配置中进行说明。

步骤 1　配置 AC 与 AP/企业网络路由器之间的通信（本例使用二层通信）。

如图 10-12 所示，管理员要把 AC 的接口 G0/0/1 加入 VLAN 100，这个 VLAN 作为 WLAN 的管理 VLAN 连接 AP，用来传输 AC 与 AP 之间的 CAPWAP 消息；把 AC 的 G0/0/10 接口加入 VLAN 110，这个 VLAN 作为 WLAN 的业务 VLAN，用来连接企业网络路由器。例 10-1 展示了 AC 上与此相关的配置命令。

例 10-1　实现 AC 与 AP/企业网关路由器之间的通信

```
[AC]vlan batch 100 110
Info: This operation may take a few seconds. Please wait for a moment...done.
[AC]interface gigabitethernet 0/0/1
[AC-GigabitEthernet0/0/1]port link-type trunk
[AC-GigabitEthernet0/0/1]port trunk pvid vlan 100
[AC-GigabitEthernet0/0/1]port trunk allow-pass vlan 100
[AC-GigabitEthernet0/0/1]quit
[AC]interface gigabitethernet 0/0/10
[AC-GigabitEthernet0/0/10]port link-type trunk
[AC-GigabitEthernet0/0/10]port trunk allow-pass vlan 110
```

在例 10-1 中，管理员在 AC 上创建了两个 VLAN：VLAN 100 和 VLAN 110。我们把 VLAN 100 作为 WLAN 的管理 VLAN，把 VLAN 110 作为 WLAN 的业务 VLAN。因此，连接 AP 的接口 G0/0/1 的 PVID 被设置为 100，并放行了 VLAN 100 的流量。而 AC 的上行链路接口 G0/0/10 上放行了 VLAN 110 的流量。

步骤 2　把 AC 配置为 DHCP 服务器，基于接口 IP 地址为 AP 和无线工作站 STA 分配 IP 地址。

AC 会作为 DHCP 服务器，通过 VLANIF 100 接口为 AP 提供 IP 地址（192.168.100.0/24），通过 VLANIF 110 接口为 STA 提供 IP 地址（192.168.110.0/24）。例 10-2 展示了 AC 上的

DHCP 配置命令。

例 10-2　让 AC 为 AP 和 STA 分配 IP 地址

```
[AC]dhcp enable
Info: The operation may take a few seconds. Please wait for a moment.done.
[AC]interface vlanif 100
[AC-Vlanif100]ip address 192.168.100.1 24
[AC-Vlanif100]dhcp select interface
[AC-Vlanif100]quit
[AC]interface vlanif 110
[AC-Vlanif110]ip address 192.168.110.1 24
[AC-Vlanif110]dhcp select interface
```

管理员在 AC 上通过系统视图命令 **dhcp enable** 在全局启用了 DHCP 功能，并且在需要提供 DHCP 服务的接口上，使用接口视图命令 **dhcp select interface** 让 AC 根据接口 IP 地址和子网掩码来提供 IP 地址信息。

步骤 3　配置 AP 上线。

在这个步骤中，管理员要在 AC 上配置与 AP 上线相关的参数，其中包括国家（地区）码 CN，还要确认 AC 使用的源接口。我们细分为 3 个步骤，分别展示每一步的配置命令。

1. 创建 AP 组

在这一步中，我们要创建 AP 组，这样就可以把所有配置相同的 AP 都加入这个组中，以此简化配置并且实现统一管理和配置。例 10-3 展示了创建 AP 组的配置命令。

例 10-3　创建 AP 组

```
[AC]wlan
[AC-wlan-view]ap-group name ap-group-guest
[AC-wlan-ap-group-ap-group-guest]
```

在例 10-3 中，管理员先使用系统视图命令 **wlan** 进入 WLAN 视图。由于所有与 WLAN 特性相关的配置都需要在 WLAN 视图中完成，因此管理员首先需要通过 **wlan** 命令进入 WLAN 视图。

管理员接着使用 WLAN 视图命令 **ap-group name** *group-name*，创建名为 ap-group-guest 的 AP 组，同时进入这个 AP 组的配置视图。在本实验中，管理员要在这里应用域管理模板和 VAP 模板。创建了相应的模板后，我们会再进入这个视图。

2. 配置 AC 系统参数和源接口

在这一步中，管理员要创建域管理模板，并在域管理模板下配置国家（地区）码 CN，例 10-4 展示了相关命令。

例 10-4　创建并配置域管理模板

```
[AC]wlan
[AC-wlan-view]regulatory-domain-profile name domain-guest
[AC-wlan-regulate-domain-domain-guest]country-code cn
```

管理员需要在 WLAN 视图下使用命令 **regulatory-domain-profile name** *profile- name* 来创建域管理模板，并进入该模板视图。在域管理模板中，管理员可以配置国家（地区）码 CN、优化信道和带宽等参数，例 10-4 中展示了如何配置国家（地区）码 CN。

管理员创建并配置了域管理模板后，还要在 AP 组视图中应用这个域管理模板，才能使之生效。例 10-5 展示了相关命令。

例 10-5　在 AP 组中应用域管理模板

```
[AC]wlan
[AC-wlan-view]ap-group name ap-group-guest
[AC-wlan-ap-group-ap-group-guest]regulatory-domain-profile domain-guest
Warning: Modifying the country code will clear channel, power and antenna gain
configurations of the radio and reset the AP. Continue?[Y/N]:y
[AC-wlan-ap-group-ap-group-guest]
```

在更改 AP 组中应用的域管理模板时，系统会提示例 10-5 所示的警告信息并要求管理员对此进行确认。如果管理员确认更改的话，输入 **y** 后按 Enter 键，更改就生效了。

接下来管理员要配置 AC 的源接口，也就是 AC 与 AP 进行 CAPWAP 通信所使用的源接口。这个源接口可以是环回接口，也可以是 VLANIF 接口。我们使用 VLANIF 接口作为 AC 的源接口，相应的配置命令见例 10-6。

例 10-6　配置 AC 的源接口

```
[AC]capwap source interface vlanif 100
```

在例 10-6 中，管理员在 **capwap source** 命令中指定 VLANIF 100 接口作为 AC 的源接口，这样 AC 就会使用 VLANIF 100 接口的 IP 地址作为源地址与 AP 进行通信。另外，管理员还可以在 **capwap source** 命令中指定 AC 使用的源 IP 地址，这种做法适用于使用 VRRP 进行双机热备的环境，管理员可以指定 VRRP 所使用的虚拟 IP 地址作为 AC 的源 IP 地址。

3. 导入 AP

在本实验中，管理员要使用 MAC 地址认证的方式在 AC 上添加 AP，AP 的 MAC 地址是 00E0-FC9A-2D50，例 10-7 展示了相应的命令。

例 10-7　以 MAC 地址认证的方式添加 AP

```
[AC]wlan
[AC-wlan-view]ap-auth-mode mac-auth
[AC-wlan-view]ap-id 0 ap-mac 00E0-FC9A-2D50
```

```
[AC-wlan-ap-0]ap-name lobby
[AC-wlan-ap-0]ap-group ap-group-guest
Warning: This operation may cause AP reset. If the country code changes, it will
clear channel, power and antenna gain configurations of the radio, Whether to continue?
[Y/N]:y
[AC-wlan-ap-0]
```

在例 10-7 中，管理员首先使用命令 **wlan** 进入 WLAN 视图。在 WLAN 视图中，管理员配置了以下命令。

① **ap-auth-mode mac-auth**：管理员配置了 MAC 地址认证方式，这也是默认情况下的认证方式。另外，管理员还可以配置无认证方式（**no-auth**）或序列号认证方式（**sn-auth**）。

② **ap-id 0 ap-mac 00E0-FC9A-2D50**：管理员可以使用这条命令来离线添加 AP 设备，并进入 AP 视图。**ap-id** 的取值范围是 0～8191，本实验中管理员以 AP ID 0 添加了一台 AP 设备。

在 AP 视图中，管理员使用命令 **ap-name** *ap-name* 为这个 AP 设置名称，这个名称区分大小，其长度范围是 1～31 个字符。一般来说，管理员可以根据 AP 所在的位置为其命名，比如本实验中把 AP 命名为 lobby（大厅）。接着管理员使用 **ap-group** *group-name* 命令把这个 AP 加入之前创建的 AP 组 ap-group-guest 中。管理员可以把多个需要使用相同配置的 AP 添加到同一个 AP 组中。被添加到同一个 AP 组的 AP 都会使用相同的配置，从而免除管理员对每个 AP 单独进行配置的重复操作。如果管理员没有把 AP 添加到某个 AP 组，那么默认属于一个名为 default 的 AP 组。

配置好后，现在管理员可以把 AP 加电启动，启动后管理员在 AC 上使用 **display ap all** 命令查看当前连接在 AC 上的 AP 状态，例 10-8 展示了这条命令的输出内容。

例 10-8　在 AC 上查看 AP 状态

```
[AC]display ap all
Total AP information:
nor : normal          [1]
--------------------------------------------------------------------------------
ID MAC             Name  Group          IP            Type         State STA Uptime
--------------------------------------------------------------------------------
0  00e0-fc9a-2d50 lobby ap-group-guest 192.168.100.1 AP6010DN-AGN nor   0   10S
--------------------------------------------------------------------------------
Total: 1
```

从例 10-8 中我们可以看出，管理员离线添加的 AP 已经连接在 AC 上，当它的状态为 nor 时，表示 AP 已经在 AC 上成功上线，状态正常。

步骤 4　配置 WLAN 业务参数。

接下来管理员需要在 AC 上配置与 WLAN 相关的业务参数，其中包括 SSID 模板、安全模板和 VAP 模板。下面分别展示每一步的配置命令。

1. 配置 SSID 模板

管理员在 AC 上创建名为 ssid-guest 的 SSID 模板，并在其中把 SSID 配置为 guest，详见例 10-9。

例 10-9　配置 SSID 模板

```
[AC]wlan
[AC-wlan-view]ssid-profile name ssid-guest
[AC-wlan-ssid-prof-ssid-guest]ssid guest
```

在例 10-9 中，管理员先使用 **wlan** 命令进入 WLAN 视图，接着通过 **ssid-profile name** *profile-name* 创建名为 ssid-guest 的 SSID 模板，并进入这个 SSID 模板的配置视图。SSID 模板名称不区分大小写，其长度为 1～35 个字符。在 SSID 模板中，管理员还可以配置其他参数，比如与 QoS 相关的参数。

2. 配置安全模板

接下来管理员会在 AC 上创建名为 sec-guest 的安全模板，在其中配置 WPA2+PSK+AES 安全策略，并设置密码为 huawei123。例 10-10 展示了相关配置命令。

例 10-10　配置安全模板

```
[AC]wlan
[AC-wlan-view]security-profile name sec-guest
[AC-wlan-sec-prof-sec-guest]security wpa2 psk pass-phrase huawei123 aes
```

例 10-10 中，管理员在 AC 上创建名为 sec-guest 的安全模板。安全模板名称不区分大小写，其长度为 1～35 个字符。在安全模板中，管理员可以指定某种认证方式来对 STA 进行认证。在安全模板创建后，默认的认证方式为不认证且不加密。

在安全模板视图中，管理员设置了 WPA2+PSK+AES 安全策略，并指定密码为 huawei123。这条命令的完整句法为 **security** {**wpa** | **wpa2** | **wpa-wpa2**} **psk** {**pass-phrase** | **hex**} *key-value* {**aes** | **tkip** | **aes-tkip**}。本实验中管理员选择了 WPA2 作为认证方式，指定密码为 huawei123，并选了 AES 作为加密方式。管理员可以配置的密码长度为 8～63 个字符，我们建议管理员在设置密码时，使用大/小写字母、数字和特殊字符相结合的方式，创建强健的密码。

3. 配置 VAP 模板

管理员通过配置多个 VAP 模板，并把这些 VAP 模板中的配置下发到 AP，就可以为 STA 接入用户提供具有差异化的 WLAN 业务。例如，管理员可以通过一个物理 AP 设备，同时为企业职员和企业访客提供不同的 WLAN 服务，以此对接入企业 WLAN 的用户提供差异化管理。

本实验只配置并应用了一个名为 vap-guest 的 VAP 模板，在其中指定数据转发模式为隧道转发；业务 VLAN 为 VLAN 110，并应用了之前创建的 SSID 模板和安全模板。

例 10-11 展示了相关配置命令。

例 10-11　配置 VAP 模板

```
[AC]wlan
[AC-wlan-view]vap-profile name vap-guest
[AC-wlan-vap-prof-vap-guest]forward-mode tunnel
[AC-wlan-vap-prof-vap-guest]service-vlan vlan-id 110
[AC-wlan-vap-prof-vap-guest]ssid-profile ssid-guest
[AC-wlan-vap-prof-vap-guest]security-profile sec-guest
```

在例 10-11 中，管理员在 WLAN 视图中使用 **vap-profile name** *profile-name* 命令，创建名为 vap-guest 的 VAP 模板，并进入这个 VAP 模板的配置视图。VAP 模板名称不区分大小写，其长度为 1～35 个字符。

在 VAP 模板视图中，管理员首先通过 **forward-mode tunnel** 命令把转发模式设置为隧道转发。也就是说，AP 在接收到用户发来的数据后，会把这些数据通过 CAPWAP 封装后发送给 AC，并由 AC 转发到企业网络中。管理员还可以选择直接转发（direct-forward）模式，即 AP 在接收到用户发来的数据后，会把这些数据直接转发到企业网络中，而不会经由 AC 进行转发。隧道转发有利于数据的集中管理和控制，直接转发能够提高数据转发效率并减小 AC 承受的业务压力。

接着管理员使用 **service-vlan vlan-id 110** 命令指定 WLAN 业务 VLAN 为 110，使用 **ssid-profile ssid-guest** 命令应用 SSID 模板，并使用命令 **security-profile sec-guest** 应用安全模板。

4. 在 AP 组中应用 VAP 模板

管理员现在需要在 AP 组中应用配置好的 VAP 模板，例 10-12 展示了与这一步相关的配置命令。

例 10-12　在 AP 组中应用 VAP 模板

```
[AC]wlan
[AC-wlan-view]ap-group name ap-group-guest
[AC-wlan-ap-group-ap-group-guest]vap-profile vap-guest wlan 1 radio 1
```

在例 10-12 中，管理员先使用 **wlan** 命令进入 WLAN 视图，然后使用 **ap-group name ap-group-guest** 命令进入 AP 组 ap-group-guest 视图。在 AP 组视图中，管理员使用 **vap-profile** 命令把指定的 VAP 模板与指定射频进行绑定。这条命令的完整句法为 **vap-profile** *profile-name* **wlan** *wlan-id* {**radio** {*radio-id* | **all**}}。参数 *profile-name* 是之前创建的 VAP 模板名称；参数 *wlan-id* 是指 AC 中 VAP 的 ID，一个 AC 中最多可以创建 16 个 VAP，VAP ID 取值范围是 1～16，本实验使用 ID 1；参数 *radio-id* 是射频 ID，本实验使用的 AP（AP6010DN-AGN）支持两个射频：射频 0 和射频 1，其中射频 0 为 2.4GHz 射频，射频 1 为 5GHz 射频。本实验中管理员为射频 1（5GHz）应用了 VAP

模板 vap-guest。

例 10-13 中管理员使用 **display vap ssid ssid-guest** 命令验证了已创建的 VAP。

例 10-13　验证创建的 VAP

```
[AC]display vap ssid ssid-guest
WID : WLAN ID
--------------------------------------------------------------------------------
AP ID  AP name  RfID WID  BSSID            Status  Auth type  STA  SSID
--------------------------------------------------------------------------------
1      lobby    1    1    00E0-FC9A-2D50   ON      WPA2-PSK   0    ssid-guest
--------------------------------------------------------------------------------
Total: 1
```

WLAN 业务配置会由 AC 自动下发给 AP，管理员通过例 10-13 所示命令能够查看 AP 支持的射频上是否已成功创建 VAP。AP name 条目显示的是管理员配置的 AP 名称（lobby），RfID 条目表示的是射频 ID（1），当 Status 条目显示为 ON 时（如例 10-13），表示 AP lobby 的射频 ID 1 上已经成功创建 VAP。

接着管理员把本实验中使用的无线工作站 STA 启动，并连接 WLAN。STA 搜索到名为 ssid-guest 的 WLAN 网络，输入密码 huawei123 后，能够正常连接 WLAN 并获得正确的 IP 地址。管理员通过例 10-14 所示命令可以查看已连接的 STA 信息。

例 10-14　查看已连接的 STA 信息

```
[AC]display station ssid ssid-guest
Rf/WLAN: Radio ID/WLAN ID
Rx/Tx: link receive rate/link transmit rate(Mbit/s)
--------------------------------------------------------------------------------
STA MAC         AP ID  Ap name Rf/WLAN Band  Type Rx/Tx  RSSI VLAN IP address
--------------------------------------------------------------------------------
5489-9892-4226  0      lobby   1/1     5G    11n  46/59  -68  110  192.168.110.254
--------------------------------------------------------------------------------
Total: 1 2.4G: 0 5G: 1
```

从例 10-14 中我们可以看出，MAC 地址为 5489-9892-4226 的 STA 已经连接 SSID 为 ssid-guest 的无线网络，获得的 IP 地址为 192.168.110.254。到此为止，STA 已经能够正确连接 WLAN，并获得业务 VLAN 中相应的 IP 地址。

10.5　本章总结

在无线网络应用越来越普遍的今天，管理员（甚至非专业人士）难免会遇到与搭建无线网络相关的任务。通过本章介绍的无线理论知识和配置演示，读者应该可以在面对无线网络部署时更加自信。

　　本章分为 4 个部分，第一部分介绍了与无线信号传输载体相关的内容。人们按照电磁波的频率特性，利用某几个频段的电磁波实现无线信号的传输。在这一部分我们着重解释了几个概念，其中包括射频、无线电频段和每个频段中的信道，以及负责电磁波分配和使用的标准化组织。第二部分介绍了无线传输的帧标准，以及在无线环境中传输帧的工作原理。在这一部分中，读者可以把 802.11 帧与 802.3 数据帧进行对比。第三部分介绍了如何在开放性的无线传输环境中确保人们传输信息的安全，以及确保无线网络的安全，并解释了 WEP 的加密方式和被破解的过程。第四部分以华为设备为例，展示了部署无线网络的方法。

10.6　练习题

一、选择题

1．以下有关电磁波的说法中，错误的是哪些？（　　　）

A．电磁波可以在水中传播，但无法在真空中传播

B．人们根据电磁波频率特性的不同，利用电磁波实现了不同功能

C．可见光是一种电磁波

D．无线电波是一种电磁波

2．以下有关 2.4GHz 和 5GHz ISM 频段的说法中，错误的是哪些？（　　　）

A．2.4GHz 和 5GHz 是最常用于无线通信的 ISM 频段

B．2.4GHz 的频段范围是（2400～2500）MHz，有最多 4 个非重叠信道

C．5GHz 的频段范围是（5725～5875）MHz，有最多 23 个非重叠信道

D．与 5GHz 频段相比，2.4GHz 频段受到的干扰较小，但信号传输范围较近

3．以下哪个标准化组织负责管理并分配无线频段？（　　　）

A．IEEE　　　　　　　　　　　B．ITU-R

C．ITU-T　　　　　　　　　　D．ITU-D

4．以下使用 2.4GHz 频段的无线标准有哪些？（多选）（　　　）

A．IEEE 802.11a　　　　　　　B．IEEE 802.11b

C．IEEE 802.11g　　　　　　　D．IEEE 802.11n

5．无线客户端如何能够发现附近的无线 AP？（多选）（　　　）

A．通过接收 AP 周期性发送的信标帧

B．通过搜索 AP 的 IP 地址

C. 通过搜索 AP 的 MAC 地址

D. 通过搜索 AP 的 SSID

6. 无线网络通过哪种机制避免信号冲突的发生？（　　）

A. CSMA/CA   B. CSMA/CD

C. 单双工模式   D. 使用非重叠信道

7. WPA 机制为无线网络提供了以下哪些保障？（多选）（　　）

A. 机密性   B. 可靠性

C. 完整性   D. 反重放

二、判断题

1. 无线电波的频率与波长成反比，理论上，波长×频率=速度。

2. WPA 已经无法满足当前无线局域网的安全需求，管理员需要使用 WEP。

3. 工作在 5GHz 频率上的无线设备会受到微波炉的干扰。

第11章
网络管理

在前面的章节中，我们向读者演示了配置网络设备的方法。如果只看这一章的标题而忽略各节标题，很多读者也许会认为我们准备通过本章来为读者归纳一种网络管理的一般方法，并且针对网络管理提出一些可行性建议。

这种想法既对也不对。在之前的章节中，我们的确演示了很多通过管理网络设备来实现某些具体需求的方法。在本章中，我们也确实希望向读者提供一些管理网络的一般方法。但我们在本章并不是要向读者提出关于操作规程或者规章制度方面的建议，而是要向读者介绍用于实现网络管理的技术与应用，这是因为任何稍具规模的网络都不会采用项目建设阶段的方法管理网络设备。

11.1 节会首先解答读者产生的疑问：为什么我们可以使用一台又一台设备连接 VRP 系统的方法来实施网络项目，但却不能用相同的方法对网络进行运维管理。在对此进行解释之后，我们会对广泛应用于网络管理当中的 SNMP 进行介绍，包括它的工作方式、定义的消息类型，以及不同版本 SNMP 的区别。接下来，我们会依照惯例演示这种协议的配置方法。

11.2 节的核心内容是一项在网络运维管理中必不可少的协议——网络时间协议（Network Time Protocol，NTP）。本节会首先介绍时间准确性对于网络运维的重要意义；然后对 NTP 的原理进行说明，并且演示 NTP 的配置。

11.3 节介绍的是华为公司推出的一种图形化网络管理平台——eSight。本节会通过网络运维工作中人们有可能面临的实际问题，解释使用 eSight 网络管理平台会给管理网络带来哪些便利。

- 了解借助 SNMP 统一管理网络的必要性；
- 了解 SNMP 的原理；
- 理解各版本 SNMP 的异同；
- 掌握 SNMP 的配置方法；
- 了解网络时间准确性对管理网络的意义；
- 了解 NTP 的原理；
- 掌握 NTP 的配置方法；
- 了解 eSight 给管理网络带来的便利性。

11.1　SNMP

随着医学科学和医学技术的发展，人类已经可以通过大量化验、成像、内窥镜技术精确定位到患病器官。既然如此，为什么仍然有很多人都是在疾病进入相对严重的阶段才被发现患病呢？

一方面，这是因为人体是一个极为复杂的系统，每种器官都有自己的功能和医学指标，大多数医学检验技术都只能对人体的某一个特定部位的某一项或某几项特定指标进行检查；另一方面，只有患者在检查时已经患病，这些检验才能反馈出可用于诊断该疾病的结果，但患者并不是每时每刻都在接受健康检查，因此很多初期没有不适症状的疾病也就很容易错过诊断的最佳时期。所以，如果有一种通用的医学检验方式能够每时每刻检测到人们所有部位的所有指标，并且把指标反馈到社区医院医生的计算机上，人们就不会错过疾病的最佳治疗时期，其健康水平和预期寿命也可以得到进一步的提升和延长。这说明，对于一个复杂的系统，头痛"验"头，脚痛"验"脚的检验技术是存在局限的。

网络也是一个相当复杂的系统，同样需要一种即时的、宏观的管理方式，而这种管理方式已经通过本节要介绍的协议——简单网络管理协议（Simple Network Management Protocol，SNMP）提供的服务得到了实现。SNMP 由很多组件构成，是一个相对复杂的协议。本节会对这种协议的工作原理进行简单的说明。

11.1.1　SNMP 概述

我们介绍过的网络设备管理手段有两种：一种是连接网络设备的（Console、MiniUSB 等）专用管理接口，借助虚拟终端软件来对设备实施管理；另一种是使用传输数据的接口来向网络设备发起 Telnet/SSH 远程管理访问。上述两种管理方式都需要管理员对设备逐台地建立连接，逐台地执行管理。在新建或变更网络项目时，这种管理方式并无不妥，因为此时技术人员对各台网络设备所做的操作都是主动的，操作的目的性都相当明确。然而，这种方式并不适合作为管理员日常管理和维护整个网络的操作手段，其中一个重要的原因就是技术人员无法预知网络故障和网络攻击会发生在哪台设备的哪个组件上，这和我们在前文提到的疾病诊断颇有类似之处。

比如，一个网络在某些关键节点部署了冗余设备（和链路）和相应的高可用性技术，希望网络能够为用户提供 7×24h 无中断的通信服务。然而，主用设备宕机，转发设备由主用设备（和链路）平滑切换到备用设备（和链路）的过程没有被任何用户注意到，管理员也不知道网络已经出现了故障。他当然不会登录到已经宕机的主用设备上，并查看有可能导致停工的故障，也更不可能对这台设备进行相应的修复或替换。于是，管理员第一次发现主用设备故障，是在用户因（备用设备宕机而导致的）网络通信中断向自己投诉的时候。换句话说，冗余设备无法产生提高网络可用性的最佳效果。

上例说明，在网络这样一个包含大量元素的复杂系统中，对设备逐台发起管理访问的操作方式往往会显得捉襟见肘。哪怕只是网络中出现了一些常见错误，只要这个网络足够大，使用我们在前面介绍的这种设备管理方式进行排错都无异于盲人摸象。所以，管理网络需要一种比逐一管理网络设备更加宏观的管理手段。

对于这类复杂系统，最理想的管理方式就是管理员能够通过一个操作界面即时获取到所有被管理设备的工作状态，并且能够通过这个界面对所有被管理设备进行配置。SNMP 定义了管理端与网络设备执行管理通信的标准。

在 SNMP 的框架中，管理员用来管理网络设备的计算机被称为网络管理系统（Network Management System，NMS），而被管理设备上响应和处理 SNMP 操作的进程称为 SNMP 代理（Agent）。SNMP 定义了一种简单的请求/响应模型。在这个模型中，SNMP 定义了一系列操作，不同的操作分别由 NMS 和 SNMP 代理发送不同类型的协议数据单元（Protocol Data Unit，PDU）来执行。

注释：

PDU 是各层封装后的数据单位，例如网络层的 PDU 是数据包。在实际工作交流中，人们常以消息（Message）作为 PDU 的替代表达。

比如，NMS 可以执行 GET 操作，即 NMS 通过 GET 请求（GET Request）消息，要求代理将某种状态发送给自己。SNMP 代理在接收到 GET 请求 PDU 之后，会发送响应 PDU。NMS 在接收到 SNMP 代理反馈的响应（Response）消息 PDU 后，将 SNMP 代理响应的结果显示给管理员，如图 11-1 所示。

图 11-1 SNMP GET 操作原理示意

　　此外，NMS 也可以执行 SET 操作，将管理员所做的配置以 SET 请求（SET Request）
PDU 的形式发送给代理，代理执行后将响应 PDU 发回给 NMS，如图 11-2 所示。

图 11-2 SNMP SET 操作原理示意

　　不过，代理也并不是只能被动地对请求作出响应。在代理达到了管理员指定的告警
触发条件时，它们会主动执行 Trap 操作，也就是不经请求直接向 NMS 发送 Trap PDU，

告知管理员自己出现了异常情况，如图 11-3 所示。

Trap:
与另一台路由器
相连的接口DOWN

Trap:
与另一台路由器
相连的接口DOWN

Trap:
一条上行链路的
带宽占用率达到
你设置的值了

NMS

图 11-3　SNMP Trap 操作原理示意

注释：

Trap PDU 也可以由一台 NMS 发送给另一台 NMS，向其通告网络中的异常状态。

SNMP 是一种使用 UDP 作为传输层协议的应用层协议。在进行通信时，NMS 会使用随机端口作为源端口，将 SNMP 请求 PDU 发送给被管理设备的 161 端口。代理在执行响应时，则会将响应 PDU 发送给 NMS 封装请求 PDU 时使用的那个随机的源端口。不过，当代理发送（未经请求的）Trap PDU 时，会将 Trap PDU 发送给 NMS 的 162 端口。

注释：

从理论上讲，SNMP 并不排斥使用 TCP 作为传输层协议。但考虑到 SNMP 轻量级协议的初衷，用 TCP 传输 SNMP 消息的做法基本没有被采用。布伦瑞克工业大学的 Juergen Schoenwaelder 博士曾经对 SNMP 以 TCP 作为传输层协议的做法进行了（实验性的）定义和描述，感兴趣的读者可以浏览 RFC 3430 来了解相关内容。

通过上面介绍的几项操作，SNMP 实现了前文介绍的（通过 Set 来实现）统一监控、（通过 Get 来实现）统一管理、（通过 Trap 来实现）即时响应。当然，除了这几种操作，SNMP 还定义了其他一些操作。关于 SNMP 的其他操作/PDU 类型，我们会在后文中进行总结。这里有一个遗留的问题：网络设备拥有大量参数，代理如何判断 NMS 要查询或者设置自己的哪一项参数？

在 SNMP 定义的框架中，SNMP 定义了一个管理信息数据库（Management

Information Base，MIB），每个管理对象的名称、当前的状态、可以访问的权限都保存在这个数据库中。针对 MIB 中的每个可管理对象，SNMP 都定义了它在这个数据库中的"地址"，这个地址称为对象标识符（Object Identifier，OID）。使用 SNMP 通信的双方会通过 OID 来指定这个 PDU 涉及的管理对象。所以，当被管理设备接收到一条 SNMP 请求 PDU 时，会（通过查询这个消息的 UDP 端口号）将这个数据自底向上执行处理，并最终提交给 SNMP 代理进程。代理进程会按照 PDU 中封装的 OID 查询自己的 MIB，找到这条 PDU 的管理对象，并且执行请求所对应的处理操作，如图 11-4 所示。

图 11-4　被管理设备接收到 SNMP 请求 PDU 的处理流程示意

　　MIB 比较复杂，我们在这里不进行过多介绍，读者只需要了解 SNMP 中存在这样一个概念即可。在后文中，我们会结合配置命令再对 MIB 和 OID 进行进一步说明。

　　SNMP 从最初定义发展到今天，经历了很多版本，不同版本提供的服务、定义的操作甚至数据包封装方式都有可能存在区别。接下来，我们会对 SNMP 的版本进行对比。

11.1.2　SNMP 版本对比

提示：

　　本小节刻意采用了文字描述的方式进行写作。众所周知，最适合进行对比的信息展示方式是表格。因此，我们推荐读者在完成本小节的阅读之后，能够将本小节的内容总结为一个简单的表格。表格第 1 行应该包含所有我们在本小节中介绍过的 SNMP 版本（其中 SNMPv2 和 SNMPv2u 为可选），而表格的第 1 列应该包括支持的认证方式、是否支持加密、PDU 类型。

SNMP 最初源于简单网关监测协议（Simple Gateway Monitoring Protocol，SGMP），这个协议提供的服务是监控和管理路由器的接口状态、路由协议等。就在 SGMP 标准化的 8 个月之后，同一个团队（J.Case、M.Fedor、M.Schoffstall 与 J.Davin）将最初的 SNMP 进行了标准化，定义在了 RFC 1067 中。

读者也许会意识到，SNMP 是一类比较危险的协议，因为它定义了一台设备（即 NMS）获取甚至修改网络设备状态和参数的标准。从这个协议提供的服务上看，此协议还需要提供安全机制来确保未经授权的人不能通过自己的客户端来监控网络设备。然而，最初版本的 SNMP（就像很多互联网商业化和普及之前定义的标准一样）没有对网络的风险给予足够重视。在这一版的 SNMP 中，唯一的安全机制是被管理设备可以通过 NMS 用明文发送过来的团体字符串来认证这台 NMS 是否具有权限。

按照当今的标准，这种明文认证的方式基本是形同虚设，几乎无法为网络设备和网络通信的安全性提供任何保障。然而，随后定义出来的 SNMPv2 却矫枉过正。这一版本的 SNMPv2 使用了群的概念来限制管理员针对不同 SNMPv2 管理对象可以执行的管理操作。认证算法和加密算法则与各个群进行关联来保护管理流量的安全性。由于这种基于群的 SNMPv2 过于复杂，很少有厂商的设备对这种协议提供支持。这时，反而是回归了团体字符串实现的 SNMPv2（Community-Based SNMP version 2，SNMPv2c）得到了大多数厂商的支持，成为真正得到大范围应用的 SNMPv2 版本。

当然，SNMPv2c 虽然在认证方式上回归了 SNMPv1 的团体字符串认证，而且对于数据包封装字段的定义也与 SNMPv1 并无区别，但 SNMPv2c 定义了几种新的 PDU 类型。除了 GetRequest、SetRequest、Response、Trap 这 4 类 PDU，SNMPv1 还定义了一种 GetNext 操作。NMS 可以发送一条 GetNext 请求 PDU，请求 SNMP 代理将 MIB 中 PDU 所携管理对象（按照字母顺序排序）的下一个管理对象的状态和参数发送给自己。

SNMPv2 在 SNMPv1 的基础上又定义了 GetBulk 操作。这项操作让 NMS 可以通过一个 GetBulk 请求 PDU（一次性地）向 SNMP 代理请求大量管理对象的状态和参数。而在原本的 SNMPv1 中，如果 NMS 需要获取大量字母顺序连续的管理对象的状态和参数，则需要在一个 Get 请求 PDU 之后，反复发送很多条 GetNext 请求。所以，GetBulkRequest 是在操作方式上对 GetNext 的优化。

此外，SNMPv2 还定义了一个 Inform 操作。SNMP 基本都是使用 UDP 作为传输协议的，对方是否接收到 SNMP 消息并没有通信机制上的保障。在 SNMP 定义的 PDU 类型中，Get（包括 GetNext 和 GetBulk）请求 PDU、Set 请求 PDU 和响应 PDU 都是 NMS

发起的操作和对 NMS 操作的响应，接收方是否接收到了该消息十分直观。但是，Trap PDU 是未经请求主动发送的消息，如果接收方没有接收到 Trap PDU，Trap PDU 势必会石沉大海。为了确认对方接收到了 Trap PDU，SNMPv2 定义了 Inform 请求 PDU。Inform 请求 PDU 可以与 Trap PDU 一起发送给 NMS（162 端口），NMS 在接收到这个 PDU 后会通过响应 PDU 确认自己接收到了之前的 Trap PDU，如图 11-5 所示。

图 11-5 SNMP Inform 操作原理示意

注释：

Inform 请求 PDU 也可以由一台 NMS 发送给另一台 NMS，要求对方对自己发送的 Trap PDU 进行确认。

鉴于 SNMPv2 和 SNMPv2c 在安全性问题上都走向了极端，人们后来对这两版的 SNMPv2 协议进行了折中，定义出一个既可以提供安全认证与加密服务，又不至于过度复杂的 SNMPv2 版本，这一版 SNMPv2 称为基于用户的 SNMPv2（User-Based SNMP version 2，SNMPv2u）。尽管 SNMPv2u 同样并没有得到广泛使用，但它定义的安全框架后来经过改造，被最新版的 SNMPv3 采纳，成为 SNMPv3 中的用户安全模块（User Security Model，USM）。

SNMPv3 的用户安全模块和 SNMPv2u 的 QoS 部分规定，管理员有权从下面 3 种通信安全机制中选择其一，作为 NMS 与 SNMP 代理通信时采用的通信方式。

① 对通信过程不认证且不加密（NoAuthNoPriv）：SNMP 代理通过用户名对管理访问进行认证，SNMP 数据包以明文的形式发送。

② 对通信过程认证但不加密（AuthNoPriv）：SNMP 代理和 NMS 使用 MD5 或者 SHA 认证管理访问，但 SNMP 数据以明文的形式发送。

③ 对通信过程认证且加密（AuthPriv）：SNMP 代理和 NMS 使用 MD5 或者 SHA 认证管理访问，同时使用 DES、AES 等加密算法对 SNMP 数据进行加密，并以密文的形式发送。

除了用户安全模块，SNMPv3 还增加了基于视图的访问控制模型（View-based Access Control Model，VACM）。通过这个模型，SNMPv3 设备可以判断这位访问者是否有权限对访问的管理对象执行某项操作。也就是说，这个模型类似于 AAA 中的授权，它可以区分不同用户的操作权限。

SNMPv3 定义的 PDU 类型与 SNMPv2 基本一致，只不过 SNMPv3 定义了一种新的报告 PDU。这种报告 PDU 的作用是在消息接收方（无论 SNMPv3 代理还是 NMS）无法对 PDU 进行解码时，向消息的发送方发起报告。SNMPv3 定义的报告 PDU 超出了本书的知识体系，我们在这里不进行介绍。

最后，尽管 SNMPv1 和 SNMPv2 的 PDU 在封装上存在差异，SNMPv2 也定义了新的 PDU 类型，但（如果将 PDU 视为一个完整字段的话）SNMPv1 和 SNMPv2 定义的消息封装结构是相同的。SNMPv3 为了兑现在安全性方面的提升，对 SNMP 消息的封装结构进行了修改。关于各版本 SNMP 消息的封装方式，我们在这里不进行介绍。

本小节对几个版本的 SNMP 进行了介绍和对比。我们再次重申之前的建议，希望读者能够通过阅读上面的内容自己组织一张 SNMP 各个版本对比表来检验自己对上面内容的理解程度，并方便以后快速回顾关于 SNMP 技术的主要内容。我们在这里也要强调，网络管理的安全性对于网络的正常运转至关重要。在实际工作中，读者应该在一切可能的条件下选择 SNMPv3，更应该考虑通过诸如 ACL 等其他安全策略配合 SNMPv3 提供的安全性服务，来确保网络安全运行。

下面我们会演示 SNMP 的配置方法。

11.1.3 SNMP 的配置

当企业或组织机构的网络建设工作完成之后，整个网络项目就会转入运维阶段。在规模越大的网络中，参与工作的网络设备数量就越多，接口、线缆、动态路由协议等信息的维护工作量也就越大，运维工作的难度也会相应提升。一般来说，在大规模网络环境中，会专门有一个团队负责"网管系统"，这个团队的工作责任可谓重大，他们是网络出现问题时的第一发现人。为了能让两三个人组成的团队担负起这个重任，管理员可以在网络项目的实施中，事先在网络设备上开启 SNMP 代理功能，并在网络中部署 NMS，以此来减轻管理员的工作负担。

本小节会演示如何在华为路由器上启用 SNMP 代理功能。本小节配置的 SNMP 版本是目前最为常见的 SNMPv2c，以图 11-6 所示拓扑为例，在 AR1 上启用 SNMPv2c 代理功能，并在 NMS 上实现对它的管理。

图 11-6　在 NMS 上通过 SNMPv2c 实现对 AR1 的管理

　　如图 11-6 所示，AR1 与 NMS 同属于一个 IP 子网，这种设计是为了简化实验环境，尽量突出实验重点，也就是说在本小节中，我们只关注与 SNMP 相关的配置因素，而不去考虑 IP 路由问题。但在实际工作中，NMS 和被管理设备往往属于不同的 IP 子网，它们之间只要路由可达就行了。管理员在配置 SNMP 代理功能前，首先需要保证 NMS 与被管理设备之间实现 IP 通信。当然了，学习到了现阶段，读者应该能够意识到我们在说"实现谁和谁之间的通信"时，往往也意味着"只实现它们之间的通信"。套用到 SNMP 案例中，就是说，管理员要让指定的这台 NMS 能够通过 SNMPv2c 与 AR1（以及其他被管理设备）进行通信，而其他设备不能通过 SNMPv2c 与 AR1 进行通信。这样做也在一定程度上保障了网络设备（配置等信息）的安全性。例 11-1 中展示了在 AR1 上实现与 NMS 之间通信的相关配置命令。

　　例 11-1　在 AR1 上配置与 NMS 之间的通信

```
[AR1]interface gigabitethernet 0/0/0
[AR1-GigabitEthernet0/0/0]ip address 192.168.56.2 24
[AR1-GigabitEthernet0/0/0]quit
[AR1]acl 2000
[AR1-acl-basic-2000]rule permit source 192.168.56.1 0.0.0.0
[AR1-acl-basic-2000]rule deny source any
```

　　要想限制只让某一台或某几台 NMS 利用 SNMP 来管理网络设备，管理员可以在基本 IP ACL 中允许 NMS 的 IP 地址（或子网），并拒绝所有其他 IP 地址。我们在前文中介绍了 IP ACL 在流控制/简化流控制业务模块中的用法，本小节演示的是 ACL 在 SNMP 业务模块中的用法。在 SNMP 业务模块中应用 ACL 时，ACL 中允许的 IP 地址正是 NMS 的 IP 地址，并且无须考虑 ACL 的方向性，接下来管理员会在 SNMP 代理的配置命令中应用它。例 11-2 展示了 AR1 上启用 SNMP 代理的相关配置命令。

例 11-2　在 AR1 上启用 SNMP 代理的相关配置

```
[AR1]snmp-agent
[AR1]snmp-agent sys-info version v2c
[AR1]snmp-agent mib-view mgmt-wr include 1.3.6.1.2
[AR1]snmp-agent community write nms-Admin mib-view mgmt-wr acl 2000
```

让我们逐条解释这 4 条命令。第 1 条和第 2 条命令读者应该能够懂，无须多做解释。我们在这里只说两句：SNMP 代理功能默认是启用的，因此第 1 条命令实际上无须输入；SNMP 代理功能默认所有 SNMP 版本是启用的，在这个实验中只使用 SNMPv2c，因此管理员使用第 2 条命令把版本改成了 **v2c**。

第 4 条命令的作用是把几个配置元素关联在一起，从完整的命令句法可以更好地分清这几个元素：**snmp-agent community** {**read** | **write**} *community-name* [**mib-view** *view-name*] [**acl** *acl-number*]。从加粗的关键字我们可以轻松识别出，这条命令的主要作用是定义读/写团体访问名，同时也可以对这个团体访问名的使用进行限制：一方面可以限制这个团体访问名能够访问的 MIB 视图，另一方面还可以限制哪台（哪些）NMS 上可以使用这个团体访问名。例 11-1 中创建的 ACL 2000 就是在这里应用到 SNMP 业务模块中。管理员在这条命令中设置的团体名为 **nms-Admin**，这是符合团体名复杂度要求的编写方法：至少包含 6 个字符；至少由 2 种字符构成，如小写字母、大写字母、数字、除空格外的特殊字符等。团体名配置成功后，会以密文的形式被保存在路由器的配置中。

接下来我们对 MIB 视图相关的配置多解释几句。第 3 条命令就是在创建 MIB 视图，它的完整句法是这样的：**snmp-agent mib-view** *view-name* {**exclude** | **include**} *subtree-name* [**mask** *mask*]。对照着完整句法我们可以看出，管理员在例 11-2 中指定了名为 **mgmt-wr** 的 MIB 视图中包含 1.3.6.1.2。那么，这一串数字表示的含义是什么？我们在图 11-4 中也见过类似的一串数字，它们其实是 OID，标识了管理对象在 MIB 中的位置。MIB 树形分层结构示意如图 11-7 所示。

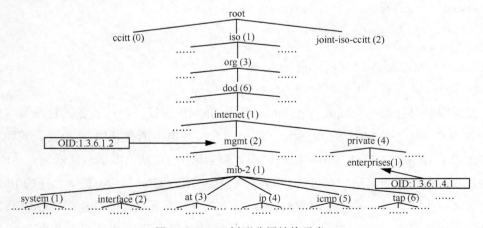

图 11-7　MIB 树形分层结构示意

现在我们对照图 11-7 再来理解这串数字 1.3.6.1.2。这串数字其实对应的管理对象是 mgmt，这个对象的完整路径是 iso.org.dod.internet.mgmt。在华为设备的配置中，我们可以使用一串数字指明某个管理对象的路径，也可以使用这个管理对象的名称。比如管理员在 AR1 上查看我们刚建立的 MIB 视图，看看路由器会给我们什么反馈，详见例 11-3。

例 11-3　在 AR1 上查看 MIB 视图

```
[AR1]display snmp-agent mib-view
  View name: mgmt-wr
  MIB subtree: mgmt
  Subtree mask:
  Storage type: nonVolatile
  View type: included
  View status: active

  View name: ViewDefault
  MIB subtree: internet
  Subtree mask:
  Storage type: nonVolatile
  View type: included
  View status: active

  View name: ViewDefault
  MIB subtree: lagMIB
  Subtree mask:
  Storage type: nonVolatile
  View type: included
  View status: active

  View name: ViewDefault
  MIB subtree: snmpUsmMIB
  Subtree mask:
  Storage type: nonVolatile
  View type: excluded
  View status: active

  View name: ViewDefault
  MIB subtree: snmpVacmMIB
  Subtree mask:
  Storage type: nonVolatile
  View type: excluded
  View status: active

  Total number is 2
```

例 11-3 中阴影部分是我们刚才创建的 MIB 视图 mgmt-wr，从这里没有看到任何数字串，但 MIB subtree 字段中显示出 mgmt。还记得例 11-2 中第 3 条命令的完整句法吗？在参数 *subtree-name* 部分管理员输入的是一串数字，同样，在这个参数的位置也可以输入管理对象的名称，在本例中也就是 mgmt。从例 11-3 的命令输出内容中我们还可以看出，路由器中默认有一个名为 ViewDefault 的 MIB 视图，并且它包含多个管理对象。在一个 MIB 视图中管理员是可以指定多个管理对象的，每个管理对象需要配置一条命令。

图 11-7 中我们还特意标记出了 OID:1.3.6.1.4.1，它是指设备厂商针对自己的网络设备，自定义的私有 MIB 管理对象。鉴于 MIB 的庞大，让管理员记忆所有管理对象的 OID 既不现实也没必要。在所有 SNMP 管理应用中，管理员都可以针对网络中使用的网络设备，以及希望进行管理的 MIB 管理对象，有选择地加载 MIB 数据。管理员可以在华为官方网站上下载华为路由器、交换机、防火墙等网络设备所对应的 MIB 文件。

为了能够使 AR1 在某些事件发生时（比如链路断开、接口宕掉、动态路由协议邻居关系断开等），主动向 NMS 发送未经请求的 Trap 消息，管理员还需要为 SNMP 代理配置与 Trap 目标主机相关的参数。例 11-4 中展示了 AR1 上的相关配置信息。

例 11-4　在 AR1 上配置与 Trap 相关的参数

```
[AR1]snmp-agent target-host trap-hostname nms-pc address 192.168.56.1 trap-
paramsname snmptrap
[AR1]snmp-agent target-host trap-paramsname snmptrap v2c securityname nms-Admin
[AR1]snmp-agent  trap enable
Info: All switches of SNMP trap/notification will be open. Continue? [Y/N]:y
```

在设置 SNMP 代理的 Trap 功能时，管理员需要配置以下两条命令。

snmp-agent target-host trap-hostname *hostname* **address** *ip-address* **trap- paramsname** *paramsname*：管理员可以使用这条命令来设置能够接收 Trap 消息的目的主机信息，通常都是指网管设备，在本例中就是 NMS。管理员为这台主机起名为 nms-pc，绑定了 IP 地址 192.168.56.1，并关联了一个名为 snmptrap 的 Trap 参数信息列表。在这个列表中指定了 SNMP 代理在发送 Trap 消息时所使用的参数。

下一条命令是用来配置 Trap 参数信息列表的：**snmp-agent target-host trap-paramsname** *paramsname* **{v1 | v2c} securityname** *securityname*。这里只展示了与 SNMPv1 和 SNMPv2c 相关的配置命令，SNMPv3 的配置命令中包含更多可以设置的参数。在 Trap 参数信息列表中，管理员需要指定发送 Trap 消息所使用的 SNMP 版本，以及 Trap 消息的主体名。在使用 SNMPv3 时，这条命令中指定的 Trap 消息主体名就是用户名，两者必须相同。NMS 在接收到 Trap 消息时，会对这个参数进行验证。在 SNMPv1 和 SNMPv2c 中，NMS 不会对这个参数进行验证，我们为了强调这个参数在一些情况下（SNMPv3 中）需要与 NMS 上的设置相同，因此把团体名作为这个参数的取值。

最后，管理员需要使用 **snmp-agent trap enable** 命令来启用 Trap 功能。如果像例 11-4 中那样配置，路由器会启用所有特性的 Trap 功能。通常在实际工作中，管理员会在这条命令中使用关键字 **feature-name** 再加上希望启用 Trap 的具体特性名称，来有选择地启用 Trap 功能。

到此为止，路由器（SNMP 代理）上的所有配置就完成了，管理员可以使用 **display snmp-agent target-host** 命令来检查 Trap 目标主机的设置。例 11-5 展示了这条命令的输出信息。

例 11-5　在 AR1 上查看 Trap 目标主机的配置

```
[AR1]display snmp-agent target-host
  Traphost list:
  Targethost name: nms-pc
  Traphost address: 192.168.56.1
  Traphost portnumber: 162
  Target host parameter: snmptrap

  Total number is 1

  Parameter list trap target host:
  Parameter name of the target host: snmptrap
  Message mode of the target host: SNMPV2C
  Trap version of the target host: v2c
  Security name of the target host: nms-Admin

  Total number is 1
```

从例 11-5 所示的命令输出内容中，管理员可以检查 Trap 目标主机的参数信息。再次强调，在使用 SNMPv1 和 SNMPv2c 时，目标主机的安全名并不用于身份认证，不必与团体名相同。

接下来管理员需要在 NMS 上对 SNMP 网管系统进行设置，其中包括最重要的团体名。市面上的 SNMP 网管系统五花八门，我们在这里就不再演示 NMS 上的具体配置了。只提示一点，在 NMS 上添加 SNMP 代理时，一般可以手动添加或者动态添加。手动添加时，管理员需要手动输入 SNMP 代理（被管理设备，如 AR1）的 IP 地址、SNMP 版本和认证参数，比如本例中认证参数就是团体名。当动态添加时，管理员可以让 NMS 通过广播的方式发出 SNMP Get 请求，要求网络中的 SNMP 代理提供自己的系统名称。对于华为设备来说，也就是提供（管理员通过 **sysname** 命令设置的）设备名称。

最后我们通过图 11-8 展示一个 Trap 消息抓包信息。

从图 11-8 的解析中我们可以看出 SNMP 的版本和团体名，注意团体名在传输过程中是明文的形式，这也是 SNMPv1 和 SNMPv2c 的安全隐患。接着是 SNMP 的数据部分,这个 Trap 消息中包含了 8 个管理对象,其中最后的两个 OID 是以 1.3.6.1.4 开头的。对照图 11-7 展示的 MIB 树形结构,我们可以发现这两个 OID 属于企业自定义的私有管理对象。要想解析这两个管理对象的含义,管理员就需要在 NMS 上加载华为设备的 MIB 文件。

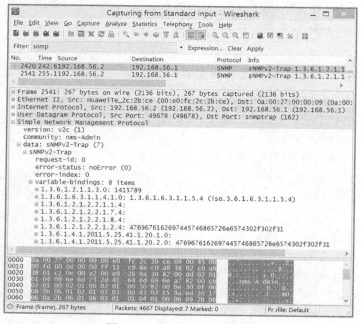

图 11-8　Trap 消息抓包信息

　　本节介绍了 SNMP 的工作原理和几个 SNMP 版本,并展示了如何在华为设备上配置当前最常用的 SNMPv2c。这个案例中只展示了"一半"的配置,也就是展示了 SNMP代理的配置信息,并没有展示如何配置 SNMP 管理系统。SNMP 管理系统多为图形化界面,通过图、表和各种颜色的组合能够更直观地展示网络中所有被管理设备的状态:比如用绿色表示设备工作正常,用红色表示设备出现了严重的告警信息等。同时,好的SNMP 网管系统的功能非常强大,并不局限于接收和发送 SNMP 消息。华为 eSight 就是一款功能强大的运维网管系统,后文会对 eSight 的功能进行介绍。

11.2　NTP

　　对于很多还没有网络技术从业经验的读者来说,或许并不理解网络设备必须拥有准确时间的重要性。诚然,网络设备不需要上班或上学,也不需要去赶飞机/火车/轮船,网络设备的管理员也很少会通过网络设备上的时钟来了解当前的时间,那么网络设备上的时间(主要是准确性)为什么依然很重要呢?

实际上，当网络中发生错误时，管理员经常需要通过网络设备上的时间，来判断故障发生的起点，进而推断出故障原因。同样，当网络攻击发生时，管理员也需要通过日志中的时间来了解攻击的情况。除了故障、攻击等意外情况，有一些网络功能（如计费系统、时间访问控制列表、安全应用中的时间戳）也需要参考设备上的时间来执行。总之，为网络设备赋予准确而一致的时间绝非儿戏，这一步简单的操作可以为日后的网络正常运行与日常运维带来重大的便利。

11.2.1　NTP 的原理

显然，给网络设备赋予时间的最简单的方式就是手动给设备配置系统时间。当网络规模很小时，管理员固然有可能逐台地为所有网络设备设置系统时钟，但这种手动输入时间的做法准确性很差，非常容易造成误差。随着网络规模的扩大，给所有网络设备一一配置时间的做法也会越来越多地增加管理员的配置负担。此时，最理想的做法是定义一种让网络设备之间相互同步时间的协议，这样既减少了管理员的配置负担，也可以减少设备与设备之间的误差，还可以实现设备之间时钟的周期性同步，可谓一举三得。这种为此定义出来的、在设备之间同步时间的协议，称为网络时间协议（Network Time Protocol，NTP）。

迄今为止，NTP 一共有 5 个版本，分别为 NTPv0（RFC 958）、NTPv1（RFC 1059）、NTPv2（RFC 1119）、NTPv3（RFC 1305）和 NTPv4（RFC 5905）。最新版本的 NTPv4 在 NTPv3 的基础上对 IPv6 提供了支持，增强了安全性，同时可以向后兼容 NTPv3。根据 RFC 的定义，NTP 会以 UDP 作为传输层协议，该协议的公共端口号为 123。

NTP 定义了两类不同的消息，分别为同步消息和控制消息。在绝大多数情况下，NTP 设备之间会使用客户端—服务器的通信模型进行通信，服务器与客户端之间往往会以单播的形式发送这两类消息，这种 NTP 通信模式被称为单播客户端—服务器模式。同时，NTP 还定义了对等体到对等体的模型（被称为对等体模式）、采用广播形式通信的客户端—服务器模型（广播模式）等另外 4 种模式。当一台 NTP 设备接收到一条 NTP 消息时，它可以通过这个 NTP 消息封装中的模式（Mode）字段，来判断发送方使用的 NTP 模式，以及这个消息的类型（是同步消息还是控制消息）。

注释：
　　我们不会对 NTP 的封装格式进行详细介绍。此外，我们也不会讨论其他 NTP 通信模式（单播客户端—服务器模式之外的）的工作原理。

在单播客户端—服务器模式下，NTP 同步时间的流程可以概括为以下几个步骤。

步骤 1　被配置为 NTP 客户端的设备使用单播向指定的 NTP 服务器发送一条 NTP 同步消息，向这台 NTP 服务器请求同步时间。NTP 客户端会将自己封装这个消息时的时间（记为 T_0）封装到这个消息中，如图 11-9 所示。

图 11-9　NTP 客户端向 NTP 服务器请求同步时间

步骤 2　NTP 服务器在作出响应时，会按照自己的时钟将接收到这个 NTP 同步请求消息的时间（记为 T_1）和向这台 NTP 服务器响应 NTP 同步消息的时间（记为 T_2）也添加到响应消息中，然后将这个消息发送给请求 NTP 同步消息的那台 NTP 客户端，如图 11-10 所示。

图 11-10　NTP 客户端向 NTP 服务器请求同步时间

步骤 3　NTP 客户端在接收到响应时，会按照自己当前的时钟，记录下接收到这个 NTP 同步响应的时间（记为 T_3），然后使用这 4 个时间计算出客户端与服务器之间的时间偏移值和双向时延，并由此来设置自己的时间，如图 11-11 所示。

图 11-11　NTP 客户端根据 4 个时间计算出它与服务器之间的时间差与转发时延

注释：

图 11-11 中的参数和计算方法都是简化的结果。

鉴于网络中的每一台网络设备都需要配置时间，因此任何一台网络设备都完全可以既充当 NTP 客户端，又充当 NTP 服务器，将从自己 NTP 服务器那里同步过来的时间信息，再同步给自己的客户端。举例来说，如果一家企业网络采用企业网架构（由核心层、汇聚层和接入层组成），那么汇聚层的交换机就可以同时充当 NTP 客户端（核心层交换机）和 NTP 服务器（接入层交换机），这种 NTP 部署方式可以将时间信息从核心层交换机一直同步给接入层交换机。

关于 NTP，我们还有一点需要进行补充说明。只要读者多了解社会上一些不实信息的产生过程，就会发现信息的准确性很容易随着传递时间的延长、传递者的增加而不断下降。对于准确性要求很高的时间信息当然也符合这样的规律。为了描述时间信息源的准确性，NTP 定义了一个分层的概念。这个分层标识了该时钟源的时间信息与主时间服务器之间经历了多少传递设备。分层的取值范围是 0～16。分层值为 0 的时钟都是精准度极高的时间信息源，如 GPS 时钟、原子钟等，这类信息源被称为权威时钟。分层值为 1 表示这个时钟源的时钟信息是直接从权威时钟那里获得的，分层值为 1 的时钟源一般都会充当网络中的主时间服务器。当设备发送 NTP 消息时，会将自己的 NTP 分层数封装在 NTP 消息中。

在本小节中，我们对单播客户端—服务器模式下，NTP 的工作原理进行了简单的说明。下面我们会通过一个简单的实验，演示如何配置单播客户端—服务器模式下的 NTP 服务器和 NTP 客户端，以及这个环境下单播 NTP 同步消息的封装方式。

11.2.2　NTP 的配置

本小节通过一个简单的环境展示如何在华为网络设备上配置 NTP。图 11-12 展示了与 NTP 实验相关的拓扑。

图 11-12　NTP 配置环境

在图 11-12 所示的网络环境中，AR1 作为企业的网关路由器与 ISP 路由器相连，并通过 ISP 申请到了公网 IP 地址 202.108.0.1/30。AR1 使用单播客户端—服务器模式的 NTP，通过公网与标准时钟同步，并作为企业网内部的时钟源，仍然使用单播客户端—服务器模式的 NTP，对企业中的其他设备进行同步。作为企业中的其他网络设备，本例中只给出了一台路由器 AR2，并以它作为 NTP 客户端。

在单播客户端—服务器模式中，时钟信息只能是客户端与服务器进行同步，服务器不会向客户端进行同步。对于像 AR1 这种还需要充当本地网络 NTP 服务器的设备来说，只有它自己的时钟已同步后，才能作为 NTP 服务器去同步其他设备。并且也只有当服务器端的时钟层数小于客户端的时钟层数时，客户端才会向其进行同步。

在使用单播客户端—服务器模式的 NTP 时,管理员需要在 NTP 服务器端配置主时钟,这时要使用系统视图命令 **ntp-service refclock-master** [*ip-address*] [*stratum*]。管理员还需要在 NTP 客户端使用系统视图命令 **ntp-service unicast-server** *ip-address*,来指定 NTP 服务器的 IP 地址,使客户端能够与服务器进行同步。例 11-6 展示了 AR1 上的配置信息。

例 11-6　AR1 上的配置命令

```
[AR1]interface gigabitethernet 0/0/0
[AR1-GigabitEthernet0/0/0]ip address 202.108.0.1 30
[AR1-GigabitEthernet0/0/0]quit
[AR1]interface gigabitethernet 0/0/1
[AR1-GigabitEthernet0/0/1]ip address 10.0.10.1 24
[AR1-GigabitEthernet0/0/1]quit
[AR1]ntp-service unicast-server 202.108.0.2
[AR1]ntp-service refclock-master
```

在例 11-6 的配置命令中,管理员为 AR1 的两个接口分别配置了 IP 地址,并在系统视图中配置了两条 NTP 命令。下面我们分别介绍这两条 NTP 命令的作用。

① **ntp-service unicast-server 202.108.0.2**:这是一条系统视图命令,用来在单播客户端—服务器模式的 NTP 中指定 NTP 服务器的 IP 地址。在本例中,AR1 要与 ISP 路由器进行时钟信息同步,因此 IP 地址设置为 202.108.0.2。

② **ntp-service refclock-master**:这是一条系统视图命令,用来在 NTP 服务器上配置主时钟。在本例中,AR1 不仅作为 NTP 客户端从 ISP 那里同步时钟信息,还作为企业中的 NTP 服务器,向企业中的其他网络设备提供时钟信息,因此管理员使用这条命令把路由器本地时钟设置为主时钟。在这条命令中我们还可以设置 NTP 层数,由于本例中 AR1 通过外部时钟源获得时钟信息,因此在这里我们不手动指定层数信息,而让 AR1 使用学习到的层数。

例 11-7 展示了在 AR1 上查看与 NTP 相关信息的命令输出内容。

例 11-7　在 AR1 上查看 NTP 状态

```
[AR1]display ntp-service status
 clock status: synchronized
 clock stratum: 2
 reference clock ID: 202.108.0.2
 nominal frequency: 100.0000 Hz
 actual frequency: 99.9998 Hz
 clock precision: 2^16
 clock offset: -28799605.0390 ms
 root delay: 113.38 ms
 root dispersion: 33.20 ms
```

```
peer dispersion: 10.94 ms
reference time: 05:00:22.414 UTC Apr 15 2022(DC9C2766.6A0F4D7A)
```

通过使用例 11-7 展示的 **display ntp-service status** 命令，我们能够查看路由器上的 NTP 状态。从案例的命令输出内容中我们可以看出，AR1 上的时钟状态是已同步（clock status: synchronized），NTP 层数为 2（clock stratum: 2），参考时钟 ID 是 202.108.0.2，也就是管理员手动指定的 NTP 服务器。

由于 AR1 自身的时钟已同步，因此它已经具备了成为 NTP 服务器的前提，接着我们在例 11-8 中对它的 NTP 客户端（AR2）进行配置。

例 11-8　AR2 上的配置命令

```
[AR2]interface gigabitethernet 0/0/1
[AR2-GigabitEthernet0/0/1]ip address 10.0.10.2 24
[AR2-GigabitEthernet0/0/1]quit
[AR2]ntp-service unicast-server 10.0.10.1
```

在 AR2 上，管理员配置了与 AR1 相连接口 G0/0/1 的 IP 地址，同时在系统视图中使用命令 **ntp-service unicast-server 10.0.10.1** 指定了 NTP 服务器（AR1）的 IP 地址。例 11-9 展示了在 AR2 上查看 NTP 状态的输出内容。

例 11-9　在 AR2 上查看 NTP 状态

```
[AR2]display ntp-service status
 clock status: synchronized
 clock stratum: 3
 reference clock ID: 10.0.10.1
 nominal frequency: 100.0000 Hz
 actual frequency: 99.9995 Hz
 clock precision: 2^18
 clock offset: -28799780.3780 ms
 root delay: 223.18 ms
 root dispersion: 87.21 ms
 peer dispersion: 61.36 ms
 reference time: 13:15:55.014 UTC Apr 15 2022(DC9C9B8B.03C08FA7)
```

从例 11-9 的命令输出内容中我们可以看出，AR2 上的时钟状态是已同步（clock status: synchronized），NTP 层数递增为 3（clock stratum: 3），参考时钟 ID 是 10.0.10.1。

在路由器上，管理员还可以使用 **display ntp-service sessions** 命令来查看 NTP 会话的状态统计信息。在单播客户端—服务器模式的 NTP 环境中，NTP 会话都是手动添加的。例 11-10 展示了这条命令的输出信息。

例 11-10　在 AR2 上查看 NTP 会话状态

```
[AR2]display ntp-service sessions
```

```
      source              reference          stra reach poll  now offset delay disper
 ***********************************************************************************
 [12345]10.0.10.1      202.108.0.2          2  255   64   11   -8h  111.9    0.7
note: 1 source(master),2 source(peer),3 selected,4 candidate,5 configured,
     6 vpn-instance
```

从例 11-10 中 **display ntp-service sessions** 命令输出内容中我们可以看出，AR2 上有一个 NTP 会话，这个 NTP 会话的源为 10.0.10.1，参考时钟为 202.108.0.2，NTP 层数为 2。图 11-13～图 11-15 分别展示了 AR1 和 AR2 之间交互的前 3 个 NTP 报文解析。

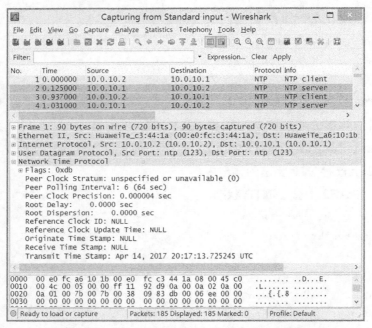

图 11-13　AR2（NTP 客户端）发出第 1 个消息

由于在单播客户端—服务器模式中，NTP 服务器端无须配置与 NTP 客户端相关的任何信息。从图 11-13 中我们也可以看出，第 1 个 NTP 报文是由 AR2（NTP 客户端）发出的。我们注意到这个数据包中 AR2 的 Peer Clock Stratum（对等体时钟分层值）标记为 0，表示未定义或不可用；Reference Clock ID 为空，这是因为这时 AR2（NTP 客户端）只知道 NTP 服务器的 IP 地址（管理员配置的），但它还没有与 NTP 服务器实现通信，仍然在使用自己的本地时钟。

图 11-14 展示的是从 AR1（NTP 服务器）发往 AR2（NTP 客户端）的消息，从中我们可以看出 AR1 的 Peer Clock Stratum（对等体时钟分层值）为 2，Reference Clock ID（参考时钟 ID）为 202.108.0.2。

对比图 11-13 中观察到的两个字段，图 11-15 展示出当前 AR2 的 Peer Clock Stratum（对等体时钟分层值）为 3，Reference Clock ID（参考时钟 ID）为 10.0.10.1。

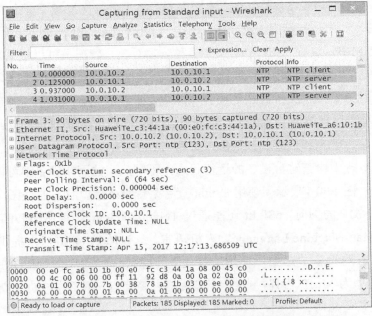

图 11-14　AR1（NTP 服务器）返回消息

图 11-15　AR2（NTP 客户端）更新参考时钟后发出的消息

　　在当前的环境中，3 台路由器的时钟都是同步的：AR1 向 ISP 路由器进行同步，AR2 向 AR1 进行同步。在企业网络规模较大时，管理员还可以使用其他工作模式的 NTP 配置，比如广播模式。对其他工作模式的配置方法感兴趣的读者可以参考华为设备的相关技术文档。

11.3　eSight 的基础知识

企事业单位、学校、组织机构的局域网规模越大，网络管理员在对网络设备及其运行状态进行维护时，就越有可能面临着以下问题。首先，网络中可能部署了不同厂商的网络设备，即使部署时厂商或集成商的工程师能够上门安装和配置设备，但是等设备上线并开始正常提供服务后，管理员如何在没有专业工程师的协助下对这台并不熟悉的设备进行维护（比如每天检查它的运行状态）？然后，网络规模越大，网络中设备的数量也越多，通过命令行的方式登录每台设备检查运行状态显然是不现实的，那么如何能够通过统一的管理平台，来监管局域网中的所有网络设备？最后，当网络中出现或大或小的问题时，管理员如何能够先于用户感知到问题的发生，从而做到有备无患？部署华为 eSight 网络管理产品，可以帮助管理员打消所有与网络运维管理相关的疑虑。eSight 的几大特点正好对应了这几个运维难题。

首先，eSight 可以通过多个版本的 SNMP（包括 SNMPv1、SNMPv2c 和 SNMPv3）来支持不同厂商的网络设备。大多数主流厂商的网络设备都支持基于标准的 MIB，eSight 自带多个 MIB，其中包括标准 RFC1213-MIB、Entity-MIB、SNMPv2-MIB 和 IF-MIB，这些都是标准 MIB，这些 MIB 中定义了多种管理对象。管理员可以根据需要加载其他 MIB 文件，甚至自行编译 MIB 中的内容。对于不支持标准 MIB 的网络设备，eSight 可以通过打补丁的方式提供支持。在把被管理网络设备添加到 eSight 后，管理员可以通过 eSight 提供的图形用户界面（Graphical User Interface，GUI）对被管理的网络设备发出指令，比如查看接口状态和流量统计信息，查看 CUP/内存/风扇的运行状态。管理员无须了解如何在命令行中检查这台设备的运行状态，不同厂商的网络设备都可以通过统一的 GUI 进行管理。图 11-16 展示了使用 eSight 查看某台设备接口状态的截图。

在支持 SNMP 的同时，eSight 还能通过 Telnet/STelnet、FTP/SFTP/FTPS、TR069、华为 MML（Man-Machine Language，人机语言）、HTTPS 等协议来提供其他管理功能或支持其他联网设备。比如，使用 FTP 进行设备配置备份，使用 TR069 协议管理 IP 电话，使用华为 MML 协议接收无线基站的告警信息，使用 HTTPS 获取主机和服务器的系统状态信息等。

然后，eSight 能够同时对几十甚至上万个网络节点[①]进行管理，管理员可以根据自己的网络规模选择适合的 eSight 版本：精简版、标准版和专业版。比如对于小型网络来说，

---

① 网络节点指的是各类连接在网络中的设备，其中包括路由器、交换机、AP、刀片服务器、IP 电话等。在计算 eSight 能够支持的节点数量时，并不是每一台网络设备就算是一个节点。具体的算法本书不多解释。

管理员可以选择部署 eSight 精简版，它最多能够同时管理 60 个网络节点。对于超大型
网络来说，管理员可以选择部署 eSight 专业版，它最多能够同时支持 20000 个网络节点。
应用最多的 eSight 版本是标准版，它能够支持最多 5000 个网络节点。所有版本的 eSight
在安装后都有 90 天的试用授权，除此之外，华为公司还提供了临时授权（固定期限）和
商用授权（永久）。授权文件是用来激活 eSight 的，除了试用授权是安装后默认提供，
临时授权和商用授权的获取和加载行为都由管理员负责。图 11-17 展示了 eSight 部署在
网络中的示意，管理员可以在企业总部部署 eSight，同时管理多个城市站点的网络设备。

图 11-16 通过 eSight 检查网络设备的接口状态

图 11-17 使用 eSight 实现统一管理示意

　　最后，eSight 会把告警严重程度从高到低分为多个级别：紧急、重要、次要、提示，
并且能够通过多种方式，如 GUI 显示、电子邮件、短信等，把网络中的异常信息告知管
理员。管理员可以设置每种告警信息的通知方式，比如紧急级别的告警不仅要显示在 GUI
上，还要在提示时发出特定声响。管理员还可以设置以电子邮件和短信方式通知告警信
息的时间段，比如管理员可以要求 eSight 在非工作时间段内，发现紧急级别的告警后向

指定的手机号码发送短信。这样可以让管理员在第一时间了解网络中发生的紧急事件并及时处理。图 11-18 展示了 eSight GUI 中的告警信息。

图 11-18　在 eSight GUI 上实时查看告警信息

　　eSight 通过多种协议为不同厂商的各种网络设备提供支持，最多能够同时支持 20000 个网络节点，还能够以多种方式向管理员告知告警信息。除此之外，eSight 还是建立在浏览器—服务器架构（简称 B/S 架构）上的一款产品。管理员只需通过浏览器来访问 eSight 的 GUI，这一点从前文中的 eSight 截图应该就能得到证实。管理员若在下班后接收到 eSight 发送的紧急告警短信，可以在自己家中通过浏览器访问 eSight。当然了，要想通过公网访问内网服务器，管理员还需要事先做一些部署，比如搭建 VPN 环境，让他能够在家中与企业网之间建立 VPN 连接，以这种方式获得企业内网的访问资格从而访问 eSight。

　　下面，我们从另一个方面来考虑与 eSight 相关的网络安全性。我们在第 9 章中介绍过如何对访问网络设备的人员进行身份认证和管理级别的授权，eSight 也提供了相同的功能。管理员可以在 eSight 中设置多个用户并为每个用户关联一个或多个角色，每个角色中需要包含管理对象和操作权限。通过这种嵌套授权的方式，每个用户也就拥有了特定的操作权限和管理对象。图 11-19 展示了 eSight 用户管理界面。

图 11-19　eSight 用户管理界面

越大规模的局域网，越依赖网管系统的帮助，网管系统自身的故障会使管理员失去对网络的掌控。eSight 为了提高自身的可靠性，提供了进程异常自动重启和数据备份恢复功能。当 eSight 自身的系统进程异常终止时，它会自动重启系统，确保在无人值守时也能快速自我修复，提供不间断的网络监控服务。网络设备管理和维护中的一项重要工作是进行数据备份，eSight 也不例外。管理员可以设置让 eSight 进行周期性备份。当 eSight 出现故障后，管理员可以手动加载曾经备份的数据。图 11-20 展示了 eSight 周期性备份数据（这个功能在 eSight 中叫作数据转储）的设置界面。

图 11-20　eSight 周期性备份数据的设置界面

面对界面友好的 GUI 产品，管理员有时亲自动手操作要比查看技术文档的效率高。在本节的最后，我们介绍一种能够让读者实际体验 eSight 的方式：华为官方网站中提供了 eSight 远程 demo（演示）的链接，通过单击这个链接读者就可以对 eSight 进行实际操作。图 11-21 展示了这个页面。

图 11-21　单击在线体验链接展开 eSight 之旅

本节只对 eSight 进行一些概述性介绍，描绘了它在网络环境中的位置和作用，并结合 eSight 的功能和特点，展示了基本的 GUI，让读者对于 eSight 有一个感性的认识。

11.4　本章总结

在与网络相关的工作中，设计、实施和维护工作同等重要，本章主要关注与网络维护管理相关的协议和应用。在规模越大的网络中，管理设备维护的难度也就越大，SNMP 为管理员提供了集中化管理网络设备的途径。本章先通过 11.1.1 节介绍了 SNMP 的基本概念，其中包括 NMS 与 SNMP 代理进行通信，SNMP 代理通过在 MIB 中读取和写入 OID 所对应的参数来实现 NMS 发出的指令。接着在 11.1.2 节中对比了多个 SNMP 版本，希望读者能够根据这一节介绍的内容，自己填写一张 SNMP 各个版本的对比表格，一方面能够检验自己对这些内容的理解程度，另一方面也方便以后快速回顾关于 SNMP 技术的主要内容。在 11.1.3 节中我们不仅展示了如何在华为路由器中设置 SNMP 代理，还介绍了构成 SNMP 系统的重要组成部分 MIB 的结构。

11.2 节的重点内容是 NTP。在网络运行管理的过程中，所有网络设备的时钟同步是至关重要的。网络设备执行周期性备份、用户上网行为计费、Trap 消息中的时间信息，这些行为和信息只有当网络设备的时钟是同步的情况下，才能为管理员的工作带来助益。要想让网络中的所有网络设备的时钟进行同步，管理员可以使用 NTP 来让网络设备自动进行时钟同步。本节介绍了 NTP 的原理和配置，作为一种简单又必要的网络协议，管理员需要掌握它的配置方法并在网络实施阶段进行部署。

在 11.3 节中，我们介绍了华为 eSight 网络管理系统。这是一个 GUI 控制平台，在功能上相当丰富，在操作上易于掌握。本节只介绍了 eSight 的几个特点，并给出 eSight 在线体验的获取方式，对此感兴趣的读者可以上手体验。

11.5　练习题

一、选择题

1. SNMP 在工作中使用的传输层协议和端口号分别为哪些？（　　）

A. UDP，端口号 123　　　　　　　B. TCP，端口号 123

C. UDP，端口号 161 和 162　　　　D. TCP，端口号 161 和 162

2. 以下哪一项不是 SNMPv1 的消息类型？（　　）

A. GetRequest　　　　　　　　　B. SetRequest

C. GetNext　　　　　　　　　　　D. Report

E．Response

3．以下哪些 SNMP 消息是由 NMS 发送给 SNMP 代理的？（多选）（　　　）

A．GetRequest
B．SetRequest

C．GetNext
D．Trap

E．Response

4．在使用 SNMPv3 时，管理员可以在安全性方面选择以下哪些规则？（多选）（　　　）

A．对通信过程不认证且不加密
B．对通信过程认证但不加密

C．对通信过程认证且加密
D．使用 Community 对访问进行授权

5．NTP 在工作中使用的传输层协议和端口号分别为？（　　　）

A．UDP，端口号 123
B．TCP，端口号 123

C．UDP，端口号 161 和 162
D．TCP，端口号 161 和 162

6．在使用单播客户端—服务器模式的 NTP 时，以下说法中正确的是哪些？（多选）（　　　）

A．客户端与服务器之间都需要预先知道对方的 IP 地址

B．只有客户端能够向服务器进行同步，服务器不会因客户端而更改自己的时钟信息

C．如果网络中的 NTP 服务器离线了，层级较低（比如 3 级）的客户端会向层级较高（比如 2 级）的客户端进行同步

D．一台网络设备可以同时作为 NTP 服务器和 NTP 客户端

7．要想让一台华为路由器充当 NTP 服务器，需要配置以下哪条命令？（　　　）

A．**clock datetime 21:13:14 2022-05-20**

B．**ntp-service unicast-server 202.108.0.2**

C．**ntp-service refclock-master 2**

D．无须配置任何命令

二、判断题

1．在使用 SNMP 对设备进行管理时，NMS 和 SNMP 代理之间只要 IP 可达就可以实现通信。

2．eSight 能够通过 SNMP、STelnet、FTP、HTTPS 等多种协议对网络设备进行管理。

3．eSight 能够支持服务器、存储、虚拟化、交换机、路由器、WLAN、防火墙、统一通信、视频监控、应用系统等的统一管理，其中包括第三方设备。

第 12 章
SDN 与 Python 基础

通过前面章节的学习，读者了解了如何针对特定的功能对网络设备进行配置。每台网络设备都包含了控制平面和数据平面，它们基于本地的配置执行各项功能，比如决定数据包的转发方式。在现代网络中，随着网络功能的丰富、网络设备数量的激增、网络规模的不断扩大，逐台设备的管理和维护难度变得越来越大。

软件定义网络（Software Defined Network，SDN）能够通过统一的控制器执行控制平面的功能，从而将每台网络设备的控制平面与数据平面分离，从整体上规划和维护网络的运行。SDN 控制器向网络设备下发指令，网络设备根据指令来提供数据平面的功能。

网络功能虚拟化（NFV）能够以软件方式实现各种曾经只能通过硬件实现的网络功能，比如由交换机提供的交换功能、由路由器提供的路由功能等。

NFV 与 SDN 的结合颠覆了传统网络架构的理念，本章将会对华为 SDN 解决方案和 NFV 解决方案进行介绍。

网络编程与自动化是随着 SDN 与 NFV 的脚步发展起来的，网络工程师需要掌握通过软件对网络功能进行配置和排错的技能。在 SDN 中，网络管理员不再需要登录每台设备的 CLI 并执行配置，而是以网络编程的方式，通过代码实现网络设备的配置和管理。本章将 Python 作为网络编程的基础进行介绍，并讲解 Python 的基本概念。

学习目标

- 了解 SDN 的基本概念和架构；
- 了解华为 SDN 解决方案；
- 掌握 Python 的基本语法结构。

12.1　SDN 的基本概念

传统的网络基础设施硬件设备（如路由器、交换机等）中至少包含 3 个工作平面：数据平面、控制平面和管理平面。虽然不同机构、不同场合对这些平面有一些不同的称谓，但在功能上，网络设备数据平面（或转发平面）的功能是执行高速转发；控制平面的功能是对网络设备中运行的协议、算法等进行处理，并将处理结果交由数据平面执行；管理平面的功能是为网络工程师提供接口，以便网络工程师能够与网络设备进行交互，比如提供 Telnet、SSH、GUI 等网络管理方式。

12.1.1　SDN 的起源

当每台网络设备各自拥有一套完整的数据平面、控制平面和管理平面时，网络管理员就会越来越多地面临以下问题。

① 排错难：在传统网络环境中，网络规模越大、网络中应用的功能越多，在网络出现问题时，对网络工程师的技术要求也就越高。网络工程师不仅要非常熟悉网络拓扑和网络中部署的各项功能，还要具备很强的排错思维。有时网络中呈现的问题并不典型，这就更需要网络工程师具备丰富的经验。

② 复杂度高：网络的规模越大，越有可能包含不同厂商的网络设备，它们具有不同的操作系统和管理方式，对网络工程师提出了更高的要求。网络工程师不仅要熟悉各种网络技术，还要熟悉在不同厂商的设备上对其进行配置和管理的命令。随着设备厂商的增多、同厂商设备的更新换代，以及新技术的出现，网络工程师所需要掌握的技能越来越多。

③ 灵活性差：尽管现代的网络设备已经具备了较高的性能，并且能够在网络出现问题时，在一定程度上缓解或解决问题，但每台设备依然是"独立"进行工作的。它们依赖于其他设备提供的信息做出自己的判断，而无法掌握全局信息并进行统筹安排。

④ 响应慢：现代网络中的功能日新月异，厂商在推出新功能时，有时为了抢占市场，速度是不可或缺的关键因素。要想成功部署新的服务，需要网络提供支持。但传统网络对于新功能的支持响应速度慢，并且需要网络工程师进行统筹安排。

如果使网络拥有一个"具有全局观的大脑"，上述问题均可迎刃而解。这种思想即是让网络设备保留其数据平面，但将控制平面分离出来，由集中部署的服务器来提供控制平面功能。SDN 就是在这种思想的基础上形成的。图 12-1 展示了数据平面与控制平面分离的思想。

图 12-1　数据平面与控制平面的分离

　　控制器与网络设备之间交互的协议称为南向接口协议，如 OpenFlow，它定义了控制器与网络设备之间的交互方式。至此，我们实现了数据平面与转发平面的分离，但这种结构还不足以形成通过软件来定义网络的充分条件。除了实现转发平面与控制平面的分离外，SDN 还对这种新型的网络架构提出了管理方面的新要求，即通过编程的方式实现网络管理，这种做法被称为网络可编程。网络管理员通过开发软件与控制器之间的交互是通过北向接口协议实现的，如 RESTfulAPI（RESTfulAPI 不是一项具体的协议，而是指 REST 风格的应用编程接口）。图 12-2 展示了 SDN 架构。

图 12-2　SDN 架构

12.1.2　华为 SDN 产品与解决方案

　　华为 SDN 架构支持丰富的南北向接口，其中包括 OpenFlow、OVSDB、NETCONF、

PCEP、RESTful、SNMP、BGP、JsonRPC、RESTCONF 等，整个架构如图 12-3 所示。

图 12-3　华为 SDN 架构

如图 12-3 所示，华为 SDN 架构使用 iMaster NCE 作为集管理、控制、分析和 AI 功能于一体的网络自动化与智能化平台，通过北向接口来连接云平台、EMS、编排工具和开发者二次开发的应用，通过南向接口与网络设备进行交互，把管理员的意图正确地传递给底层的网络。

iMaster NCE 是华为推出的自动驾驶网络管理控制系统，这个系统分为面向数据中心网络的控制系统 iMaster NCE-Fabric、面向数据园区网的控制系统 iMaster NCE-Campus、面向企业分支网络的 iMaster NCE-WAN、面向 IP 骨干网络的 iMaster NCE-IP、面向光网络的 iMaster NCE-T 和面向接入网络及家庭网络的 iMaster NCE-FAN。所有的 iMaster-NCE 管理系统支持通过 CLI/SNMP 等传统技术来管理和控制网络基础设施，或者通过 NETCONF（基于 YANG 模型）协议来实现软件定义网络。在运维工作中，iMaster NCE 可以通过 Telemetry 或者 SNMP 收集网络中的数据，并且通过可视化的方式呈现出即时的网络状态。

围绕上述每一个控制系统，都有一个对应网络环境的华为自动驾驶解决方案。例如，基于 iMaster NCE-Fabric 的数据中心网络称为华为数据中心 CloudFabric 自动驾驶解决方案，基于 iMaster NCE-Campus 的园区网络称为华为园区网络 CloudCampus 自动驾驶解决方案等。华为自动驾驶网络（Autonomous Driving Network，ADN）是华为在 2020 年全连接大会上发布的新概念，旨在通过人工智能技术实现网络的自动化，加速行业的数字化转型。

iMaster NCE 南向实现全局网络的集中管理、控制和分析，面向商业和业务意图使能大容量资源云化、全生命周期网络自动化，以及基于大数据和 AI 的智能闭环；北向则提供开放网络 API 与 IT 快速集成，开发可编程使能场景化 App 生态。iMaster NCE 包含以下四大关键能力。

① 全生命周期自动化：以统一的资源建模和数据共享服务为基础，提供跨多网络技术域的全生命周期的自动化能力，实现设备即插即用、网络即换即通、业务自助服务、故障自愈和风险预警。

② 基于大数据和 AI 的智能闭环：基于意图、自动化、分析和智能四大子引擎构建完整的智能化闭环系统。基于 Telemetry 采集并汇聚海量的网络数据，iMaster NCE 实现实时网络态势感知，通过统一的数据建模构建基于大数据的网络全局分析和洞察，并注入 AI 算法，面向用户意图进行自动化闭环的分析、预测和决策，提升客户满意度，持续提升网络的智能化水平。

③ 开发可编程使能场景化 App 生态：iMaster NCE 对外提供可编程的继承开发环境 Design Studio 和开发者社区，实现南向与第三方网络控制器或网络设备对接，北向与云端 AI 训练平台和 IT 应用快速集成，并支持客户灵活选购华为原始 App、客户自行开发或寻求第三方系统集成商的支持进行 App 的创新与开发。

④ 大容量全云化平台：基于 Cloud Native 的云化架构，iMaster NCE 支持在私有云、公有云中运行，也支持 On-premise 部署模式，具备大容量和弹性可伸缩能力，支持大规模系统容量和用户接入，让网络从数据分散、多级运维的离线模式转变为数据共享、流量打通的在线模式。

在这些自动驾驶解决方案中，针对园区网的华为园区网络 CloudCampus 自动驾驶解决方案为园区网提供了从规划、建设、运维，再到调优的全生命周期服务。在这 4 个阶段中，华为园区网络 CloudCampus 自动驾驶解决方案具有以下优势。

① 网络开通快，部署效率提升 600%。

- 设备即插即用：华为园区网络 CloudCampus 自动驾驶解决方案支持设备极简开局，转发设备上只需要包含最基本的预配置，就可以通过 App 扫码部署、DHCP 开局、注册查询等方式完成设备的自动注册上线和配置自动化下发。此外，华为园区网络 CloudCampus 自动驾驶解决方案还支持通过场景导航和模板配置简化网络的初始化。

- 网络极简部署：华为园区网络 CloudCampus 自动驾驶解决方案通过引入虚拟化技术，可以在一个物理网络中创建出多个虚拟网络（Virtual Network，VN），通过网络资源池化将一个物理网络的资源复用于多个虚拟网络。同时 iMaster NCE 可以把管理员的意图"翻译"成设备的命令，然后通过 NETCONF 协议把配置下发到设备，从而实现网络的自动驾驶。

② 业务发放快，用户体验提升 100%。

- 业务随行：华为园区网络 CloudCampus 自动驾驶解决方案引入了安全组的概念，所谓安全组就是拥有相同网络访问策略的一组用户。在管理员完成对安全组策略的定义之后，iMaster NCE 会把策略下发到转发设备。当用户完成认证之后，设备会根据用户所在的安全组来执行对应的访问策略，从而实现用户随时随地接入，漫游权限不变、用户体验不变。

- 终端智能识别：华为 iMaster NCE 内置丰富的终端指纹库，可以对用户进行自动认证和授权，终端智能识别准确率超过 95%。此外，系统还可以实现基于终端类型的仿冒预测。如果某个终端先后被识别为两种不同类型的终端设备，系统就会上报终端仿冒告警。

- 智能 HQos：基于应用调度和整形，带宽精细化管理，保证关键用户业务体验。

③ 智能运维快，整网性能提升 50%+。

- 实时体验可视：华为园区网络 CloudCampus 自动驾驶解决方案就可以基于 Telemetry 进行秒级的数据采集，实现每时刻、每用户、每区域的网络体验可视。

- 精准故障分析：华为园区网络 CloudCampus 自动驾驶解决方案可以基于动态基线、大数据关联等技术，主动识别出 85%的典型网络问题，使得网络不会忽略那些用户没有报告的潜在问题。同时系统还可以精确定位问题的根因，并且向管理员提供解决建议。

- 智能网络调优：华为园区网络 CloudCampus 自动驾驶解决方案会通过 AI 智能分析 AP 的负载趋势，并且根据历史数据给出无线网络的预测性调优，让整个网络的性能提升 50%以上。

同样地，华为数据中心 CloudFabric 自动驾驶解决方案在数据中心网络的规划、建设、优化和调优上具有以下优势。

① 规建一体：华为数据中心 CloudFabric 自动驾驶解决方案支持用规划工具对接 NCE，实现规划和建设一体化。此外，华为数据中心 CloudFabric 自动驾驶解决方案可以支持零配置开局（Zero Touch Provisioning，ZTP）。管理员只需要在 iMaster NCE 上单击"启动 ZTP 任务"，网络转发设备（数据中心交换机）就会自动获取到 IP 地址来访问 iMaster NCE。然后，控制器可以判断出交换机在数据中心中扮演的角色，并且对上线的设备下发管理 IP、SNMP、NETCONF 等配置，然后通过管理 IP 来把设备纳入管理。接下来，控制器就会下发互联配置和路由配置等，自此设备上线成功，管理员已经可以通过 NCE 查看全网信息。

② 极简部署：华为数据中心 CloudFabric 自动驾驶解决方案可以实现业务意图的自理解和转换部署，它可以对接用户 IT 系统，为用户匹配意图模型，然后通过 NETCONF 把配置指令下发到转发设备上，从而实现业务的快速部署。此外，华为数据中心

CloudFabric 自动驾驶解决方案还支持网络变更仿真评估，系统用收集到的网络数据建立起网络模型，并且通过形式化验算法求解变更后的资源是否充足、连通性是否建立、原有业务是否会受到影响。这样一来，管理员可以在对网络进行变更前首先了解变更的结果，避免在数据中心网络中引入人为错误。

③ 智能运维：华为数据中心 CloudFabric 自动驾驶解决方案能够把从真实网络故障中的训练数据、拥有 30 年以上运维经验的专家所建立的规则，以及遥测获得的信息收集起来，再把这些数据导入知识推理引擎，并且应用数据清洗、AI 异常识别和网络对象建模来执行异常检测、根因分析和风险预测，从而快速发现和定位故障，并且可以通过专家建立的规则来获取恢复故障的解决方案，然后在进行仿真分析之后快速恢复故障。

④ 实时调优：华为数据中心 CloudFabric 自动驾驶解决方案支持面向 AI-Fabric 的流量本地推理，并且使用在线模型训练调优。系统可以通过训练的结果针对用户进行预测，并且向管理员提供资源调优的建议。

总之，基于各种不同网络场景的华为 iMaster NCE 自动驾驶解决方案可以优化网络的部署、排错和运维，也可以优化网络的性能和网络用户的体验。

12.2 Python 的基本概念

编程语言是一种标准化的人机通信规则，通过使用各种编程语言，程序员可以向计算机发出指令，让计算机能够按照程序员的意图执行特定的任务。计算机能够直接识别的语言叫作机器语言，是由 0 和 1 构成的硬件指令。人类由于无法直接使用机器语言与计算机进行交流，因此开发了易于识别和记忆的汇编语言。汇编语言是与特定的计算机系统结构耦合的，在不同的计算机系统中，汇编语言对应着不同的机器语言指令集，因此汇编语言不能在不同的计算机系统之间进行移植。随着计算机软件的发展，人们开发了高级编程语言（简称高级语言），它是以人类语言为基础进行开发的，使用起来效率更高。高级语言具有可移植性，相同的代码能够根据不同的计算机系统环境被编译为不同的机器语言，并由相应的计算机系统执行。本节介绍的 Python 就属于高级语言。

12.2.1 Python 概述

计算机系统无法直接运行由高级语言编写的代码，只能读懂机器语言。高级语言需要经过特定的处理过程才可以被转换成机器语言，这个过程被称为编译或解释。因而，高级语言可以被划分为编译型语言和解释型语言。

编译型语言：编译是指在程序被执行之前，将程序的源代码"翻译"为相应的目标代码（即机器语言）的过程，得到的目标代码（或目标程序）能够脱离其语言环境而独

立执行。在修改程序时，必须先修改源代码，然后重新编译为新的目标代码。Visual C++
就是一种编译型语言。

解释型语言：由解释型语言编写的程序不能脱离其解释器，在执行程序的过程中，
程序的源代码会一边由相应的解释器"翻译"为目标代码（即机器语言），一边由计算机
系统执行。源代码不会生成可独立执行的目标程序，但它的修改比较灵活。BASIC 就是
一种解释型语言。

图 12-4 描绘了编译型语言与解释型语言的执行过程。

图 12-4　编译型语言与解释型语言的执行过程

由 Python 编写的代码会首先由编译器将源代码编译为字节码，然后运行时由解释器
对字节码文件进行解释，因此 Python 算是一种先编译后解释的编程语言，Java 也是
这样一种编程语言。图 12-5 描述了 Python 和 Java 源代码的操作过程，其中 PVM 和 JVM
分别是 Python 解释器和 Java 解释器。

对于当代网络工程师来说，要想借助网络自动化的力量方便高效地建设、运维网络，
他们也需要掌握一定的编程技能，以实现利用代码与网络设备的交互。接下来我们介绍
Python 的基础知识。

图 12-5　Python 和 Java 程序的处理过程

12.2.2 Python 的语言规范简介

Python 是一种被广泛使用的编程语言。Python 的设计哲学着重强调了代码的可读性和语法的简洁性，尤其是使用空格的缩进来划分代码块。相比较于 C 或 Java，Python 能够让开发者以更少的代码来表达同样的想法。

运行 Python 代码所需的解释器包含编译器和 PVM（Python 虚拟机），在计算机上运行 Python 代码时，会由编译器先将源代码编译为字节码，并将其放入内存中，然后由 PVM 对这些字节码进行解释和执行（如图 12-5 所示）。Python 解释器的官方实现是 CPython，它也是使用最广泛的 Python 解释器。

Python 程序有两种运行方式：交互式和脚本式。交互式是指程序员与 Python 解释器在一个界面中进行实时的交互，见例 12-1，其中粗体字部分是程序员的输入信息，阴影部分是 Python 反馈的输出信息。

例 12-1 Python 的交互式运行方式

```
C:\Users\ABC>python
Python 3.9.0 (tags/v3.9.0:9cf6752, Oct  5 2020, 15:34:40) [MSC v.1927 64 bit (AMD64)]
on win32
Type "help", "copyright", "credits" or "license" for more information.
>>>print('Hello World!')
Hello World!
>>>a = 8
>>>b = 10
>>>print(a+b)
18
>>>
```

脚本式是指将 Python 代码保存为.py 脚本文件，并在 Python 编译器或集成开发环境中运行.py 脚本文件。比如将例 12-1 中的粗体字部分保存为 helloworld.py 文件，执行这个文件就可以得到如例 12-2 中阴影部分的结果。

例 12-2 helloworld.py 文件的执行结果

```
c:\Users\ABC>python helloworld.py
Hello World!
18
```

Python 的设计目标之一是让代码具备高可读性。它在设计时会尽量使用其他语言经常使用的标点符号和英文单词，让代码看起来整洁美观。程序员在编写 Python 代码时需要遵守特定的符号应用规范、命名规则、代码缩进、语句分割方式等要求。但是，编码规范在本质上是一些建议，程序员可以拥有自己的个人编码风格。在多人对代码进行维护和修改时，我们建议使用统一的编码风格。

（1）关键字

Python 中有一些被保留的关键字，这些关键字已经被赋予了特定的含义。程序员不能将这些关键字作为变量、函数、模板和其他对象的标识符。程序员可以使用命令 help('keywords')来查看 Python 中包含的关键字，详见例 12-3 所示。

例 12-3　查看 Python 中包含的关键字

```
>>>help('keywords')

Here is a list of the Python keywords. Enter any keyword to get more help.

False          break          for            not
None           class          from           or
True           continue       global         pass
__peg_parser__ def            if             raise
And            del            import         return
As             elif           in             try
Assert         else           is             while
Async          except         lambda         with
Await          finally        nonlocal       yield
```

注释：

目前 Python 中共包含 35 个关键字，而例 12-3 中展示了 36 个关键字。其中的__peg_parser__是 Python3.9 中的一个关键字"彩蛋"，没有代码意义，并且在 Python3.10 中被移除了。

Python 是严格区分字母大小写的，关键字也不例外。程序员在使用 Python 关键字时需要关注关键字的大小写，比如"False"是关键字，而"false"就不是关键字。

读者还可以使用 help( )命令来查看关键字的作用。我们以"if"为例，在例 12-4 中展示了 Python 对关键字 if 的解释。

例 12-4　查看 Python 对关键字 if 的解释

```
>>>help('if')
The "if" statement
*******************

The "if" statement is used for conditional execution:

   if_stmt ::= "if" assignment_expression ":" suite
             ("elif" assignment_expression ":" suite)*
             ["else""":" suite]

It selects exactly one of the suites by evaluating the expressions one
by one until one is found to be true (see section Boolean operations
```

```
for the definition of true and false); then that suite is executed
(and no other part of the "if" statement is executed or evaluated).
If all expressions are false, the suite of the "else" clause, if
present, is executed.
Related help topics: TRUTHVALUE
```

（2）标识符

标识符是指在 Python 中用来表示常量、变量、函数，以及其他对象的名称。可以用于标识符的字符包括：大写字母 A~Z 和小写字母 a~z、下划线_、数字 0~9，但不能以数字开头。标识符是严格区分大小写的，并且不能与关键字相同。

例 12-5 中的代码展示了标识符是区分大小写的示例，其中我们将 11 赋值给大写的 USER，将 17 赋值给小写的 user。当通过 print ( )函数输出时，我们可以得到不同的值。

例 12-5　大小写敏感的标识符

```
>>>USER = 11
>>>user = 17
>>>print(USER)
11
>>>print(user)
17
```

（3）空格

Python 使用空格来代表代码的级别，默认情况下以 4 个空格或 1 个 Tab 标识缩进一个级别。程序员可以根据自己的使用习惯更改这个默认设置，比如将 4 个空格缩进一级更改为使用 2 个空格缩进一级。但需要注意的是，不要混用空格和 Tab 键，这是因为不同的编辑器在 Tab 键所对应的空格数量设置上会有所不同，混用空格和 Tab 键可能会带来缩进错误。

在使用 4 个空格标识缩进一个级别时，要确保以 4 的倍数来标识缩进，也就是 4 个空格标识缩进一级，8 个空格标识缩进两级，以此类推。例 12-6 中展示了使用 4 个空格标识缩进一个级别的示例。

例 12-6　使用 4 个空格标识缩进一个级别

```
def max(a, b):
    if a > b:
        return a
    else:
        return b
```

除了以空格来标识缩进外，在 Python 代码的编写中，程序员可以为了可读性适当地添加空格，比如按照英文的写作规范，在逗号（,）冒号（:)、井号（#）后面添加空格。

例 12-7 中的代码在低优先级的运算符前后添加了空格，以增加代码的可读性。

例 12-7　添加空格增加可读性

```
a = a + 8
b = a*2 + 10
c = a*2 + b*17
```

（4）空行

Python 中的空行与代码缩进不同，空行并不是 Python 语法的一部分。与文章中的分段类似，为了增加代码的可读性，程序员可以在适当的地方添加空行，比如在函数和类的开始和结束位置添加空行，来清晰标识一段新代码的开始和结束，便于日后的代码维护。

（5）括号

如果一行代码过长，程序员为了可读性而希望将其分为多行的话，可以使用小括号、中括号和大括号将多行代码连接在一起。比如对于一个很长的字符串，可以使用小括号来实现隐式的多行连接，见例 12-8。在其他情况下，括号的使用宁缺毋滥。

例 12-8　使用小括号隐式连接多行

```
x = ("This is a very long long long "
     "long long long long string.")
```

（6）注释

注释可以帮助程序员快速理解代码的作用和注意事项，尤其是在多人协作时尤为重要。注释可以出现在代码的任何位置，Python 解释器在执行代码的过程中会忽略注释的内容。

Python 支持单行注释和多行注释。在单行注释中，程序员需要使用井号（#）作为注释符号，井号后面的内容就是注释的内容，Python 解释器会忽略#号后面的内容。在多行注释中，程序员可以使用连续的 3 个单引号或连续的 3 个双引号将注释内容框在其中，引号中的内容就是注释的内容，Python 解释器会忽略这部分内容。

例 12-9 是单行注释和多行注释的示例，注释可以出现在代码的任何位置，阴影部分为注释内容。

例 12-9　注释的示例

```
# Student_1 名字为 ZhangSan，打印 Student_1 的名字
Student_1 = "Zhang San"
print (Student_1)

Student_2 = "Li Si"        # Student_2 名字为 LiSi
print (Student_2)          # 打印 Student_2 的名字

"""
```

```
print (Student_1)的运行结果为 Zhang San
print (Student_2)的运行结果为 Li Si
"""
```

（7）源代码文件结构

每个 Python 文件的开头都有一些标准格式，类似于人们写信时会在开头写明收件人、发件人。例 12-10 中展示了一个标准的 Python 文件头格式示例。

例 12-10　Python 文件头格式示例

```
# !/usr/bin/env python      # ①起始行（解释器声明）

# -*- coding: utf-8 -*-     # ②编码格式声明

"""                         # ③文档注释
这是 Python 测试文档
仅供 HCIA 学员使用
"""

Importtime                  # ④模块导入

#以下为主程序
```

以例 12-10 中展示的文件头为例，Python 文件头中会包含以下内容。

① 起始行（解释器声明）：指定运行 Python 文件的解释器路径，尤其当解释器的安装路径为非默认路径，或者系统中有多个 Python 解释器。

② 编码格式声明：指定 Python 文件使用的编码类型。Python2 默认使用的编码类型为 ASCII 码，Python3 默认使用的编码类型为 UTF-8。如果要在 Python 代码中包含中文，需要将编码类型设置为 UTF-8。

③ 文档注释：简要说明这个 Python 文件要实现的目的。

④ 模块导入：引用 Python 内置模块或第三方模块，调用模块的变量、函数和类。import 语句可以导入以下类型的对象。

- 内置模块，使用 C 语言编写并已被链接到 Python 解释器中。
- 模块（module）文件，即.py 文件。
- 包（package），其中可以包含多个模块。
- C 或 C++扩展，已被编译为共享库或 DLL 文件。

（8）函数与模块

函数是一段可以通过函数名称重复使用的代码，使用 def ( )为其定义一个名称，就可以在后续的代码中方便地引用这个函数中定义的代码。在函数中，通过输入的参数值返回所需的结果，函数增强了程序的模块化程度，提升了代码利用率。绝大多数 Python 代码可以被放到函数中。

函数的格式如下所示。

```
def 函数名(形参表):
函数体语句序列
[return 表达式]          # 可选项，函数可以没有返回值
```

函数的调用方法如下所示。

```
函数名(实参表)
```

形参指的是形式参数，以一个变量来代表所需参数。实参指的是实际参数，在实际调用时，以一个具体的数值、字符串或表达式来代替形参。当函数具有多个形参时，实参与形参的数量、类型和顺序都应该保持一致。在主程序中调用一个函数时，函数名后面括号中的参数需要被替换为实参。实参向形参的传递就是值的传递。

例 12-11 展示了函数的定义，这个函数的作用是计算任意两个数的和。

例 12-11　定义 add()函数

```
def add(a,b):
    return a+b
```

例 12-12 展示了 add()函数的调用，目的是输出"8+10=18"。

例 12-12　调用 add()函数

```
x,y=8,10
print(x,"+",y,"=",add(x,y))
```

模块将一组函数放在一起的集合，通常会被保存为一个单独的.py 文件，并使用 import 命令导入。Python 程序也会被保存为.py 文件，模块和 Python 程序之间的区别是模块的用途是在编写其他程序时进行调用，并且模块中通常没有主函数。

程序也可以使用 import 直接引用模块，可以作为模块的文件类型包括：.py、.pyo、.pyd、.so、.dll。如果把例 12-11 中的代码保存为.py 文件，并命名为 sum.py，就可以导入模块并调用函数，见例 12-13。

例 12-13　导入模块 sum.py 并调用 add()函数

```
import sum                 # 导入模块 sum.py

print(sum.add(11,17))      # 调用函数 add()，计算 11+17，并打印计算结果 28
```

（9）类与方法

类的英文是 class，有类别、分类的意思。在 Python 中，类是一个抽象模板，它描述了具有一些共有属性和方法的对象的集合，比如 Student（学生）类。根据类这个抽象模板创建出来的具体对象称为实例，每个实例都拥有相同的方法，但各自的参数不同。比如我们在 Student 类中可以定义每个学生共有的属性 Name（姓名）和 Score（分数）。

在一个类的内部，程序员可以使用 def()来定义方法，以这种方法来访问类内部定义的数据。比如在 Student 类中定义了两种数据：Name 和 Score，并且定义方法显示出"张

三的分数是 100"。

　　def ()也用来定义函数，Python 提供了一个 def __init__(self):的实例化机制，在任何一个类中，名字为 __init__ 的方法就是这个类的实例化方法。在使用 __init__ 方法对类进行实例化的时候，Python 会自动调用这个方法，并传递对应的参数，比如在 Student 类中有两个参数 Name 和 Score。并且，这个类的方法中至少要包含一个 self 参数，而且 self 必须是第一个参数。需要注意的是，self 并不是关键字而是名字，因此程序员可以将 self 替换为其他名词。但由于使用 self 作为类的第一个参数是约定俗成的做法，因此我们不建议自定义为其他名称。self 指的是类的实例，而不是这个类本身。

　　在接下来的代码中，我们要实现的是根据学生姓名和分数，显示出"张三的分数是 100。"这样的输出结果。每个学生就是一个实例，创建学生实例需要提供姓名和分数。例 12-14 中展示了一段能够实现这个结果的 Python 代码。

　　　例 12-14　类与方法的示例

```
class Student:                              # 定义 Student 类

    def __init__(self,Name,Score):          # 定义 Student 类的方法，即实例化机制
        self.name = Name
        self.score = Score

    def print_score(self):                  # 定义 Student 类的方法
        print ('%s 的分数是 %d。'%(self.name, self.score))

s1 = Students("张三",100)                    # 将 Student 类实例化
s2 = Students("李四",84)

s1.print_score()                            # 调用实例方法
s2.print_score()
```

　　根据例 12-14 中提供的实例化参数，我们可以得到以下输出结果，见例 12-15。

　　　例 12-15　例 12-14 的输出结果

```
张三 的分数是 100。
李四 的分数是 84。
```

12.3　本章总结

　　本章旨在介绍 SDN 与 Python 的基础知识。当今网络中的功能越来越复杂，并且联入网络的各类设备越来越多，传统网络维护的难度也越来越大。网络管理员需要以更高效且经济的方式维护、升级自己的网络。

12.1 节介绍了 SDN 的基本概念和华为的 SDN 产品与解决方案，该节首先梳理了传统网络的弊端，明确了网络管理人员所面临的难题。接着介绍了 SDN 的起源及其基本概念，最后结合华为解决方案，介绍了华为 iMaster 作为网络自动化与智能化平台，如何通过 SDN 实现自动驾驶解决方案。

12.2 节介绍了编程语言和 Python 的基础知识。首先介绍了编程语言分为编译型语言和解释型语言，其中解释型语言由于在运行的过程中增加了字节码的步骤，因此进一步屏蔽了设备底层的差异，使同一段代码能够更好地运行在不同的设备硬件平台上。Python 属于解释型语言，它最终由 Python 虚拟机进行解释并执行。本节还介绍了 Python 的编码规范，但不涉及 Python 语法，对 Python 语法感兴趣的读者可以学习 Python 相关课程。

12.4 练习题

一、选择题

1. 传统网络管理方式在规模和复杂性增长的过程中会面临以下哪些难题？（　　）

A．排错难 　　　　　　　　　　B．复杂度高

C．灵活性差 　　　　　　　　　D．响应慢

E．以上皆正确

2. 华为园区网络 CloudCampus 自动驾驶解决方案可以实现以下哪些愿景？（　　）

A．规建一体 　　　　　　　　　B．极简部署

C．智能运维 　　　　　　　　　D．实时调优

E．以上皆正确

3. 以下说法正确的是哪个？（　　）

A．控制器与网络设备之间交互的协议被称为南向接口协议

B．RESTfulAPI 不是一项具体的协议，而是指 REST 风格的应用编程接口

C．网络管理员是通过南向接口协议实现开发软件与控制器之间交互的

D．通过编程的方式实现网络管理，这种做法称为网络可编程

4. 下列关于编程语言的说法中，错误的是哪个？（　　）

A．编程语言分为低级语言和高级语言，汇编语言就是一种低级语言

B．高级编程语言分为编译型语言和解释型语言，C 语言是编译型语言，Python 是解释型语言

C．编译型语言需要根据运行平台的不同被编译为相应的可执行文件

D．解释型语言不需要编译过程，可以直接从源代码被解释为机器语言并执行

5．在 Python 代码中，以下标识符的命名错误的是哪个？（　　　）

A．Student_ID

B．8_Class

C．MAX_SESSIONS_2

D．_private_serv

6．以下不是 Python 关键字的是哪个？（　　　）

A．True

B．False

C．None

D．If

二、判断题

1．ADN 是华为在 2020 年全连接大会上发布的新概念，旨在通过人工智能技术来实现网络的自动化，加速行业的数字化转型。

2．代码 print(USER)的作用是将字符串 USER 显示出来。

练习题解析

第 1 章　企业网概述

一、选择题

1．ABCD。用户终端设备、打印机、IP 电话和监控摄像头都是企业网环境中常见的联网设备。

2．ABD。网络化办公不一定能够提升信息的安全性，并且一旦发生信息泄露，后果可能会比以前更严重。因此网络中的重要数据需要通过权限（只读）和加密等措施进行保障。

3．ABC。网络体系分为 3 层：核心层、汇聚层和接入层。

4．C。要想对网络中的流量进行分类，管理员最好在流量进入网络时就实施标记，也就是在接入层部署分类策略。

5．B。本章介绍的企业网三层模型并不是金科玉律，管理员仍然要根据网络的规模和需求进行实际的网络设计。

6．AB。考虑到网络可用性和链路可用性问题，管理员在进行企业网设计时，可以考虑在核心层和汇聚层实施冗余性技术。

二、判断题

1．错误。网络设计规划中的考虑因素有很多，不能只考虑扩展性问题。要根据企业的实际情况进行设计，不能一味照本宣科。

2．错误。企业网络安全保护是一个多方位的概念，管理员不能仅考虑一个位置的安全性。

第 2 章　网络可靠性

一、选择题

1．BCD。BFD 不仅可以检测直连链路之间的故障，还可以检测以太网环境中，非直连 BFD 对等体之间的故障。BFD 会通过建立会话并交互检测消息的方式检测对等体的可达性，因此非直连设备之间也可以通过建立 BFD 会话来让 BFD 进行监控。

2．BD。认证类型字段中标明了 BFD 所使用的认证方式，明文密码认证为 1，MD5 认证为 2。认证数据字段的长度是可变的。

3．AD。VRRP 虚拟的是路由器的物理接口，而不是整台路由器。一个 VRRP 组中可以配置多个虚拟 IP 地址。

4．C。VRRP 组的虚拟 IP 地址可以不属于任何物理接口。不同的 VRRP 组不能使用相同的虚拟 IP 地址和虚拟 MAC 地址。一个 VRRP 组中只能有一台主用路由器，当它失效时，其他备用路由器会选举出一台新的主用路由器。

5．ACD。链路聚合并不是防止出现环路的机制，是让 STP 把捆绑为一条 Eth-Trunk 的多条物理链路当作一条链路对待，而不阻塞其中的任何端口。

6．ABC。LACP 的抢占功能默认是禁用的。

7．D。一个 Eth-Trunk 中的物理接口编号不必连续。Eth-Trunk 中可以有状态为 Down 的物理接口，这时 LACP 会动态地使用其他 Up 接口转发流量。一个物理接口只能加入一个 Eth-Trunk，要想把它换到其他 Eth-Trunk 中，必须先把它从现有的 Eth-Trunk 中移除。

二、判断题

1．正确。只有当 BFD 对等体双方的认证模式（如有）和认证数据完全相同时，它们之间才能正常建立 BFD 对等体关系。

2．正确。VRRP 优先级是可选参数，优先级相同时，IP 地址大的成为主用设备。

3．错误。Eth-Trunk 的默认工作模式是手动模式，需要在 Eth-Trunk 接口视图中使用命令 **mode lacp-static** 启用 LACP 模式。

第 3 章　访问控制列表

一、选择题

1．AD。管理员可以在不同的业务模块中应用 ACL。ACL 常提供的两个功能是流量过滤和数据包匹配。管理员可以使用 ACL 对数据包进行匹配，然后在业务模块中对匹配的流量执行相应行为。

2．BC。管理员可以在 ACL 中设置的行为有允许（Permit）或拒绝（Deny）。

3．C。地址范围 172.16.30.0～172.16.47.255 无法通过一个地址/通配符掩码对表示，管理员要想在 ACL 中匹配该地址范围，必须使用两条 ACL 规则进行分别匹配。

4．CABD。只有 AC 的顺序必须固定，A/C 和 B、D 没有重合的范围，因此无须在意顺序。A 选项的正确写法为 10.16.0.0 0.15.255.255，它的范围是 10.16.0.0～10.31.255.255；C 选项的范围是 10.16.0.0～10.23.255.255，因此 C 的范围是 A 范围的子集，应该把 C 排在 A 前。B 的范围是 10.168.32.0～10.168.63.255；D 的范围是 10.192.78.0～10.179.78.255。

5．A。华为设备在发现接口有 ACL 需要用来过滤数据包时，如果数据包与 ACL 中的所有规则都不匹配，设备默认会放行这个数据包。

6．ABC。高级 IP ACL 的配置比基本 IP ACL 复杂。高级 IP ACL 能够匹配更多参数，这些参数之间的相互依存关系也更加复杂。

7．C。**display acl** 命令中指明了 ACL 编号，因此只查看这个 ACL 的信息是无法知道 AR1 上实际配置了多少个 ACL 的。

二、判断题

1．错误。管理员必须先创建 ACL，再将其应用在适当的业务模块才会生效。

2．错误。华为路由器默认使用管理员配置的 ACL 规则顺序对数据包进行匹配。

3．错误。在靠近目的的位置应用基本 ACL，可以避免过早丢弃本应该可以转发的流量。在靠近源的位置应用高级 ACL，可以节省路由器处理资源和链路带宽资源。

第 4 章　网络地址转换

一、选择题

1．ABD。RFC 1918 中定义的完整私有 IP 地址范围是 10.0.0.0/8、172.16.0.0/12 和 192.168.0.0/16，ABD 都在上述范围中，只不过 BD 并没有描述完整的范围。C 选项属于 C 类地址，但不属于私有 IP 地址。

2．D。NAT 能够对外隐藏私有 IP 地址，在一定程度上能够保护内网（尤其是不需要联网的重要服务器）中的资源。

3．C。"两次 NAT"是指当本地网络和远端网络使用相同的私有 IP 地址范围，并且需要进行通信时，本地网关和远端网关同时针对各自的源 IP 地址进行转换。

4．AC。路由器收到内网用户发往外网的数据包时，NAT/NAPT 只会转换源 IP 地址，并保持目的 IP 地址不变。

5．B。基本 NAT 配置命令需要在接口视图下进行，并且需要使用关键字 **static** 表明这是静态配置的基本 NAT。

6．AC。在配置 NAPT 时，管理员需要使用基本 ACL 指定需要被转换的私有 IP 地址，并使用地址组指定需要被转换的公有 IP 地址。

7．BD。正确的语法为 **natserver protocol**{**tcp | udp**} **global** *global-address global-port* **inside** *host-address* [*host-port*]。使用 TCP 80 端口的应用是 HTTP，不需要启用 ALG 功能。

二、判断题

1．错误。这种说法有些片面，路由器在接收数据包时，如果入站接口上配置了入向 NAT，则路由器会先执行 NAT 再执行路由。路由器在转发数据包时，会先执行路由查找，把数据包发送到出站接口，再根据接口上配置的出向 NAT 执行 NAT 操作。

2．正确。此外，NAPT 可以执行多对多转换，也可以执行多对一转换。

3．错误。在华为设备中配置基本 NAT 和 NAT 服务器时，需要在连接外网的物理出站接口上执行相应的 NAT 命令。但在配置 Easy IP 时，需要在虚拟拨号接口上执行 NAT 命令。

第 5 章　广域网

一、选择题

1．BC。标记字段的取值固定为 01111110。由于 HDLC 规定发送方在发送数据部分时，每发送 5 个 1 就要插入 1 个 0，因此当接收方连续接收到 6 个 1 时，如果这不是传输错误，就代表这是数据帧的开始或者结尾。

2．D。标记字段的取值固定为 01111110，地址字段的取值固定为 11111111，控制字段的取值固定为 00000011，协议字段的取值取决于封装数据部分的协议。

3．A。IPv6 对应的 NCP 为 IPv6CP，而 IPX 对应的 NCP 为 IPXCP

4．C。一般来说，在封装 NCP 消息时，发送方不会封装 LCP。

5．AD。PAP 采用的是明文认证、两次握手、一次性认证、PPP 字段取值为 0xC023。

6．BC。CHAP 采用的是散列认证、三次握手、周期认证、PPP 字段取值为 0xC223。

7．A。PPPoE 客户端需要首先执行 PPPoE 发现，然后参照 PPP 协商流程依次执行 LCP 协商、认证和 NCP 协商。

二、判断题

1．正确。LCP 协商的过程是双向的。

2．正确。在通过 CHAP 执行认证时，被认证方只会发送通过多项参数计算得到的散列值，而不会发送密码本身。

3．错误。IPCP 消息是通信双方在 PPP 会话阶段才会发送的消息，因此以太网头部类型字段的取值应该是 0x8864。

第 6 章 DHCP

一、选择题

1. C。并不需要每个 IP 子网部署一台 DHCP 服务器，为了节省成本并实现统一管理，管理员可以在整个网络中只集中部署一台 DHCP 服务器或 DHCP 服务器组，并在每个 IP 子网中部署一个 DHCP 中继代理。DHCP 中继代理功能通常由每个 IP 子网中的网关路由器提供。

2. C。硬件地址长度字段标识的是传输媒介的地址是由几个八位组组成的。DHCP 消息中不包含硬件地址字段。标志字段的作用是标识消息应该以单播的形式还是广播的形式发送。

3. D。当由 DHCP 中继代理代替 DHCP 客户端，向 DHCP 服务器转发 DHCP 请求时，DHCP 中继代理会在 DHCP 消息的"代理设备 IP 地址"字段中填入自己的 IP 地址。DHCP 服务器根据 IP 地址所属的子网，为 DHCP 请求分配 IP 地址。

4. ABCD。DHCP 服务器可以向 DHCP 客户端提供 IP 地址/子网掩码、网关地址、IP 地址租期、DNS 地址等信息。

5. B。**dhcp enable** 是系统视图命令，当路由器需要作为 DHCP 服务器或 DHCP 中继代理使用时，管理员需要使用这条命令在全局启用 DHCP 功能。

6. ABC。一个 IP 地址池中只能配置一个 IP 子网。

7. C。**dhcp enable** 是系统视图命令，用来全局启用 DHCP 功能。**dhcp select interface** 是接口视图命令，用来启用 DHCP 功能并选择使用接口地址池。**dhcp select relay** 是接口视图命令，用来启用 DHCP 功能和 DHCP 中继代理功能。

二、判断题

1. 错误。DHCP 客户端向 DHCP 服务器发送 IP 地址请求消息时，还不能使用 DHCP 服务器提供的 IP 地址，它必须等待 DHCP 服务器返回 DHCP 确认（ACK）消息后，才能开始使用这个 IP 地址。

2. 正确。作为 DHCP 服务器的路由器会以该接口的 IP 地址作为网关地址。

3. 正确。在无中继但使用全局地址池的环境中，DHCP 服务器（路由器）会根据接收 DHCP 消息的本地接口所属 IP 子网选择地址池。

第 7 章 IPv6 基础

一、选择题

1. AB。由于 IPv6 头部是固定长度的，因此 IPv4 头部的首部长度和总长度字段被合并为负载长度字段。生存时间字段的功能被转移到跳数限制字段中。

2．A。查表 7-1，根据二进制数转换十六进制数的方法，可以得出正确答案。

3．B。站点本地地址已经废弃；全局单播地址是全局可路由的 IPv6 地址；链路本地地址只在链路本地有效。

4．D。链路本地地址是启用 IPv6 时接口自动配置的单播 IPv6 地址。关于其他单播 IPv6 地址，站点本地地址已经废弃，唯一本地地址和全局单播地址都需要或与其他设备交互后才能自动配置。

5．C。链路本地地址、全局单播地址和组播地址的前 4 位二进制数固定为 1，唯有全局单播地址的前 3 位固定为 001。因此，第一个十六进制数为 F 的 IPv6 地址绝不可能是全局单播地址。

6．ABCD。上述所有服务 NDP 都可以提供。

7．C。重复地址检测的执行方式是检测的发起方封装一个以该地址对应的请求节点组播地址作为目的地址的 NS 消息。

二、判断题

1．正确。单播地址都有对应的请求节点组播地址。

2．正确。5 种 NDP 消息就是 5 种类型字段取值不同的 ICMPv6 消息。

第 8 章　IPv6 路由

一、选择题

1．BC。在以太网链路上配置静态路由时，下一跳参数中必须包含 IP 地址。而在点到点串行链路上配置静态路由时，可以只使用 IP 地址，也可以只使用出接口作为下一跳参数。因此命令中有下一跳 IPv6 地址的 B 和 C 是正确答案。

2．A。RIPng 是距离矢量型动态路由协议，OSPFv3 是链路状态型动态路由协议。

3．BC。RIPng 使用 UDP 521 端口发送和接收路由信息。

4．E。RIPng 和 RIPv2 都使用周期更新的方式通告路由信息；都使用水平分割和毒性反转来防止路由环路；都定义了两种消息类型，请求报文和响应报文；度量参数都是跳数，16 跳为不可达。

5．C。RIPng 会使用链路本地地址作为路由的下一跳地址。

6．BCD。OSPFv3 和 OSPFv2 使用相同的网络类型（接口类型）。OSPFv3 发送路由消息的目的组播地址是 FF02::5，OSPFv2 使用 224.0.0.5。OSPFv3 自身不提供认证功能，因此支持的认证方式和报文格式都会与 OSPFv2 有所不同。

7．B。在接口视图命令 ospfv3 1 area 13 中，"1"表示 OSPFv3 的进程 ID，命令的

完整句法为 **ospfv3** *process-id* **area** *area-id*。

二、判断题

1．正确。默认路由和普通静态路由的区别在于默认路由的网络和掩码为全 0。

2．错误。OSPFv3 和 OSPFv2 一样，都使用 32 位的路由器 ID。

3．正确。OSPFv3 和 OSPFv2 一样，使用相同的算法确定接口开销。

第 9 章　网络安全技术

一、选择题

1．ABCD。选项 A 描述的场景中涉及认证和授权；选项 B 描述的场景中涉及审计；选项 C 描述的场景中涉及认证；选项 D 描述的场景中涉及授权。

2．AD。IKE 阶段 1 有两种模式可选，主模式和野蛮模式；IKE 阶段 2 只有快速模式。

3．C。顾名思义，IKE 是一种用来交换和管理密钥的协议。建立 IKE SA 是交换和管理密钥的手段。

4．ABCD。IPSec 对网络中传输的数据提供了私密性、完整性、真实性和防重放保护。

5．CD。IPSec 能够为数据包提供传输模式和隧道模式的流量保护。

6．D。GRE 本身不提供加密，但它可以与 IPSec 结合提供安全的隧道服务。

7．ACD。网络安全三要素简称 CIA 三要素，概括为机密性、完整性和可用性。

二、判断题

1．错误。在使用 RADIUS 服务器进行认证的环境中，用户并不直接与 RADIUS 服务器进行通信，而是用户想要访问的设备会与 RADIUS 服务器进行通信，并让其认证用户提供的身份信息。

2．正确。IPSec SA 是单向建立的，而 IKE SA 是双向的。

3．错误。IPSec 提供的安全服务取决于数据包的封装协议，而非封装模式。

第 10 章　WLAN 技术

一、选择题

1．A。电磁波的传播不需要介质，也就是说它可以在真空中传播。

2．D。D 选项把两个频段的特性说反了。与 2.4GHz 频段相比，5GHz 频段受到的干扰较小，但信号传输范围较小。

3．B。ITU-R 负责分配无线频谱并对其进行管理。

4．BCD。IEEE 802.11a 使用 5GHz 频段，IEEE 802.11n 使用 2.4GHz 和 5GHz 频段。

5．AD。如果无线 AP 启用周期性向外发送信标帧的做法，STA 就能够通过接收信标帧获得 AP 的 SSID。但如果 AP 不发送信标帧，STA 就只能事先知道 AP 的 SSID 并通过主动发现找到 AP。

6．A。鉴于无线网络传输的特点，无线网络使用 CSMA/CA 机制避免信号冲突的发生。

7．ACD。无线保护机制（如 WPA/WPA2）为无线网络中的数据传输提供了机密性、完整性和反重放保护。

二、判断题

1．正确。无线电波的传播速度约为 3×10^8 m/s。

2．错误。已经被破解的是 WEP，WPA/WPA2 是目前可靠的无线网络保护机制。

3．错误。工作在 2.4GHz 频率上的无线设备容易收到微波炉的干扰。

第 11 章　网络管理

一、选择题

1．C。SNMP 使用 UDP 作为传输层协议。NMS 向 SNMP 代理发送请求时，会使用随机端口作为源端口，与被管理设备的 161 端口进行通信。SNMP 代理向 NMS 发送未经请求的 Trap 时，会将 Trap 发送给 NMS 的 162 端口。

2．D。SNMPv1 的消息类型中包括 GetRequest、SetRequest、Response、Trap、GetNext。Report 消息是 SNMPv3 中新增的消息类型。

3．ABC。在 SNMP 的工作中，NMS 作为管理方，会使用 GetRequest、GetNext 等消息从 SNMP 代理获取信息，并使用 SetRequest 消息要求代理对某些参数进行设置。SNMP 代理会以 Response 消息作为对 NMS 的响应，并且会在特定事件发生时，使用 Trap 向 NMS 发送未经请求的告警消息。

4．ABC。SNMPv3 提供了 3 种通信安全机制：不认证且不加密（NoAuthNoPriv）、认证但不加密（AuthNoPriv）、认证且加密（AuthPriv）。Community 是在 SNMPv1 和 SNMPv2c 中执行认证的参数。

5．A。NTP 使用 UDP 作为传输层协议，端口号为 123。

6．BD。在单播客户端–服务器模式中，NTP 服务器无须事先知道客户端的 IP 地址，而是会从客户端发送的时钟同步报文中获得客户端的 IP 地址并以此进行响应。在这种模式中，NTP 客户端之间不会进行时钟同步。

7．C。要想充当 NTP 服务器，管理员需要使用 **ntp-service refclock-master** 命令把

路由器本地时钟作为主时钟，参数 *stratum* 是可选配置。

二、判断题

1．正确。NMS 和 SNMP 代理之间只要 IP 可达就可以实现 SNMP 通信。

2．正确。eSight 能够通过 SNMP、Telnet/STelnet、FTP/SFTP/FTPS、TR069、华为 MML、HTTPS 等协议对各种网络设备进行管理。

3．正确。eSight 能够提供全网设备的集中统一管理。

第 12 章   SDN 与 Python 基础

一、选择题

1．E。在网络规模及复杂性增长的过程中，传统网络管理方式会面临以下难题：排错难、复杂度高、灵活性差、响应慢。

2．E。华为园区网络 CloudCampus 自动驾驶解决方案可以实现规建一体、极简部署、智能运维、实时调优。

3．C。南向接口是控制器与网络设备之间的接口，北向接口是控制器与网络管理员之间的接口。

4．B。Python 代码的执行过程是先编译为字节码再进行解释。

5．B。标识符不能以数字开头。

6．D。关键字区分大小写，if 为关键字。

二、判断题

1．正确。

2．错误。USER 是标识符，该代码的作用是将 USER 代表的内容显示出来。